中国城市科学研究系列报告

中国城市规划发展报告 2012—2013

中国城市科学研究会
中国城市规划协会
中国城市规划学会
中国城市规划设计研究院
编

中国建筑工业出版社

图书在版编目（CIP）数据

中国城市规划发展报告　2012—2013/ 中国城市科学研究会等编 .
北京：中国建筑工业出版社，2013.7
（中国城市科学研究系列报告）
ISBN 978-7-112-15529-3

Ⅰ . ①中…　Ⅱ . ①中…　Ⅲ . ①城市规划 – 研究报告 – 中国 –2012—
2013　Ⅳ . ① TU984.2

中国版本图书馆 CIP 数据核字（2013）第 131713 号

责任编辑：徐　冉　何　楠
责任设计：张　虹
责任校对：刘梦然

中国城市科学研究系列报告
中国城市规划发展报告
2012—2013
中国城市科学研究会
中国城市规划协会
中国城市规划学会　编
中国城市规划设计研究院
*
中国建筑工业出版社出版、发行（北京西郊百万庄）
各地新华书店、建筑书店经销
北京嘉泰利德公司制版
北京画中画印刷有限公司印刷
*
开本：787×960 毫米　1/16　印张：$29^1/_4$　字数：720 千字
2013 年 6 月第一版　2013 年 6 月第一次印刷
定价：88.00 元
ISBN 978-7-112-15529-3
（24123）

前　言

2012 年全国城乡规划建设的主题是“城镇化”和“生态文明”。虽然都是老生常谈的话题，但随着我国进入城市型社会，在过去一年中“城市病”集中爆发，这两个话题又再度回到公众视野被加以热议。转变发展方式已经到了刻不容缓的地步，只有进一步明确发展的任务，找准发展中的问题，并通过规划提出科学合理的对策，才能真正引导发展方式的转型。

新时期，党中央确定了“五位一体”发展新思路，其中“生态文明”成为未来国家转型发展的重要指导思想。在生态文明观指导下，我国的城乡规划建设工作迎来了新的历史使命，这就是建设“美丽中国”成为所有城市、乡村发展建设的基本目标。未来城乡发展建设绝不能再走先污染、后治理，高耗能、耗水、耗地、耗材的老路子，不能靠牺牲生态环境和子孙幸福来换取一时的经济增长，一定要走出一条生产发展、生活富裕、生态良好的生态文明发展道路。

首先，城市是一个复杂的自适应系统，是社会、自然环境的具体展现和浓缩，每一个城市均与其周边城市和整体社会自然环境相互依存；同时我国有大量具有地方特色和文化价值的乡村，这些地区是生态文明的重要组成部分，不应也不允许在工业化、城镇化进程中灭失。因此，城乡规划建设应该遵循紧凑发展和保持城市多样性两大理念，在低冲击开发模式应用、土地混合使用，完善生态基础设施、绿色建筑发展、低碳交通建设和水资源循环利用等方面做足文章，做好文章；同时要重视城市生态化改造，重建引导城市可持续发展的微循环体系。住房和城乡建设部近年来主导推动的低碳生态示范市、绿色生态城区、绿色低碳重点小城镇、绿色能源示范基地建设等工作得到地方的积极响应，在技术创新、建设模式方面取得了良好的经验，为下一步建设生态城市、美丽乡村赢得了良好的开局。

其次，随着我国社会经济转型，以人为本的城镇化成为实现生态文明的重要途径。国家倡导以人为核心的城镇化发展体制的改革创新，要求引导城镇化与工业化、农业现代化的互促发展，以释放更多的改革红利，为保持我国社会经济长期活力奠定坚实基础。未来我国的城镇化管理工作应更加精细化和均等化，这是城乡规划建设工作需要认真关注与落实的重点。对于不同收入人群、不同学识背景的人群来说，城镇化需求很多元，因此在推进城镇化发展的工作中更应关注民生工程、信息化建设和社会管理工作，更应注重发展中的历史文化保护与传承工作，并且城镇化发展的成果应惠及全社会人民，尤其对于欠发达地区更应保障基本公共服务均等化和发展权益的公平性。

第三，城市发展的公共安全问题需要高度关注。随着城市规模不断扩大，城市的综合承载力和安全运营面临重大考验，尤其是供水、排水、环卫和防灾减灾工作等方面问题突出。近年来，由于城市基础设施建设滞后，管理观念和体制僵化，在面对突发极端自然灾害中暴露的诸多问题值得我们深刻反思。生态文明建设重要的一个原则就是安全可持续发展，由于城市发展建设是一个复杂的历史过程，基础设施建设是城市能够可持续生长的重要基石，防灾减灾工作是城市安全运营的重要保障机制，这两个方面缺一不可。

最后，随着城市发展转型步入新时期，智慧城市、休闲城市和低碳生态城市建设是大势所趋，尤其是特大型城市在面向后工业化文明时代的功能调整正在加速，如上海世博园的再改造利用工作，珠三角地区的区域绿道网建设等。这些举措都是引导城市生态化改造的重要手段，我们需要进一步加强认识，在规划技术层面上多作创新。

2013 年，城乡规划事业在新一届党中央和国务院领导班子带领下步入了新的时期。规划是实践宏伟目标的重要手段，是推进健康有序城镇化的重要工具，规划工作者要以积极姿态、饱满热情和坚毅精神去破解各种难题。海德格尔说：“人诗意地栖居在大地上，就是劳作地栖居在大地上，技巧（技术）地栖居在大地上，自由地栖居在大地上和以审美的人生态度栖居在大地上。”我们每个人既是理想主义者，又是理想的践行者，我们每个人有责任和义务为建设“美丽中国”作出应有的一份贡献。

王凯

中国城市规划设计研究院副院长，博士，教授级高级城市规划师

目 录

CONTENTS

重点篇

编者按：重点篇反映本年度城乡规划发展的重大事件或重要工作进展情况，涉及城镇化、生态文明、城镇供水安全和城市综合减灾四个方面内容。近年来，城镇化问题持续受到党中央和国务院的高度关注，在全社会引起更加广泛的热议，城镇化依然是本年度的重点问题。十八大胜利召开后，生态文明建设取得了党中央和全社会的高度共识，转变发展方式，推进城乡建设向“低碳、生态、绿色”方向转型成为城乡规划建设工作的重点任务。在经历了多次突发供水安全事件后，稳定、安全的城镇供水成为社会热议的焦点。确保城镇供水安全，规范供水设施建设，完善供水标准与相关技术研究是健康城镇化的重要保障。中国的城市在经历地震、暴雨等突发灾害的洗礼后，如何应对突发重大灾害，编制并实施城市综合减灾规划日益得到社会各界的高度关注。

聚焦城镇化

城镇化水平是一个国家工业化、现代化的重要标志，实现城镇化的健康发展是一个复杂艰巨、任重道远的长期历史任务。经过改革开放三十多年的快速发展，我国经济发展、人民收入和物质环境建设都取得了巨大的成就，但也带来了资源、环境、交通、住房和安全等一系列问题。中国作为一个工业化、城镇化、农业现代化和信息化全面快速推进的最大发展中国家，如何实现转型发展、推动社会和谐是事关中国长远发展的重大战略问题。2012 年以来，党中央、国务院高度重视城镇化的发展战略问题，组织多个部门开展城镇化研究。各级地方政府纷纷把推进城镇化作为促进经济发展的重要战略。城镇化在全社会引起了广泛的关注、热议和反响，当之无愧地成为 2012 年的重点问题。

一、2012 年城镇化发展聚焦

（一）党中央、国务院高度关注，城镇化成为现代化建设的战略重点

2012 年，时任国务院副总理李克强在多次撰文、讲话中都对城镇化问题给予高度关注，强调城镇化在中国拉动内需、现代化建设中的重要作用。2012 年 2 月，李克强在《求是》期刊发表《在改革开放进程中深入实施扩大内需战略》的署名文章，提出“扩大内需是我国经济社会发展的战略基点”，“扩大内需的最大潜力是城镇化”的观点①。2012 年 3 月，李克强出席中国发展高层论坛开幕式，强调“中国扩大内需，城镇化是最大的潜力”②。2012 年 5 月，李克强出席在布鲁塞尔召开的中欧城镇化伙伴关系高层会议开幕式，指出“中国致力于推动科学发展，加快转变经济发展方式，把城镇化作为现代化建设的重大战略”③。2012 年 7 月，李克强在湖北考察时指出，“城镇化是内需最大的潜力所在，是经济结构调整的重要依托”④。2012 年 9 月，李克强出席省部级领导干部推进城镇化

① 李克强．在改革开放进程中深入实施扩大内需战略 [J]．求是，2012（4）．

② 中国广播网．李克强：城镇化是扩大内需最大潜力．http://news.cntv.cn/20120320/110400.shtml.

③ 中国网．李克强在中欧城镇化伙伴关系高层会议上讲话（全文）．http://www.china.com.cn/international/txt/2012-05/04/content_25300628.htm.

④ 新华社．李克强：制定全国城镇化规划．http://money.163.com/12/0715/08/86EL7GPJ00252G50.html.

建设研讨班学员座谈会并讲话，提到“城镇化是现代化的应有之义和基本之策”[①]。2012 年 11 月，李克强会见世界银行行长金墉，提到“中国未来几十年最大发展潜力在城镇化”[②]。

2012 年 11 月召开的党十八大，对未来十年国家社会经济发展作出战略性部署，提出了“坚持走中国特色新型工业化、信息化、城镇化、农业现代化道路，推动信息化和工业化深度融合、工业化和城镇化良性互动、城镇化和农业现代化相互协调，促进工业化、信息化、城镇化、农业现代化同步发展”的新思路，把“推进城镇化”作为“着力解决制约经济持续健康发展的重大结构性问题”的举措之一，明确提出要“有序推进农业转移人口市民化”。十八大报告提出把生态文明建设作为社会主义现代化建设的重要目标之一，融入经济建设、政治建设、文化建设、社会建设各方面和全过程，努力建设美丽中国[③]。

在 2012 年 12 月召开的中央经济工作会议上，提出“城镇化是我国现代化建设的历史任务，也是扩大内需的最大潜力所在，要围绕提高城镇化质量，因势利导、趋利避害，积极引导城镇化健康发展。要构建科学合理的城市格局，大中小城市和小城镇、城市群要科学布局，与区域经济发展和产业布局紧密衔接，与资源环境承载能力相适应。要把有序推进农业转移人口市民化作为重要任务抓实抓好。要把生态文明理念和原则全面融入城镇化全过程，走集约、智能、绿色、低碳的新型城镇化道路”[④]。

2012 年党中央和国务院对城镇化发展的战略部署，明确了新时期城镇化发展的主要方向：第一，围绕扩大内需这一战略基点，城镇化成为促经济拉内需的重要途径和手段；第二，以人为核心的城镇化发展成为政策重心，农民工市民化成为推进城镇化的首要任务；第三，生态文明建设成为新型城镇化的重要内涵。

（二）地方政府积极响应，“土地城镇化”争议日益激烈

随着中央对城镇化战略认识的不断深入，许多省市区出台了推进城镇化工作的政策性文件和规划，充分体现了各地对城镇化战略的高度认识。山东、河北、重庆、湖北、江西、四川等省市区纷纷出台新时期城镇化政策文件，对城镇化目标、指标、基本公共服务均等化、城乡协调发展提出了明确要求，推进农民工在

---

① 新华社．李克强：城镇化是现代化基本之策．http://finance.qq.com/a/20120920/000709.htm．

② 新华网．李克强：中国未来几十年最大发展潜力在城镇化．http://news.sina.com.cn/c/2012-11-29/105125690623.shtml．

③ 中国共产党第十八次全国代表大会．坚定不移沿着中国特色社会主义道路前进，为全面建成小康社会而奋斗．2012 年 11 月 8 日．

④ 2013 年中央经济工作会议．2012 年 11 月 15-16 日．

社保、医保、子女义务教育等方面享受市民待遇，促进农业人口有序转移等是其中的重点任务。此外，山东还强调了农业转移人口个人融入企业、子女融入学校、家庭融入社区，河北则在放宽落户政策、健全社会保护体系、完善激励机制等方面，进行了大胆的尝试。

城镇建设“上山”引起广泛争议。如云南省出台“城镇上山”的政策性文件，要求在保障安全的前提下，实现“农民进城”和“城镇上山”。云南属高山、高海拔区域，全省25°以下坡度用地为15.8万km^2，只占全省用地39.95%。2.57万km^2的坝区，只占全省国土面积的6%，但承载了全省55%的城镇、66%的人口和85%的GDP，城镇化推进、经济发展、耕地保护矛盾和冲突不断加剧。为处理上述矛盾，解决坝区建设用地和指标不足的问题，云南省推动了城镇适度上山的工作，并提出了山地城镇空间布局的要点，如山坝结合、集中与分散相结合、生产生活相结合、城市与工业园区相结合、交通流平衡原则、注重防灾减灾原则、非建设用地严格控制、维护景观视线通畅等。兰州、十堰、襄阳等河谷、丘陵城市，由于普遍存在着建设用地不足的问题，有些城市采取挖山填丘等手段来获取城镇建设用地，有些城市提出了“城镇上山”的相关政策，其安全性、可靠性、可持续性以及与现行的规划体系的衔接等，还有待进一步观察和研究。

各地“造城”运动风起云涌。西安创造出城市建设与开发的“曲江模式”，核心是“文化＋旅游＋地产＋城市”。通过文物来提升景区周边的商业和住宅价值，通过主题公园聚集“人气”，通过市场方式运作来实现文物保护、景区价值提升、基础设施和城市面貌改变的良性循环。但与此同时，许多文物保护专家却对这种发展方式提出质疑。他们认为，高速发展的产业园区对文物和遗址保护已经造成相当程度的破坏，尤其是过度商业化的操作已经侵害了历史文脉的厚重感。贵阳等一批财政能力欠缺的城市，借助于开发商的力量，动辄形成上千万平方米开发量、能够聚集居住10多万人的“超级大盘”。这些城市由于缺乏对土地进行一级开发的经济能力，一般会规划出千亩以上的大地块，然后寻找有实力的开发商，将此地块上的土地征用、拆迁整理、安置房建设和市政配套工程等本该由政府承担的土地一级开发，交由开发商完成。当土地整理完成，地块“招拍挂”（招标、拍卖、挂牌）时，政府确保该开发商获得对此地块的二级开发资格，从而实现“土地一、二级捆绑联动”。万达集团与地方政府合作，在城市核心地带进行大规模的商业地产开发，形成集购物、休闲、娱乐、居住、旅游等为一体的“城市综合体”开发，成为近几年非常具有影响力的“万达模式”。

“城镇上山”、“造城运动”、“房地产化”、“园区热”等成为各地推进城镇化的重要平台，虽然有利于塑造现代化城市形象，有利于增加GDP和财政税收，但是却不利于促进以就业、收入、福利为内容的民生发展，进一步拉大了土地城镇化与人口城镇化的差距。

（三）学术研究广泛开展，城镇化共识不断形成

2012 年，国家发改委、住房和城乡建设部、国土资源部、中国工程院、中国社科院、中国科学院、国务院发展研究中心、世界银行、麦肯锡（国际）、亚洲开发银行、北京大学、清华大学、同济大学、中国人民大学等国内外几十个相关机构进行了城镇化相关问题的研究。在对世界和中国城镇化发展历程进行回顾和总结的基础上，普遍认为中国城镇化存在的主要问题是城镇化质量不高、城乡建设用地粗放、中小城市和小城镇发展机会不均等、农民工权益保护问题突出等。造成这些问题的主要原因是户籍制度改革缓慢，土地利用制度改革滞后，等级化行政管理体制下公共资源过度向行政等级高的城市集中，现行财政体制与城镇化发展不适应等。

有关城镇化的高层论坛也纷纷举办，国内外重要的政府和学术研究机构、地方政府、知名学者和企业家踊跃参会表达城镇化发展的观点。2012 年 5 月，在布鲁塞尔举办中欧城镇化伙伴关系高层论坛，时任国务院副总理李克强参会。2012 年 3 月和 2013 年 3 月，国家发改委城市和小城镇研究中心连续两年在上海举办城镇化高层论坛，广邀国家部委领导、地方市长、学术界和企业界精英参会。在论坛上，大家就城镇化涉及的农民工问题、户籍改革问题、土地流转问题、“三农”问题、城市融资与管理问题、城市基础设施建设和公共服务问题、城市交通问题等核心问题进行了广泛的研讨。一般而言，政府部门的决策者和研究者，对城镇化的推进进程、利益调整的复杂性、农民工的市民化、公共服务覆盖外来群体的进度、各类体制机制的系统改革等问题的认识更为透彻，对城镇化相关制度改革，如户籍制度改革、外来人口市民化推进的态度则相对保守和理性；学术界的研究者，对国家城镇化出现的问题批判性更强，更加强调在户籍、土地、财税和行政体制等方面的激进改革；企业家则更关注城镇化提速可能带来的基础设施建设、房地产开发、土地整治、居住小区生活性服务等方面的投资和商业机会。各类城镇化论坛异彩纷呈，为国家城镇化决策献计献策。

（四）社会各界热烈讨论，城镇化关注度不断提高

城镇化问题在全社会引起了广泛的关注、热议和反响。在互联网门户网站键入“城镇化”搜索，有简体中文网站和网页 7530 万项。截至 2013 年，以城镇化为主题的学术论文累计有 22996 篇，新闻报告共有 84.7 万篇，与城镇化有关的贴吧累计有 19 万个，博客文章数量为 45.1 万篇，相关的微博累计达到

237 万条（表 1）。对城镇化问题的关注涉及学术研究、新闻传媒、大众网络和人民生活的方方面面。

城镇化综合社会反响（2013）① 表 1

	学术论文	新闻报告	贴吧	博客	微博
数量	22996	847000	190150	451067	2370241

数据来源：中国知网－万方数据平台、百度新闻、百度贴吧、新浪博客、新浪微博

历年城镇化的社会关注度变化数据显示，城镇化问题受到的学术界和新闻界关注情况呈现出逐年上升的趋势。以城镇化为标题的学术研究从 1998 年开始陆续增多，在 2000 年、2002 年和 2009 年出现了明显的上升拐点，代表了三次城镇化研究热潮。关于城镇化的新闻报道从 2002 年开始出现，在 2008 年、2009 年和 2011 年有显著的上升，涌现了三次城镇化问题报道高潮。2002 年度，以城镇化为主题的学术论文有 578 篇，2012 年度文章数为 4435 篇，是 2002 年度的 5 倍之多。2002 年度，以城镇化为主题的新闻报道仅有 9 篇，2012 年度报道数上升至 31.5 万篇，是 2002 年度的 3.5 万倍之多。十年间，关于城镇化的研究逐步丰富，城镇化社会关注度陡然上升（图 1）。

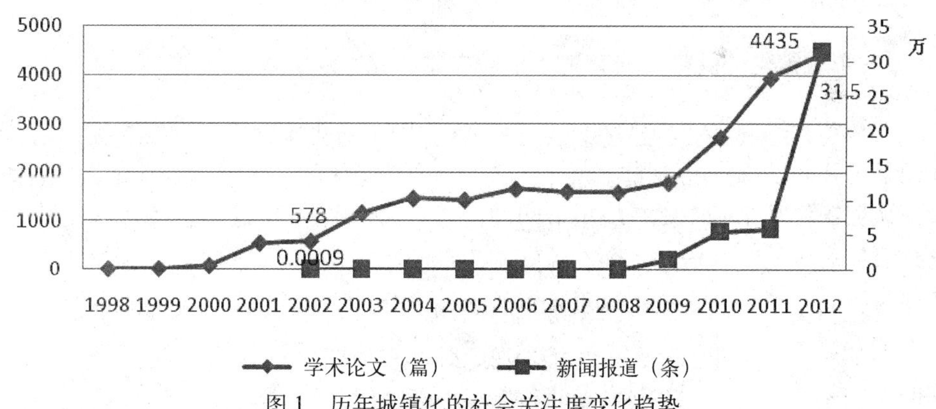

图 1 历年城镇化的社会关注度变化趋势

数据来源：中国知网—万方数据平台，百度新闻

城镇化的研究在不同领域的分布情况统计结果显示，以城镇化为题的论文在经济领域论文分布最多，达到 13745 篇，占全部论文的 60%，其次是工业技术领域（占 14%），随后依次是政治法律、文化科教和社会科学等领域（图 2）。

① 截至 2013 年 3 月 29 日的搜索结果，搜索主题为“城镇化”。

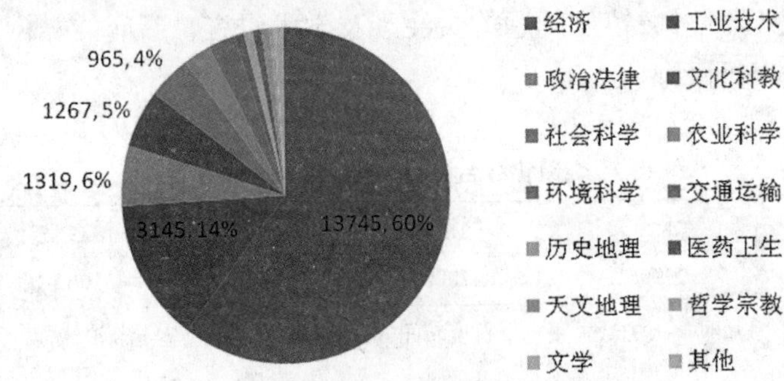

图 2　城镇化论文分布（按学科分类，2013）
数据来源：中国知网—万方数据平台

二、当前实施城镇化战略的重大意义

城镇化的过程是几亿农民实现身份转变的过程，是人民改变生活方式的过程；城镇化的过程是大规模基础设施投资建设的过程，是科技创新、技术进步的过程。城镇化能否健康发展关系着国民经济的平稳增长和社会的和谐进步。当前国际形势风云变幻，作为一个人口众多、国情特殊的发展中国家，我国的城镇化无法照搬其他国家的现存模式，只能在实践中不断探索，在探索中有步骤、有侧重地稳步前行。当前阶段，我国实施城镇化战略的重大意义主要体现在以下几大方面。

（一）城镇化的健康发展有利于拉动内需、促进经济增长

城镇化是我国现代化建设的历史任务，也是扩大内需的最大潜力所在。当前我国受全球金融危机的影响，面临产能过剩的严峻挑战，国务院总理李克强曾多次强调城镇化是未来中国经济增长的动力。有关方面数据表明，城镇居民消费水平是农村居民的 3.6 倍，一个农民转化为市民，消费需求将增加 1 万多元。城镇化率每提高 1 个百分点，意味着城镇将吸纳 1000 多万农村人口，带动 1000 多亿元的消费需求，进而释放更多的投资需求。城镇化涉及几十个产业，可以产生巨大的市场需求，城镇化的健康发展有利于拉动内需。

城镇化能够促进经济增长和产业多元化。我国城镇化对经济增长的带动作用主要体现在三个方面：一是城乡一体化劳动力市场的逐步形成，带来劳动力资源配置效率的提高；二是生产投入资料共享和产业内竞争形成了地方化和多元化经济；三是产业多元化促进创新推动了城市化经济[①]。前者有利于消除计划经济时

① 王凯，陈明．我国城镇化的新认识 [M]// 中国城市科学研究会，中国城市规划协会，中国城市规划学会，中国城市规划设计研究院，中国城市规划发展报告（2009—2010）．北京：中国建筑工业出版社，2010．

期形成的城乡、部门等劳动力市场分割，从而促进经济发展，后两者则体现为城市规模的扩大、聚集效应的提高对经济增长带来的正面影响。据蔡昉等人估计，1982 ~ 1997 年劳动力转移对中国经济增长的贡献率为 20.2%，今后中国经济增长的重要来源仍然是城镇化[①]。王小鲁等预测，在城镇化加速条件下，城镇化对经济增长贡献率为 5.0%，其中劳动力转移进入生产率较高的工业和服务业为经济增长贡献约 2 个百分点，城镇规模扩大和优化为经济增长贡献 2.4 个百分点[②]。城镇化的健康发展能够促进经济增长。

城镇化的发展能够在一定程度上拉动内需并促进消费，但是不能简单地把城镇化等同于促进消费。内需本身可分为投资性需求和消费性需求（含政府消费需求和居民消费需求）两大类。城镇化对投资性需求的拉动体现为直接性和主动性，对消费的拉动体现为间接性和参与性。城镇化直接引发的城市基础设施及房地产建设过程，拉动投资性需求的增长。但是，由于分配制度不合理、社会保障制度不健全、消费缺乏信心保障和农民工半城市化等原因，城镇化过程中居民消费性需求没有得到合理有效的释放。因此，解决居民消费需求不足的问题，城镇化虽然是一个途径，但根本在于打破体制障碍，推动分配政策的合理化，提高低收入阶层收入。城镇化是一个复杂的经济发展和社会转型过程，其与工业化、经济增长和拉动内需的辩证关系，远非以城镇化为抓手，拉动经济发展、刺激消费这么简单，也绝不等同于城镇建设[③]。

（二）城镇化的健康发展有利于解决农民工市民化问题

农民工是我国城镇化大军的重要组成部分。城镇化一方面促进农民走向城市，增加农民的收入，改变农民的生活方式；另一方面由于户籍制度的限制，大量农民无法完全融入城市，只能往返城乡之间，成为流动人口，带来社会问题。虽然目前我国城镇化率已超过 50%，但城镇户籍人口占总人口的比例却只有约 38%，这意味着 1.8 亿生活在城镇里的人没有城镇户口，无法享有城镇居民待遇。大量的“钟摆式”和“候鸟型”人口流动造成了巨大的社会代价。目前，我国约两亿农民工中的 80% 是单纯的劳动力转移而非家庭式迁移，家庭生活重心仍保留在农村。这样带来的后果是三留人口及空心村等的大量出现。数据显示，在农村

---

① 蔡昉．中国经济面临的转折及其对发展和改革的挑战 [J]．中国社会科学，2007（3）．

② 王凯，陈明．我国城镇化的新认识 [M]// 中国城市科学研究会，中国城市规划协会，中国城市规划学会，中国城市规划设计研究院，中国城市规划发展报告（2009—2010）．北京：中国建筑工业出版社，2010．

③ 王凯，陈明．我国城镇化的新认识 [M]// 中国城市科学研究会，中国城市规划协会，中国城市规划学会，中国城市规划设计研究院，中国城市规划发展报告（2009—2010）．北京：中国建筑工业出版社，2010．

专栏 1：2013 年全国两会农民工代表期待扫除融入城市的障碍

农民工代表吕荣华（浙江乔顿服饰公司的西服整烫工）提交了两条和农民工有关的建议，分别是加快推行“教育券”制度解决农民工子女教育问题，和开办“民工学校”。

农民工代表陈雪萍（山东三箭置业集团的油漆粉刷工）提了一份“关于解决拖欠农民工工资问题的建议”。她指出拖欠农民工工资要从根源解决，建议各级政府严格审查建设资金落实情况。

农民工代表张全收提交了 7 条建议，从农业产业化、农村养老、土地流转、农村发展规划等多方面为农村发展“支招”，针对目前农村留守老人现象严重，建议尽快完善农村老有所养机制，加大对农村敬老院建设的投入，探索建立农村市场化养老保障机制，并提高城乡居民养老保险金补贴标准。

人口中有 5000 万留守儿童、4000 万留守老人、4700 万留守妇女，失地农民大约 4000 万～5000 万[①]。

（三）城镇化的健康发展有利于促进房地产和金融市场良性运转

城镇化速度的加快会带动房地产业的发展，反之房地产业的快速发展又为城镇化建设提供了物质基础[②]。过去十年，城镇化的发展极大地促进了房地产市场的发展。未来十年，城镇化仍可能继续推动房地产业。房地产业界普遍认为，城镇化将是未来房地产行业发展的重要机遇，或将引领中国地产的新格局。城镇化一方面给房地产行业带来机遇，另一方面对房地产企业提出更高、更专业的要求。房地产业的健康发展将积极推动城镇化水平的提高，而房地产业的不健康发展将导致各地房价过高，阻碍我国城镇化进程[③]。在城镇化发展过程中，要明确“城镇化不意味着房地产化”，谨防城镇化被简单化为房地产开发，避免成为高房价的推手，小心防范不良的房地产贷款，对潜在风险保持高度警惕，通过健康的城镇化来促进房地产市场的良性运转。

城镇化为金融市场带来了机遇和挑战，健康的城镇化将有利于金融市场的良性运转。一方面，城镇化在未来将是推动银行业增长的主要动力之一。城镇化意味着大量基础设施建设，如住宅、学校、医疗机构、公共设施等，建设这些项目

---

① 辜胜阻．中国城镇化机遇、问题与路径 [J]．中国市场，2013（03）．

② 王文婷．城镇化对我国房地产市场需求的影响分析 [J]．现代经济，2012（04）．

③ 曹静．城镇化与房地产开发关系浅析 [J]．中国房地产业，2011（07）．

专栏 2：房地产界聚焦城镇化发展

中国房地产协会副会长朱中一在第十四届住交会上指出，2020 年之前中国房地产市场依然是发展的机遇期，重要的原因就是城镇化。

华远集团任志强在“2012 中国地产财富年会”时指出，对于房地产及城镇化的发展，仍有很多亟待解决的问题。房地产虽然能参与城镇化，但还要有配套的服务业、相关产业的带动，对开发商也将提出更高、更专业的要求。

全国人大财经委员会副主任委员辜胜阻指出，防止城镇化的“房地产化”，避免过高地价推高房价，避免造城运动，防止让更多农民失去土地，但又因过高的房价和房租而被挤出城镇。

除了政府的财政支持外，金融机构的贷款支持必不可少。研究测算显示，按照两万人的小城镇规模，基础设施建设人均约需 1 万元，如果按照城镇化基本完成阶段城镇化率 70% ~ 80% 计算，我国城镇基础设施投资还有很大空间。而就以往的规律来看，大规模基础设施建设的资金来源主要为银行贷款。另一方面，未来城镇化更追求质量和效率，对金融服务也提出了新的要求。未来城镇化要促进大中小城市与小城镇的协调发展、聚合发展，同时，也更加注重建设节能环保、和谐友好型城市，由此将带来城市建设尤其是中小城镇建设、生态城市建设的资金需求明显增加。此外，在十八大报告中，强调“工业化和城镇化良性互动”，战略性新兴产业、工业园区、国内产业梯度转移以及技术创新等领域的金融需求明显增加①。

专栏 3：金融银行关注城镇化进程

中国人民银行行长周小川表示，在城镇化特别是涉及城镇化的城市基础设施和公用设施融资时，可以借鉴国际上的金融工具，比如资产证券化、市政债等。

中国农业银行董事长项俊波表示，城镇化是农行未来最大的发展机会，农行要抓住未来中国城市化特别是小城镇化的机遇，大力开拓县域“蓝海市场”。

---

① 杜金．新型城镇化：银行业迎来新一轮机遇和挑战 [J]．金融时报，2012-12-31．

三、未来中国城镇化发展的战略思考

（一）建立以人的城镇化为核心的城镇化总体战略

未来二十年是我国经济社会发展的重要战略机遇期，城镇化发展将成为经济发展的重要驱动力。城镇化的总体战略应以科学发展观为指导，全面落实经济建设、政治建设、文化建设、社会建设和生态文明建设五位一体的总体布局，探索一条新型工业化、新型城镇化、农业现代化和信息化协调发展的新模式，努力形成资源节约、环境友好、经济高效、文化繁荣、社会和谐的城乡全面健康协调可持续发展的新格局。

要构建以人口城镇化为核心的城镇化战略，以农民工市民化为突破点，统筹推进户籍制度、土地制度、社会保障制度等体制改革，营造有利于城镇化健康发展的体制和政策环境，促进包括城乡人口在内的所有人能够公平享受发展机会与社会福利，全面提高城镇化质量。

城镇化要由产业发展带动①，要设计好产业发展和空间载体之间的关系，特别是规划好城镇的空间布局。好的城镇化路径是产业发展以实体经济为基础，以拉动内需为导向，大力创造就业岗位，吸引人口有序地向各级城镇集聚。而各级城镇的空间组织是科学、合理、绿色、低碳、文明、健康的。这包括城乡基础设施和公共服务设施的均等化、东中西和东北地区的协调发展，革命老区、民族地区、边疆地区、贫困地区的发展水平提高以及解决困扰多年的城镇群与大、中、小城市发展不协调的问题，切实缓解“大城市病”，增强中小城市和小城镇在城镇化发展中的作用等②。

（二）以产业为依托，稳步提高城镇化水平

根据国家统计局公布的数据，1995 年以来中国进入城镇化的高速增长期，城镇化水平从1995年的29.0%增加到2012年的52.6%，年均增加近1.4个百分点。展望未来，中国城镇化将保持何种增长态势，对于社会各行各业的发展，尤其是城市规划建设如何推进具有很强的指导意义。

周一星对世界各国城镇化进程的研究表明，城镇化水平与经济发展水平之间是一种明显的对数曲线关系。在经济发展水平较低时，城镇化速度往往较快；随

---

① 社科院专家：城镇化是未来 20 年经济主要引擎．中国证券报－中证网，2013-5-23。

② 王凯，张莉．城镇化顶层设计与省域城镇体系规划的作用 [J]．凤凰周刊，2013（4）．

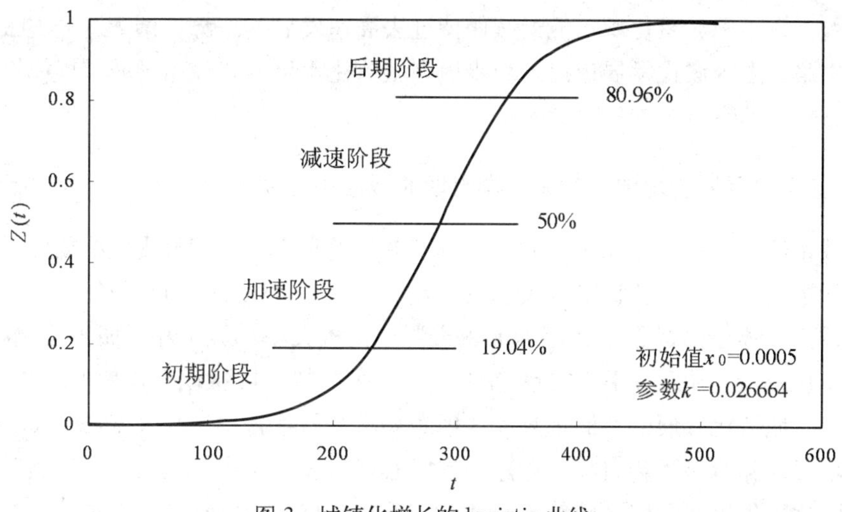

图 3 城镇化增长的 logistic 曲线

资料来源：陈彦光，城市化水平增长曲线的类型、分段和研究方法，地理科学，2012

着经济发展水平不断提高，城镇化水平提高速度趋缓[①]。陈彦光的研究指出，城镇化曲线的模型为 logistic 曲线，其增长速度分为加速阶段和减速阶段，城镇化饱和值的一半为速度临界点。与西方相比，中国的城镇化水平的 logistic 曲线更加陡峭，且不对称，减速期推迟，收敛速度更快（图 3）。基于 6 次人口普查数据，中国的城镇化速度最迟到 2014 年进入减速期[②]。

1978 ～ 2011 年，中国 GDP 以年均 9.9% 的水平增长，是同期城镇化保持高速增长的重要原因。近期国内外研究表明，未来 20 年中国经济发展较难再现前三十年的高速增长水平，但是仍将保持在 7% ～ 8% 的平稳较快增长态势。2012 年中国工程院重大咨询项目“中国特色城镇化道路发展战略研究”课题一“中国城镇化道路的回顾与质量评析”，把城镇化增长与经济增长、第三产业比重的对数模型作为基本分析工具，根据 1960 ～ 2011 年中国经济发展水平（人均 GDP）、第三产业比重与城镇化水平，构建了城镇化增长的回归模型。课题研究表明，2011 ～ 2030 年，在 GDP 年均增长率 7%，第三产业比重年均增加 0.35 的基准情境下，城镇化水平年均增加 0.63 个百分点，2030 年城镇化水平达到 63%；在 GDP 年均增长率 8%，第三产业比重年均增加 0.6 的情景下，城镇化水平年均增加 0.8 个百分点，2030 年城镇化水平将达到 66%[③]。

① 周一星．城市化与国民生产总值关系的规律性探讨 [J]．人口与经济，1982（1）：28-33．

② 陈彦光．城市化水平增长曲线的类型、分段和研究方法 [M]．地理科学，2012，32（1）：12-17．

③ 中国工程院重大咨询项目，“中国特色城镇化道路发展战略研究”，课题一“中国城镇化道路的回顾与质量评析”，2012 年 12 月。

综上，中国城镇化不可能继续保持过去高速发展的态势，调整过去扩张型的发展思路，走内涵式发展道路，稳步提高城镇化水平，合理引导城镇规模增长和产业布局，具有重要的战略意义。

（三）立足协调发展，构建科学合理的城镇化格局

城市群、大中小城市和小城镇协调发展。近年来，十二五规划纲要、十八大报告和中央经济工作会议等中央和政府文件确立了“以大城市为依托，以中小城市为重点，逐步形成辐射作用大的城市群，促进大中小城市和小城镇协调发展”的城镇化政策。中国工程院重大咨询项目“中国特色城镇化道路发展战略研究”课题二“城镇化发展的空间规划和合理布局研究”报告指出，大城市与特大城市应以增强国际竞争力为目标，构建国家中心城市体系；中小城市以县级城区为重点，强化内生发展和城乡统筹；小城镇应重点扶持、分类指导，促进小城镇特色化发展[①]。周一星指出，带有人口数量指标的城市规模政策，具有很大的局限性。各城镇可以根据自己的发展条件，按照比较利益原则，选择不同的发展速度、发展重点和空间形式，国家的任务是完善城市发展的机制[②]。周天勇认为，人往哪里流动是一个市场调整的过程，哪里有就业机会，人就往哪里流动。要用市场手段而不是行政手段限制城市人口规模增长。发展什么规模的城镇和城市，政府只能引导，但是绝对不可能主导[③]。总之，城市群、大中小城市和小城镇协调发展的关键，是建立与调控引导方向相对应的各项体制机制。首先，应加快城市行政管理体制改革，赋予各级城镇应有的发展权，充分发挥中小城市发展的积极性与主动性；其次，城镇布局应与区域经济发展和产业布局紧密衔接，积极引导产业向中小城市转移，增强中小城市和小城镇产业发展、吸纳就业和人口集聚功能；第三应坚持因地制宜的原则，各级城镇发展要与资源环境承载能力相适应。

构建科学合理的城镇化空间格局。住房和城乡建设部城乡规划司与中国城市规划设计研究院编制的《全国城镇体系规划（2006—2020）》，是近年来对全国城镇发展和城镇空间布局进行统筹安排的重要政策文件。规划提出以城镇群为核心，以促进区域协作的主要城镇联系通道为骨架，以重要的中心城市为节点，形成“多元多极网络化”的空间格局（图 4）。具体为“一带七轴多中心”：“一带”指沿海城镇带；“七轴”指依托上海—南京—合肥—武汉—重庆—成都（含长江）、北京—石家庄—郑州—武汉—长沙—广州（含京广、京九线）、连云港—徐州—郑州—

① 中国工程院组织开展了重大咨询项目“中国特色城镇化道路发展战略研究”，中国城市规划设计研究院承担的课题二“城镇化发展的空间规划和合理布局研究”，2012 年 12 月。

② 周一星. 论中国城市发展的规模政策 [M]. 管理世界，1992（6）：160-165.

③ 周天勇. 厘清城镇化发展的八个关键性问题 [M]. 中国经济时报，2013（05）：23.

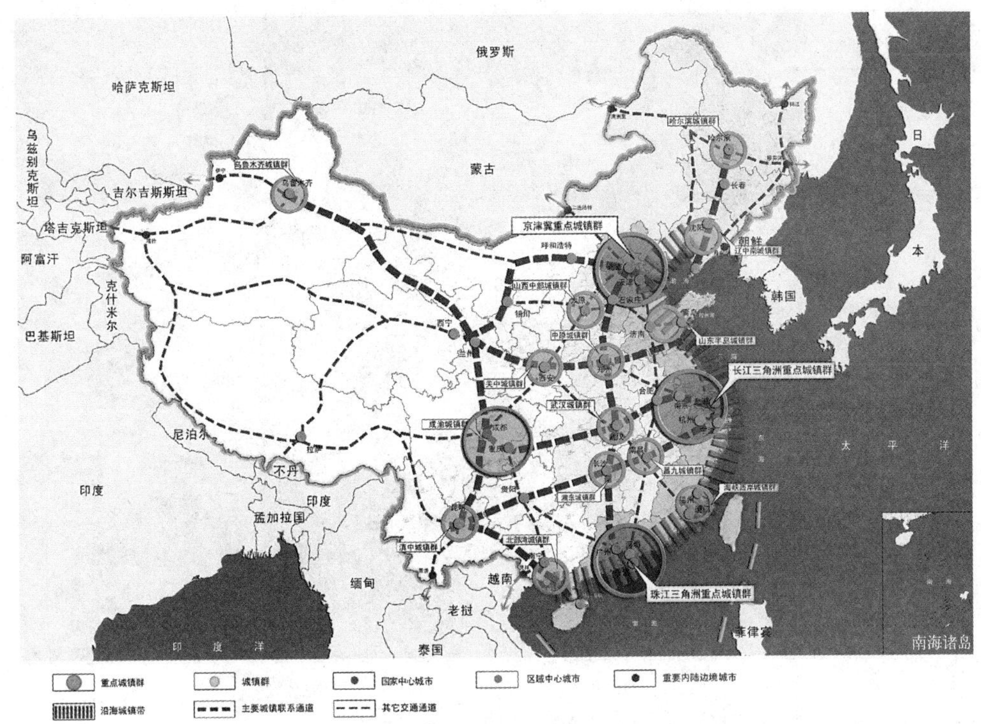

图 4 “多元多极网络化”全国城镇空间格局（2020）
资料来源：《全国城镇体系规划（2006—2020）》

西安—兰州—乌鲁木齐（陇海—兰新线）、哈尔滨—长春—沈阳—大连、北京—张家口—大同—呼和浩特—包头—银川—兰州（包括西宁）、兰州—成都—昆明—南宁—海口、上海—南昌—长沙—贵阳—昆明等国家主要交通轴线形成的七条城镇联系通道；“多中心”指京津冀、长江三角洲、珠江三角洲和成渝四大重点城镇群和武汉、辽中、关中、山东半岛、中原、长株潭、海峡西岸城镇群①。

2011 ~ 2012 年，中国工程院组织开展了重大咨询项目“中国特色城镇化道路发展战略研究”，中国城市规划设计研究院承担的课题二“城镇化发展的空间规划和合理布局研究”对 2030 年总体城镇化空间格局进行了展望。报告指出应充分发挥城镇群的引领和组织作用，构建“5611”城镇群格局，推进我国城镇化空间合理布局。“5”指的是优化提升珠三角、长三角、京津冀、成渝、长江中游 5 大核心城镇（集）群，强化核心城镇群现代服务和先进制造职能，增强国家参与国际竞争的能力。“6”指的是积极发展海峡西岸、海南（南海）、

① 住房和城乡建设部城乡规划司，中国城市规划设计研究院编．全国城镇体系规划（2006–2020）[M]．北京：商务印书馆，2010．

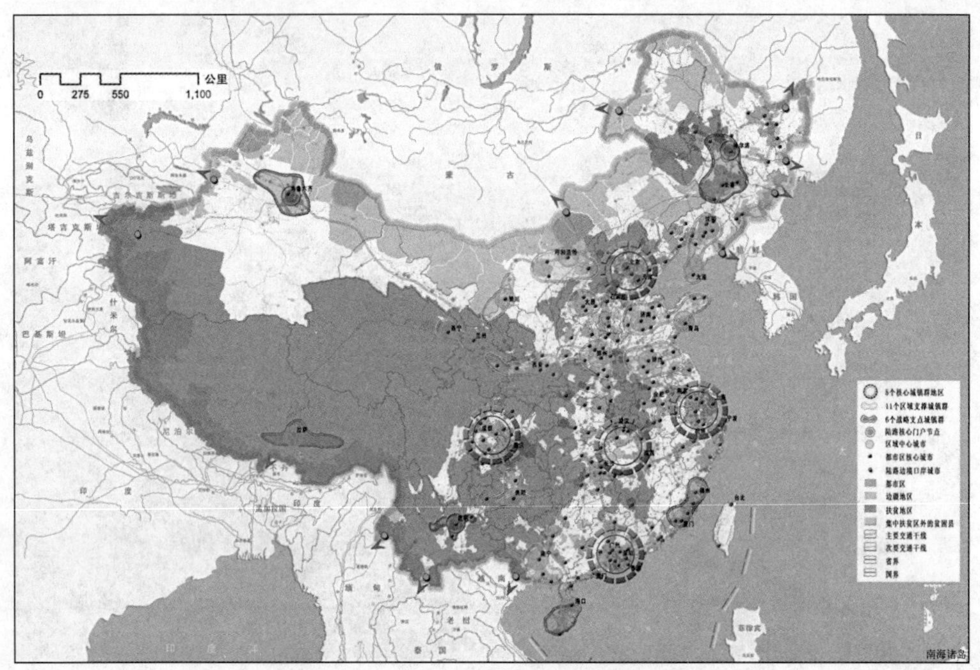

图 5 “5611”总体城镇化空间格局（2030）

资料来源：中国工程院重大咨询课题“中国特色城镇化道路发展战略研究”课题二

天山北坡、哈长、滇中、藏中南等 6 个战略支点城镇（集）群，以维护国家安全和稳定为前提，加快国家沿海沿边等战略地区开发开放。“11”指的是重点培育山东半岛、辽中南、中原、关中—天水、北部湾、黔中、太原、呼包鄂榆、宁夏沿黄、兰州—西宁、淮海（徐淮）等 11 个支撑性区域城镇群，推动国土层面协调发展①(图 5)。

总之，中国多样化的自然地理格局造成各地差异化的资源环境条件，进而决定了城镇化空间格局的复杂性。不管未来采取何种组织模式，在国家城镇化空间政策中，建立“分类指引、分区引导的城镇化发展政策体系”尤为重要，避免全国一哄而上、整齐划一的推进城镇化或城市群运动，才会起到优化城镇化空间布局，推动全国区域协调发展、国土空间均衡开发的积极作用。

（四）创新模式，走集约、智能、绿色、低碳的城镇化道路

十八大和中央经济工作会议明确提出把生态文明建设作为现代化建设的重要内容之一，要把生态文明理念和原则全面融入城镇化全过程，走集约、智能、绿

① 中国工程院组织开展了重大咨询项目“中国特色城镇化道路发展战略研究”，中国城市规划设计研究院承担的课题二“城镇化发展的空间规划和合理布局研究”，2012 年 12 月。

色、低碳的城镇化道路。

集约城镇化要求进一步加强对城乡空间发展的规划管理，引导城镇紧凑布局，加强空间开发管制，预留和保护对城乡区域长远发展具有重要意义的空间，完善各类园区功能，促进产城融合等。

“智能”城镇化反映了信息化与城镇化同步发展的新要求，具体体现为数字城市、智慧城市的建设。需要从解决城市实际问题入手，智慧地规划和管理城市，配置城市资源，优化城市宜居环境，提升城市文化的传承和创新，最终增强市民的幸福感和城市的可持续发展①。

绿色、低碳城镇化已经成为我国城镇化发展的重要潮流和趋势。2008 年 1 月 28 日，建设部与世界自然基金会（WWF）以上海市和河北省保定市为试点，推出“低碳城市”示范项目，低碳城市建设在我国正式起步。中新天津生态城、唐山湾生态城、深圳光明新区、无锡中瑞生态城等实践陆续开展。绿色、低碳的城镇化道路首先应加强生态环境保护，在保护的前提下根据资源环境承载能力进行各项开发建设，减少城镇化对自然环境的干扰和破坏。其次应加强节能减排，大力发展绿色建筑、绿色交通和资源循环利用，减少碳排放。三是应加强生态环境修复，建立完善的生态补偿机制。

参考文献

[1] 李克强．在改革开放进程中深入实施扩大内需战略 [J]．求是，2012（04）．

[2] 中国共产党第十八次全国代表大会．坚定不移沿着中国特色社会主义道路前进，为全面建成小康社会而奋斗 [M]．2012 年 11 月 8 日．

[3] 2013 年中央经济工作会议 [Z]．2012 年 11 月 15-16 日．

[4] 周一星．论中国城市发展的规模政策 [J]．管理世界，1992（06）：160-165．

[5] 周一星．城市地理学 [M]．北京：商务印书馆，1995．

[6] 王凯．国家空间规划论 [M]．北京：中国建筑工业出版社，2010．

[7] 住房和城乡建设部规划司．中国城市规划设计研究院编．全国城镇体系规划（2006—2020）[Z]．北京：商务印书馆，2010．

[8] 全国人民代表大会．国民经济和社会发展第十二个五年规划 [Z]．2011 年 3 月 16 日．

[9] 新疆维吾尔自治区建设厅，中国城市规划设计研究院．新疆城镇体系规划（2012—2030）（报批稿）[Z]．

[10] 新疆维吾尔自治区建设厅，中国城市规划设计研究院．新疆维吾尔自治区推进新型城镇化行动计划（2011—2020）（送审稿）[Z]．2011．

---

① 给新型城镇化以“智慧”．中国建设报，2013-2-6．

[11] 湖北省人民政府．湖北省城镇化与城镇发展战略规划（2012—2030）[Z]．2012．

[12] 河北省人民政府．河北省加快城市化进程实施意见（送审稿）[Z]．2010．

[13] 辽宁省人民政府．辽宁省人民政府关于推进全省城镇化建设工作的意见（2011 年）[Z]．

[14] 湖南省城乡规划委员会．关于印发《湖南省城镇化评价指标体系》的通知（湘规委[2006]5 号）[Z]．

[15] 河南省人民政府．河南省人民政府关于推进城乡建设加快城镇化进程的指导意见 [Z]．2010．

[16] 中共江西省委江西省人民政府关于加快推进新型城镇化的若干意见 [Z]．2010．

[17] 中共山东省委山东省人民政府关于大力推进新型城镇化的意见 [Z]（鲁发 [2009]21 号）．

[18] 陕西省人民政府关于加快重点镇建设推进全省县域城镇化的意见 [Z]．2009．

[19] 云南省住房和城乡建设厅，云南省城乡规划设计研究院，云南省城市科学研究会．云南特色城镇化的区域规划路径解析 [R]．中国城市规划学会区域学委会 2011 年昆明年会讨论稿．

[20] 王凯．2008，中国城镇化的转折点（内部讨论稿）[Z]．引自中国城市规划设计研究院成立 55 周年院庆的学术报告．

[21] 陈锋，王凯，陈明．改革开放 30 年我国城镇化和城市规划的回顾与前瞻 [M]// 中国城市科学研究会，中国城市规划协会，中国城市规划学会，中国城市规划设计研究院，中国城市规划发展报告（2008—2009）．北京：中国建筑工业出版社，2009．

[22] 中国经济增长与宏观稳定课题组．全球失衡、金融危机与中国经济的复苏 [J]．经济研究，2009（05）．

[23] 蔡昉．中国经济面临的转折及其对发展和改革的挑战 [J]．中国社会科学，2007（3）．

[24] 王凯，陈明．我国城镇化的新认识 [M]// 中国城市科学研究会，中国城市规划协会，中国城市规划学会，中国城市规划设计研究院，中国城市规划发展报告（2009—2010）．北京：中国建筑工业出版社，2010．

[25] 中国工程院重大咨询项目．中国特色城镇化道路发展战略研究 [Z]．2013 年 1 月．

[26] 周一星．城市化与国民生产总值关系的规律性探讨 [J]．人口与经济，1982（1）：28–33．

[27] 陶然，徐志刚．城市化、农地制度和迁移人口社会保障 [J]．经济研究，2005（12）．

[28] 方创琳，王德利．中国城市化发展质量的综合测度与提升路径 [J]．地理研究，2011（11）．

[29] 新型城镇化利好房地产业 [N]．新京报，2012–12–21．

[30] 杜金．新型城镇化：银行业迎来新一轮机遇和挑战 [J]．金融时报，2012–12–31．

[31] 李善同等．“十二五”时期至 2030 年我国经济增长前景展望 [J]．统计研究，2011(1)：5–10．

[32] 中国经济增长与宏观稳定课题组．中国可持续增长的机制：证据、理论和政策 [J]．经济研究，2008（10）：13–25，51．

[33] 王文婷．城镇化对我国房地产市场需求的影响分析 [J]．现代经济，2012（04）.

[34] 曹静．城镇化与房地产开发关系浅析 [J]．中国房地产业，2011（07）.

[35] 周战强，乔志敏．金融发展、财政投入与城镇化 [J]．城市发展研究，2011（09）.

[36] 辜胜阻等．新时期城镇化进程中的农民工问题与对策 [J]．中国人口．资源与环境，2007（01）.

[37] 辜胜阻．中国城镇化机遇、问题与路径 [J]．中国市场，2013（03）.

（撰稿人：王静霞，国务院参事，教授级高级城市规划师；王凯，中国城市规划设计研究院，副院长，教授级高级城市规划师；张莉，中国城市规划设计研究院，教授级高级城市规划师；王婷琳，中国城市规划设计研究院，助理城市规划师；陈明，中国城市规划设计研究院，高级城市规划师）

生态文明导向下城乡规划的低碳生态转型发展

中国的快速城镇化进程始终伴随着人口众多、资源紧缺、环境脆弱、区域发展不平衡等许多瓶颈问题和矛盾。当前，低质量高代价的传统城镇化发展模式已经问题频现、难以为继，不仅使经济发展质量难以提高，资源环境也不堪重负，因此，加快转变经济发展方式，推进城市发展向低碳、生态、绿色转型已经成为当前中国的重大战略任务。2012 年召开的党的十八大更是将“生态文明”上升为国家战略的高度，未来中国城市的发展方向必然更加坚定地朝着低碳、生态、绿色的方向迈进。

一、国情背景

（一）生态文明是人类社会发展的新阶段

文明是人类文化发展的成果，是人类改造世界的物质和精神成果的总和，是人类社会进步的标志。人类文明在经历了原始文明、农业文明、工业文明之后，已经迈入生态文明的新阶段。相对于工业文明，生态文明可以看作是人类文明的更高阶段。以高投入、高消耗、高污染为特征的工业文明，在物质生产取得巨大发展的同时，对地球资源的索取也大大超出了合理的范围，对自然生态环境的破坏已达到临界状态。重新审视人类与自然的关系，正确处理经济发展和生态保护的关系，从而促进经济社会可持续发展，构建人与自然和谐相处的生态文明，已日益成为全世界的共识和人类可持续发展的必然选择。简言之，生态文明是对现有文明的超越，它将引领人类放弃工业文明时期形成的重功利、重物欲的享乐主义，摆脱人类与生态两败俱伤的悲剧，引导人与自然的关系由对立失衡重新走向和谐发展。

（二）新的期许与愿望——“美丽中国”、“生态文明”

人类社会的发展实践证明，如果生态系统不能持续提供资源、能源、空气和水等生存要素，物质文明的持续发展将会失去载体和基础，进而整个人类文明都会受到严重的威胁。因此，在深刻把握人类社会发展规律的基础上，党和政府对新世纪新阶段我国发展所呈现出的一系列阶段特征进行科学判断和分析，明确提出了“把生态文明建设放在突出地位”，“努力建设美丽中国，实现中华民族永续发展”的战略要求。

生态文明是当前中国转型发展大势所趋，也是人民过上更美好生活的民心所向。生态文明早已超越了单纯的节能减排、节约资源、保护环境等问题，而是提升到实现人与自然和谐共生的发展高度，从优化国土空间开发格局到全面促进资源节约；从加大自然生态系统和环境保护力度，到加强生态文明制度建设；展望未来的生态文明建设，我国将更加尊重自然规律，更加依靠发展方式转变，更加突出制度保障，更加重视全民参与（表 1）。

十六大以来中央文件中对发展方式转型的有关表述 表 1

2003	十六届三中全会	提出“科学发展观”，把统筹人与自然和谐发展在内的“五个统筹”作为贯彻落实科学发展观的根本方法和必然途径
2005	十六届五中全会	提出“建设资源节约型、环境友好型社会”，并首次把建设资源节约型和环境友好型社会确定为国民经济与社会发展中长期规划的一项战略任务
2005	中共中央关于制定国民经济和社会发展第十一个五年规划的建议	将“建设资源节约型、环境友好型社会”作为基本国策
2007	十七大报告	提出“建设生态文明”的发展要求和“加快经济发展方式转变”的战略任务
2010	中共中央关于制定国民经济和社会发展第十二个五年规划的建议	明确了“加快转变经济发展方式”的思想主线，并把“加快建设资源节约型、环境友好型社会，提高生态文明水平”作为转变经济发展方式的重要着力点
2011	“十二五”规划纲要	以“绿色发展，建设资源节约型、环境友好型社会”作为独立篇章
2012	十八大报告	首次把生态文明建设提升至与经济、政治、文化、社会四大建设并列的高度，列为建设中国特色社会主义的“五位一体”的总布局之一，成为全面建成小康社会任务的重要组成部分

（三）生态文明时代城市转型发展的方向

继十八大提出“生态文明”战略之后，2012 年 12 月召开的中央经济工作会议提出要把生态文明理念和原则全面融入城镇化全过程，对城镇化提出了“集约、智能、绿色、低碳”的新要求，预示着目前国家宏观形势向生态文明和新型城镇化的巨大转变。

针对城市发展的现状需求和未来趋势，中国的城市转型发展重在实现四大转

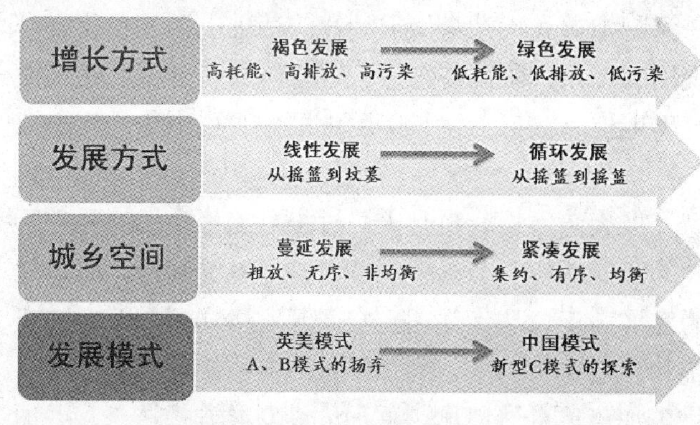

图 1　新型城镇化背景下中国城市转型发展的四大方向

变，也即增长方式实现从以“高耗能、高排放、高污染”为特征的褐色发展转向以“低耗能、低排放、低污染”为特征的绿色发展，发展方式实现由“从摇篮到坟墓”的线性发展转向“从摇篮到摇篮”的循环发展，城乡空间布局实现从粗放、无序、非均衡转向集约、有序、均衡的发展方向，发展模式实现从对 A、B 模式的扬弃转向新型 C 模式的探索（图 1）。

二、实践探索

（一）从低碳生态城市到绿色生态城区

在 2009 年国际城市规划与发展论坛上住房和城乡建设部副部长仇保兴博士首次提出了“低碳生态城市”的概念，低碳生态城市是以低能耗、低污染、低排放为标志的节能、环保型城市，是一种强调生态环境综合平衡的全新城市发展模式，是建立在人类对人与自然关系更深刻认识基础上，以降低温室气体排放为主要目的而建立起的高效、和谐、健康、可持续发展的人类聚居环境。低碳生态城市作为目前最为契合中国国情的城市转型发展模式，在规划建设的实践探索方面取得了丰硕的成果。

自 2010 年起，住房和城乡建设部会同财政部等部门先后出台了一系列的激励政策和奖励措施鼓励低碳生态城市的发展。在上述国家各部委有关政策的激励下，全国低碳生态城市的发展正逐渐由“零星探索”转向“区域试验”，并呈现出逐年蓬勃发展、全面开花之势，相关规划建设工作也在同步推进和积极探索当中。截至 2012 年 7 月，全国 97.6% 的地级（含）以上城市和 80% 的县级城市已经提出以“生态城市”或“低碳城市”等生态型的发展模式为城市发展目标。另据不完全统计，目前全国正在积极开展建设实践的低碳生态城也已超过百个。

随着低碳生态城市规划建设探索的深入，政府的鼓励激励政策措施也逐渐从区域城市的宏观尺度逐渐过渡到小城镇和城区的中观尺度，从而更加深入地促进和引导城市的健康发展。由表 2 可知，2011 年起，财政部与住房和城乡建设部开始推进绿色重点小城镇的试点示范工作，对新建绿色建筑达到30%以上的绿色重点小城镇将一次性给予1000万至2000万元的补助；2012年11月住房和城乡建设部确定了首批8个绿色生态城区，分别是中新天津生态城、唐山湾生态城、深圳光明新区、无锡太湖新区、长沙梅溪湖新城、重庆悦来生态城、昆明呈贡新区、贵阳中天未来方舟生态城，给予每个绿色生态城区5000万元的资金补助，用于补贴绿色建筑建设增量成本及城区绿色生态规划、指标体系制定、绿色建筑评价标识及能效测评等相关工作。2013年3月，住房和城乡建设部公布《"十二五"绿色建筑和绿色生态城区发展规划》，用以促进和指导"十二五"期间绿色建筑和绿色生态城区的发展。可以说，低碳生态城市正以"绿色重点小城镇"和"绿色生态城区"的新形式继续引领城市的转型发展。

2010—2012年国家部委出台的促进低碳生态城市发展的政策措施　　表2

类别	激励政策和奖励措施
低碳生态示范市	2010年1月，住房和城乡建设部与深圳市政府共同签署了共建"国家低碳生态示范市"的合作框架协议。
	2010年7月，住房和城乡建设部与江苏省无锡市人民政府签署《共建国家低碳生态城示范区——无锡太湖新城合作框架协议》。
	2010年10月，住房和城乡建设部与河北省共同签署《关于推进河北省生态示范城市建设促进城镇化健康发展合作备忘录》。
	2011年1月，住房和城乡建设部成立低碳生态城市建设领导小组，组织研究低碳生态城市的发展规划、政策建议、指标体系、示范技术等工作，引导国内低碳生态城市的健康发展。
	2011年6月，低碳生态城市建设领导小组下发了"关于印发《住房和城乡建设部低碳生态试点城（镇）申报管理暂行办法》的通知"（建规（2011）78号），启动新建低碳生态城镇示范工作。
绿色低碳重点小城镇	2011年6月，财政部与住房和城乡建设部联合下发《关于绿色重点小城镇试点示范的实施意见（财建[2011]341号）》，在"十二五"期间积极开展绿色重点小城镇试点示范。
	2011年9月，财政部与住房和城乡建设部联合下发了《关于开展第一批绿色低碳重点小城镇试点示范工作的通知（财建[2011]867号）》，公布了第一批试点示范绿色低碳重点小城镇名单，推进绿色小城镇工作的组织实施和监督考核工作。
绿色生态城区	2012年4月，财政部与住房和城乡建设部联合下发《关于加快推动我国绿色建筑发展的实施意见（财建[2012]167号）》，明确提出为推进绿色建筑的规模化发展，鼓励城市新区按照绿色、生态、低碳理念进行规划设计，发展绿色生态城区，中央财政对经审核满足条件的绿色生态城区给予基准为5000万元资金补助。
	2012年11月，首批8个绿色生态城区获得5000万元资金补助，分别是中新天津生态城、唐山湾生态城、深圳光明新区、无锡太湖新区、长沙梅溪湖新城、重庆悦来生态城、昆明呈贡新区、贵阳中天未来方舟生态城。
	2013年3月，住房和城乡建设部公布《"十二五"绿色建筑和绿色生态城区发展规划》，明确提出"十二五"时期，将选择100个城市新建区域（规划新区、经济技术开发区、高新技术产业开发区、生态工业示范园区等）按照绿色生态城区标准规划、建设和运行。

（二）绿色生态城区典型实践案例

2012 年首批获得示范称号和 5000 万元资金补助的 8 个绿色生态城区正成为全国各地实践探索的典范。总结各个绿色生态城区的基本概况如表 3 所示，从表中可以看出，早期开展建设的中新天津生态城、唐山湾生态城、深圳光明新区和无锡太湖新城等用地规模普遍偏大，而近期发展的重庆悦来生态城、长沙梅溪湖新区、贵阳中天未来方舟生态城等均将用地规模控制在 3 ~ 10km^2，建设周期为 5 ~ 10 年左右，人口密度大于 1 万人 /km^2，相对于早期的建设实践更易满足用地规模合理、土地利用集约、建设周期适宜和建设成效显著的基本要求，这些也成为绿色生态城区实践探索的现状特点。

在规划建设方面，这 8 个绿色生态城区均在总规、控规、专项规划、专题研究、实施方案以及指标体系和实施导则方面进行了不同深度的探索，初步形成了较为系统的绿色生态城区规划建设模式（图 2）。特别需要指出的是，在申报绿色生态城区时需要满足“(1) 纳入所在城市总体规划；(2) 达到关于低碳生态的六个门槛指标；(3) 实施建设符合当地经济社会发展需要；(4) 实施方案突出近期，兼顾长远发展”的基本条件。

首批 8 个绿色生态城区的基本概况对比　　表 3

名称	规划面积 (km^2)	规划人口（万人）	人均规划建设用地 (m^2)	发展目标	建设周期
中新天津生态城	30	35	57.91	为中国乃至世界其他城市可持续发展提供样板；为生态理论创新、节能环保技术使用和展示先进的生态文明提供国际平台；为中国今后开展多种形式的国际合作提供示范	10 ~ 15 年
唐山湾（曹妃甸）生态城	74.3	80	92.59	世界一流的生态城市、港口城市、滨海城市、示范性城市、国际型城市和环渤海地区的重要城市	3 ~ 5 年建成功能完善的 12km^2 的起步区
深圳光明新区	156.1	80 ~ 100	72.54 ~ 90.67	绿色新城、创业新城、和谐新城	暂缺
无锡太湖新城	150	100	100	国内一流、国际上有影响的生态城，无锡宜居城建设的样板和标杆	8 年
重庆悦来生态城	3.44	5.7	43.16	以高品质居住为主，辅以商业服务、商务办公、科技研发、休闲游憩等城市功能的生态宜居综合社区	9 年
长沙梅溪湖新区	7.64	17.8	40.44	国际化新城 + 科技创新城 + 绿色生态城	8 年

续表

名称	规划面积（km^2）	规划人口（万人）	人均规划建设用地（m^2）	发展目标	建设周期
贵阳中天未来方舟生态城	9.53	17.26	40.74	绿色低碳之城 生态宜居之城	5年
昆明呈贡新区	160（核心区 $10km^2$）	150	107	具有温和地区特色的绿色生态示范区；以绿色交通为主导的绿色生态示范区	暂缺

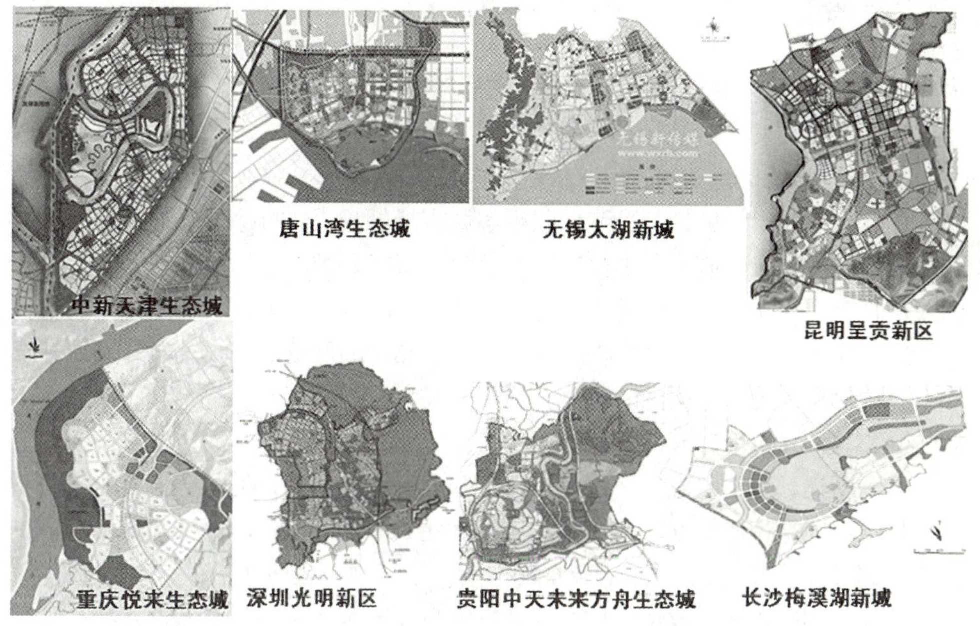

图 2　首批 8 个绿色生态城区的用地规划布局

三、规划建设

（一）规划建设取得的成效

从当前低碳生态城市实践案例的发展实际来看，低碳、生态、绿色的城市转型发展理念已经普遍得到地方政府认同和关注，并将其作为开发建设亮点，在规划建设实践中 100% 的绿色建筑标准已经基本落实；各地均编制了相应的指标体系来作为控制性要求，并尝试结合自身特色进行指标体系的分解和落实。具体的规划建设成效体现为以下方面：

1. 依托城市选址，具备集聚潜力

目前正在开展实践探索的多数案例城市或城区均能做到科学合理的规划选址。以首批获得示范称号的绿色生态城区为例，其选址均结合城市整体空间拓展，处于城市的主要发展方向上，是城市近期重要开发地区，地理区位、交通条件以及自然本底较好，市场开发潜力大，具备较好的吸引人口集聚的潜力。

2. 开展国际合作，探索规划编制

各案例城市或城区的规划均按照低碳生态的理念进行探索性规划编制，通过邀请国内外低碳生态城市、绿色建筑等方面的专业队伍，甚至开展国际咨询完成了城区总体规划、控制性详细规划以及城市设计等不同尺度和深度的规划，部分先行地区已经开始尝试把绿色建筑、可再生能源利用、绿色交通等指标纳入控规内容来强制性执行，或通过对绿色建筑在规划审批环节进行容积率奖励等来引导城区的低碳生态发展。

3. 专设组织机构，加强发展保障

设置专门的组织机构是保障低碳生态城市能够长效、有序发展的重要因素之一。调研的各城市政府为了加快建设绿色生态城区，均成立了相应的管委会，并引入城投公司或房地产公司进行土地的整理、投融资、一级开发，部分城区还通过跨区域合作或专门设置由城市政府主要领导领衔的低碳绿色推进办公室或领导小组，来保障绿色生态城区的有序、健康发展。

4. 出台政策标准，加快扶持推进

如前所述，绿色生态城区是在财政部和住房和城乡建设部联合下发的《关于加快推动我国绿色建筑发展的实施意见（财建[2012]167号）》中首次提出的，文件中对绿色生态城区的表述可以理解为绿色建筑规模化应用的一个空间载体对象，因此，相关的扶持政策和技术标准与绿色建筑有所不同，与前期开展低碳生态示范城市也有所区别，这就需要各城市在贯彻执行国家绿色建筑政策的基础上，针对绿色生态城区的特点出台因地制宜的扶持政策和技术标准。

5. 开发规模渐成，示范效应初显

目前，除重庆悦来生态城外，首批获得示范称号的其他绿色生态城区的规划建设已经普遍展开。各城区都能按照城市综合开发模式，开展规划编制、基础设施建设、环境整治和各类地产项目开发，同时加强低碳生态技术的应用，部分城区主要的河湖景观、城市干道已经形成，大量楼盘正在建设，如开工面积超过450万m^2的贵阳中天未来方舟生态城目前已具有相当规模。

（二）规划建设存在的问题

尽管绿色生态城区是我国建设低碳生态城市过程中提出的一个更为切合实际

的发展目标，但由于宏观指导政策的缺失以及内涵理解上的不充分等原因，在规划建设实践中仍存在不少误区和问题，如对绿色生态城区的认识过于狭隘，主要还停留在绿色建筑层面；对城区全面的“碳排放”、节能降耗减排等核心问题关注不够，低碳、生态、绿色的发展理念还停留在宣传、炒作，实际落实尚未做到完全到位，未来可以提升和改善的空间较大等，将目前存在的一些典型的共性问题总结如下：

1. 发展定位偏高，指标量化趋同

示范城区多数属于城市重点发展的地区，多数也都定位为城市副中心等，但从实际区位条件、产业类型和可承担的城市功能而言，目前的发展定位和目标普遍存在偏高的问题，还需要结合城市现状和未来经济社会的发展需求进行发展定位的纠正和调整，力求定位和目标的科学合理、切合实际。另外，多数示范城区当前制定的绿色生态城区规划建设指标体系过分参照中新天津生态城和唐山湾生态城等一些先行的案例，指标内容存在趋同化的问题，未能做到结合本地气候条件、资源禀赋以及地域特色的创新；其次，由于过于关注不同绿色生态城区指标数值的横向比较，使得部分指标数值偏高，可操作性不强；最后，当前所制定的指标体系对碳排放的重视也尚显不足，有关碳排放计算和碳清单编制的工作尚未开展。

2. 地貌改造过度，开发强度过大

尽管多数示范城区的规划都是按照低碳生态的理念进行编制，但在实际的建设过程中，部分城区缺乏对原有地形地貌的充分尊重，还是按照一般的城市开发思路，进行了开山扩湖等建设行为，且人工环境比例过大，与低碳生态的发展理念相背离。另外，由于部分城区过于追求容积率，因此导致部分地块存在局部开发强度过大、建筑密度过高的问题，集约节约使用土地的理念在实施中“变形”。建设过程所表露出的这些背离或曲解低碳生态理念的做法是绿色生态城区发展初期很容易出现的问题，需要通过加强低碳生态内涵理解和相关技术规范引导来进行及时的纠正，避免出现打着生态的旗号干着反生态的事情或绿色大跃进的问题。

3. 规划编制杂冗，引导作用有限

尽管低碳生态城市的实践活动开展得如火如荼，并已经取得一定的阶段性建设成果，但由于低碳生态城市规划的地位、编制方法等尚未明确，目前多以专项规划或专题研究等形式出现，而且与总规、控规的结合度有限，使得低碳生态理念的落实受到影响，规划的龙头引领作用不能得到充分发挥。从内容和深度上来讲，各地低碳生态城市的规划均属于探索性阶段，缺少上位规划和技术规范的指导，导致编制内容和深度存在较大偏差，无法对规划编制后的建设实施起到很好的保障和引导作用。

4. 绿建认识混乱，建设成本趋高

《绿色建筑评价标准》GB/T 50378-2006 自 2006 年颁布实施以来，其理念内涵已经被越来越多的政府、企业和公众所认可，但由于我国绿色建筑的起步相对较晚，目前仍属于探索的新兴事物，因此，在实际建设中，各地对绿色建筑的本质认识仍然较为模糊，未能严格执行绿色建筑的国家标准，且忽视地方气候特征，过于关注建筑内人工环境技术的应用；同时还存在着过于追逐超高层地标性建筑的问题，因此，尽管地方政府执行了 100% 绿色建筑的标准，但实际的建设过程中仍有不少值得改进和完善的地方。从整个绿色生态城区来看，建设成本的控制也是一个不容忽视的问题，由于当前对成本效益分析的重视不够，且城区建设土方工程量大，过于依赖人工设施和设备，强调新技术新材料的应用，绿化过于景观化等问题，导致绿色生态城区的总体开发建设成本相对较高，不符合绿色生态城区低成本高效益的总体原则。

5. 城市特色不强，公共参与匮乏

当前城市中普遍存在的“千城一面”的问题在低碳生态城市的规划建设中也尚未得到根本性的扭转，由于对自身地域特色挖掘不足，调研中的多数案例城市或城区未能做到充分结合当地资源环境特点进行规划建设，较为普遍地存在着对既有建筑“一拆了之”，对本土化技术、材料的应用不够，城市新型社区、邻里构成等不突出，慢行系统的规划建设缺乏新意等问题。低碳生态城市的规划建设需要政府、企业、社会的共同参与和关注，公众作为城市的生产者、建设者、消费者和保护者，对于低碳生态城市的建设有着重要的作用。而在规划建设过程中，反映公众参与、社会和谐的内容较为匮乏，未能在规划方案的制定、实际的建设推进过程和后续的监督监控中吸纳广泛的公众参与。

6. 体制创新不足，市场作用有限

低碳生态城市作为生态文明时代的新生事物，需要政府在发展初期给予必要的扶持和帮助以促进其健康发展。在当前的实践探索中，尽管已有部分先行城市或城区将控制指标作为土地招拍挂的先决条件进行规划管理体制方面的创新，但从整体来看，政府层面的引导政策和激励机制尚显不足。另一方面，目前的低碳生态城市实践探索多由政府牵头进行通盘考虑，属于自上而下的建设，企业和社会等多元主体的参与性不强，使得资源配置的市场作用尚未得到充分发挥，规划建设以及管理过程过多地受到主观意志的影响，缺乏必要的科学性和合理性。

四、发展趋势

（一）新时期城乡规划转型发展的机遇和挑战

推进低碳生态城市发展是城乡规划建设领域落实国家生态文明战略的重要抓手。中国正处于快速城镇化与资源危机并存的阶段，未来，要实现生态文明与新型城镇化的有机融合就必须树立“尊重自然、顺应自然、保护自然的生态文明理念”，改变原有粗放无序的生产生活方式，因此，绿色生态城区作为一种经济、社会、环境协调发展的低碳生态城市发展新模式将有助于推进生态文明建设并最终建成美丽中国。

低碳生态城市和绿色生态城区尽管尺度不同，但二者相同的内涵决定了传统城乡规划理论需要创新和发展以实现低碳生态的发展目标。低碳生态视角下的城乡规划希望提升和完善传统城乡规划方法的缺陷，将低碳生态的理念融入区域规划、城市总体规划和详细规划等规划编制的不同环节和层面。与传统的产业及人口规模主导下的城乡规划相比，低碳生态视角下城乡规划的创新和完善主要体现在指导思想、规划目标、规划内容、规划流程、控制形式及保障体系等方面，代表着更新更合理的发展方向（表 4）。

GDP 导向的城乡规划与低碳生态视角下城乡规划的对比　　表 4

	GDP 导向的城乡规划	低碳生态视角下的城乡规划
指导思想	经济增长建设，重视城市规模和增长速度；重视市场需求，保护与发展往往对立	可持续发展，强调城市增长的负面影响最小化；重视增长容量和可承载力；强调因地制宜，保护多样性
规划目标	以经济建设目标为主	多元目标，资源、环境、经济、社会协调发展
规划内容	重视经济和社会内容，忽视自然，均质功能分区	多专业之间的协同配合，环境、资源、自然系统分析和规划，生态功能分区
规划流程	静态规划，重视结果	动态规划，重视实际发生过程；生态分析先决，科学的规划及实施方案，规划影响的后评估
控制形式	技术规范控制	技术规范与公共政策引导
保障体系	以行政协调为主	要求更多的法制化和更广泛的社会参与

（二）城乡规划转型发展需要重点考虑的问题

未来，在生态文明理念的宏观指导下，城乡规划要以建设低碳生态城市为基本出发点，通过对传统空间规划设计方法和技术体系进行总结和提升，明确低碳生态理念植入城市规划的可行方法和途径，明确不同尺度低碳生态城市规划编制的目标、原则和方法，明确不同规划要素（理念、目标、内容、技术、政策）相应改变的内容和深度，从而实现低碳生态理念从理论到实践的过程，达到整体提高我国城乡规划设计技术水平的综合目标。

1. 规划理念的转变

低碳生态视角下的城乡规划是进行低碳生态城市建设的纲领性文件，是引导城市发展的基本依据和手段。低碳生态视角下的城乡规划要以其高度的综合性、战略性和政策性，在实现优化城市资源要素配置、调整城市空间布局、协调各项事业建设、完善城市功能、建设优质人居环境、维护全体市民公共利益等方面发挥关键作用，改变以往片面重视城市规模和增长速度的定式思维模式，转向对城市增长容量和生态承载力的重视，同时关注提升居民生活质量，不断改善人居环境，提高城市可持续发展水平。

2. 规划目标的提升

低碳生态城市的规划发展目标应当涵盖资源、环境、经济、社会四个方面，相应的城市发展指标体系也应涵盖这四个方面。指标体系不仅有助于准确把握低碳生态城市的发展方向，引导城市向低碳生态城市的目标迈进，而且还可用于考核和检查城市在规划、建设、运营等各环节中是否落实生态理念。指标体系构建的核心内容在于指标体系的构建、指标的量化和各项指标目标值的确定。指标体系构建中指标的选取和目标值的确定应遵循科学性、适用性、系统性、可操作性原则。鉴于城市发展和建设的复杂性与多样性，宜在遵循基本原则的前提下按照不同类型地区构建因地制宜的指标体系，以便对城市按特征分类指导。

3. 规划内容的优化

基于规划理念的转变和规划目标的提升，各层次的城乡规划应该优化和完善以下几方面的内容：(1) 区域城镇体系规划层面，应当重视研究区域内的城市化战略和政策，人口、产业、城镇的集聚发展，综合交通体系以及区域生态格局等；(2) 城市总体规划层面，应当重视研究城市的性质与功能、规模与容量、空间与形态以及城市建设用地、基础设施和中远期发展预测与控制，尤其是通过生态运行模拟技术综合调配生态基础设施的配置；(3) 控制性详细规划层面，应当重视研究针对城区土地利用、建设容量控制、环境容量控制、建筑空间形态、市政基础设施控制以及城市规划等指标的落实（表 5)。

4. 规划技术的创新

低碳生态城市作为多元要素耦合的复杂巨系统，基于生态学理论和低碳方法的低碳生态规划技术是保障低碳生态城市全面进入实践阶段的有力支撑。目前，

传统控规指标与常用生态指标的对比 表5

类型	传统控规指标	常用生态指标
土地利用	用地性质 用地面积 容积率	混合地块开发比例 地下容积率
建筑	建筑密度 建筑控制高度 建筑红线后退距离 建筑形式、体量、色彩、风格要求	建筑贴线率 单位面积的建筑能耗 新建建筑中绿色建筑比例
绿地	绿地率	植林地比例 下凹式绿地率 绿色屋顶比例
交通	交通出入口方位 停车泊位及其他需要配置的公共设施	公交站点500m半径覆盖率
其他	人口容量	微风通道 雨水利用占总用水量比例 建成区道路广场透水性地面面积比例 可再生能源／清洁能源需求比重 生活垃圾资源化利用率

各种低碳生态规划技术正呈现出由单一技术向集成综合发展的过渡趋势，一般包括但不限于：紧凑混合的土地利用、绿色低碳的产业系统、安全便捷的交通系统、低耗清洁的能源系统、循环节能的水系统、减量再生的固废系统、和谐宜人的生态系统、综合集成的绿色建筑系统、智慧高效的信息系统等。各项低碳生态规划技术通过城乡规划特有的空间资源配置技术，可以使城市空间的开发利用更加符合城市生态系统可持续发展的一般原理和规律（表6)。

5.规划政策的衔接

当前对低碳生态城市规划建设起促进和保障作用的法规政策体系还很不完善，政策、市场、技术三方联动的体制创新仍需不断探索。低碳生态城市规划建设涉及的能源、资源、土地、水、环境保护、经济等法律法规还需要进一步衔接，其规划的实施管理应当通过强化宣传教育、倡导公众参与、完善实施监督、创新管理协调等多方面的手段来建立低碳生态城市的保障机制。当前迫切需要总结国内外成功的低碳生态城市建设案例，逐渐转化为可推广、可复制的组织和运营方式，形成明确的引导低碳生态城市发展的法律法规体系和技术导则，同时，制定促进低碳生态城市发展的有关财税、产业配套政策，以城市公共政策的形式从宏观上提高城乡规划的实施效能，引导和保障低碳生态城市发展。

低碳生态理念下城乡规划技术体系的完善　　表 6

规划阶段	生态技术	解决问题
前期	生态诊断	利用实测和模拟等科学手段对城市的发展定位、生态本底、建设需求进行初步策划
	生态安全格局	通过构建城市宏观生态安全格局，判断城市斑块、廊道、基质等生态元素的景观结构和功能关系，指导其所构成的空间格局设计，建立生态基础设施
	生态承载力分析	生态承载力分析城市生态系统中的资源与环境的最大供容能力，为人口规模、城市开发强度提供生态本底依据
	土地生态敏感性分析	通过 GIS 空间统计分析方法综合分析土地建设的适宜程度，指导用地功能空间布局的合理性，为规划设计和决策提供了科学支持和依据
	生态功能区划	依据城市生态环境特点、城市开发程度的强弱和生产力布局，划分生态功能区，保护生态脆弱性区域和发挥城市生态服务功能价值
总体规划	通风分析	通过宏观通风模拟，指导城市开放空间设计，预留区域通风廊道，缓解城市热岛效应
	绿地碳汇分析	指导城市绿地空间的具体设计和实施，提升城市的整体生态功能
	能源利用	基于当地气候、产业特点，提出能源方式、结构及比例，能源管理的方式、可再生能源利用率等指标，指导总规以此为依据做好燃气、供热、电力的规划及布局
	低冲击开发模式	指导规划设计的整体布局和开发建设模式，采取减少对自然生态环境产生的冲击和破坏措施，达到人与自然的和谐
详细规划	通风分析	模拟区域通风，引导街区布局和建筑形态设计，更利于自然通风，创造宜居环境
	绿地碳汇分析	指导绿地植物的生态配置，建造自然的生态游憩空间和稳定的绿地基础
	噪声分析	合理引导城市的建筑形态和空间布局，降低噪声影响
	能耗定额	通过能源各项指标定义，指导详规中地块的电力、燃气等能源路网布置及容量确定，指引确定地块的开发强度和开发方式，做到资源与环境的和谐共存
	综合地表径流系数分析	指导生态雨水渗透系统在区域的布局及在不同用地功能地块的配比，以达到不影响原有自然环境的地表径流量

参考文献

[1] 李迅．低碳生态城市城市规划现状特征与发展趋势．引自 2012 年中国城市规划设计院业务交流会学术报告．

[2] 住房和城乡建设部调研组．绿色生态城区考察报告（内部讨论稿）．起草人汪科、王有为、

王磐岩、刘京、葛坚、张舰、丁旭、刘琰等。
[3] 李迅，刘琰. 中国低碳生态城市发展的现状、问题与对策 [J]. 城市规划学刊，2011（4）.
[4] 中国城市科学研究会. 生态城市指标体系构建与生态城市示范评价 2012—2013 案例报告（内部讨论稿）.

（撰稿人：李迅，中国城市规划设计研究院副院长，中国城市科学研究会秘书长，教授级高级城市规划师；刘琰，中国城市科学研究会，助理研究员）

我国城镇供水安全的形势和任务

近年来，我国城镇供水能力增长迅速。截至2011年年底，全国设市城市和县城供水设施能力达3.18亿m^3/日，服务人口5.43亿人，供水管网长度74.67万km，供水总量为611.13亿m^3。与1990年相比，设市城市用水人口增长了约191%，城市供水综合生产能力增长了88%，供水管网长度增长了490%；公共供水用水人口占总用水人口的比例提高了13个百分点。在中央投资的支持下，“十一五”期间重点对老城区运行超过50年和漏损严重的供水管网进行更新改造，漏损率平均下降了约3个百分点。在供水能力快速提升的同时，供水监测能力和应急能力也得到快速提升。由中央和省级住房城乡建设部门建立的“国家城市供水水质监测网”和“地方城市供水水质监测网”不断发展，初步形成了由国家中心站、42个国家站和近200个地方站组成的全国城镇供水水质监测“两级网三级站”体系。每年组织监测站采取跨区域交叉监测的方式开展城镇供水水质督察，并实施水质信息通报和35个重点城市水质信息月度公报。初步建立了由政府、部门和企业组成的多层次城镇供水应急预案和技术体系，提出了针对100余种污染物的应急净水技术，并在近40个大中城市示范应用。

一、城镇供水安全引发社会高度关注

城镇供水是城镇发展的生命线，保障城镇供水安全是一项重大而艰巨的任务，鉴于我国城镇供水系统的脆弱性和敏感性，任何影响城镇供水安全的事情，都会触发社会的敏感神经。

2012年6月29日，十一届全国人大常委会第二十七次会议举行联组会议，专题询问国务院关于保障饮用水安全工作情况，10位全国人大常委就他们关心的问题发表意见、提出询问。受国务院委托，国家发改委、科技部、财政部、国土资源部、环境保护部、住房和城乡建设部、水利部、农业部、卫生部、国务院法制办等10部委负责人到会听取意见、回答询问。国家发改委副主任杜鹰向全国人大常委会报告了饮用水安全保障工作情况，全面披露了水源地水质、饮用水出厂水质、末梢水水质等一系列数据。

2012年7月1日，新版《生活饮用水卫生标准》GB 5749-2006正式实施。新标准检测项目由35项增至106项，大幅增加了微量有机物、消毒副产物等毒理性指标，总体上与世卫组织水质标准接轨。该标准于2006年发布，2007年7月1日起施行，经过5年宽限期，多数城市自来水厂的出厂水水质能满足新标准的要求。2011年受有关部门委托，住房城乡建设部城市供水水质监测中心会同有关单位组织国家认可的专业水质检测机构对占全国城市公共供水能力80%的自来水厂出厂水进行了抽样检测。按新的《生活饮用水卫生标准》GB 5749-2006评价，自来水厂出厂水质达标率为83%，城镇供水总体安全。

2012年1月，广西龙江河镉污染，此次镉污染事件镉泄漏量约20t，波及河段达到300km，因担心饮用水源遭到污染，处于下游的柳州市市民出现恐慌性屯水购水。2月3日，由于运输苯酚的韩籍船舶操作不当泄漏苯酚，导致镇江市自来水出现异味，在其后两天里，镇江发生了抢购饮用水的风波。2月29日，因地处武汉白沙洲水厂上游约3km的陈家山闸大量排放污水，影响取水质量，水厂加大投氯量，武汉市自来水出现异味。8月19日，广东省清远市人民路段*DN*1000主干供水管因市政施工爆漏，清远全城用水受影响。10月27日下午，南充主城区一根直径800mm的供水主管被挖断，造成顺庆城区大部和嘉陵城区全部停水。12月31日，山西省长治市天脊煤化工厂发生苯胺泄漏事故，8.76t污染物排入浊漳河，导致下游邯郸、安阳等地大面积停水。一系列的城市供水安全事故引起了公众和媒体对城市供水安全的广泛关注和讨论。

二、我国城镇供水安全面临的挑战

（一）水厂工艺相对落后于水源水质变化

2011年，全国113个环保重点城市共监测389个集中式饮用水源地，其中地表水源地238个、地下水源地151个。环保重点城市年取水总量为227.3亿t，服务人口1.63亿人。达标水量为206.0亿t，占90.6%；不达标水量为21.3亿t，占9.4%。2012年7月1日，《生活饮用水卫生标准》GB 5749-2006全面实施，新国标检测项目由35项增至106项，大幅增加了微量有机物、消毒副产物等毒理性指标。相对当前严峻的水源水质状况和新水质标准要求的大幅度提高，水厂工艺相对落后。

根据对全国设市城市和县城现有4400多个公共水厂的普查，在2700多个地表水厂中，常规处理工艺的占98%，具有深度处理工艺的仅为2%；在1700多个地下水厂中，简单消毒和直接供水的占91%。建制镇中公共水厂普遍是常规处理工艺。根据对400多个重点镇的调研及安徽、福建、内蒙古等14个省（区）的情况分析，建制镇多数水厂的工艺不完善，尤其是属于临时性质的简易供水设施多达 11000 多个。常规处理工艺难以有效处理原水中有毒有害污染物，造成部分出厂水水质超标。

（二）供水管网和二次供水问题突出

据统计，目前服务期限超过 50 年以及陶管、石棉水泥管、混凝土管和灰口铸铁管等材质落后的管网约有 12 万 km，导致管网水的水质合格率比出厂水平均下降约 10 个百分点；管道漏损严重，50% 以上的城市供水管网漏损率超出标准，“爆管”现象频发，甚至引起全城停水。全国约有 30% 的城市居民使用以屋顶水箱和地下水池为主的二次供水设施，其中部分设施卫生防护条件差，疏于管理，供水水质二次污染风险问题突出，严重影响城镇供水安全。

根据对全国 286 个地级以上城市的抽样调查，部分大中城市每年“爆管”次数在 1000 次左右，有的甚至高达 4000 多次，主干管“爆管”引起全城供水危机的现象也有所发生，造成管网水质低于出厂水水质，主要表现为浑浊度增加，甚至会产生黄水、红水现象，个别还会出现微生物指标超标。

（三）水质监测能力十分薄弱

大部分城镇供水水质监测机构的水质监测能力不能满足《生活饮用水卫生标准》GB 5749–2006 的水质指标检测要求。国家城市供水水质监测网检测能力能够覆盖 106 项指标的国家站仅 26 个，绝大部分地方站的监测能力甚至不能覆盖《生活饮用水卫生标准》GB 5749–2006 中表 1 和表 2 的基本要求。目前，全国仍有部分省区不具备新标准的全部（106 项）指标检测能力，相当数量的城市常规（42 项）指标检测能力较弱，部分水厂尤其是一些小型水厂日检（10 项）指标检测能力不完善，难以对供水水质实施有效监控。

监测机构分布不均衡、布局不合理。监测机构数量相对较少，国家城市供水水质监测网只有 42 家监测站。现有监测网总体建设规模不足，水质监测机构分布不均衡，监测范围不能全面覆盖我国县级以上城市，尤其是中、西部部分地区的监测机构相对较少。

（四）公共供水设施发展不平衡

全国设市城市公共供水普及率平均为 89.5%，而县城平均为 78.8%，建制镇平均只有 62.0%，目前全国还有约 1.30 亿的城镇居民仍在依靠各种形式的自建设施供水。自建供水设施普遍简陋，专业管理水平较低，缺乏有效监管，水质安全隐患突出，并且水资源利用粗放。

三、规划指引发展：编制供水规划

根据《国务院办公厅关于加强饮用水安全保障工作的通知》和《全国城市饮用水安全保障规划（2006—2020年）》的要求，为提升市政公用服务水平，加快推进城镇供水设施改造与建设，确保供水水质，让群众喝上放心水，2012年5月，住房和城乡建设部会同国家发改委编制了《全国城镇供水设施改造与建设“十二五”规划及2020年远景目标》（以下简称《规划》）。

“十二五”全国城镇供水设施改造与建设的目标是：持续推进城镇供水设施建设，提高公共供水普及率，至2020年，基本形成与全面建设小康社会要求相适应的城镇供水安全保障体系，实现城镇公共供水全面普及，供水能力协调发展，供水水质稳定达标。要保障城镇供水水质，重点解决因水源污染、设施落后等导致的饮用水水质不安全问题；扩大公共供水范围，提高公共供水普及率，设市城市达到95%、县城达到85%、重点镇达到75%，满足新增城镇人口的用水需求；降低供水管网漏损，80%设市城市和60%县城的供水管网的漏损率达到国家相关标准要求，地级以上城市建设和完善供水管网数字化管理平台。

“十二五”期间的四项重点发展任务是：

一是对老旧供水设施进行改造。通过水厂处理工艺升级改造和管网更新改造，解决因水源污染和供水设施落后造成的供水水质不达标问题，降低管网漏损。对出厂水水质不能稳定达标的水厂全面进行升级改造，总规模0.67亿m^3/日，其中：设市城市改造水厂规模0.48亿m^3/日，县城改造水厂规模0.13亿m^3/日，对重点镇的设施简陋的水厂进行改造规模0.06亿m^3/日；对使用年限超过50年和灰口铸铁管、石棉水泥管等落后管材的供水管网进行更新改造，共计9.23万km，其中，设市城市4.20万km，县城2.51万km，重点镇2.52万km；对供水安全风险隐患突出的二次供水设施进行改造，改造规模约0.08亿m^3/日，涉及城镇居民1390万户。

二是规划新建供水设施。适应快速城镇化发展要求，扩大公共供水服务范围，推进城乡统筹区域供水，进一步提高城镇公共供水的设施产能和公共供水普及率。新建水厂规模共计0.55亿m^3/日，其中，设市城市0.31亿m^3/日，县城0.15亿m^3/日，重点镇0.09亿m^3/日；新建管网长度共计18.53万km，其中：设市城市6.79万km，县城5.77万km，重点镇5.97万km。

三是水质检测与监管能力建设。统筹兼顾，合理布局，大力推进供水企业水质检测能力建设，进一步完善“两级网三级站”水质监测体系，全面提升供水安全监管水平。提高水厂的水质检测能力，满足水厂运行的水质控制和供水水质管理要求。所有城镇水厂都应建设水质化验室，并至少具备新标准要求的10项日常检测指标的检测能力；规模达到10万m^3/日以上或水源水质、运行工艺等有特殊检测要求的水厂，可根据实际需要和条件相应提高水质检测能力；规模达到30万m^3/日及以上的水厂或供水企业，至少应具备新标准要求的42项月检指标的检测能力。按照合理布局、全面覆盖和资源共享的原则，依托现有的水质检测机构，进一步完善“两级网三级站”水质监测体系。以“国家城市供水水质监测网”为基础，通过提升现有检测机构的技术装备，使每个省、自治区具备标准要求的106项指标的检测能力，以满足本辖区内水质年度检测及国家水质督察的需求；以“地方城市供水水质监测网”为基础，通过提升现有检测机构的技术装备，使每个地级市具备标准中要求的42项以上月检指标的检测能力，以满足本辖区内水质月度检测需求及地方水质督察的需求。加强国家城市供水水质监测网中心站的水质检测和科研能力建设，提升城镇供水行业对各地供水水质的监管能力和业务水平，推动国家饮用水水质与安全监控工程技术发展。

四是供水应急能力建设。健全应急响应机制，完善应急预案；完善水厂应急处理设施，储备应急供水专项物资，加强应急抢险专业队伍建设，全面提高应急供水保障能力。供水企业应配备必要的应急检测设备，储备应急物资，建立应急抢修队伍。水厂应配备针对本地区水源特征污染物的药剂投加、计量装置和设施等；县政府应增强城市供水系统的应急调度能力，完善应急供水相关设施，配备必要的应急物资。有条件的地方，可将置换的地下水作为应急备用水源；建立国家和省级应对重特大突发性事件的应急抢险专业队伍，配备必要的应急供水装置、装备。

为保障《规划》顺利实施，《规划》明确省级人民政府要将保障城镇供水安全纳入地方政府的考核目标，实行行政首长问责制；市县人民政府是规划实施的责任主体，负责本辖区饮用水安全保障工作，要将供水设施改造与建设项目和任务落实到部门和单位，确保实施进度；供水企业是供水水质安全的直接责任人，要统筹做好设施改造、建设与运行管理等各方面工作，实行精细化管理，增强水质监测能力，严格水质检测，保障供水水质达标。

“十二五”期间规划项目总投资为4100亿元（表1），《规划》指出要多渠道筹措城镇供水设施改造与建设资金，一是加大地方财政性资金投入，地方政府要将城市建设维护资金、土地出让收益用于城市建设支出的部分优先用于供水设施改造和建设；二是完善水价形成机制，强化价格监审，合理调整水价，增强企业筹资能力，地方人民政府应对水价不到位进行补贴，对政策性减免水费进行补偿；三是落实《国务院关于鼓励和引导民间投资健康发展的若干意见》精神，吸引民间资本投资建设供水设施；四是继续安排中央补助投资，重点向中西部及财政困难地区倾斜；五是地方人民政府组织实施居民住宅二次供水设施改造。

各省（市、区）“十二五”供水设施改造与建设任务　　表 1

省（市、区）	水厂改造规模（万 m^3/日）	管网更新改造长度（km）	新建水厂规模（万 m^3/日）	新建管网长度（km）
合计	6714	92317	5545	185320
北京	12	1912	227	783
天津	6	845	100	1425
河北	183	1864	212	5398
山西	60	3848	151	8155
内蒙古	183	2356	57	2510
辽宁	296	4612	376	10193
吉林	139	2586	214	4235
黑龙江	319	4129	207	6723
上海	942	2295	95	1004
江苏	344	3454	368	17450
浙江	244	4546	172	12632
安徽	299	4838	299	14229
福建	62	2738	75	6711
江西	76	2205	125	3388
山东	282	4253	159	3268
河南	358	4552	516	12546
湖北	379	7917	177	12635
湖南	506	5562	142	5281
广东	1087	8277	468	13023
广西	223	2007	199	1966
海南	11	692	38	1981
重庆	45	1903	177	5140
四川	169	969	342	4334
贵州	111	3005	69	5021
云南	102	3871	202	7436
西藏	5	298	36	616
陕西	100	2342	152	5333
甘肃	78	1527	29	3071
青海	5	450	19	2947
宁夏	44	467	43	1951
新疆	44	577	76	2264
新疆生产建设兵团	10	1420	24	1677

四、机制促进发展：完善制度建设

为适应我国城镇化健康快速发展，配合《规划》的实施，城市供水行业专家系统总结和吸纳了“十一五”期间取得的城市供水相关技术成果和实践经验，先后组织编制了《城镇供水设施建设与改造技术指南》、《城市供水水质督察技术指南》、《二次供水工程技术规程》等标准和规范，指导和促进了供水行业的发展。

《城镇供水设施建设与改造技术指南》于 2012 年 11 月由住房和城乡建设部印发，该指南主要针对全国城镇供水设施建设与改造的规划设计和设施的运行管理，涵盖城镇供水系统从“源头到龙头”的各主要环节，内容包括技术对策、原水系统、净水工艺、特殊水处理、应急处理、供水管网、二次供水和水质监控等。针对我国城镇供水设施现状和存在的问题，该指南提出了系统、全面、可行的技术对策和措施，对《规划》的科学实施和行业技术水平的整体提升具有重要的支撑作用。

《二次供水工程技术规程》于 2010 年 4 月由住房和城乡建设部发布，该规程对我国城镇二次供水过程中水质、水量、水压，二次供水系统设计、设备设施、泵房等的控制与保护，二次供水系统设计施工和调试验收，以及维护与安全运行管理作了规定。该规程适用于城镇新建、扩建和改建的民用与工业建筑生活饮用水二次供水工程的设计、施工、安装调试、验收、设施维护与安全运行管理，有效提高了我国城镇二次供水工程的建设质量和管理水平，有力保障了城镇供水安全、卫生和社会公众利益。

《城市供水水质督察技术指南》（建议稿）是针对目前水质督察缺乏技术规范的问题，研究提出对城市供水水质和供水单位实施监督检查时的技术要求，有利于实现城市供水水质督察工作的科学化、规范化。该指南规定了水质督察实施中的检查内容、检查要求，提出了水质检查和水质安全管理检查各个环节的技术要素。针对水质检查，该指南对水质监测技术中的难点，如样品采集、样品保存与运输、样品检测和质量控制措施等技术提出了规范化要求；针对水质安全管理，该指南对现场检查程序、方式和供水单位水质安全管理检查内容等作了规范化要求。此外，该指南还提出了适用于水质督察工作的结果评价方法。《城市供水水质督察技术指南》（建议稿）是首次提出的、适合我国水质监管工作特点的水质督察规范性技术文件，填补了国内空白。该指南紧密结合了城市供水主管部门开展的水质监管工作，已应用于 2010 年和 2011 年的全国城市供水水质督察工作中，在样品采集、样品保存与运输、样品检测、样品的质量控制以及督察结果评价等方面起到技术指导作用。

五、科技支撑发展：开展水专项研究

针对我国饮用水水源普遍污染、水污染事故频发、供水设施不适应、监管体系不健全、安全保障能力不足等突出问题和技术难点，围绕《生活饮用水卫生标准》GB 5749–2006和《全国城市饮用水安全保障规划（2006—2020年）》全面实施的迫切要求，国家"水体污染控制与治理科技重大专项"设立了饮用水安全保障技术研究与示范主题（以下简称饮用水主题）。饮用水主题的总体目标是：通过关键技术研发、技术集成和应用示范，构建饮用水安全保障工程技术和管理技术两大技术体系，为全面提升我国饮用水安全保障能力和促进相关产业发展提供科技支撑。

"十一五"期间，饮用水主题设置了7个项目45个课题，重点围绕水源保护、水厂净化、安全输配、监测预警、应急处理、管理保障等方面开展研究，建设了70多项示范工程，规模总计达到500万m^3/日，惠及人口超过2500万，为保障60周年国庆、上海世博会、深圳大运会等重大活动的供水安全提供了技术支撑，形成了一批技术标准、规范和指南，开发了一批具有自主知识产权的水质监测材料和设备，并初步建立了"从源头到龙头"全流程的饮用水安全保障工程技术体系和"从中央到地方"多层级的饮用水安全保障监管技术体系。具体研究成果有：

（1）实现了受污染水源生态净化技术的突破，成果在全国最大规模的嘉兴市石臼漾水厂水源净化湿地工程中得到应用，实现了湿地出水水质主要指标提高1个类别的目标，为供水规模为25万m^3/日的石臼漾水厂的安全供水提供了重要保障，关键技术经优化已在嘉兴市另外一个水源地——贯泾港水源地水质净化工程中获得应用。

（2）突破了臭氧—生物活性炭深度处理工艺中溴酸盐控制等关键技术，基于过氧化氢投加和氨氮投加的溴酸盐控制技术以及利用向上流生物活性炭—砂滤组合控制生物泄露的技术在济南（20万m^3/日）和上海（60万m^3/日）的深度处理工程中得到应用，为进一步推动臭氧—生物活性炭深度处理工艺在全国的应用提供了技术保障。

（3）建立了"常规处理—超滤"、"深度处理—超滤"饮用水膜处理工艺，并分别在东营南郊水厂（10万m^3/日）和无锡中桥水厂（15万m^3/日）进行了示范应用，为超滤膜净水技术在我国的规模化应用奠定了基础，同时也促进了国产超滤膜的技术进步和产业化发展。

（4）利用新生态铁锰氧化物解决了地下水除砷这一世界难题，在1万m^3/日规模生产性试验的基础上，完成了郑州东周水厂（20万m^3/日）的除砷工程改造，除砷工程运行费用低于 0.05 元 /m^3；建立了低温生物除锰技术，并在哈尔滨建立了 4 万 m^3/ 日的示范工程。

(5) 系统研究了水源切换中管网黄水的产生机制，揭示了配水水质、管垢类型和生物膜之间的相互作用对铁腐蚀产物释放的影响，发现在无致密管垢层且生物膜内铁氧化菌为优势菌的管网区域水源切换时容易发生黄水，在此基础上提出了控制管壁腐蚀产物释放的策略，为解决河北调水入京后供水管网出现的大面积"黄水"问题以及广州西江水源置换（取水量为 242 万 m^3/ 日）水质保障提供了科学支持。

(6) 系统调查了全国 4400 多个城镇水厂的供水状况，并对其中 35 个重点城市的 127 个主力水厂进行了 170 项指标的水质评价，全面掌握了我国饮用水水质状况，系统发展了饮用水风险评价与管理技术体系，形成了《城镇供水设施建设与改造技术指南》等 69 项技术标准、规范。

(7) 建立了针对 180 多种特征污染物的 490 种检测方法和近 40 种快速检测技术，编制了包括国内外 900 余例水质污染事故的案例库，构建了可接受分布式、多信源、多制式水质监测数据和相关信息的城市供水水质监测预警应急技术平台，具备了对全国 43 个重点城市水质数据的远程上报和信息化管理能力，平台已在济南市、杭州市、东莞市成功进行了示范性应用。

(8) 开发了针对 115 种污染物的应急处理技术，初步构建了应急处理技术体系，在 6 个城市建设了示范工程，对 39 个重点城市进行了饮用水应急能力建设规划，为 7 次重大污染突发事件的应对和 5 次重大活动的安全保障提供了重要的技术支撑，并编制了供水应急预案编制指南，为全面提升我国城市供水行业的应急保障能力奠定了有力基础。

(9) 研发出在线 / 台式颗粒计数仪、生物毒性仪、多参数水质在线检测仪、免试剂在线水质监测系统、固相萃取装置等 24 台（套）水质监测设备，填补了多项国内空白，推动了供水行业监测设备的产业化发展，为国产化设备进入供水行业搭建了良好的平台。

"十二五"期间，饮用水主题将在"十一五"研究成果的基础上，以进一步完善饮用水安全保障工程技术和管理技术两大技术体系，构建供水行业关键材料和设备产业化体系，全面支撑我国饮用水安全保障能力的提升和相关产业的发展为目标，进行重点研究任务的布局和规划。在工程技术方面，继续推进关键技术的研发，强化技术和工艺的系统集成，发展"从源头到龙头"全流程的饮用水安全保障工程技术体系，主要选择太湖、滇池流域和南水北调受水区等重点流域的示范城市和区域开展技术集成和应用示范，力争实现示范区内 2000 万服务人口"龙头水"水质达标；结合国际上的先进理念，进一步强化服务于政府和企业的饮用水安全保障监管技术研究，构建相对完整的饮用水安全保障监管技术体系，推动地表水环境质量标准和饮用水卫生标准的修订，推动国家、省、市三级饮用水水质监管业务化技术平台的应用；全面开展城乡供水材料、设备的产业化技术研究，推动国产化设备在重点示范区和示范城市的应用，促进 3 ～ 5 个产业化技术平台、生产基地和产业化联盟建设。

参考文献

[1] 住房和城乡建设部主编．中国城市建设统计年鉴（2011 年）[M]．北京：中国计划出版社，2011．

[2] 住房和城乡建设部，国家发展和改革委员会．全国城镇供水设施改造与建设“十二五”规划及 2020 年远景目标 [Z]，2012．

[3] 环境保护部，国家发改委，财政部，水利部．重点流域水污染防治规划（2011—2015 年）[Z]，2012．

[4] 卫生部，国家标准化管理委员会．生活饮用水卫生标准 GB 5749-2006 [S]，2007．

[5] 国家发改委，水利部，建设部，卫生部，国家环保总局．全国城市饮用水安全保障规划（2006—2020 年）[Z]，2007．

（撰稿人：邵益生，中国城市规划设计研究院副院长，研究员；张全，中国城市规划设计研究院城镇水务与工程研究院院长，教授级高级工程师；周长青，中国城市规划设计研究院，高级工程师；张志果，中国城市规划设计研究院，助理研究员；张桂花，中国城市规划设计研究院，研究员；林明利，中国城市规划设计研究院，工程师）

中国城市综合减灾的“十年”

引言

中国城市综合减灾的“十年”，基本上界定在2002～2012年范围，由于涉及国际事件及当代灾情，问题梳理及盘点略作延展。为什么要研究“十年”的中国城市综合减灾问题，这不仅仅是它涉及中共“十六大”、“十七大”的强国之策，更因为国际防灾减灾格局的发展与变化，中国城市化进程加快所带来的日益严重的事故灾难的威胁与挑战，不用大尺度去思考城市规划设计与城市策略，将无法保证城市稳态持续的发展。如2001年“9·11”事件后，全球的非传统安全备受关注，随着联合国世界减灾的内涵发生着变化，凡涉及城市安全、凡涉及城市重大影响力事件、凡涉及重大聚会场所，不仅瞩目传统安全事件（地震、极端气象灾害、火灾及其工业化事故等），还必须同时关注反恐怖、遏制踩踏等群死群伤，以及跨地域、跨国际的融入环境安全的综合减灾问题。2000年悉尼奥运会、2004年雅典奥运会、2008年北京奥运会、2012年伦敦奥运会以及2010年上海世博会，各国都在安保与灾难防御上投资巨大。在中国以2002年年末至2003年6月发生的广东、北京“非典”事件为标志，它催生了中国以城市为单元的应急管理建设，对于北京也因为2001年“12·7”发生的小雪致主城区大瘫痪事件，均引发政府对突发事件的认识。但由于政府对单一事件处置及总结缺乏上升到城市灾难的认识视角，致使十年来全国城乡在发生一系列同类“灾事”时屡屡失控，束手无策，从一定层面讲加剧了城市发展的不安全与城市防灾规划的效力不足。

过去的“十年”是中国城市发展史上灾难凸显、伴随巨灾发生、灾害损失及影响不断加剧的十年；

过去的“十年”是中国城市减灾开始步入综合减灾、整体应对、防抗救能力增加的十年；

过去的“十年”是中国城市减灾强化应急预案建设与应对，但仍未真正走出被动应急，缺少常态建设的十年；

过去的“十年”是中国多数城市在经历“灾难”洗礼中开始编制并尝试城市综合减灾规划的十年。

一、“十年”灾情与启示

气候变化是当今世界面临的最大挑战，据2011年世界气象组织的相关报告，2001～2010年是有记载以来世界最温暖的十年。尽管没有人知晓气候变化的极端影响在多大程度上才算不威胁城市的安全。从联合国21世纪以来的“国际减灾日”主题的变迁就可以发现其影响及其变化，早在1996年“国际减灾日”就提出“城市化与灾害”的命题。

2000年：“防灾、教育和青年——特别关注森林火灾”

2001年：“抵御灾害，减轻易损性”

2002年：“山区减灾与可持续发展”

2003年：“面对灾害，更加关注可持续发展”

2004年：“总结今日经验，减轻未来灾害”

2005年：“利用小额信贷和安全网络，提高抗灾能力”

2006年：“减少灾害从学校抓起”

2007年：“减灾始于学校”

2008年：“减少灾害风险，确保医院安全”

2009年：“让灾害远离医院”

2010年：“建设具有抗灾能力的城市：让我们做好准备”

2011～2012年：“让儿童和青年成为减少灾害风险的合作伙伴”

2001年12月7日，正值中国24节气中的“大雪”，又逢周末。但大面积降雪的前兆并未通过专家认可，突降小雪后，无人应对的政府及数百万市民只能徘徊在交通瘫痪的一个“死节点”上，城市近十余小时的停滞为首都北京带来了严重的经济损失及极坏的影响；2004年2月5日春节北京密云灯会，由于缺乏应急预案与安全规划，发生拥挤踩踏，死亡32人，成为北京城市史上的新教训；2004年7月10日，仅十年一遇的暴雨突袭北京城，竟使城市道路多处拥堵瘫痪，然而它仅仅是北京城市“水患”的一个序章，接下来的2006年、2008年、2009年、2011年北京均在夏季发生城市水灾，最令北京人无法忍受的是2012年7月21日的暴雨：虽然北京“7·21”暴雨之灾有“61年一遇”的说法，但它本质上是告知社会这是一场自然灾难。首先，自1951年至今，北京历史上有过几次相仿的特大暴雨天气，如1963年8月8日朝阳区来广营464mm（死亡27人）；1972年7月27日怀柔八道河479.2mm，问题是今天与50年前相比，城市化率大为提高，现代的高速摊大饼式的城市规划建设在给城市带来繁荣的同时，更为城市安全保障留下难以跨越的危机。对于“水安全”的属性问题，2010年的“世界减灾日”上联合国秘书长潘基文曾指出，在当代社会已难再找到纯粹的致社会之灾的自然灾害了，全球尤其是大城市要格外关注自然诱因造成的灾难扩大化问题，因此对“7·21”暴雨之灾的61年一遇自然灾难说，最有说服力的说法应是，北京的不堪一击源于自然之灾，而其脆弱的应对能力表现与突发事件的无序化是综合减灾应急管理人为缺失造成的。

纵观北京“7 · 21”事件的诸多细节自然会质疑，暴雨之灾究竟考验了怎样的北京精神？但面对突发事件，面对北京跻身世界城市的远景目标，能让世界及国民看到的已不再是一个欠宜居的城市，更是一个安全承载率已到极限、本质上在危险膨胀、城市化发展质量不高、缺少安全保障的城市。当下京城忙碌于建设世界城市的一系列壮举中：一方面加速 CBD 建设，另一方面在做金融街扩容，仅仅是一场历史性大暴雨就让北京市民找不到最基本的生存底线，渴望雨水的北京，竟然在暴雨下“窒息”，怎能不让人发问这还是不是我们的家园，北京还是不是城市！怪就怪在北京雨洪不断，2012 年 8 月 8 日，一场小雨又使丰台区久敬庄路引来没膝积水，市民怨声一片，调研发现这一带没有排水沟。如此城市建设怎不暗藏隐患，没布置好生命线系统，为什么要扩容住人，如此城市隐患区还有多少？如果说，“7·21”暴雨之灾考验北京应对大灾的能力，那更客观的陈述：它却考验出北京自 2003 年“非典”至今不断建立的但本质上仍薄弱的城市应急体系；它却考验出北京在遭遇突发事件下管理无序、极度脆弱、再现“非典”当年场景一般的状况；它却考验出如此超大规模城市在规划建设上“求速欠安”的战略错误及管理缺失；它却考验出城市综合减灾应急管理欠协调整合能力的事实；它却考验出全市范围内安全文化自觉意识不到位，常态下种种安全文化教育走过场，安全社区建设走形式留下的种种弊端。事实上，近十年来愈演愈重的当属全国百余个城市令人恐惧的“逢雨逼涝”的事件。表 1 给出了 1973 年至今 40 年来 15 次我国重大自然灾害事件统计。

1973 年至今我国重大自然灾害事件统计 表 1

序号	时间	灾害事件	损失与死亡
1	1973 年 2 月 6 日	四川炉霍县 7.6 级地震	倒塌房 1.57 万间，死亡 2175 人
2	1974 年 5 月 11 日	云南永善、大关 7.1 级地震	倒塌房 2.8 万间，死亡 1423 人
3	1975 年 2 月 4 日	辽宁海城 7.3 级地震	死亡 1328 人
4	1975 年 8 月 4 ~ 8 日	“7503 号”台风在河南境内停滞，引发特大暴雨	致板桥、石漫滩 1 座大型、2 座中型及 44 座小型水库溃坝，死亡 2.6 万人
5	1976 年 7 月 28 日	河北唐山 7.8 级地震	死亡 24.2 万人
6	1981 年 7 月 11 ~ 15 日	四川万县等地洪涝	倒塌房 153.4 万间，死亡 1358 人
7	1983 年 7 月 31 日	陕西安康市遭百年一遇洪水	安康老城全城淹没，死亡 1063 人

续表

序号	时间	灾害事件	损失与死亡
8	1985年8月23日	新疆乌恰县7.4级地震	乌恰旧城夷为平地，死伤近300人
9	1994年8月21日	“9417号”台风登陆浙江瑞安	倒塌房20万间，死1126人，失踪319人
10	1999年9月21日	台湾集集地区7.6级地震	死亡2329人
11	2008年5月12日	四川汶川8.0级巨震	死亡、失踪近9万人
12	2009年8月8日	第八号台风“莫拉克”登陆台湾	死亡566人，损失比“9·21”大地震严重
13	2010年4月12日	青海玉树7.0级地震	死亡2698人，失踪270人
14	2010年8月8日	青海舟曲罗家峪、三眼峪泥石流	致舟曲县大半个县城被毁，死亡1434人
15	2013年4月20日	四川雅安7.0级地震	倒塌房10余万间，死亡196人，失踪21人

2009年10月14日“国际减灾日”，潘基文在致辞中明示：联合国国际减灾战略与世界卫生组织、世界银行一道，重点宣传旨在使医院不受灾害损害的2008～2009年的世界减灾运动。安全医院运动是采取实际步骤来加强医院的安全：如医院安全指标是一份清单，用于讨论医院的防备情况，已在拉丁美洲和包括阿曼、苏丹和塔吉克斯坦在内的其他地区的许多设施中得到采用；另据2009年12月初瑞士再保险公司的2009年全球巨灾研究报告，2009年自然巨灾和人为灾难导致的社会经济损失总额为520亿美元，其中保险公司承担的损失额为240亿美元，亚洲因巨灾遇难的人数最多。该报告称，截至2009年12月上旬还算风平浪静，未发生类似2005年“卡特里娜”飓风的事件，那场飓风造成了710亿美元的高额经济损失。报告又称，2009年1～7月，欧洲和美国发生的最大的五个灾难事件中，每一个灾难事件的保险损失都超过10亿美元，2009年前7个月的自然巨灾和人为灾难赔付是过去20年平均水平的近两倍。

2010年是“十一五”的最后一年，也是政府驾驭大灾难度过不同寻常的危机事件的一年，在12月7日全国防汛抗旱暨舟曲抢险救灾总结表彰会上指出：仅2010年水旱灾害发生频次之高、影响范围之广、持续时间之长、人员伤亡之多、灾害损失之重，可谓历史罕见。从年初西南五省区百年不遇特大干旱，到入汛后全国30个省区市遭受超历史极值降雨，已使258座县城及城市区进水受淹，431条河流发生超警以上洪水，长江上游出现超过1998年特大洪水，111条河流发生超历史的特大洪水，数千座水库和大量堤坊出险，一些中小河流堤防决口、漫溢。洪涝灾害导致2.1亿人受灾，3222人遇难，1003人失踪，直接经济损失3475亿元。特别是甘肃舟曲发生新中国成立以来最大泥石流灾害，造成1765人死亡和失踪，县城河床抬高形成堰塞湖，严重威胁下游10万余名群众的安危。这是2010年中国城乡极端天气酿成的巨灾，它更发问人类，灾难祸根仅仅归于大自然吗？在2010年8月2日中国民盟中央"灾害与社会管理专家论坛第八届年会"上，联合国秘书长全球减灾事务特别助理玛格丽特·瓦尔斯特伦女士强调"灾害不全是自然的，灾害是不恰当的社会经济发展政策和实践的后果"。2010年11月末从瑞士再保险公司获悉：2010年全球自然灾害与人为灾害直接损失高达2220亿美元，其中保险损失占360亿美元，大灾难造成的死亡人数也远高于2009年，达26万人（事实上仅海地地震死亡人数即31.6万人），是1976年以来的最高数字，致死人数最大的"灾事"是2010年元月的海地地震，2009年灾害损失达520亿美元，其中保险损失240亿美元；2008年的保险损失达500亿美元；在11月30日墨西哥坎昆气候变化大会新闻发布会上，世界气象组织（WMO）世界气候研究计划（WCRP）主任Astar表示：未来极端天气气候事件将变得更加严重和频繁，减少面对极端天气气候事件的脆弱性将是适应气候变化的重要内容。在炙手可热的全球气温升高的议题下，美国及英国气象局的统计发现，过去十年比20世纪90年代气温更高，而且每个十年气温都高于之前的十年。2010年圣诞节前后，欧美多个国家连续遭遇强降雪，导致机场瘫痪，全球一周内延滞的航班有上万次，这似乎"名正言顺"地定义2010年是灾害年景了。

如今，中国"城市病"越来越表现出人为致灾的特色：暴雨导致城市交通瘫痪，不合格设备的投入运行大大降低了城市安全度，劣质食品及药品充斥市场造成无辜伤亡，城市人为风险（自然被工业化、传统被理性制度化）已成为现代城市社会灾难风险的主要来源，即核与辐射安全、重金属、危险化学品、持久性有机污染物，危险废物等都是不可忽略的城市新环境风险因子。基于城市人口急剧集中，相伴而生的灾害隐患不断增多，人为因素的致灾、成灾频率呈非线性提高，因此了解城市人为灾害的比率及重要类型是确定城市人为灾害高风险区的关键。应承认，目前对人为灾害的概念还缺乏统一认知，但按《国家突发事件应对法》中界定的自然灾害、事故灾害、公共卫生事件、社会安全事故四大类灾害中，至少后三种基本上属于人为灾害范畴。

"十年"中国城市灾情留下的主要启示是要树立"综合减灾"与"大安全观"：

综合减灾有两重含义，即一方面与城市公共危机的连锁扩散性密切相关，任何一种单向危机事件可引发一连串次生危机事件，需多个部门予以统一协调并管理，尤其要防止这类危机事件再衍生"新灾"的可能性；另一方面从危机事件应急管理的全周期即监测、预测、预警、预防、救援、善后、恢复等过程，都需要政府各主要职能机构在综合部门的统一指挥下有序地应急处置、优化决策。综合减灾是指采用各项预测、预警、预防措施，减轻多重灾害对城市地区的威胁及影响力。其关键点在"综合"二字上，即要体现对灾情认知的综合观，对灾害管理的综合观，对灾害机制协调的综合观，对应急预案及法规落实的综合观等。综合减灾的四大特点：

(1) 单灾种之间的机理相关性：现代城市灾害的“灾害链”现象愈来愈多，明显的灾害“连锁链”以风—雨—雹—洪水—滑坡—建筑毁坏—雨涝等为最普遍，因此从城市层面上研究多灾齐发（主灾与次灾）且关注灾害未知域意义重大，这就是必须用综合灾情观去研究单灾种间相互作用的理由。

(2) 城市各减灾环节的可整合性：城市防灾减灾的诸多事例证明，在落实单灾种执行力之前，有效而完备的城市综合减灾“三制一案”管理很必要，即对现代大都市必须推进“全社会减灾要素的综合运作”。从国家及城市综合减灾行动上虽必须发挥单灾种作用，但也必须促使综合减灾管理、决策、指挥机制的优化建设。

(3) 综合减灾更有助于促进城市社会发展：如果在城市经济上以GDP和政府财政收入作为正向增长的标志，那么城市灾害所及的“消费”的投入就可视为负面增长。目前的每年灾损尚未与统计部门合作，尚未仔细核算灾害直接损失以外的因灾造成的社会生产链的连带经济损失（也即衍生灾害的数额），更缺乏与国家保险机制相衔接。所以，综合减灾必须研究灾损与灾害恢复前后的变化规律，必须在城市减灾系统工程中强调安全减灾经济学的应用等。

(4) 定性与定量综合集成性：由于城市灾害具有多重特性，由于城市系统是社会、人类、地理诸系统的整合，所以采用定性与定量相结合的方法是综合减灾方法论的需要，其特点是：从多方面定性认识上升到定量认识；自然科学与社会科学理论与经验技能相结合；按照复杂大系统的层次论将宏观与微观相结合；将“软方法”与“硬技术”相结合等。所以，综合减灾观下的量化分析是综合专家群体认知的一种实践。

大安全观是指面对“灾变”城市，创造一个新的安全格局，对灾变不仅敬畏，更要在感受与认知中找到新的进化范式，虽然灾变是不可精确预测预知的，但并非等于人类将束手无策地等待着一次次灭亡。大安全观支持综合减灾理念，并倡导非传统安全或新安全观。非传统安全与传统安全有着密不可分的相互联系性，但二者所涵盖的问题特点与性质具有明显的区别。明确两者的相互联系性与区别性，将有助于重新思考与规划国家安全战略，以应对新安全环境中的传统安全与非传统安全问题带来的威胁。综合减灾与大安全观的主题，也暴露出现代城乡在综合性风险评估及管理认识上的不足：由于应急管理多为单灾种，势必对多因素、多灾种、多环节、全过程的灾情把握不住，影响到风险评估准确性，降低了综合减灾的可预见性；城市减灾的综合性体现在作为承灾体面临事件的多样性、各种灾害复杂作用的综合性、城市灾害共生及耦合关系的综合性、“人—物—灾害作用”链条上的综合性上，没有综合、整体、系统的对策方法是有害的；由于城市规划的综合性，及自然赋予城市安全减灾规划的综合性原则，建立综合性的城市安全规划，有利于城市事故与灾难的预防、控制、救援、灾后重建及安全减灾管理的统一协调。综合减灾还强调复合性与发散性，前者指要综合考虑城市安全规划中管理部门对规划方案的反馈作用，有利于使安全减灾规划运转，后者的发散性主要指要考虑系统外因素的作用即有关与应急体制、机制、法制相关环节的信息，从而使综合减灾规划有广度、有深度。

二、"十年"成就与问题

（一）成就

对于城市灾难，联合国国际减灾战略署 2012 年 12 月 11 日在曼谷发布了 2012 年亚洲灾害数据，报告强调中国制订了《国家综合减灾规划（2011—2015 年）》，将年均因灾直接损失占国内生产总值的比例控制在 1.5% 以内。国际减灾战略署还指出：2012 年，在南亚、东南亚和东亚地区，83 起灾害中共死亡 3103 人，6450 万人受灾，2012 年前 10 个月，这三个地区灾害死亡人数占到全球灾害死亡人数的 57%，受灾人口占 74%，经济损失占 34%。另据亚洲开发银行 11 月发布的《亚行对自然灾害和风险的应对》称，在亚洲，人们遭受自然灾害的可能性是非洲的 4 倍，是欧美的 2.5 倍，联合国亚太经济及社会理事会和国际减灾战略署 2012 年 10 月底也发布《2012 年亚太地区灾害报告》。所有这些来自国际社会的灾难风险说，都表明无论多么现代化的城市，具备防灾减灾能力建设才是城市的真正面子。历史地看，从让－雅克·卢梭到卡尔·马克思，对自然生态就有无比鲜明的强调，虽"生态文明"好似一个妇孺皆知的概念，但"十八大"对其理念的解读，让我们深深感到它已不是老生常谈，需要我们为生态永继（Ecological Sustainability）而强化"自然与人"的防灾减灾建设，因此审视中国高速化发展十年的城市减灾工作成绩意义很大。

2003 年发端中国并迅速肆虐全球 32 个国家和地区的"非典事件"，暴露出我国公共卫生体系存在缺陷，对于突发公共安全事件应急机制不健全等诸多问题。历史地看，进入 21 世纪以来，伴随着 2001 年 9 月 11 日美国纽约的"9·11"事件及中国的事故灾难，尤其是城市化人为灾害加剧，表现在公共卫生上先后有山西朔州毒酒事件、非典、高致病性禽流感、猪链球菌感染、手足口病疫情、甲型 H1N1 等一系列突发公共卫生事件，使中国应对和处置突发公共卫生事件、重大自然灾害衍生出的公共卫生问题的工作面临严峻形势及巨大挑战。仅针对"非典事件"，2003 年国务院及时颁布了《突发公共卫生事件应急条例》，建立健全突发公共卫生事件应急机制，提高突发公共卫生事件应急能力；“非典事件”后，政府投入117亿元解决国家、省疾病控制和预防中心（CDC）的硬件设施建设，并完善了一系列与公共卫生事件相关的法规。卫生部于2004年成立了卫生应急办公室。截至2008年年末，除西藏外，全国30多个省级卫生厅局都设立了专业机构。但值得注意的是，由于占全国人口不到15%的城市人口享受2/3的医疗保障，而广大农村人口仅享受不到1/3的保障，导致我国公共卫生系统的软硬件薄弱，突发公共卫生事件的应急管理能力低下。基于“非典”事件对中国城市的考验，我国应急管理体系提升到一个新阶段即“一案三制”建设。它们在应对2008年南方低温雨雪冰冻灾害、“5·12”汶川大震、玉树“4·14”特大地震、甘肃舟曲特大泥石流等突发事件中，在成功举办的中国文化影响力事件如北京2008年奥运会、新中国2009年六十周年华诞、2010年上海世博会、广州亚运会及深圳大运会等方面发挥了重要作用。全国大中小城市“横向到边，纵向到底”的预案体系又初步形成，“启动应急响应”已经成为防灾减灾中的重要环节。但客观地讲，应急预案未充分体现应急准备的超前职能，应急预案的体系结构与分类有待改进，应急预案的针对性与可适用性还亟待提高，应急预案动态管理滞后，社会参与度低，都是现状的不足。2007年11月1日正式实施的国家《突发事件应对法》是我国第一部关于综合性灾害管理的法律，尽管作为国家减灾防灾体系尚不健全，但它毕竟从责、权、利诸方面以法规界定了国家减灾的政府行为。

（二）问题

尽管十年来我国城市防灾、抗灾的综合能力明显提高，防抗救一体化的综合减灾体系初步形成（体制、机制、法制），但总体上应对巨灾（自然与人为）的能力还相当薄弱，如果说汶川“5·12”巨震该举全国之力，那么雅安7.0级强震就不该不计“成本”与“投入”采取无计划的投入，没有“收入产出比”的城市与城镇化防灾是无益于国家城市减灾战略的。总体讲，中国城市（含城镇化）面临的挑战是：气候变化的不确定性导致了更大的环境风险；中国城镇化的无序猛增日益加剧潜在风险；全球巨灾的影响及扩展不可能不影响到国际化的中国。具体表现是：除自然灾害、人为灾难外，大规模污染事件、食品与医药安全、突发公共卫生事件、校园建筑安全、恐怖主义等非传统安全风险凸现中国，如继2010年大亚湾核电站泄漏事件、紫金矿业污染事件后，2011年又发生渤海油田溢油事件、云南曲靖铬渣事件等。

1. 四大直辖市安全问题

2012年5月，在上海举办的第四届直辖市安全论坛上，国家安监总局强调：当前我国正处在工业化、城镇化快速发展期，城市正呈现新的特征如城乡一体化、人口密集化、工厂园区化、道桥高架化、系统复杂化等。事故灾难已由传统行业向城市交通、建设、消防及各种运行行业及校园、社区、工业园区等转移，尤其是人员高度密集的公共场所及城市重大事件类空间，灾害风险有增无减。

其一，城市功能决定了灾害的复杂性及难预知性。自 2003 年北京“非典”事件后，2009 年央视新址大火、2009 年上海莲花河畔景苑“6 · 27”7 号楼倾倒事故、2010 年上海“11·15”特大火灾事故、2011 年北京地铁 4 号线自动扶梯故障、2011 年上海 10 号线“9 · 27”追尾事故及“9 · 14”重大道路交通事故等都说明，尽管四大直辖市有不同的城市功能定位，但出现的事故灾害有着共通的复杂性及难预见性。

其二，快速的城市化进程，难挡住事故灾害的新风险。城市安全的系统性、衍生性、交叉性特征日益明显，这是城市化快速发展面临的无法摆脱的新情况。如在北京、上海、天津日趋严重的地面沉降事实上，上海已预测在未来 20 年内海平面将上升 10 ~ 16cm。四大直辖市均处在转型发展的关键时期，各类要素流动性和聚集度极高，必须立足城市安全可控能力建设，不断调整与之对应的安全态势及发展目标，不可在无安全保障的情况下盲目发展，超强建设。

其三，国内近十年来城市综合防灾减灾规划不仅纳入“城市总体规划”版本中，还越来越集中在如下方面：灾害监测预警信息发布系统、防灾与应急管理信息系统、城市应急保障平台、城市应急综合救援队伍、应急通道、避难疏散场所、应急基础设施、救灾物资应急供应系统等。

仅反复强调的城市洪涝灾害在四个直辖市就十分凸显，2011 年 5 ~ 10 月，北京、上海、天津、重庆都不同程度遭灾。回溯 2007 年，重庆主城区洪灾十分典型，2007 年 7 月 17 日重庆主城区 24h 降雨 266.6mm，交通全面瘫痪，重庆山城变“水城”，某些著名文物被洪水冲毁，受灾人口达 643.5 万人（42 人死，12 人失踪），直接损失近 30 亿元（同年 7 月 18 日山东济南市突降暴雨，37 人死亡，除溺水外，6 人触电死亡，5 人因建筑物倒塌死亡）。2013 年年初发布的《上海资源环境发展报告》称，上海城市转型发展面临“五大”风险，即水质性缺水风险、土地重金属污染风险、复合型大气污染风险、能源外部与化石结构依赖风险、突发事件发生频次上升风险等。

2. 城市生命线的承载力极限

2013 年 4 月 1 日，中国政府网发布了国务院办公厅通知，要求做好城市排水防涝设施建设工作，力争用 5 年时间完成排水管网的雨污分流，用 10 年左右时间，建成较为完善的城市排水防涝工程体系，这是国家首次给出城市防涝路线图及时间表。从表面看，它研究了既要排水也要蓄水的根治内涝之策，强调增加城市透水性能，可问题是它的全部构想离开了城市的现实情况，未从城市空间无限扩大化去考虑问题，无休止地增加城市容量及功能，将使城市排水防涝设施建设永远跟不上变化，这种可怕的增长，威胁的不仅仅是城市防涝系统，更为城市整个生命线系统安全带来困境。中国多数城市不仅面临再度沥涝之灾，而且在能源、交通、通信、供电、供气等生命线冗余保障上危机重重，城市生命线系统的综合事故率普遍高于发达国家城市几倍甚至十倍以上。新“两会”上，北京市委书记郭金龙表示，特大城市控制规模要正视、不回避，北京现有常住人口 2069 万人，要正视人口、资源、环境的矛盾，要破解特大城市服务管理上的难题。这说明，北京的“世界城市”之题已正在过去，理性的北京开始思考适度规模的发展主线。以北京地铁为例：截至 2013 年 3 月上旬的统计，北京地铁日客流 1000 万人次已成为常态，这已是一项超莫斯科的世界最大地铁运力。《北京日报》文章说：从日均 900 万人到 1000 万人破纪录只用一周；10 年地铁里程增加 300 余公里；客流 5 年增加近 500 万人；每名地铁乘客平均坐 11 站……但研究中唯独缺少北京地铁与世界地铁强国的安全比较，也没有中国主要城市地铁安全运营与安全建设的数据。

3. 城市防灾常态管理与应急管理不矛盾

无论是 2005 年的卡特里娜飓风，还是 2012 年的“桑迪”飓风，都警示美国及世界各国，要高度关注极端灾害条件下的城市综合应急管理。除管理思考外，科学研究对预测未来灾害风险十分有价值。要知道与城市防灾的脆弱性相关，它更强调的是系统的抗逆力，它强调系统对外界冲击的应对，乃至受到灾害袭击后回到原有状态的过程。城市综合减灾的研究涉及面广，不仅要研究城市灾害学原理，还要研究城市综合减灾理念下有效的防灾减灾技术对策。如地下空间安全及其地铁运营的评估，越来越要求予以风险效率研究，不仅要研究地铁中人员合理疏散困境的高发性，也要研究地铁安全运营设施的可靠性，并努力使之纳入到城市地下空间安全体系中，从而找到城市安全投入的合理指标。由于现代城市灾害的不确定性，找出其规律，采取周密的管理措施，变应急管理为规划为先的常态管理极为重要：常态化的应急管理既要遵循通常的行政管理规则，更要考虑到应急工作的自身特点。这里的自身特点就是要使管理方法适应应急处置的高度不确定性，重点把握最关键的要素（如指挥中心），加强最薄弱的环节（如棚户区防范、人员密集场所防灾），防范最危险的风险（如各类生命线系统、工业化事故及泄漏危险源），将有限的资源按重要度集中到最主要的方面上。常态化应急管理重在使城市防灾规划与应急预案集成化。要看到由于管理部门的自行其是，应急预案及管理仅局限于政府或法规的程序方面，大多与常态化城市防灾规划不符，导致灾害发生时，由于应急机制中的抗灾资源分布无法与城市公共安全规划中的空间概念相统一，致使防救灾延误、效率不高。

4. 应急避难场所安全设计之忧

如北京“7 · 21”暴雨之灾一样的全国各大中城市“逢雨必灾”的事实，再次让人们关注城市应急避险场所。如果说，大城市的灾害应对中要以最大、“最坏”的场景出现作为制订预案的前提，那么加快城市应急避险场所建设，是体现对人的生命尊重和生命至上理念的。2002 年北京市规划委员会与北京市地震局共同编制《北京中心城地震及其他灾害应急避难场所（室外）规划纲要》，成为我国第一个有关城市防灾减灾应急避难方面的规划纲要。天津市于 2004 年编制避难场所规划，并进行避难场所人均用地指标取值研究等。尽管从建设应急避难的场所需求量及受灾人口容量诸方面研究并论证，人口密度影响因素、地质条件因素、用地功能因素、建筑质量及生命线系统特殊保障因素，但我国尚未建设能综合防御地震、极端气象条件等多灾种的避难场所。考虑大城市的巨灾发生的条件，现有避难场所的数与质都更有相当差距。避难场所是保障城市安全的一项重要公共服务设施，因此其可达性与公平性十分必要。可达性指从城市空间中任一点到达目的地的难易程度，反映人们到达目的地过程所克服的空间阻力大小；公平性的本质是资源空间配置的合理性及带有补偿性质的分布公平性。据我国《城市抗震防灾规划标准》的规定，避难场所的服务半径宜为 2 ~ 3km，这是可达性与公平性配置时要遵循的要素。事实上，应急避难场除存在服务重叠率高、设计容量过剩的情况外，还存在少量服务布点的“盲区”，如对避难人群缺少必要的“保障”分析，即年龄、性别、步行速度等。因此，建立全面而系统的多灾种的安全城市避难场所任重道远。

5.“非典”十年质疑预案的有效性

回眸中国的“非典”十年，其两大进步是：其一，一系列公共卫生事件的防御法规得到“刷新”的修订，如果说“非典”能突然袭击全社会，与它本身诡秘莫测，从一开始就占据“天时地利”有关，但更重要的是国家公共卫生领域“漏洞”太多，乘虚而入的空间太大所致，10 年变迁，中国在公共卫生上已经拥有了应对危机的基本预案；其二，“非典”十年伤痛与重生，让公共卫生步入快车道，它也潜移默化地影响着中国防灾减灾的各个系统，不能说汶川地震、玉树地震乃至当下的一系列突发事件我们未以“非典”应对汲取经验，难怪有人联想，如果像防“非典”一样防雾霾、防御 H7N9 禽流感事件等，是不是形势会更好。当前，切不可在无科学根据的条件下为了稳定提前说“过头话”。面对“非典”十年的医疗建筑规划设计防灾进步，有专家坦言，不少北京综合性三甲医院在疫情之初是城市人群最集中的传播源，但又是可挽救重症病人的骨干，但十年过后，要真的杜绝“非典”这样的公共卫生事件也并非易事。考量“非典”十年是否让中国增强了减灾抗体。“非典”十年是中国公共卫生事业大发展的十年，不仅流言倒逼信息公开，拓展开来的中国防灾减灾抗体也已承担起庇护国民的重任，更催生了国家应急体系建设。“非典”过后，国家因此建立起了以“一案三制”为核心的应急管理系统，可问题是在成为防灾减灾“利器”的同时，也有慌乱和不从容，仍有不应有的减灾建设重复投入，仍有与城市安全发展相悖的后果，仍有难走进公众日常生活的安全文化教育的阻碍。要看到如今在所有城市脆弱性上最主要的问题是防灾减灾常态机制未建立，从而造成欲强化的应急体系中必然有先天漏洞，总结有三大缺陷：①应急预案的“空化”与“泛化”。2003 年“非典”过后，按照质量服从速度的想法，不得已在短时间内从上至下要求编制大量应急预案，并坚持“一案”（应急预案）带“三制”（应急体制、机制、法制）的思路，由于违背了防灾减灾建设规律，很多预案定位发生错位，形成了一大批宣言式的大而全、大而空的泛泛而谈的方案，基本上无操作性，已被一系列“灾事”证明是无效的。②应急预案的僵硬化。在过去的十年间，由于急躁，中国推进了统一模板的标准化模式，从而造成“依葫芦画瓢”，在短时间内国家自上而下编制了数百万件应急预案，相互复制，照搬照抄，内容高度雷同，造成了屡屡遇“灾事”无法奏效的后果。③应急预案“闭门造车”过场化。“评估走形式，常年不修订”是我国现状应急预案的症结。如今不少大中城市对应急预案持机密原则，尽管一味在城市中宣传防灾应急文化，但对从根本上有效地让公众理解预案的环节缺乏社区层面的关照，更没有真正务实的预案演练，因此形式化的预案高于实效化、本质化，虽夸耀公众安全文化觉悟有大提高，但事实上，十年的“非典”启示仍是防灾困难重重，已到全面加强综合减灾的时候了。

6. 灾后重建规划与安全城镇化

面对雅安已满目疮痍的土地，灾后重建应从哪方面入手？我以为必须首先处理好的大问题，从来自灾区调研及灾害防御、城市科学、建筑学的专家意见看，对强化灾后重建的管理指导呼声强烈，这恰恰是探讨坚持灾后重建的可持续发展观的含义。可持续发展的基本含义是既满足当代人的需要，又不对后代人满足其需要构成危害。以此对照十分迫切的四川雅安灾后重建（无论是城乡规划，还是灾民安置房，乃至文化遗产保护）都需统筹安排，不仅要想到困难重重的眼前，更要为子孙后代着想，绝不能走违背安全发展的路。从灾区反馈的信息看，与抢险救灾相比，灾后重建或许是因为太急迫、任务太繁重、牵头单位太多、灾区需求不断增加等原因，体现出多方面的无序状态。我以为，这种无序如果体现在决策管理层必将造成未来建设的短视；这种无序性如果表现在灾后重建的规划师、建筑师等科技人员层面将为未来的建设留下缺少研究空间先天不足的隐患；这种无序如果表现在灾区为文化遗产受损而快速仿制复建、快速盲目地建成一大批雷同的地震遗址博物馆（纪念馆），也会为未来的灾后记忆酿成败笔；这种无序也会在忙乱中不仅使生态恢复难进行，还会加剧生态破坏。为此，为着灾后重建的伟业不失误，必须极其慎重地按国家最高规格去研究论证其灾后重建规划的可实现性，因为面对灾后建设迫切性及目标值恐难有不追赶时间的，所以必须用好可持续发展这个准绳，必须在灾后重建中重审人与自然的关系。灾后重建，在哪儿建？狭长的山谷、闭塞的交通、脆弱的生态，再加上龙门山的地震带，是否另行选址。可远离故土，诚然会让灾区的百姓们黯然神伤。残酷的现实，要求我们必须站在可持续发展的视野，去千方百计躲避自然灾害的风险，切不可使重建规划又处在一触即溃的灾变临界点上。面对还在颤动的大地及不断遭遇的次生灾害，在地震与地质科学家尚无法确定是“就地重建”、“就近重建”或“异地重建”的情况下，规划师和建筑师只能认真地研究防灾城市、防灾建筑的规律及做法，基本无权快速展开真正的灾后重建规划设计，或某种形式上的国际设计竞赛，这将是有悖于可持续发展安全准则的。

据不完全统计，五年前汶川地震造成300多万间房屋倒塌，1500万间房间损坏，80%为农村民房；三年前玉树地震造成90%的房屋倒塌，土木房屋几乎全塌；两年前安徽安庆市和怀宁县交界处仅发生4.8级地震，竟使极震区杨桥镇600多户民房成为危房……是什么使我国农村民房逢震必塌呢？从大处说，尽管国家《防震减灾法》规定，一般的建设工程都要采用中国地震动参数区划图进行抗震设防，城市中的新建建筑都遵从了抗震设计规范，但对于绝大多数农村而言，由于经济发展水平等历史原因，政府各方对农村民房没有抗震能力的明确要求，技术与管理上都是空白，也就是说，农村自建房本身就埋下了灾害隐患。因为农村防灾自护意识的薄弱，由于缺少灾后真正的逐一排查的指导，由于农村自建房不需设计与专业施工，这些“三无”（无资质、无技术、无图纸）的“工人”在缺乏施工经验及监管的条件下，怎能盖起安全上过关的房屋。作为一种反思，汶川“5·12”地震已过五年，全国各省（市）援建大军，只关注大项目，只重视新面貌，很少有以抗震加固为基础的防灾建设，因此防灾与设防远远未做到全覆盖，芦山强震造成的房倒屋塌之狼藉境况正是对建设防灾工作的考量。

城镇化是中国当代的一件大事，如何在安全减灾上不误读城镇化，更是对每位规划师、建筑师的考验。我尤其以为，当前城镇化的发展、新农村建设的推进是增强农村民房抗震、防御相关灾害能力之契机。纵观我国城镇化建设面临的灾害风险，主要有自然灾害与人为灾害两大类：前者指地质地震灾害、极端气象灾害、旱涝、雷击与生态灾害、环境侵蚀等，对西南诸省尤以山地综合灾害更为严峻；后者指城镇的工业化事故、建筑安全、不安全用电、交通恶性事故、城镇生命线系统事故等，这里尤其要提请研究、建设、管理者瞩目建设性破坏，以及贫困脆弱乡镇存在的“贫困—灾害—再贫困”的灾害循环链条，要从构建灾难中真正的城乡真正庇护所的角度出发大大推进“安全城镇化”建设，着重解决农村民房规划设计中的安全事项。

三、新“十年”的城市综合减灾建言

（一）安全城市八论

（1）安全城市应是一个全面且本质安全的城市，其自然灾害、人为灾害、公共卫生事件、社会事件四大类危机事件时刻处于顶层设计安全状态的监控之中。

（2）安全城市应是一个有综合应急管理能力的城市，要有综合减灾立法为前提保障的综合应急管理及处置能力，在这方面要有与中央政府相协调的、区别于一般直辖市特殊的“属地管理”职能。

（3）安全城市对各类灾变应有综合“跨界”的控制力、指挥力、决策力，具有国内外灾害防御及协调救援的快速反应能力及认知水平。

（4）安全城市要求自身具备一流的生命线系统及可靠性高的指挥体系，不仅保障系统安全可靠，还应快速自修复，还要有较充分的备灾容量以及快速疏导拓展能力。

（5）安全城市要有市民的国际化水准，不仅市民要具备安全文化养成化教育的素质与技能，同时要求至少城市人口有60%以上接受过防灾教育且有达到世界卫生组织要求的安全社区标准的必要数量。

（6）安全城市要具备极强的应对巨灾的抗毁能力，面对各类巨灾要能保障60%以上的市民安全、有能力参加自救互救，使城市重要设施能良好运行。尤其要在巨灾下处于良好的稳定应变的状态。

（7）安全城市在使政府公务员成为安全应急监管的“先行者”的同时，也要求项目建设者及管理者的公共安全建设理论与实践、文化与演练、工程与非工程策略都要成为灵魂。

（8）安全城市更要具备当代城市与建筑之观念，要具备灾害区划及“警戒线”的保障能力，具备最大限度减少人为灾害及灾害扩大化的能力。

（二）《城市安全设计大纲》编研建议

2011年12月国家颁布了《国家综合防灾减灾规划（2011—2015年）》，国家安监总局发布了《安全生产科技“十二五”规划》，住房和城乡建设部发布了《城乡建设防灾减灾“十二五”规划》，同时全国四大直辖市也都发布了“十二五”期间城市综合应急管理规划，如果从固本培元层面讲，这些规划已经依法为城市安全建设奠定了基础。从城市规划设计的可操作层面讲，不仅设计人员缺少安全减灾设计的规范与标准，也难真正落实安全责任，面对城市大建设的局面想不造成安全减灾设计的失控局面都难。为了真正赢得安全减灾的好局面，切实防止安全设计的走过场，在城市与建筑防灾设计规范很不齐全的现实下，编制《城市安全设计大纲》极有必要。

《城市安全设计大纲》的提出其核心即是强化城市的本质安全设计，它追求安全设计与城市设计的交互与再组合。《城市安全设计大纲》是一个规划师、建筑师都可遵循的有理论高度又能指导实践的设计准则，是《城市总体规划》减灾篇之下的细则或称某些防灾、减灾技术标准的整合文本，所以它的规范化与可操作性体现了一种防灾设计“法规”总则的作用。其编制思路及要点如下：

①本大纲立足城市总体防灾减灾规划的体系化，强调从大格局上把控住城市安全的用地结构与布局，最大限度地隔离城市的安全隐患。②本大纲立足于城市的全灾种，并强调综合减灾的大安全观，强调城市在防灾减灾中加大对人为致灾规律的专门化研究与布控。③本大纲在城市功能化安全设计的同时，加强避难应急场所设计与规划，调动防洪、消防、民防及地质灾害防护，安全生产诸领域的专业规划，提出综合防御的规划原则、标准及措施。④本大纲在城市防灾与建筑整体安全设计的构造化建设上有突破，即如何构建安全可靠的城市生命线系统并与重点建筑相联系，如何使城市系统总体上不蚀化、建筑物耐震化、建筑机电系统可修复化等。⑤本大纲全面安排城市防灾绿化系统，建设功能齐全的城市防灾公园。不仅要建设功能齐全的防灾公园以及防灾公共设施，使之与城市各主体建筑、构筑物（含全方位交通）相互连接、补充，同时也要提供更多的城市可发展的柔性空间。⑥本大纲全面布局弱势群体使用建筑安全的防灾减灾设计。一方面要对现有城市建筑物（尤其是老旧住区、学校与医院、养老院及妇幼场所等）进行多灾种防御的“补强设计”与安全评估；另一方面要加大对新建建筑，尤其是超高、地下空间、超大建筑的综合安全设计评估，克服仅为应对消防建审、抗震设计的局限性。⑦本大纲要求安全设计一方面要与现有城市防灾法规相衔接，另一方面要调动市民的参与，因为城市空间的营造不仅仅是为了城市，本质上更是为了广大公众，要真正为公众营造一个安心型、安全型、多样型、舒适型、文化型的社会。⑧本大纲不仅仅是规划设计的安全措施，更是一个安全设计标准化的指南和工具；它不仅仅是对技术人员的单一的安全应急服务系统，更是对规划师、建筑师的公共安全空间上综合性的应急响应支持体系。因此，大纲有多学科重点危险源的判断，还有连锁灾难发生时风险区域的判定与分级管理的空间设计，从城市安全空间设计的分层分级看，城市安全管理的权限也要求所构建的空间设计要以明确的城市安全分区为前提。⑨相关城市安全规划设计的政策建议等。

（三）相关综合减灾公共政策的相关建议

2012 年，中国正迎来新的十年，在“十年”这一历史长河中的瞬间，如何跨越式发展，如何与世界互动，都有前所未有的机遇和挑战。无论是超大城市还是城镇化，必须在如下方面有明显改进：①提升城市关于生命与安全的国家观念；②提升城市防灾抗毁的生命线系统能力；③提升城市综合减灾规划的本质能力与水平；④提升城市规划师、建筑师的防灾减灾设计研究教育；⑤提升城市管理者及公务员的应急管理能力与素质；⑥提升城市公众、中小学生、弱势群体的防灾自护能力教育等。具体还有如下思考与建议：

其一，发展城市应急安全产业。要承认，现阶段我国城市居民的应急管理意识极端欠缺，城市灾害事件下真正有效的应急处置物资异常薄弱，城市应急预案从预警到处置很不成熟，屡屡让城市逢灾必乱，逢灾皆有难。因此，城市发展离不开与城市化发展相匹配的综合减灾能力的增强，离不开应急安全产业的大发展。若考虑到城市老龄产业、生态产业等的发展，应急产业的需求更成为城市现代化、国际化的不可或缺的必要条件，如协同创新的集群发展、应用物联网的应急管理“生态圈”技术等。

其二，发展城市应对巨灾的基础性研究。无论是 2005 年的卡特里娜飓风，还是 2012 年的“桑迪”飓风，都警示美国及世界各国，要高度关注极端灾害条件下的城市综合应急管理。除管理思考外，科学研究对预测未来灾害风险十分有价值，它与城市防灾的脆弱性相关，更强调系统的抗逆力，强调系统对外界冲击的应对，乃至受到灾害袭击后回到原有状态的过程。城市综合减灾的研究涉及面广，不仅要研究城市灾害学原理，还要研究城市综合减灾理念下有效的防灾减灾技术对策。如地下空间安全及其地铁运营的评估，越来越要求予以风险效率研究，不仅要研究地铁中人员合理疏散困境的高发性，也要研究地铁安全运营设施的可靠性，并努力使之纳入到城市地下空间安全体系中，从而找到城市安全投入的合理指标。

其三，发展以城市的防灾立法为标志的规划能力建设。要针对城市应急管理区域协作能力有待提高、城市基础设施防灾减灾能力滞后、突发事件的公众参与度低的情况，探讨与国家《突发事件应对法》相配套的《城市防灾法》的编研思路。重点要研究以综合减灾理念为标志的法律体系及功能，明确基本原则及法律的根本制度，从而创新性地提出《城市防灾法》的基本框架。鉴于我国城市化高速进程及事故灾害频发的严重局面，建议在“十二五”期间要全力推进城市防灾立法的程序及路径。笔者建议：要全面加强我国城市综合减灾应急管理能力建设，除立法研究要先行外，还至少要有六个做法，即：①加强城市灾害风险源及其隐患的普查、排查力度；②加强城市重点领域监测网络与预测预报系统的综合构建；③加强城市应急信息指挥与灾后恢复重建能力建设，严格限定重特大事件报告信息流程，强化灾后与灾前的常态化统一规划；④加强城市跨部门、跨地域、跨行业的应急物资协同保障与复杂条件的应急物流建设；⑤加强城市综合防灾标准化体系建设，创造条件为各种应急预案管理提供制度保障；⑥加强城市适应防灾减灾管理新情况、新特点的综合政策研究，准确把控社会心态及诉求的应急传播模式建设。

（撰稿人：金磊，中国灾害防御协会副秘书长，北京减灾协会副会长，北京市建筑设计研究院教授级高级工程师）

盘点篇

编者按：盘点篇主要概括介绍了本年度城乡规划编制和住房保障规划建设、城乡规划评估等工作的进展情况。本篇章的城乡规划编制内容主要包括我国的城镇化发展和区域规划、城市总体规划、控制性详细规划、城乡统筹规划、城市设计、城市交通规划、城市防灾规划、城市能源规划、资源与环境保护规划、旅游规划等，希望通过每年对这些规划的盘点与总结，推动我国城乡规划编制工作水平的提高。

我国的城镇化发展和区域规划

引言

2012 年，我国城镇人口达到 7.12 亿人，城镇化水平达到 52.6%，比上年末提高 1.33 个百分点，城镇人口总数比农村人口多 6960 万人，城镇化继续稳步快速推进。国家城镇化战略和相关问题研究成为全社会瞩目的焦点，《国家城镇化发展规划（2012—2020 年）》正在抓紧时间制定，各地也纷纷出台与城镇化相关的政策和措施，城镇化成为全社会瞩目的焦点问题，包括省域城镇体系规划在内的各类区域规划作为各地落实国家和区域经济社会发展目标、推动城镇化战略的重要公共政策，得到各地的普遍重视，在技术方法上与时俱进，与地方特色的结合不断深入，并对规划的实施性和操作性愈益关注。

一、城镇化继续快速稳步推进，各地水平和增速差异仍然较大（表 1）

各省区城镇化率及增速情况　　表 1

—	2010 年城镇化率（%）	2011 年城镇化率（%）	2012 年城镇化率（%）	2011 年城镇化增速（%）	2012 年城镇化增速（%）
全国	49.7	51.27	52.6	1.57	1.33
北京	86.0	86.2	86.2	0.20	0
天津	79.6	80.5	—	0.90	—
河北	43.9	45.6	—	1.70	—
山西	48.1	49.68	—	1.58	—
内蒙古	55.5	56.62	57.7	1.12	1.08
辽宁	62.1	64.05	65.65	1.95	1.6
吉林	53.4	53.4	53.7	0.00	0.3
黑龙江	55.6	56.5	56.9	0.90	0.4
上海	89.3	89.3	—	0.00	—
江苏	60.6	61.9	63	1.30	1.1
浙江	61.6	62.3	—	0.70	—

续表

—	2010 年城镇化率（%）	2011 年城镇化率（%）	2012 年城镇化率（%）	2011 年城镇化增速（%）	2012 年城镇化增速（%）
安徽	43.0	44.8	46.5	1.80	1.7
福建	57.1	58.1	59.6	1.00	1.5
江西	44.1	45.7	47.51	1.60	1.79
山东	49.7	50.95	52.4	1.25	1.45
河南	38.5	40.57	42.43	2.07	1.86
湖北	47.7	51.83	53.50	4.13	1.67
湖南	43.3	45.1	46.65	1.80	1.55
广东	66.2	66.5	67.4	0.30	0.9
广西	40.0	41.8	43.60	1.80	1.8
海南	49.8	50.5	51.6	0.70	1.1
重庆	53.0	55.02	56.98	2.02	1.96
四川	40.2	41.83	43.5	1.63	1.67
贵州	33.8	34.96	36.4	1.16	1.44
云南	34.7	36.8	—	2.10	—
西藏	22.7	22.71	—	0.01	—
陕西	45.8	47.3	50.02	1.50	2.72
甘肃	36.0	37.15	38.75	1.15	1.6
青海	44.7	46.22	47.44	1.52	1.22
宁夏	47.9	49.82	50.67	1.92	0.85
新疆	43.0	43.54	—	0.54	—

资料来源：2010、2011 年度城镇化率来自于《全国统计年鉴 2011》和《全国统计年鉴 2012》。2013 年各省市城镇化率数据根据各省区 2012 年度统计公报数据整理。

（一）东部省市城镇化水平相对较高，进入缓慢增长阶段

上海、北京和天津三大直辖市城镇化水平均已超过 80%，上海已经接近 90%（89.3%），在城镇化水平已经相当高的情况下，城镇化的进一步增长的空间已经不大；广东、浙江、江苏的城镇化水平分别达到 67.4%、62.3%（2011 年）和 63%，城镇化水平在很高的情况下，增速也已经放缓，远不及中西部城镇化快速发展的地区。有意思的是江苏和浙江两省经济发展、三次产业结构、城镇化水平均比较接近，但浙江 2011 年度城镇化增速比江苏低 0.6 个百分点，其原因在于两省在 2011 年度的经济增速差异。2011 年，江苏、浙江两省经济增速分别为

11% 和 9%，这两个百分点的经济增速差异就体现为两省城镇化率 0.6 个百分点的差异。可见，城镇化的动力的大小在很大程度上还是取决于经济增长的势头。

（二）东北地区城镇化水平普遍较高，辽宁增速显著

东北由于历史上日本殖民、新中国大规模工业化推进等因素，是我国工业化和城镇化推进最早的区域，城镇化水平一直比较超前。这些年，吉林和黑龙江两省的城镇化增速一直比较缓慢，逐步与其他经济和社会发展水平相当的省份趋势接近，反映了其城镇化水平的合理回归。如 2012 年，吉林、黑龙江两省的城镇化增速只为 0.3 和 0.4 个百分点，就充分反映了这种趋势。辽宁在东北三省中的城镇化水平和增速一枝独秀，2012 年城镇化增速达到 1.6 个百分点，这与其人均地区生产总值水平（5.7 万元）远高于吉林（4.3 万元）和黑龙江（3.6 万元）有关，该省已经进入经济发展与城镇化互促共进、快速推进阶段（图 1）。

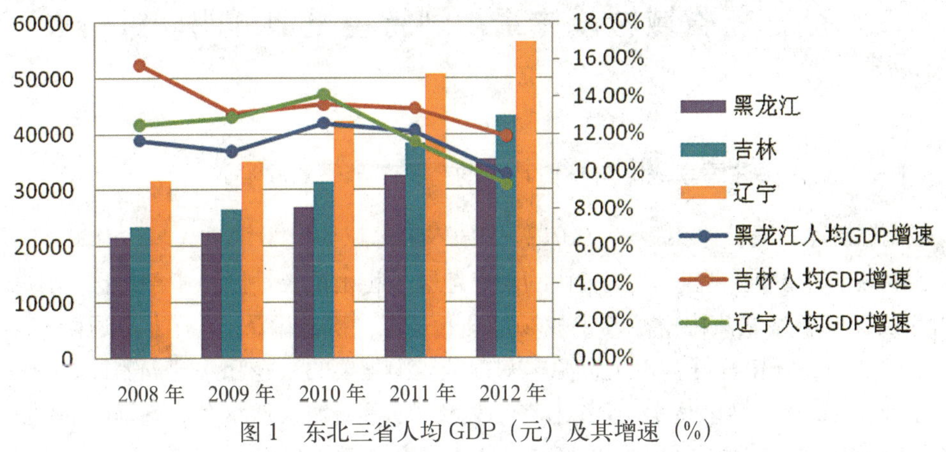

图 1　东北三省人均 GDP（元）及其增速（%）

（三）中西部城镇化继续呈现加速趋势，内部差异不断加大

安徽、江西、河南、湖北、湖南、广西、四川、重庆、陕西、甘肃、贵州等中西部省区城镇化继续呈现出快速增长趋势，增速全部快于全国平均水平，体现出产业向中西部省区转移、经济发展和城镇化动力增强等良好趋势。与 2011 年度相比，虽然因为经济增速放缓导致城镇化增速略有降低，但这些中西部主要省区的城镇化增速普遍保持在 1.5 个百分点以上。当然，城镇化快速推进的这些中西部省区，内部增速也有很大的差异。陕西、重庆、河南、广西等省区，城镇化增速普遍保持在 1.8 个百分点以上，而宁夏、青海、贵州等我国西部少数民族聚居地区，城镇化速度普遍较慢。

（四）边疆省区的城镇化水平普遍较低，自然禀赋和生产生活方式的特殊性是主要原因

黑龙江、云南、广西、内蒙古、新疆、西藏等边疆省区，除了黑龙江和内蒙古外，其他省区的城镇化水平和增速普遍不高，如西藏城镇化水平只有 23% 左右，云南、广西、新疆等也只有 40% 上下。黑龙江和内蒙古城镇化水平较高，既有新中国大规模的工业化建设等历史原因，也有内蒙古近年来能源基地快速扩张带来的新的动力的影响。与内地省区相比，边境省区相对而言地广人稀、生态脆弱、少数民族聚居形成独特的生产和生活方式等，使得这些区域的城镇化路径和方式具有自身的特殊性。仅以边境区县为例，该区域人口总数只有 2300 多万人，占全国总人口比重不到 2%，其中少数民族人口占到了 46% 的比例，还有 30 多个民族跨境居住，人口外流的状况不断加剧。

二、新一轮省域城镇体系规划特色更加鲜明，针对性不断增强

（一）更加关注国家战略与省情特色的有机结合

《湖北省域城镇体系规划（2012—2030 年）》认为，中国进入城镇化转型的关键时点，中部地区是我国城镇化的重点地区，也是难点地区，中部地区应该成为我国探索新型城镇化路径的主战场。湖北是“中部之中”，具有九省通衢的区位优势，生态环境良好，水土资源丰富，是我国重要的粮仓和水源涵养地。历史上工业基础雄厚，科教优势突出，具备后发优势，核心城市武汉在中部地区的“龙头”地位突出，在国家和中部地区具有重要性和特殊性。

研究认为，湖北存在的主要问题是产业发展对城镇化带动不足，省内城镇就业容纳能力有限；区域交通通道与省域城镇空间组织错位，未能有效带动城镇发展；城镇缺乏活动，城乡关系缺乏良性互动，这种不完全的城镇化道路是难以持续的（图 2）。

基于国家战略和省情现实，规划提出近期要强化武汉中部中心城市地位，巩固中部崛起重要战略支点；远期应培育武汉成为国家中心城市，打造中部领军先锋。从发展战略来看，城镇化模式应该是以循序渐进，从省外不完全城镇化逐步转向省内完全城镇化为主导；城镇化空间载体应该体现双向推动、多元化空间承载；城镇化政策分区应该体现因地制宜、差异化政策引导；另外，与国家“两型”社会发展要求相对接，湖北还要坚持走绿色集约、支撑城乡可持续发展的道路。

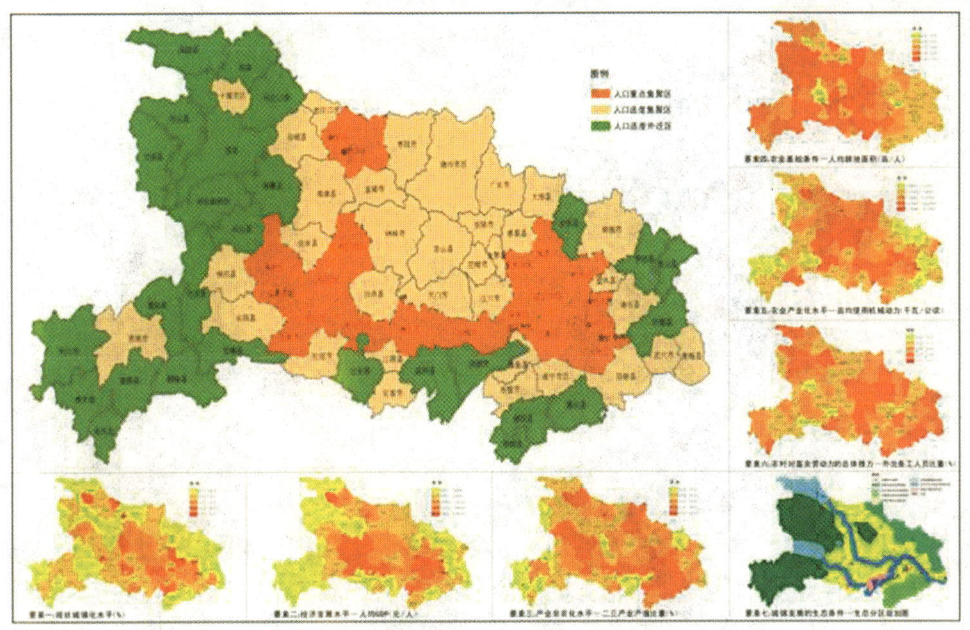

图 2　湖北省次区域的划分与识别

（资料来源：中国城市规划设计研究院．湖北省城镇化战略（2010—2030 年）[Z]）

规划根据资源禀赋、发展基础、生态承载能力和区位特点，将全省划分为人口重点集聚区、人口适度集聚区、人口适度外迁区，并针对三类地区提出“因地制宜，差异化”的政策引导。提出了构造“双向推动，多元化”的空间承载，一方面突出大城市及城市圈（群）的强集聚、强核心作用，以武汉圈、长江带作为省域城镇人口集聚的重点空间；另一方面，重点发展县城和有条件的小城镇，作为农业转移人口城镇化的重要空间载体。

（二）更加注重对现状问题全面和准确的把握

《安徽省域城镇体系规划（2012—2030 年）》认为制约安徽城镇发展有 4 个主要问题：

一是皖北与皖江在经济和城镇化方面发展不平衡。2000 年，皖江 GDP 是皖北总量的 2.4 倍，到 2010 年皖江是皖北的 3.2 倍；2000 年皖江人均 GDP 是皖北的 1.7 倍，2010 年则为 2.1 倍，经济不平衡格局进一步突显。2000 年，皖江地区城镇人口是皖北的 1.7 倍，2010 年增长为 2.1 倍；常住人口相比也从 2000 年的 1.4 倍上升为 2010 年的 1.5 倍。2000 年皖北城镇化水平为 22.5%，皖江为 26.9%，相差 4.4 个百分点；而到 2010 年，皖北城镇化水平为 34.4%，皖江为 49.2%，相差达 14.8 个百分点，城镇化差距大幅增大。

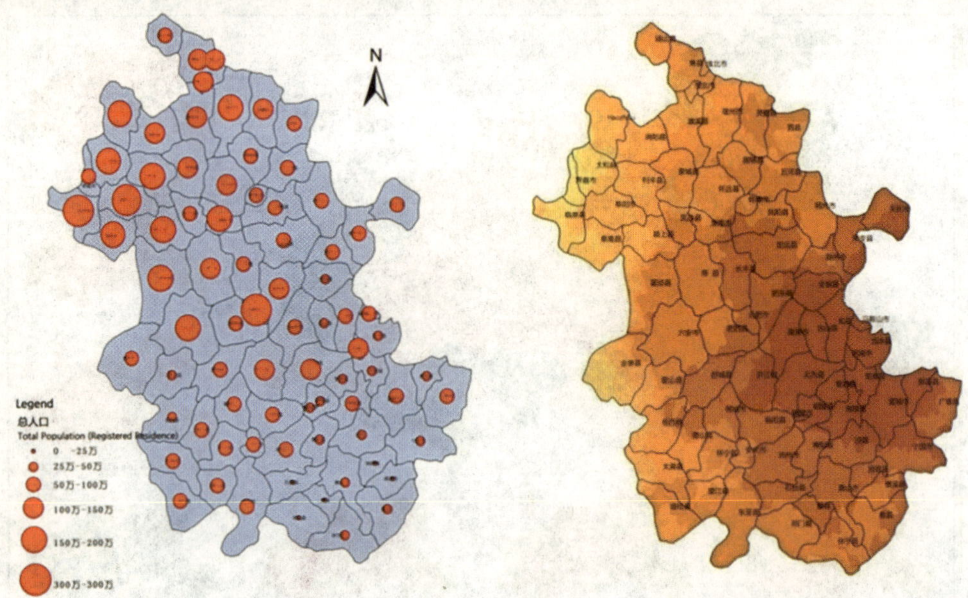

图 3 安徽省各市总人口分布（左）和人均 GDP 的趋势面分析（右）
（资料来源：中国城市规划设计研究院，安徽省城乡规划设计研究院．安徽省域城镇体系规划（2012—2030 年）（纲要成果）[Z]）

二是工业化与城镇化不匹配，城镇化滞后于工业化，现行工业结构带动就业有限。安徽省自 2002 年以来保持了较高的工业增长率，并在 2002 ~ 2008 年之间稳步提升，而同时期第二产业的就业增长率仍维持在较低水平，与逐年提高的工业增长率不成正比。

三是人口板块与经济板块不匹配。安徽省南北差异明显。由安徽各市总人口的分布和各市人均 GDP 的分析可见（图 3），省内人口分布与经济发展水平存在较大的错位，尤其是皖北地区与皖江地区之间。皖北地区人口多，而经济发展水平较低，皖江、皖南地区人口相对较少，而经济发展水平相对较高，形成安徽南北差异显著的特征。

四是行政板块与经济板块不匹配。安徽省各市行政区划面积与经济发展水平存在较大的错位。经济总量较高的地级市，包括合肥市、芜湖市、马鞍山市，其行政区划面积相对较小，地均经济水平较高；其他地级市行政区面积总量大，但对应的经济总量偏低。

基于全省城镇发展特征、空间历史演化态势、交通引导发展和资源环境约束等条件，提出近、远期两个阶段的省域城镇空间结构方案。近期城镇空间结构继续保持“十二五”所明确提出的“一圈一带一群”格局，“一圈”为合肥经济圈，“一带”为沿江城市带，“一群”为沿淮城市群。“五区”为皖北片区、

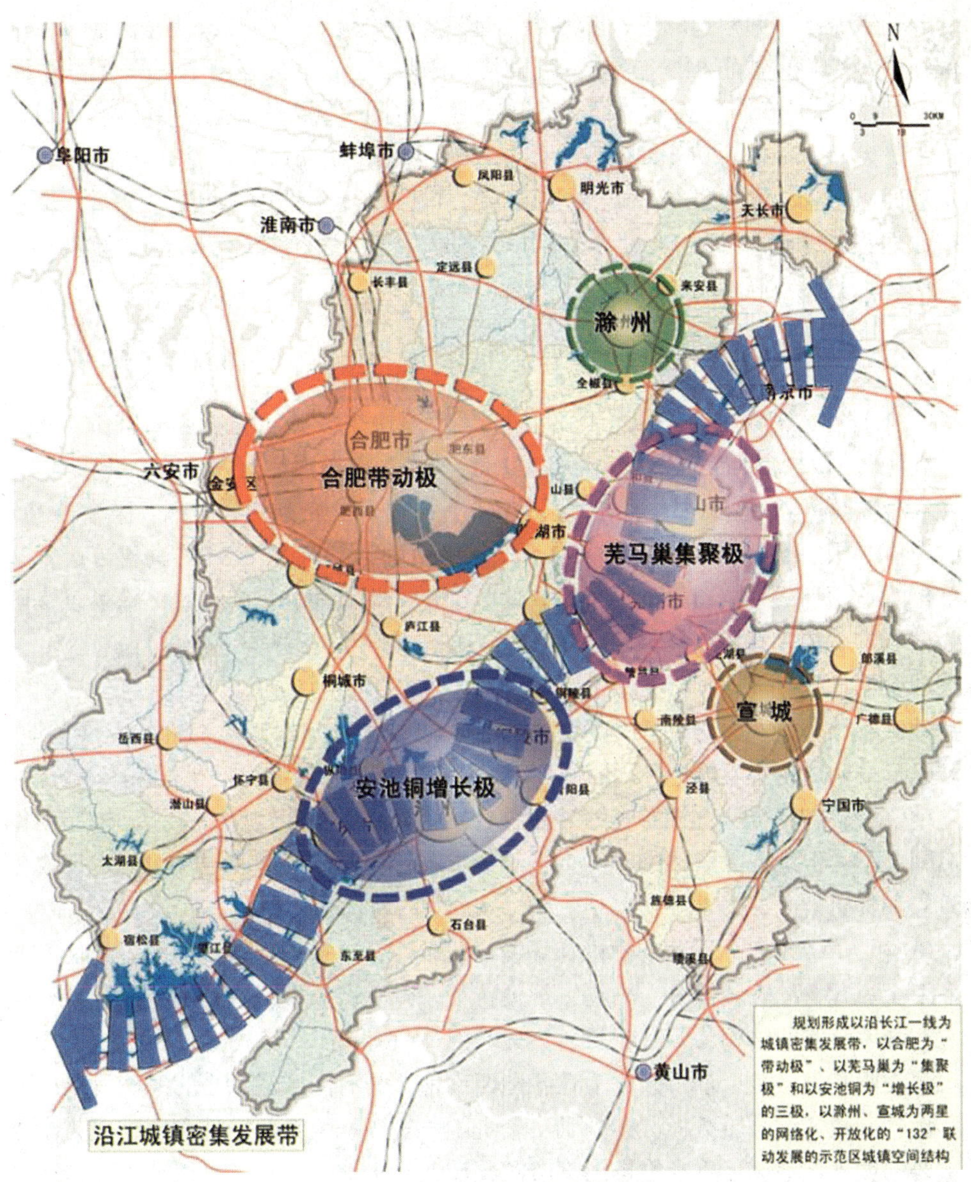

图 4　安徽省域城镇空间结构

（资料来源：中国城市规划设计研究院，安徽省城乡规划设计研究院．安徽省域城镇体系规划（2012—2030 年）（纲要成果）[Z]）

皖中片区、沿江片区、皖西片区和皖南片区。研究认为，未来“圈、带、群”内部的次区域结构仍将不断演化，城镇间的组合发展愈发明显，全省分区发展特征日趋明显（图 4）。

随着城镇空间格局的进一步发展，远期以中心城市为节点、快速交通体系为依托，全省城镇空间结构将逐步在近期格局的基础上，形成“两圈一群两带五区”的空间格局。“两圈”为合肥经济圈和芜马经济圈，实现合肥、芜湖两个中心城市率先发展，并带动其他地区发展。“一群”为沿淮城市群，培育县城快速发展，实现以点带面、多极并举的城镇空间格局，带动皖北崛起。“两带”为沿江城市带和淮合芜宣城市带，以加快中心城市发展为主，是全省城镇化拓展的重要空间。“五区”仍为皖北片区、皖中片区、沿江片区、皖西片区和皖南片区。

（三）更加注重省域空间的差异化引导

贵州省贫困人口总量大，比例高，是我国扶贫任务最为艰巨的省份。2011年农村贫困人口1149万人（人均2300元标准），占全国贫困人口的9.4%，占全省农村户籍人口的33.4%。新阶段贵州省有扶贫开发任务的县（市、区）83个，占全省县级总数的94.3%，其中属于国家级贫困县的有50个，占全省县级行政单位的56.8%，分布在除贵阳市以外的8个市、州、地。也就是说，除了以贵阳为中心的“黔中经济带”以外，其他地方的扶贫开发任务均十分艰巨。这50个县占全省国土面积的66.0%，拥有全省59.2%的耕地和49.6%的人口。贵州的盆地、平地总量少且分布不均，建设用地分散，城镇建设缺乏成片的发展用地，难以形成城镇密集发展地区，资源开发与设施共享难度较大。虽然贵州的水资源、土地资源、矿产资源、旅游资源等多种自然资源总量条件较好，在全国排序中也名列前茅，但地形等条件的制约直接导致本省社会经济产业发展难以形成规模化效应和集聚效应。

立足于贵州各地不同的资源与环境承载条件，结合不同动力地区差异化的城乡组织模式，结合城镇分布格局、规模特征，以及产业布局的基本特点，综合确定省域城镇空间结构为“双核引领、集聚两圈，中心带动、节点支撑、集群发展”。即，培育贵阳和遵义两个都市区成为在我国西南地区具有区域竞争力的经济发展引擎和对外开放的综合服务核心，分别集聚贵阳—安顺和遵义两个都市圈，成为全省主要的城镇化地区。重点推进内部资源、产业、土地、生态、城镇功能、交通等基础设施上的统筹协调，实现经济产业、人口高效聚集目标。加强六盘水、毕节（大方）、铜仁、兴义、盘县、都匀、凯里、德江、洛贯等九个区域中心城市与双核的联动，强化地区产业经济服务职能，参与跨省地区竞争合作；以若干重要的矿产资源加工、农特产品加工及流通、旅游服务等专业性节点城市（县城）为支撑，带动两翼地区一批小城镇集群发展，形成九个各具特色的城镇组群，推进省域空间的高效组织与城乡统筹发展（图5）。

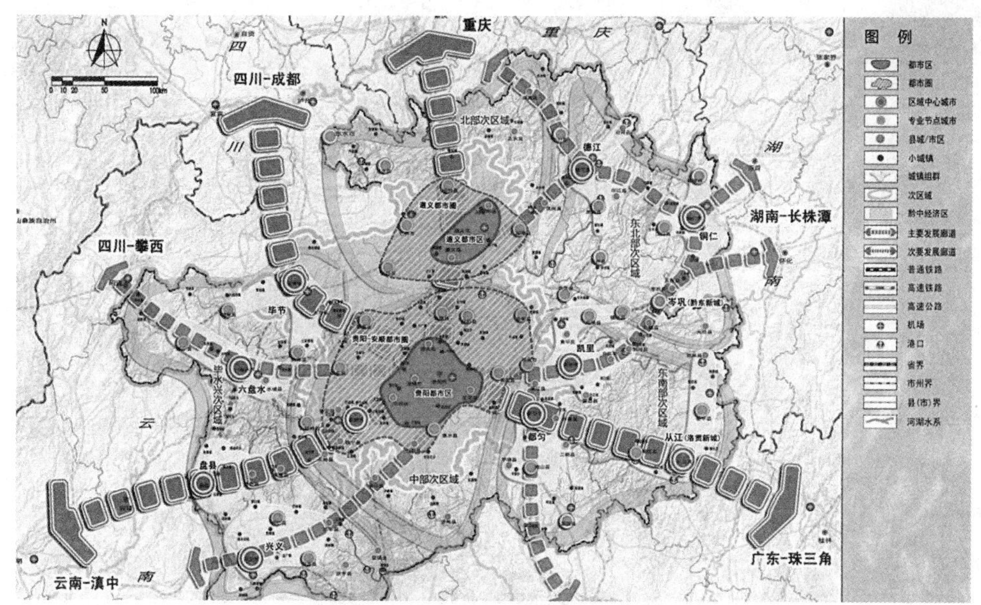

图 5　贵州省省域空间结构规划图

（资料来源：中国城市规划设计研究院，贵州省城乡规划设计研究院．贵州省域城镇体系规划（2012—2030 年）（纲要成果）[Z]）

（四）更加注重人的生存状态和生活质量

2012 年，《广东省城镇体系规划（2012—2020 年）》通过国务院批准正式实施。该规划有两个核心亮点（马向明，2013）：

首先，与长三角对比分析竞争优势，规划了特色“区域绿地”。考虑到珠三角竞争优势之 是临近港澳台，面向东南亚；以及珠三角区域的服务业发达，山海自然格局美丽，能给人以舒适、享乐的体验。因此，规划没有采用国家关十用地分区的规定，而是针对自然生态保护、自然人文特色和城乡环境景观的需要，在特定区域内划定进行永久性保护和开发控制的“区域绿地”。这类特别的用地分区也是保护和提升珠三角竞争优势的重要方面。

其次，重视宜居建设，更加关注“人”的生存状态和生活质量。《广东省城镇体系规划（2012—2020 年）》从交通规划、基础设施建设、生态优化、区域水资源、能源配置供应、区域城乡协调发展等全方位考虑和满足人的需要，这一点与之前的广东城镇体系规划有鲜明的差别。

（五）更加注重新技术和新方法的使用

《江苏省城镇体系规划（2012—2030 年）》以“引领城乡转型发展、促进实现基本现代化”为目标，突出“差别发展、集约发展、和谐发展、创新发展”四

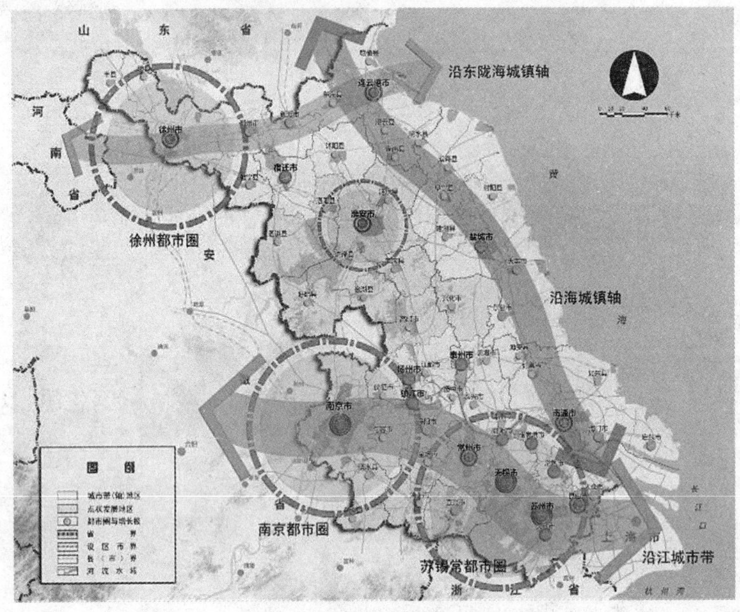

图6　江苏省城镇体系规划空间结构图（资料来源：陈小卉，汤春峰．资源环境压力下的城镇空间组织模式探索——以《江苏省城镇体系规划（2012—2030年）》为例[J]．城市规划，2013（2））

大核心理念，形成“一带两轴、三圈一极”的紧凑型城镇空间结构，为江苏经济社会率先发展、科学发展、和谐发展提供有力支持。

规划提出了“优先推进城市化、基本公共服务均等化、城乡特色差异化、村庄发展多样化”的城乡统筹原则，综合考虑城乡空间布局、产业发展、资源配置、基础设施建设、公共服务、劳动就业、社会保障和管理体制等八个方面的城乡统筹策略和关键政策（图6）。

规划编制注重技术创新引领，提高规划科学性。规划应用了RS与GIS技术，首次建立了多源、多尺度的区域性城乡规划空间信息数据库，构建了支持规划分析、成果表达的信息系统，加强了定量分析、模型分析，进行了规划方案的碳排放审核和资源压力分析，量化区域客流流量预测指导交通设施布局等。

三、区域规划的政策导向和操作实施性愈益增强

（一）次区域规划成为落实省域城镇体系规划的重要着力点

1.《芜马城镇体系规划（2012—2030年）》

芜湖、马鞍山是安徽省域城镇体系规划中确定的重点发展区域，也是安徽对接长三角，实现与合肥、南京联动发展的战略性区域。对泛长三角来说，加强重点次区域的规划和研究，是近几年的热点。以合（肥）芜（湖）宁（南京）为例，

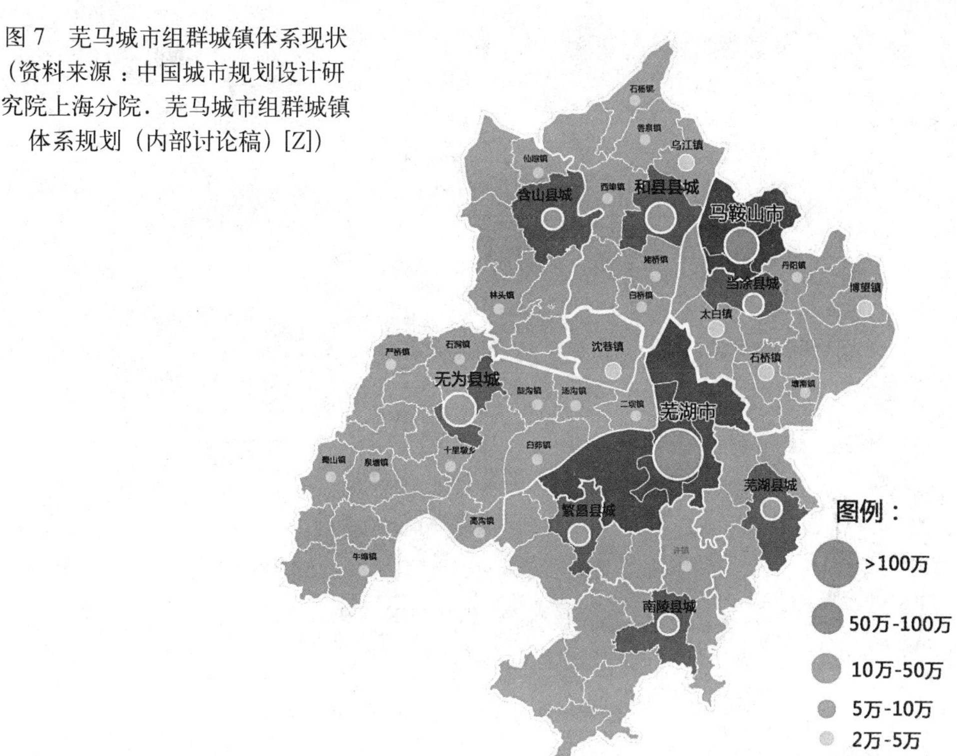

图 7　芜马城市组群城镇体系现状（资料来源：中国城市规划设计研究院上海分院．芜马城市组群城镇体系规划（内部讨论稿）[Z]）

该三角区域是泛长三角整体联动发展的枢纽，对于泛长三角地区的梯度成长和安徽省域的平衡发展具有关键意义，它也是继沪苏杭三角之后在长三角中部地区形成的新增长集群，对泛长三角的联动发展和辐射传递具有关键意义，是沪苏皖发展通道、沪浙皖发展通道将得以强化和确立的重要基地（图 7）。

芜（湖）马（鞍山）组合形成的基础资源和区位使其具备与南京、合肥联动发展的基础条件。芜马地区在阶段上形成与南京的承接关系，而在结构上形成与合肥的互补关系，从这一角度看，合芜宁三角具有合作发展的基础。经济增速、民族工业、自主创新、港口岸线和休闲旅游构成芜马在合芜宁三角中的主要竞争优势。因此，在芜马城市组群城镇体系规划中提出了两大战略：

一是整体的跨江战略。规划提出要培育战略型空间、支撑新型工业的发展空间，关注特色型功能与板块，塑造滨江宜居特色。二是分期的实施战略。规划提出要产城融合、产业先行，在方式上宜采取集中建设、相对独立。

规划提出“三主四副，双轴联动”的空间结构。其中，“三核”指的是马鞍山城市中心、芜湖城市中心和江北组合中心；“四副”指的是马鞍山当涂副中心、马鞍山和县副中心、芜湖三山副中心和芜湖二坝副中心。“双轴联动”指的是沿江发展轴和合宣发展轴联动发展。

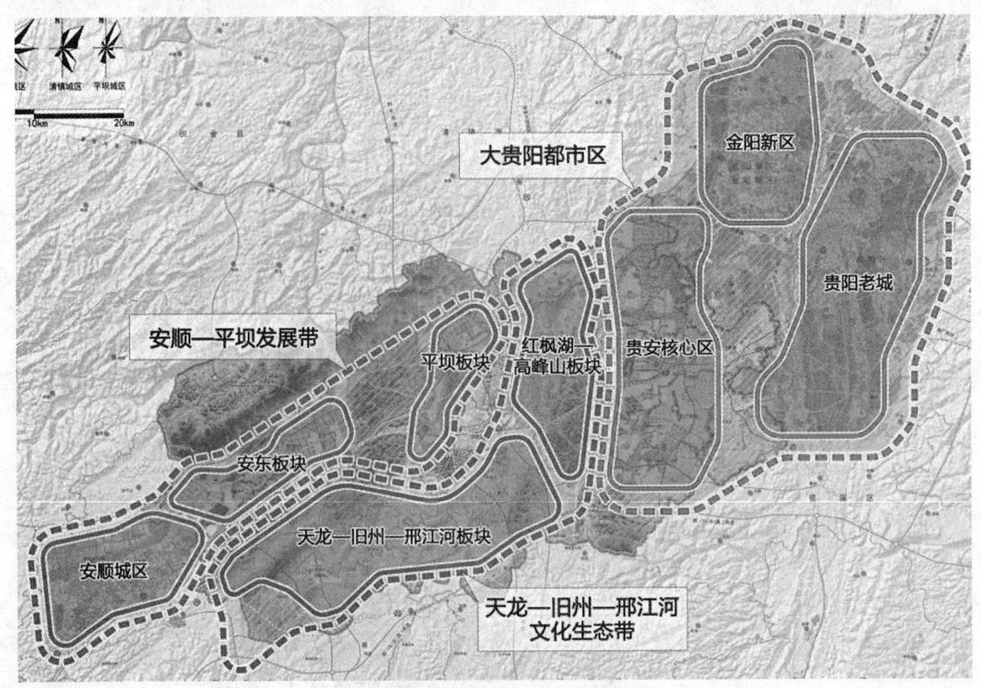

图 8　贵安一体化的空间结构

（资料来源：中国城市规划设计研究院西部分院，贵州省城乡规划设计研究院. 贵安新区总体规划（2013—2030 年）（内部讨论稿）[Z]）

2.《贵安新区总体规划（2013—2030 年）》

贵州山多耕地少，平坝是宝贵的经济发展和城镇建设用地。贵（阳）安（顺）新区是万亩大坝的集中区（占贵州全省的 1/4），是未来承载贵州发展的重要战略基地。贵州的省情和贵安的条件，决定了贵安新区的定位职能必然具有双重使命的特点，即“赶超跨越”与“引领示范”。

贵安新区对全省的发展带动主要体现在以下几个方面：一是通过新的增长极和需求直接带动就业和部分人口的脱贫；二是通过辐射作用，顺次带动黔中、省域的各级城镇发展，间接带动山区、农村、民族地区的人口城镇化与消贫进程；三是通过直接对石漠化土地的改造利用，创新新的发展模式；四是顺次带动黔中、省域的人口向核心聚集或生态移民，间接地减轻人口对生态脆弱地区的压力（图 8）。

因此，依据贵安的战略定位、资源特色和约束条件，贵安新区确定的空间战略的核心在于中间整合与两翼展开：中间是文化生态保护与利用，两翼是城镇化、工业化功能承载与人口集聚。此外，还要注重组团式布局与弹性结构。

贵安新区的发展理念突出三方面的内容：一是优化资源利用方式与转变经济发展方式，即不仅依托土地开发和产业承载，更要突出文化和生态的利用与价值，形成多样化的资源利用与功能承载方式；二是统筹保护与发展的关系，即城镇化建设实际上主要在两个小的流域里面展开；三是统筹规模与品质的关系，即这一地区是不同的人的发展平台，不单纯是产业承接与人口回流，关键是怎样创造价值与积累财富。

（二）注重实施和操作性的首都经济圈规划

按照国家发改委的统一部署，先由北京、天津与河北省各自编制《首都经济圈区域规划》，再由国家发改委汇总作为国家战略颁布。中规院受河北省发改委的委托，编制了《首都经济圈规划（河北上报稿）》。与北京、天津相比，河北发展相对滞缓，因此，从河北省视角来看，首都经济圈上升为国家战略是河北省解决自身问题与矛盾的一次机遇，所以其更迫切需要在“区域一体、合作共赢”的视角下赢得更多的发展权利、话语权，这是规划的切入点。规划要从河北角度谋求国家战略中的位置，要求国家给予更多的支持（图9）。

因为这一地区所做过的各类规划极多，需要在新的发展背景下，对京津冀总体空间结构进行再认识。规划从吴良镛先生的大北京规划、中科院的京津冀都市圈规划、住房和城乡建设部的京津冀城镇群规划，以及北京和天津的城市总规中，重新识别区域增长动力，重新认识京津轴、津冀沿海、环首都东南部等地区的战略意义，强化了首都功能发展区的一体化、同城化意义。另外，规划还从产业区域协

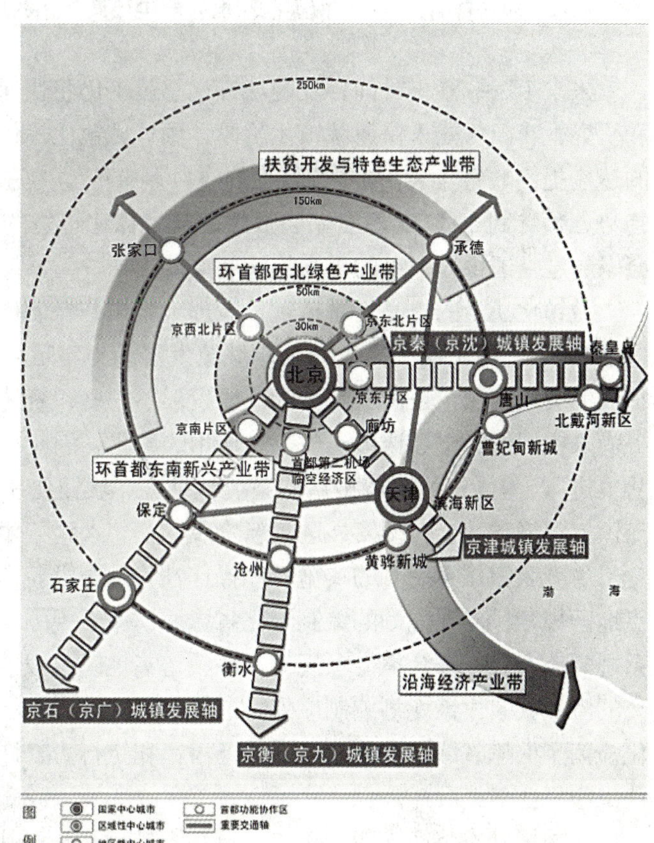

图9　首都经济圈空间结构（资料来源：中国城市规划设计研究院．首都经济图（河北建议稿）（内部讨论稿）[Z]）

同、创新体系区域共建、生态环境区域联保等角度认识各城镇、新区的节点意义。

规划还设想通过建立多中心发展格局，来破解河北短板难题。如规划提出以北京、天津、石家庄、唐山为主构筑多中心互动发展格局，对接全球产业分工，辐射带动首都圈整体协调发展；支持保定、廊坊、沧州、秦皇岛、张家口、承德、衡水等 7 个地区性中心城市做大做强；培育 13 个产业集群效应突出的地区副中心城市；培育 100 个左右的县域中心。

由于项目委托方是河北省发改委，其在编制区域规划时具有自身的特色和优势。如在项目组织上，体现作为“协调员”角色，充分发挥其综合协调能力，把任务分给各部门和地方；在规划内容上，为地方发展着想，尊重自下而上的诉求，为区域整体协调量体裁衣；在规划的体例与文本上，用词简明、规范；从规划实施看，抓手明确，从项目、政策层面去协调区域发展关系；关注规划任务的分解与落实，利益平衡与利益均沾更利于推动实施；注重社会、经济、文化、生态、政治全行业的发展诉求，在体制、机制创新方面在逐步试点改革。

四、城镇化与区域规划相关问题与展望

未来 10 ~ 20 年时间，我国城镇化总体上仍将快速推进。根据各方面的预测和研究，我国仍处于快速城镇化阶段，预计城镇化率仍将以年均 1 个百分点左右的速度提高，每年有 1000 万以上的农村剩余劳动力进入城镇就业和生活。这种趋势，预计到 2030 年左右才会放缓。从城镇化推进的区域来看，中西部地区将会以超过全国平均水平的更高的速度推动。

城镇化质量的提高任重道远。我国大城市户籍制度改革滞缓、农民工市民化进展缓慢、“城市病”突出与中小城镇发展动力不足并存等许多制约城镇化质量提高的突出问题，是国家城乡和区域发展不平衡、资源配置不平等、基本公共服务尚未实现均等化等诸多矛盾综合作用的结果。因此，提高城镇化质量难以“单兵突进”，需要相关改革措施的系统性推进。城镇化质量问题的最终解决，要伴随国家经济和社会转型发展进入新阶段，是“水到”才能“渠成”的结果。

省域城镇体系规划的实施性和操作性将继续沿着两条路径加强：一是通过重点地区规划、专项规划的编制深化省域城镇体系规划，初步形成了以省域城镇体系规划为主导，以各类专项规划和城镇密集地区、城镇群、都市圈发展规划为补充的省域城镇体系规划编制序列。二是相关的地方立法工作将会得到进一步的强化。为了保障省域城镇体系规划的严肃性和执行力，许多省域城镇体系规划的立法工作将会陆续展开。

区域规划或将迎来新一轮的“热潮”。随着国家和地方政府换届工作的完成，

许多地方政府面临着新一轮发展冲动。区域规划作为落实地方执政理念、推动区域协调发展、凝聚区域发展共识的“龙头”和蓝图，将是新一届地方政府优先关注的重要工作。加之国家城镇化发展规划的公布和实施，被纳入国家重点扶持和发展的城市群地区，或将通过推动城市群规划的编制，得到国家在优惠政策扶持、重大项目审批、各类政策区试点示范等方面的“青睐”，在新一轮的区域发展和竞争中赢得先机。

参考文献

[1] 中国城市规划设计研究院．芜马城镇体系规划（内部讨论稿）[Z].

[2] 中国城市规划设计研究院．首都经济圈规划（内部讨论稿）[Z].

[3] 张泉．《江苏省城镇体系规划（2012—2030年）》战略方针的思考（J）．城市规划,2012（9）.

[4] 陈小卉，汤春峰．资源环境压力下的城镇空间组织模式探索——以《江苏省城镇体系规划（2012—2030年）》为例[J]．城市规划，2013（2）．

[5] 中国城市规划设计研究院，安徽省城乡规划设计研究院．安徽省域城镇体系规划（2012—2030年）（内部讨论稿）[Z].

[6] 中国城市规划设计研究院，贵州省城乡规划设计研究院．贵州省域城镇体系规划（2012—2030年）（内部讨论稿）[Z].

[7] 中国城市规划设计研究院．湖北省域城镇体系规划（2012—2030年）（内部讨论稿）[Z].

[8] 中国城市规划设计研究院．首都经济图（河北建议稿）（内部讨论稿）[Z].

[9] 中国城市规划设计研究院上海分院．芜马城市组群城镇体系规划（2012—2030年）（内部讨论稿）[Z].

[10] 中国城市规划设计研究院西部分院，贵州省城乡规划设计研究院．贵安新区总体规划（2013—2030年）（内部讨论稿）[Z].

（撰稿人：殷会良，中国城市规划设计研究院，城乡规划研究室副主任；陈明，中国城市规划设计研究院，高级城市规划师，中国城市规划学会区域学术委员会秘书）

城市总体规划

一、2012 年城市总体规划行业动态

（一）2012 年国务院审批城市城市总体规划的批准情况

2012 年，国务院先后批复了惠州、邯郸、洛阳、保定、绍兴、南昌 6 座城市的城市总体规划，各城市的规划期限均为 2020 年（表 1）。

2012 年国务院批准的城市总体规划名单　　表 1

名 称	发布文号	发布机构	发文日期
国务院办公厅关于批准惠州市城市总体规划的通知	国办函 [2012]6 号	国务院办公厅	2012 年 1 月 12 日
国务院办公厅关于批准邯郸市城市总体规划的通知	国办函 [2012]61 号	国务院办公厅	2012 年 3 月 3 日
国务院办公厅关于批准洛阳市城市总体规划的通知	国办函 [2012]73 号	国务院办公厅	2012 年 4 月 9 日
国务院办公厅关于批准保定市城市总体规划的通知	国办函 [2012]144 号	国务院办公厅	2012 年 8 月 23 日
国务院办公厅关于批准绍兴市城市总体规划的通知	国办函 [2012]194 号	国务院办公厅	2012 年 11 月 26 日
国务院关于南昌市城市总体规划的批复	国函 [2012]201 号	国务院	2012 年 12 月 8 日

（二）《城乡规划法》配套部门规章逐步完善

2012 年住房和城乡建设部在“城市总体规划编制改革与创新”课题研究的基础上，启动了《城市总体规划编制审批办法》的制定。课题组由住房和城乡建设部城乡规划司组织，由规划司孙安军司长、中规院李晓江院长共同负责，北京清华同衡规划设计研究院有限公司承担了子课题“城市总体规划制定的审查要点和行政要求研究”，由尹稚院长负责。课题组于 2012 年 12 月在京召开了开题会，邀请了院校、规划学会、省住建厅、市规划局、规划院等各领域的共 13 位专家组成专家团队，并对总规编审办法提出很多良好的建议。

为了加强城乡规划管理，惩处城乡规划违法违纪行为，监察部、人力资源和社会保障部、住房和城乡建设部三部委联合颁布了《城乡规划违法违纪行为处分办法》，于2013年1月1日起施行。其中，明确规定了“在城市总体规划、镇总体规划确定的建设用地范围以外设立各类开发区和城市新区的”、“发现未依法取得规划许可或者违反规划许可的规定在规划区内进行建设的行为不予查处或者接到举报后不依法处理的”等违反城市总体规划的违法违纪行为的处分办法。

（三）行业相关规范逐步完善

2012年，城乡规划行业共有三项涉及城市总体规划的国家标准颁布实施，分别是《城市用地分类与规划建设用地标准》GB 50137-2011，于2012年1月1日实施；《城市道路交叉口规划规范》GB 50647-2011，于2012年1月1日实施；《城市规划基础资料搜集规范》GB/T 50831-2012，于2012年12月1日实施。至此，我国城乡规划专业已颁布实施的工程建设技术标准达30项，其中国家标准22项，行业标准8项。

（四）规划设计单位逐步完善规划编制技术

中规院于2013年3月20日发布了《城市总体规划统一技术措施》，引起行业广泛关注。统一技术措施是中规院内部城乡规划设计技术规定的重要部分，是组织实施规划编制和院、所两级进行项目技术管理的重要依据，是规划技术人员开展技术工作的重要标准和指南。它代表着规划技术人员根据城乡规划新的工作形势和要求，积极主动总结的城市规划实践经验，对提高技术管理水平和成果质量将发挥重要的支撑作用。

（五）微博上的讨论

代表新媒体的微博上关于城市总体规划的行业讨论极为热烈，相关观点包括：总规编制内容应当减负、城市垃圾处理厂等重大设施选址应在城市总体规划阶段确定、新媒体与规划公众参与、总体规划与专项规划关系、总体规划应当考虑地域文化等。

二、2012年城市总体规划学术热点[①]

虽然城市总体规划的法律法规制度背景、修编期限等外部条件没有太大变化，

① 编者检索了《城市规划》、《城市规划学刊》、《城市发展研究》、《规划师》、《北京规划建设》，《上海城市规划》、《现代城市研究》以及《2012中国城市规划年会论文集》等学术期刊、著作，但仍可能会遗漏本年度重要的学术研究成果。

但整理 2012 年城市规划行业主要期刊和城市规划年会的相关论文，关于城市总体规划的学术探索依然很活跃，特别是在城市总体规划的地位与作用、城市总体规划的实施、城市总体规划的评估与修改、多规协调等方面出现了较多的学术研究成果。

（一）关于城市总体规划地位与作用的研究

继 2011 年规划行业多次集中讨论了城市总体规划的地位和作用之后，2012 年这一话题仍然成为学术热点，多篇学术文章从制度背景、历史发展、体系演变、规划实践等不同角度进行思考总结，为转型时期进一步加强城市总体规划的地位和作用作出了大量基础研究（表 2）。

2012 年关于城市总体规划地位和作用的主要学术成果　　表 2

题　目	作者	文献
制度情境下的总体规划演变	杨保军、陈鹏	城市规划学刊
城市总体规划实践中的悖论及对策探讨	赵民、郝晋伟	
改革开放后上海城市总体规划回顾与展望	熊鲁霞、黄吉铭	
从城市总体规划谈起	陈为邦	城市规划
城市总体规划空间引导效能分析——以常熟市为例	朱杰	
新中国成立以来我国宏观空间规划的演变——以城市总体规划为出发点	汪昭兵	现代城市研究
地位重塑与方法重构：转型时期城市总体规划的思考与探索	陈琳	多元与包容——2012 中国城市规划年会论文集
模式转型与空间导控——鄂尔多斯总规调控纲要	欧阳鹏、汪淳、江艺东、齐元静	
动态规划："循序渐进" VS "跨越发展"	黄乳钦、黄明华、李静	

（二）关于城市总体规划实施与评估的研究

随着城市规划地位的不断加强，近年来无论是政府还是规划编制单位，都不再仅止步于城市总体规划的编制和审批，而是通过规划评估、规划检讨等多种技术方法来关注城市总体规划的实施效果，因此关于规划实施与评估的学术研究成果逐步增加，这也是对城市总体规划地位和作用的深入思考。自 2009 年住房和城乡建设部《城市总体规划实施评估办法（试行）》实施以来，各城市普遍加强了城市总体规划的实施评估，今年不仅仅是大城市开始重视规划实施评估，中小城市也开始关注这项工作（如扎兰屯市等）；不仅仅是评估城市总体规划的综合实施效果，而且开始对空间结构、产业等方面进行更细的评估工作。在城市总体规划走向公共政策的过程中，作为重要的公共政策评估方法，规划实施评估工作将对下一步即将大规模开展的2030、2040年城市总体规划编制进行学术储备（表3）。

2012年关于城市总体规划中实施与评估的主要学术成果　　表3

题　目	作者	文献
对北京城市总体规划实施的几点思考	施卫良	北京规划建设
北京城市空间趋势和布局战略思考——《北京城市总体规划（2004—2020年）》实施评估研究	吴唯佳、于涛方、赵亮、于长明	
“两型社会”建设背景下深圳城市总体规划实施转型探索	刘永红	规划师
从技术探索走向实施机制——重庆市新一轮城乡总体规划的改革方向	钱紫华、易峥、何波	多元与包容——2012中国城市规划年会论文集
北京城市空间结构调整的实施效果与战略思考	杨明	
论提高城市总体规划可实施性的途径——沈阳“96《总规》”实施评价与反思	李晓、佟耕、石巍	
城市总体规划实施年度评估方法初探——以上海市为例	周凌	
城市总体规划实施评估的工作目标和作用机制解析	董珂	
城市总体规划实施评估研究综述	刘建邦、徐立权、黄蕾、周均清	
北京总体规划实施评估：产业评估与规划建议	和朝东	
面向动态实施的城市总体规划评估体系研究——以扎兰屯市城市总体规划实施评价为例	韩天祥、崔婧琦	
对重庆城乡总体规划实施评估的思考与探索	彭瑶玲、曹春霞	
城市总体规划检讨探析——以厦门为例	谢英挺	
社会经济转型背景下的青岛城市总体规划评估	段义猛、葛玉良	
城市总体规划修改方法探讨——以马鞍山市城市总体规划修改为例	毛克庭	

（三）关于城市总体规划中“多规协调”的研究

近年来，随着各部门不断强化编制（由各部门主导的）综合规划，城市总体规划面临越来越多的协调工作。在《城乡规划法》中指出，“城市总体规划……的编制，应当依据国民经济和社会发展规划，并与土地利用总体规划相衔接”，这在客观上就要求城市总体规划应当与十二五规划、土地利用规划进行衔接。协调、超越部门思维做出“三规协调”工作，成为城市规划行业多年来一直在探索的课题。除此之外，近年来环保部大力推进城市环境总体规划编制工作。2012年环保部在全国选择了大连市等12座试点城市开始编制城市环境总体规划，并要求试点城市在 2013 年 12 月底之前完成环境总规编制和审批工作。因此，城市总体规划所面临的协调工作，将会进一步迫切深入。目前，规划行业关于“多规协调”所做的基础性工作，将为未来各部门进一步实现“多规协调”提供方法和工作基础（表 4）。

2012 年关于城市总体规划“多规协调”的主要学术成果　　表 4

题　目	作者	文献
“多规整合”研究进展与述评	魏广君、董伟	城市规划学刊
“三规融合”视角下的城乡总体规划编制实践——以广东云浮市为例	赵嘉新、黄开华	多元与包容——2012 中国城市规划年会论文集
基于新用地分类标准的“两规”协调途径初探	赵蕾、黄甫玥、陶德凯	

（四）关于城市总体规划空间管制与强制性内容的研究

城市总体规划的空间管制与强制性内容一直是规划的核心内容，随着近年来国土主管部门利用卫星影像图对中心城区违法建设用地所进行的查处、城乡规划督察员依据城市总体规划所进行的督察，以及 2012 年《城市规划违法违纪行为处分办法》的实施，空间管制与强制性内容更是成为近年来持续的学术研究热点（表 5）。

2012 年关于城市总体规划空间管制与强制性内容的主要学术成果　　表 5

题　目	作者	文献
城市总体规划强制性内容实效评估与建议	蒋伶	规划师
城市总体规划空间管制内容编制实施现状回顾分析	欧阳丽、敬东、刘婷婷、包存宽	多元与包容——2012 中国城市规划年会论文集
特大城市空间管制模式与实施机制的创新思考	何梅、汪云	
城市总体规划“三区”划定研究	毛克庭	

三、2012 年城市总体规划编制特点

（一）十八大提出新理念，对城市总体规划的编制工作产生积极影响

十八大提出“坚持走中国特色新型工业化、信息化、城镇化、农业现代化道路，推动信息化和工业化深度融合、工业化和城镇化良性互动、城镇化和农业现代化相互协调，促进工业化、信息化、城镇化、农业现代化同步发展”的“四化同步”的理念。2012 年在编中的城市总体规划均强化了城乡一体化的内容。某

些城市已经将城市总体规划拓展为“城乡总体规划”或者同步编制“市域总体规划”。例如，赣州启动特大城市城乡总体规划编制工作，盘锦市在编制城市总体规划（以2020年为规划期）上报审查的同时，也编制了市域总体规划（以2030年为规划期），对城市长远发展和全域发展进行谋划。

（二）国务院审批城市的规划期过短

2012年，国务院审批的城市总体规划，其规划期仍然是2020年，实施期只有8年。因此，目前在编的国务院审批城市总体规划均特别关注近期、关注实效性。但从长远来看，规划期限过短的城市总体规划，其长期性、综合性和战略性将会体现得越来越弱。

（三）目前各部门均在强化宏观层面的规划，要求城市总体规划增强协调作用

2012年环保部下发《关于开展环境总体规划编制试点工作的通知》、《关于开展城市环境总体规划编制试点工作的意见》和《城市环境总体规划编制技术要求（试行）》，提出“统筹国民经济和社会发展规划、城市总体规划、土地利用总体规划等相关规划……构建环境—发展—建设—国土‘四划一体、相互融合’的城市可持续发展规划体系”。根据通知要求，环保部选择了大连市、鞍山市、伊春市、南京市、泰州市、嘉兴市、福州市、宜昌市、广州市、北海市、成都市、乌鲁木齐市等12座城市为试点，要求试点城市在2013年12月底之前完成环境总规编制和审批工作，2014年4月底前结束试点工作。因此，可以预见城市总体规划所面临的协调工作，将会进一步增加。

（四）城市总体规划强制性内容逐步成为焦点

近年来国土主管部门采用中心城区卫星影像图判别技术和城市总体规划图进行对照，城乡规划督察员也往往依据城市总体规划进行督察，使得很多城市总体规划在编制中采取了缩小中心城区范围、在总体规划用地图上明确每一处强制性内容（公共设施和公共绿地用地）等应对手段。2012年《城市规划违法违纪行为处分办法》的实施，更使得城市总体规划的空间管制与强制性内容成为规划实施管理中的焦点问题，对城市总体规划的编制技术要求更高，如在总体规划阶段就确定控制性详细规划阶段应当确定的内容。

（五）城市总体规划修改的行政成本极高

2010年国务院办公厅发文，制定了《城市总体规划修改工作规则》，对城市总体规划的修改提出了严格要求。制定该规则的初衷是规范总规修改的政府行为，

对修改程序和修改内容提出要求。在实际操作过程中，由于城市政府既需要对现行城市总体规划的实施情况进行评估，又要对城市未来发展的目标和策略进行前瞻性研究，"由远及近"地反推近中期的规划用地布局，最终形成规划修改的具体内容，因此往往需要通过编制总规实施评估报告、城市远期发展战略研究，最终形成城市总体规划修改版的规划成果。综合上述工作，与过去的修编城市总体规划相比，行政成本不但没有降低，反而更高，这与确定城市总体规划修改工作的初衷是有一定矛盾的。

四、2013 年城市总体规划的趋势与展望

根据 2012 年城市总体规划各方面的进展，2013 年城市总体规划工作可能将出现以下五个方面特征。

（一）深化贯彻党中央十八大精神

党中央的十八大报告中，进一步明确阐述了中国特色社会主义理论，提出："建设中国特色社会主义，总依据是社会主义初级阶段，总布局是五位一体，总任务是实现社会主义现代化和中华民族伟大复兴"；提出了中国特色的城镇化道路是："坚持走中国特色新型工业化、信息化、城镇化、农业现代化道路"；同时，将"大力推进生态文明建设"作为单独的一章，提出："树立尊重自然、顺应自然、保护自然的生态文明理念，把生态文明建设放在突出地位，融入经济建设、政治建设、文化建设、社会建设各方面和全过程，努力建设美丽中国，实现中华民族永续发展"。充分体现了党中央对生态文明的重视和关注。

在党中央十八大精神的指导下，城乡规划工作必然会进一步完善和加强。首先，是从指导思想上强化"五位一体"，在发展经济的基础上，强化文化、社会和生态建设的内容，同时推进政府向服务型政府转型；其次，城市总体规划的制定与实施应当体现中国特色城镇化道路的理念，推进城乡统筹、产城互动和产业优化升级，关注产业发展对人口就业的拉动作用，同时完善城市公共服务、强化空间管制，推动就业城镇化、土地城镇化和人口城镇化的同步发展；最后，体现生态文明的生态城镇建设将成为城镇发展的主流，应当促进相关的理论、标准、方法的完善，推广生态城镇规划建设实践。

（二）国务院审批的城市开始筹备编制以 2030 年为规划期的城市总体规划

目前，国务院审批城市的城市总体规划仍以 2020 年作为规划期限，总体规划的制定已难以适应城市长远发展的需要。不少城市将工作做在前面，开始筹

备编制以2030年为规划期的城市总体规划。其中，一些城市以发展战略规划、概念规划等形式先期展开非法定规划的编制，某些城市将此类规划冠以“某市2030”、“某市2040”、“某市2050”的名称，希望在其中谋划城市的远景发展，确定长远发展目标、城镇化战略和城市空间结构“终极版”，以此反推近期建设规划，并准备在住房和城乡建设部同意启动2030年城市总体规划制定工作之后，以较短的时间，将战略规划转化为法定城市总体规划成果。

这类工作从城市政府的角度而言是积极的应对措施，有利于对城市长远目标和问题进行先期研究，也有利于对公共设施和基础设施进行先期安排。但是，应当注意的问题是，城市政府应对2020年之后的国家宏观发展阶段和发展特征进行科学预测，避免按照目前的发展速度进行趋势外推，同时也应正确认识全面步入小康社会之后城市发展面临的新问题和新挑战。

（三）国务院审批城市的城市总体规划审批工作将进一步加快

为保证城市总体规划的实效性，同时顺应国务院简化行政审批的趋势，国务院审批城市的城市总体规划审批工作应进一步加快。建议采取如下措施：一方面进一步明确和简化审批内容，按照“一级政府一级事权”的原则，对市场主导的内容和城市政府事权的内容应简化审批，同时明确纲要和成果阶段的审查重点；另一方面应进一步简化审批程序，如采取部省联合审查等方式，缩短审查时间。

（四）城市总体规划在信息化方面的编制技术创新将进一步加强

国内一些发达地区的城市已逐步建立起一套相对完善的城市规划管理信息系统，未来的城市总体规划编制也将随之发生深远变革，形成集信息化数据采集、信息化编制、信息化管理为一体的城市规划制定与管理体系；同时，与城市总体规划相关的一些专项规划也在逐步发生信息化变革，例如交通专业领域的信息采集和预测、市政专业领域的数据检测和实时反馈等，都将对城市总体规划的编制技术产生深远影响。

（五）对城市总体规划强制性内容的编制要求越来越高

为进一步强化政府调控，保护稀缺和不可再生资源，维护公共利益，城市总体规划应进一步强化强制性内容的制定和管理。提高强制性内容实效性的有力途径是采取“分度管理”，即按照城市总体规划阶段能够制定和管理的深度采取分深度的方式，自浅至深分别为“定原则、定数量、定结构、定用地”等。可以根据城市的大小、新老城区等实际情况选择合适深度确立强制性内容，对于不能深化到“定用地”的内容，应强化城市总体规划对控制性详细规划的“刚性传递”，确保强制性内容能够在控规中得到深化、细化和空间落位。

总之，在党中央十八大精神的指导下，城市总体规划将进一步强化其科学性和实效性，强化其在我国特色城镇化道路中的指导作用，强化其在城市政府公共政策中的引领地位。

（撰稿人：王佳文，中国城市规划设计研究院，高级规划师；董珂，中国城市规划设计研究院，教授级高级规划师；苏洁琼，中国城市规划设计研究院，高级规划师）

城市控制性详细规划

2012 年度，国内部分城市继续推进控规编制“全覆盖”，使城市开发建设行政许可“有规（控规）可依”；而对于多数已解决规划依据有无的城市和片区，工作重点则有所转移。一方面，为实施更为精细化的规划管理，各地规划工作者和研究人员开展了控规刚性控制指标以外的其他相关指引性指标的研究探索；另一方面，部分城市在主动开展“全覆盖”后控规的局部调整与完善，并积极探讨既有控规成果动态维护、滚动完善的机制。此外，各种新技术手段和规划新理念也不断引入到控规工作中。

据不完全统计，截至 2012 年度，我国各主要城市已完成城市建设用地控规“全覆盖”，其他多数城市建设用地控规覆盖率也已超过 80%（表 1），控规编制及管理进入“后覆盖时代”。

2012 年度全国部分城市控规编制进展情况统计表（km^2）　　表 1

序号	城市名称	总用地规模	总建设用地规模	中心城建设用地规模	2012 年控规所覆盖的全市建设用地规模	2012 年控规所覆盖的中心城区建设用地规模	控规覆盖中心城区的比例
1	广州	7437	1559	1070（不含两市）	2011 年已完成全覆盖		100%
2	深圳	1991	917	917	2011 年已基本实现全覆盖		100%
3	重庆	82403	1188	561	2011 年已基本实现全覆盖		100%
4	宁波	2560	—	312	2011 年已基本实现全覆盖		100%
5	唐山	6918	449.5	210	2011 年已基本实现全覆盖		100%
6	杭州	—	—	—	2011 年开始新一轮控规修编		100%
7	哈尔滨	53068	500	458	405		88.4%
8	合肥	11400（含巢湖水面约 780）	约 800（2020 年主城区）	360（2020 年）	约 303.53（单元控规）	约 260（地块控规）	72.2%
9	厦门	1699	527.4	527.4	2020 年：440；远景：750	2020 年：440；远景：750	—
10	肇庆	14891	—	181	—	149.86	82.8%

续表

序号	城市名称	总用地规模	总建设用地规模	中心城建设用地规模	2012 年控规所覆盖的全市建设用地规模	2012 年控规所覆盖的中心城区建设用地规模	控规覆盖中心城区的比例
11	绍兴	8256	—	103.86（不含柯桥）	—	约 262.3	—（控规覆盖建设用地规模大于中心城区建设用地规模）
12	梅州	165	48	48	—	—	—

一、学术方向与研究进展

在 2012 年中国城市规划年会的控制性详细规划专题会议上，8 位报告人围绕控规编制方法创新、动态评估及控规实施等方面进行了专题发言，为控规“后覆盖时代”的控规编制和管理提供了借鉴和参考。通过对 2012 年度《城市规划》、《城市规划学刊》、《规划师》、《城市发展研究》、《现代城市研究》等主要学术期刊和《多元与包容——2012 中国城市规划年会论文集》中关于控规编制方法的文献检索发现，理论研究和各地方实践在“分层、分类和分区”编制技术方法逐步成熟的基础上，重点转向各类功能区的控规编制和控规中的城市设计两个方向的实践探索和研究总结。同时，学界也对“控规编制理论与体系”、“控规开发控制指标”和其他方面进行了探索研究。

（一）各类功能区规划编制

根据产业地区、低碳生态城区、滨海城区、山坡林地片区、风景名胜区、城市更新片区和地下空间等不同类型片区（地区）的特征需求，对核心影响因子、规划控制要点、编制技术方法和特点进行探索和实践。

曹轶等提出产业的发展模式、工艺特征和生产配套需求、交通模式、人员结构对控规编制中的园区布局、土地利用、街区划分、交通规划和各类配套设施具有决定性影响。

林华山等参照控规的体系定位、编制方法和控制要点等内容，编制海岛地区、滨海地区、风景名胜区和自然保护区等地区的规划，建立以地区、景区和保护区土地空间使用的保护控制为核心，以游人行为的控制和引导为基点的控制体系。

黄文钦等提出控规中城市更新面临复杂利益、土地产权、建成环境和历史元素等的协调，鼓励采取“微创、微疏、微增、微优”的“改造再利用”更新方式，实施渐进式的片区提升。魏彤岳等在中新天津生态城控规编制中，探索生态城市指标体系分解落实的有效路径。

（二）控规与城市设计

上海、天津、武汉和成都等城市在控规中纳入城市设计形成了一定体系，探索将城市设计成果落实在控规的文本、通则、图则和实施细则中，建立分层、分区、分类、分时的控制体系，对公共空间、城市环境、步行空间等方面构建系统化的保障体系。借助控规作为实施平台，研究控规中的城市设计向定量化、指标化、政策化转变，以实现控规与城市设计的良好配合与引导。

陶亮对上海市附加图则成果规范制定的背景、技术路线、主要内容、实施管理及动态更新机制进行了分析，对全国城市设计法定化途径和方式的研究具有较为重要的意义。金广君等提出创建一套“控制区—建设内容—控制类型”三级指标体系。武汉泛金融港区域在控规中划分控制类型和强化控制力度，并按照空间分图则、建筑与外环境分图则、交通分图则与生态指标分图则等内容实施城市设计。冯宗周等通过定量方法，如景观视线推算法，辅助城市设计中相关控制要素（如建筑高度）的确定。

（三）控规编制理论与体系

各城市地区和研究学者，对控规本源性问题和编制体系进行辨析探讨和重构探索。汪坚强认为控规的实体性控制内容防止城市开发中的“市场失灵”，防止“负外部性”和控制“公共产品”；程序性控制内容防止规划干预中的“政府失灵”，包括信息公开化、决策民主化、修改制度化和配套制度完善化等。官卫华提出南京规划编制体系新架构，其中控规分为两个层次：一是城市控制单元规划，重点落实总规要求，划定规划单元，提出分片区开发建设总量控制要求；二是城市和镇控制性详细规划，作为规划许可、实施规划管理的依据，按规划单元编制。陈晓明等以广州市花都区为例，提出构建“全区—组团—管理单元与地块”相衔接的控制体系。

（四）控规开发控制指标

对“容积率”弹性控制和定量化分析的方法与实践的研究探讨，进一步增强了控规的科学性。平茜等认为基于弹性控制的容积率赋值要遵循横向的“区间性”和纵向的“阶段性”。黄汝钦提出应根据用地开发时序和状态（现状已建、近期待建或远期规划），结合用地开发意向情况，综合运用投入—产出分析、类似地区比较和整体控制等方法，相应确定容积率的最小值、经济容积率区间或宽泛的值域区间。

探讨控规中居住配套设施总量控制和控制面积规模转换等技术方法，有利于保障公共服务设施供应面。费彦等在总结分析广州近年配套设施控制相关做法的优点和局限的基础上，提出控规中控制“公有”设施用地，落实“共有”部分面积的理想模式，并就居住配套设施总量控制的技术方法提出了实施建议。

二、各地实践与典型经验

进入控规“后覆盖时代”,控规修改、调整和维护的诉求持续增长,这也成为“后覆盖”时期控规编制与管理工作的重点。

（一）控规编制情况

杭州市自 2011 年开始新一轮控规修编工作，截至 2012 年共开展 53 个单元的控规修编（图 1）。

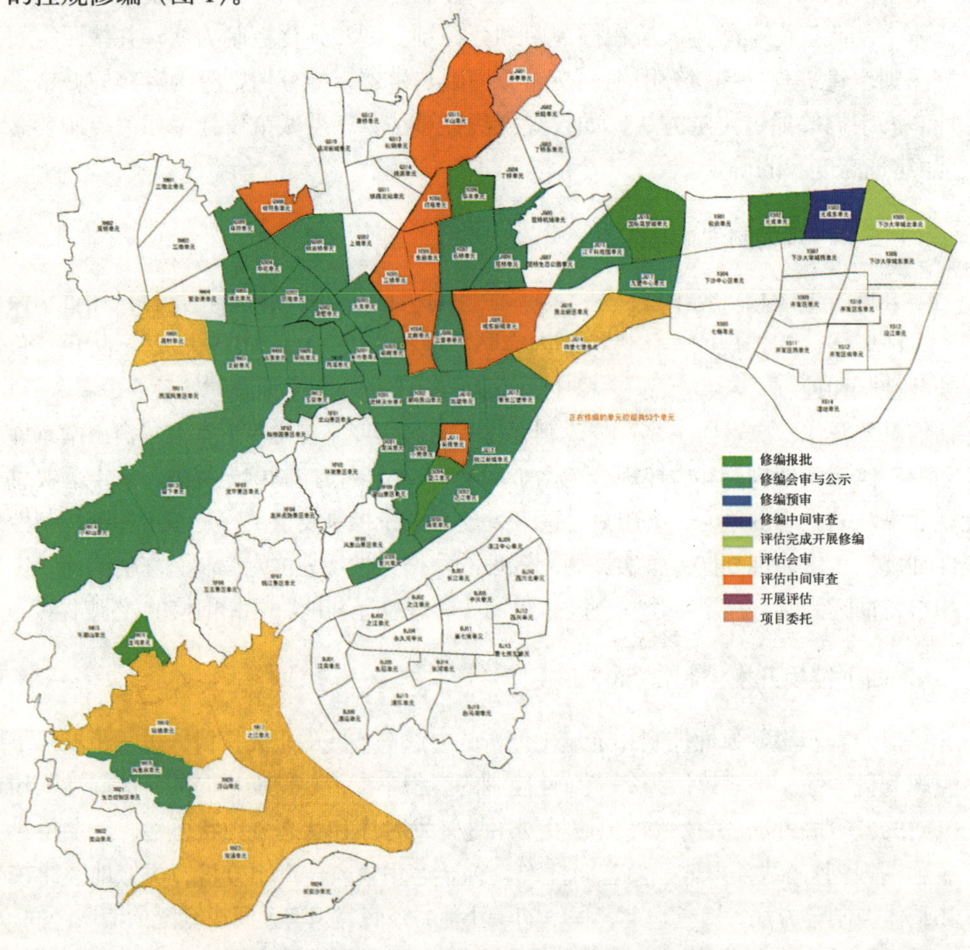

图 1　杭州市新一轮控规修编工作进展情况图

广州市于2011年7月完成了“广州市控制性详细规划全覆盖”工作。为保证即将完成的《广州市城市总体规划（2011—2020年）》的落实和适应城市发展需求，广州市2012年共完成18项控规编制和调整，主要包括市级战略性重点地区、11个重点功能区和6个创新产业发展区。

合肥市控规编制按照单元控规和地块控规两个层次开展。截至2012年，全市单元控规覆盖面积约303.53km^2，剩余单元计划在2年左右完成编制；针对城市新区、重要地区和近期拟出让用地共完成296个地块控规编制和审批工作，用地规模约260km^2（图2）。

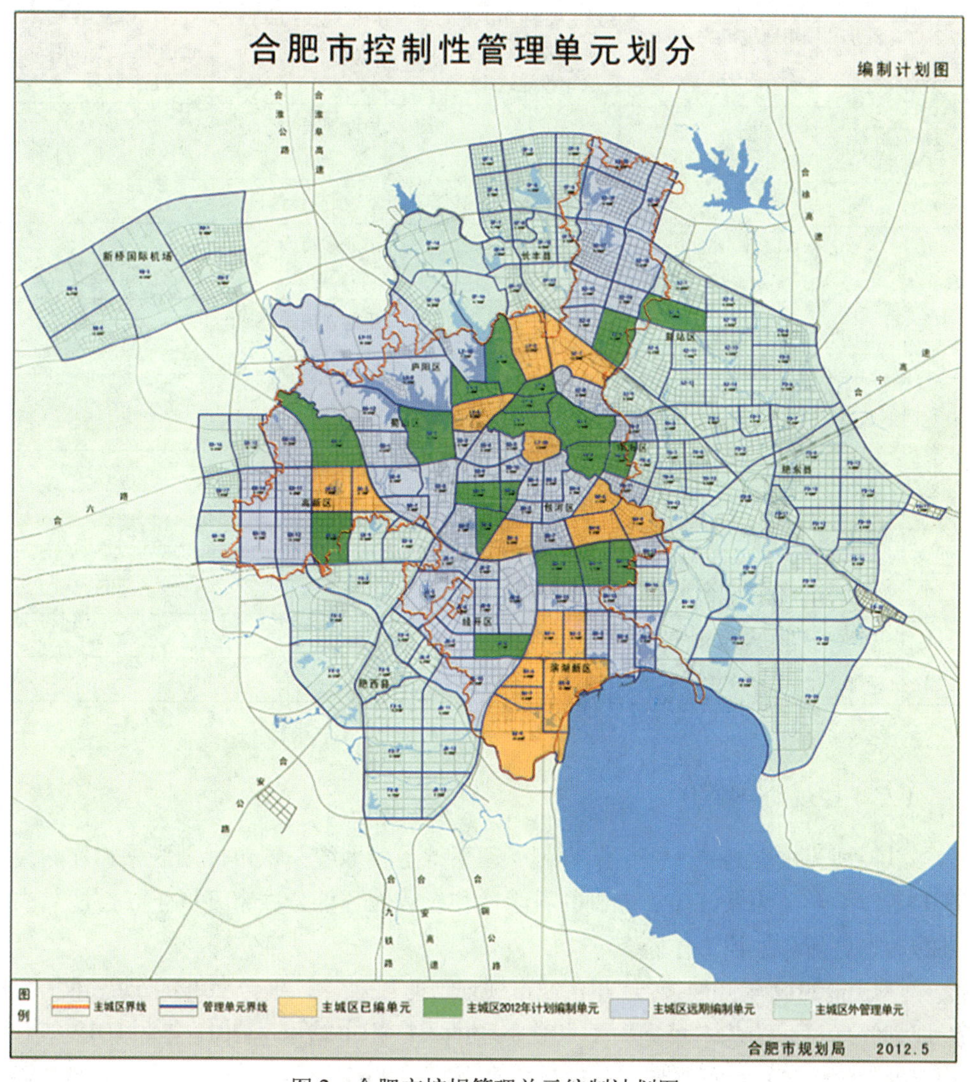

图2 合肥市控规管理单元编制计划图

随着各地控规全覆盖工作的逐步推进，2012 年各地控规整体修订和个案修订的数量和规模年均呈现大幅增加的趋势（表 2）。

2012 年度部分城市控规修订情况一览表　　表 2

序号	城市	2011 年整体修订	2011 年局部修订	2012 年整体修订	2012 年局部修订
1	广州	用地规模约 87km²	—	18 项控规	147 项，其中经市规划局业务会 69 项；规划委员会发展策略委员会审议通过 58 项
2	深圳	用地规模约 48km²	49 项，其中经市规划主管部门审查 36 项，法定图则委员会审批通过 13 项	用地规模约 48km²	68 项，其中经市规划主管部门审查 41 项，法定图则委员会审批通过 27 项
3	哈尔滨	—	—	用地规模约 2.2km²	27 项
4	杭州	2011 年和 2012 年共计 53 项整体修订			
5	厦门	—	—	用地规模约 77.7km²	11 项
6	肇庆	—	—	用地规模约 17.85km²	4
7	惠州	用地规模约 29.55km²	3 项	0	0
8	梅州	—	—	用地规模约 57km²	7
9	东莞	—	25 项	—	—
10	唐山	用地规模约 52km²	4 项	—	—
11	扬州	用地规模约 40km²	5 项	—	—
12	宁波	用地规模约 34km²	5 项	—	—

（二）控规动态维护

以控规为核心的“一张图”规划管理系统是各地统一城市规划成果和规划管理的工作平台。为保证控规编制的科学性和权威性，部分城市开展了“控规”成果的动态更新和维护工作。

广州市 2012 年开展了“广州市城市规划管理‘一张图’平台 2012 年动态维护”，以规划管理单元为基本单元，重点整合和纳入广州市辖十区 2011 年和 2012 年行政审批案件信息和控规（导则）审批成果。截至 2012 年年底，控规导则动态更新成果编制工作纳入了 2012 年全年局业务会决议上网内容和规委会审批规划，市辖十区涉及 244 个规划管理单元和 3365 个地块，涉及用地面积 102.9km^2（图 3）。

深圳市 2012 年开展的“一张图”动态维护工作中，将 2012 年及以前审批通过的 362 项法定图则局部修订和 136 项城市更新专项规划在“一张图”系统中进行分析、筛选、更新、整合和标示，保证法定图则信息的时效性。同时，对于新的法定图则局部修订，将实现审批一项更新一项，做到实时动态更新。

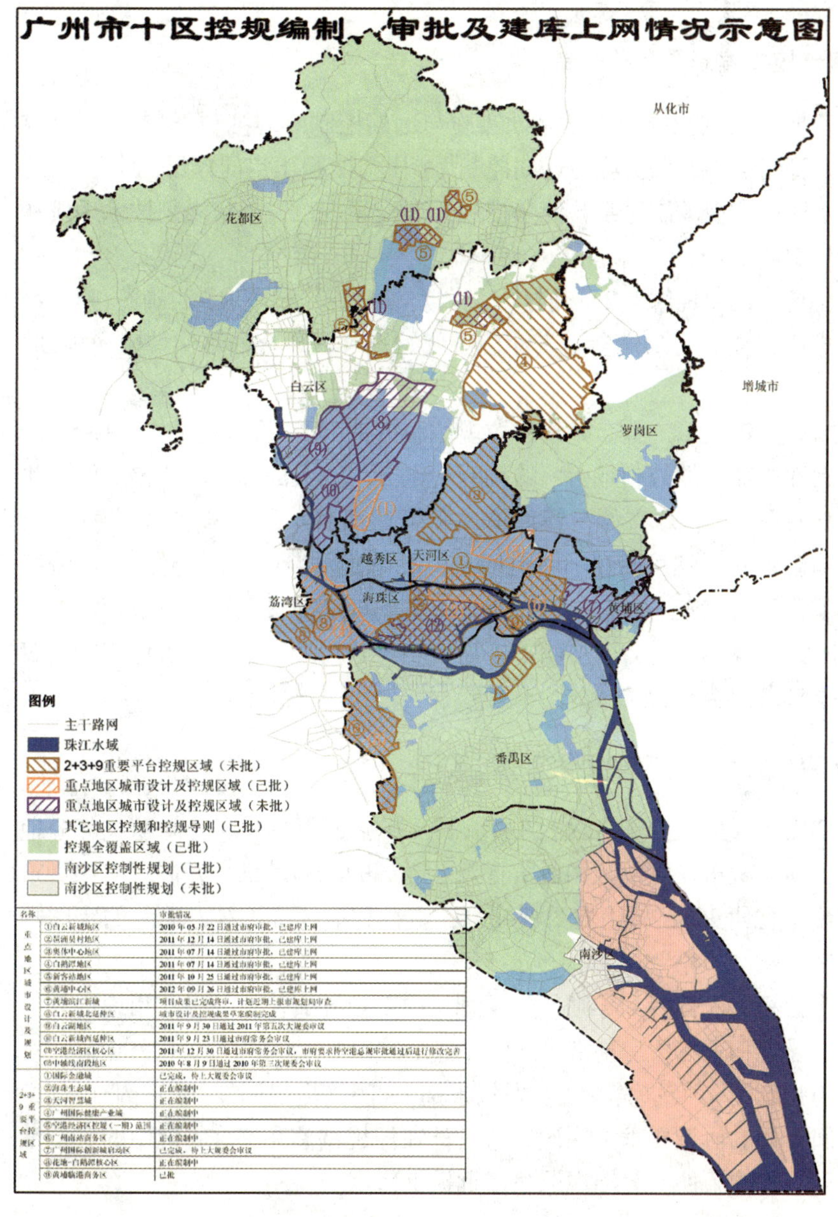

图 3　广州市十区控规编制、审批及建库上网情况示意图

三、制度建设与配套政策

面对控规局部修订范围和修订数量齐升的趋势和问题，控规的法定性和权威性受到了质疑和挑战，某种程度上也使控规编制和管理工作陷入被动。基于此，各地逐步向精细化管理和注重质量方向发展。一方面，不断优化和完善控规编制制度；另一方面，逐步细化控规管理体制和注重实际操作。

（一）健全控规编制及审批机制

广州市开展《控制性详细规划近期实施与远期控制协调机制研究》，研究控规编制和控规管理中的近期实施与远期控制协调机制，提出空间分层、时间分期、区域分片的差异化控规编制体系，健全控规管理配套规范、丰富规划技术手段和完善公众参与制度。

杭州市在新一轮控规修编中，通过规范公众参与流程和内容，明确参与对象、多种参与形式等方式，将公众参与贯穿控规修编全过程，全面落实“阳光规划”编制要求。

佛山市顺德区建立了一整套完整的控规编制审批制度。编制成果构成按照《广东省城市控制性详细规划编制指引》的统一规定分为三大部分，即法定文件（法定文本和法定图则）、管理文件（管理文本和管理图则）和技术文件（说明书、技术图纸和基础资料汇编，说明书中包括公众参与情况实录）（表 3）。审批流程方面，建立了从部门审查—公众展示—专家评审—规划委员会批准一整套规范化的审批流程，其中规划委员会委员除本地席位制公务员外，还包含本地市民代表和外地专业技术咨询委员。

（二）出台地方性控规管理文件

深圳市 2012 年结合近年来法定图则编制及实施过程中存在的问题、部分地区法定图则创新、城市发展单元和城市更新单元等的经验教训，开展了《深圳市法定图则制度优化研究》，从法定图则编制、审批和后续维护等方面对法定图则制度进行优化。

合肥市出台相关配套规划导则作为规划局内部指导文件，如工业用地规划导则、社区中心导则和工业厂房导则等。

哈尔滨市出台了《哈尔滨市城乡规划条例》，明确提出职能部门行业规划中涉及用地空间布局的协调要求，明确城市设计在控规调整和实施管理中的法定地位，增加控详修改的条件，为控规调整审批提供依据。

佛山市顺德区陈村镇岗北片配套服务区控制性详细规划成果表（部分）　表 3

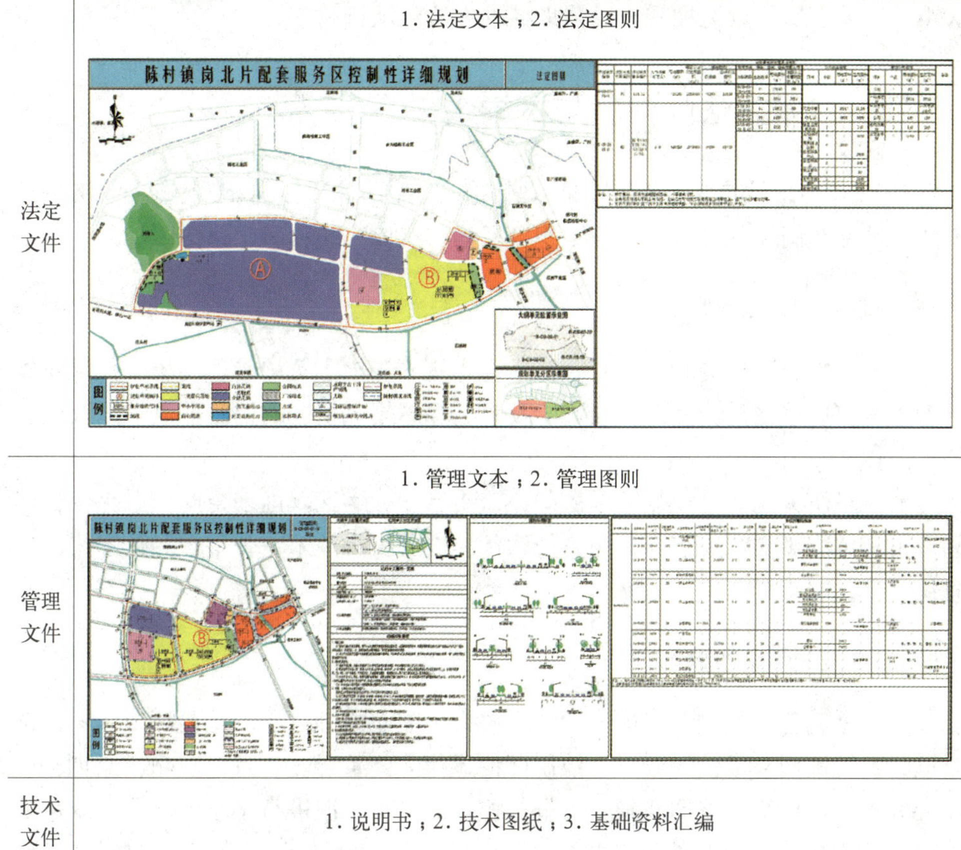

法定文件	1. 法定文本；2. 法定图则
管理文件	1. 管理文本；2. 管理图则
技术文件	1. 说明书；2. 技术图纸；3. 基础资料汇编

绍兴市出台了《绍兴市控制性详细规划成果数据提交规定》、《控制性详细规划城市用地分类标准转换技术指导意见》等相关规定，规范控规成果，加强控规成果与规划综合管理信息系统的衔接，并衔接了《城市用地分类与规划建设用地标准》GB 50137-2011。

（三）规范城市更新与控规的衔接

深圳市城市更新专项规划经过审批后其相应内容应纳入到法定图则中。为了规范全市城市更新项目规划和实施，深圳市先后出台了《深圳市城市更新办法》（2009 年）、《深圳市城市更新办法实施细则》（2012 年）和《关于加强和改进城市更新实施工作的暂行措施》（2012 年）等系列文件，加强城市更新项目与法定图则衔接。

厦门市开展了控规编制及管理办法研究，制定了三旧改造片区控规导则，并开展了控规单元划分的修订工作。肇庆市针对三旧项目容积率问题，出台了《肇庆市城区“三旧”改造项目开发强度核准办法（试行）》。

四、技术方法的创新与探索

2012 年各地城市重点在规划管理信息化、评估机制、低碳生态、经济分析方法、地下空间控制等方面进行了积极探索、有效实践和理论总结。

（一）规划管理信息化

上海市拟将所有规划数据整合在上海市规划和国土资源管理局统一数据服务平台中，实现规划数据全面、准确、及时，保障规划编制的信息准确性以及实施的有效性。

武汉市研究建立了规划管理协同办公平台、数字武汉地理空间信息平台、规划审批三维决策支撑系统、日照分析软件、电子报批技术审查平台等数字化、信息化平台。

（二）控规评估机制与方法

评估是完善“编制—实施—评估—修订”完整规划过程的重要环节，对于部分已经实现控规全覆盖的城市，控规评估显得尤为重要。北京、广州、深圳、杭州等城市在控规全覆盖的基础上对全市控规的实施情况进行了总体评估，从用地功能（居住与产业）、建筑规模与密度、公共设施、公园绿地等方面，对规划编制、管理、实施等阶段的问题进行了分析，提出下一年度控规修订计划方案，并将制定规范的控规评估、修订机制。

评估也是对单项控规的实施评估或控规单项要素的评估，强调“以数字说话”，通过数据、数字化平台或模型，定量化评价某一项控规、某一项要素的规划与实施情况。如杭州运用交通、市政模型等进行容量分析和估算，评估单元用地开发规模，建立市政容量预警机制（预警级别划分、预警措施），探索建立科学化、定量化的规划建设评估机制。

（三）低碳生态理念与方法

落实低碳生态的新理念、新技术与新方法对控规编制和管理提出的新的发展理念与趋势。中新天津生态城、石家庄正定新区、苏州独墅湖科教园区等地区控规编制和管理过程中，探索了与国家生态发展要求相适应的控规编制技术，寻求生态城市指标体系分解落实的有效路径。

部分学者也对低碳生态技术如何在控规中落实的理论、技术体系进行了深入研究，如叶祖达提出在实施低碳生态城市控制指标时要考虑产生的经济成本与效益；徐愉凯立足于国内外数字生态城市技术标准的案例比较分析，研究适宜于控制性详细规划编制体系的生态指标体系；陈国伟基于节能和减少碳排放的角度，在传统的电力、供热和燃气分项能源设施规划的基础上，通过整合能源需求和供应的合理规划，将新能源等能源设施纳入到基础设施规划中，并对其进行图则控制和效益核算。

（四）经济分析方法

经济可行性分析方法的引入保障了控规编制的科学性和实施的有效性。深圳城市发展单元规划研究、昆山市中心地段核心区控规、拉萨市中心片区等地区在控规编制阶段引入经济分析方法对控规方案编制、容积率测算、人口与就业分析、实施阶段划分与实施手段保障等方面进行了一定的探索和实践。郑文含等按照编制前期、编制过程中和编制后等不同阶段，提出控规基于人口容量及就业岗位预测、分类要素的经济影响分析和地块最低经济容积率及城市开发收益测算等方面的经济分析一般框架。

（五）地下空间的控制方法

为了规范近年来地下空间开发诉求日益增多和地下空间无序开发的问题，部分城市和研究学者对控规中地下空间的规划编制、控制方法、控制要素和控制指标等方面进行了探索性研究和实践。

刘卫东等以温州瓯海城市中心区为例，提出在控规阶段应从控制方法、控制指标、控制图则等方面开发控制指引。彭芳乐等结合虹桥商务核心区一期控规的应用实践，对地下空间的空间使用与开发容量、空间组合、配套设施控制和开发建设管理等要素和内容构建了控规指标体系的基本框架。

杭州市将地下空间利用纳入新一轮控规编制，明确地下空间开发利用的各项指标（包括地下空间开发利用范围、使用性质、总体布局、开发强度、开发深度、标高、出入口位置、地下通道位置、宽度及连通方式等）。

深圳市从 2000 年开始编制全市地下空间利用规划和重点地区地下空间专项规划，如福田中心区、宝安中心区、华强北地区等。近年来，随着城市建设对地下空间的日益关注，深圳市开始探索在法定图则中加强地下空间的内容，后海湾—东角头地区法定图则将地下空间控制纳入到文本中，华强北地区法定图则对地下空间的竖向功能布局和地下空间功能开发等进行了详细规定（图 4）。

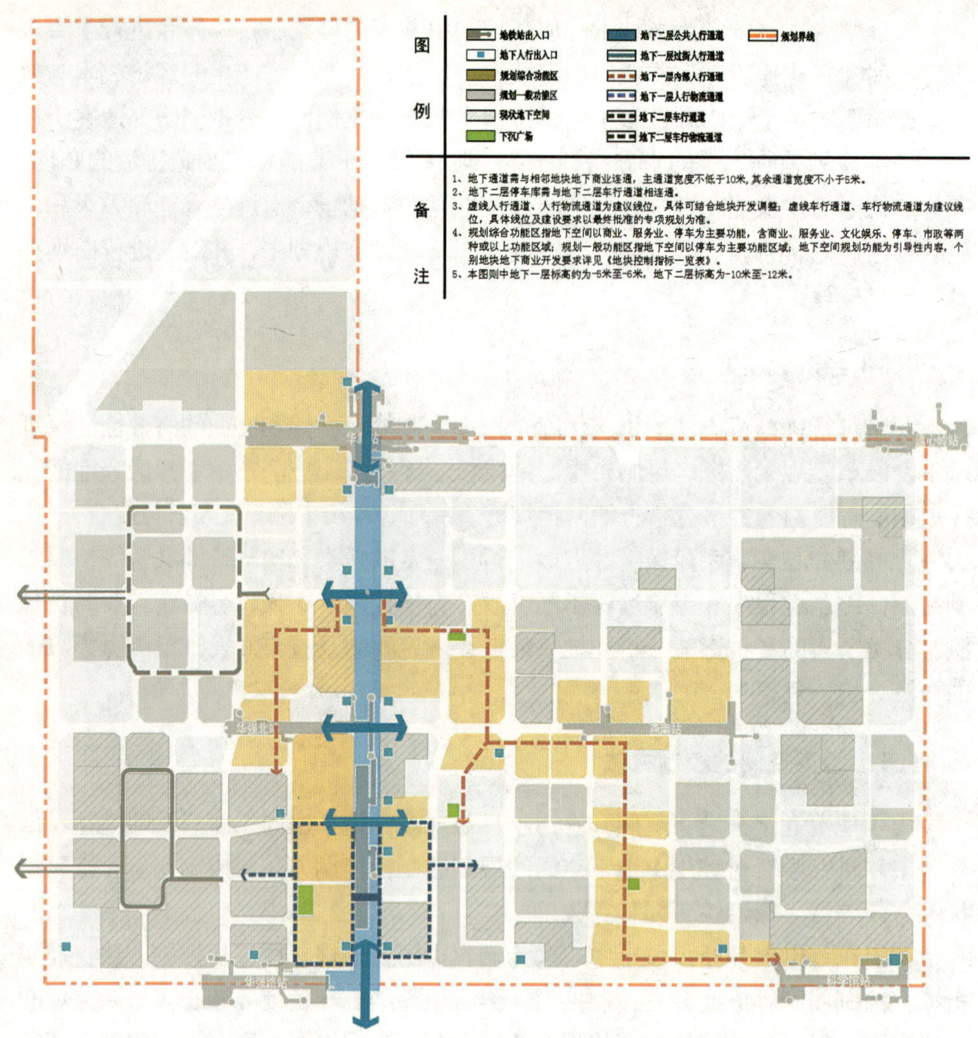

图 4　深圳市华强北地区法定图则地下空间控制图

五、展望与思考

《城乡规划法》实施后，控规成为我国法定规划体系的核心，控规改革和创新成为近年来规划界关注和实践的重点。2011 年度控规盘点篇提出控规“法制化道路任重道远、科学性有待继续完善、公众参与层次较浅、动态评估机制尚未建立”四个方面的问题和趋势，回首 2012 年，各地在这四方面均有所推进和改善。但是，各地在控规的动态维护与更新、核心指标科学性、控规修改制度建立、公众参与等方面仍具有较大的改革和创新空间。具体体现在以下几个方面。

（一）控规维护与更新的常态化（动态化）

控规“全覆盖”后，工作重点转向于控规管理，城市规划的公共政策属性更加凸显。然而，控规局部修订数量的增多，直接影响控规的法定性和权威性，也较大程度上影响了规划管理的运行效率。部分城市为减少此类情况，甚至出现大量编制控规，而较少审批控规。

为适应城市快速转型发展需求，部分城市开始探索控规的动态维护与更新，建立“评估—制订修订计划—修订—审查—‘调整一张图’—评估”的控规运作机制，对各个环节工作进行优化。但这些工作都处于探索阶段，仍需在实践工作中不断改进和完善。

（二）控规核心指标的科学化和信息化

容积率背后的经济性使其在控规编制和规划管理中一直处于焦点位置，日益增多的控规局部调整也大多集中在容积率调整上。虽然近年来规划界对容积率的科学性进行了多方面、多学科的分析，包括经济可行性分析、市政和交通的承载力分析、空间总量分析和地理信息系统辅助等，但对如何科学地确定容积率仍没达成共识，人为因素仍占有较重分量，致使规划管理寻租现象不断出现。因此，亟须探索用科学化和信息化的手段来支撑容积率确定，尽量减少或避免人为因素的影响。

（三）控规决策的民主化

目前，各地控规都在探索在控规编制和审批中加强公众参与，但大部分城市都只是在公开展示期内（30天）搜集公众意见，公众缺乏全过程参与，在控规决策审批中更处于缺失状态。更有甚者，有的城市采取大量控规“编而不批、编而少批、编后少公开”的做法。

另一方面，《城乡规划法》第四十八条规定，修改控规的“应征求规划地段内利害关系人的意见”，但谁是利害关系人、需征求多少比例的利害关系人、利害关系人意见的作用等都没有明确。

虽然部分城市在决策民主化道路上有一定实践和经验，如深圳、佛山、杭州等城市，但控规层面公众参与和决策民主化的机制建设仍然不够深化，仍然没有达到真正、完全的公众参与，需要各地在实践中进一步探索和完善。

（四）配套制度的完善化

为了提高规划管理的水平和效率，仍需在控规的各项配套制度上进行完善。

包括建立与控规相配套的听证制度与上诉制度，切实保障公众参与，降低行政相对方的维权成本，约束政府管理行为；以及建立明确的规划行政究责制度，应以权、责对称为目标，增加责任成本，尤其是加大行政主体的违规成本。

参考文献

[1] 汪坚强．溯本逐源：控制性详细规划基本问题探讨——转型期控规改革的前提性思考 [J]．城市规划学刊，2012（6）．

[2] 曹轶，魏建平，许世光．产业选择与工业园区控制性详细规划的耦合——以广州南沙区电子信息产业园为例 [J]．规划师，2012（2）．

[3] 林华山．海岛旅游小镇规划方法与路径——以东山岛铜陵镇控制性详细规划为例 [J]．规划师，2012（2）．

[4] 李爱城．滨海旅游度假区控制性详细规划控制体系——以珠海市东澳岛为例 [J]．规划师，2012（8）．

[5] 唐军．基于游憩行为与空间管制的风景名胜区控制性详细规划探索——以天台山国家级风景名胜区佛陇景区为例 [J]．中国园林，2012（9）．

[6] 李东明，王鹰翅，李开猛．山坡地开发建设模式及规划设计方法——以《温州市林宋组团山坡地利用控制性详细规划》为例 [J]．规划师，2012（6）．

[7] 黄文钦，邓文博．特区内早期重点建成区“四微”模式的法定规划编制探讨——以深圳红岭—通新岭图则为例 [M]// 多元与包容——2012 中国城市规划年会论文集，2012.

[8] 魏彤岳，王魁，吴南．生态城市控规编制技术初探——以中新天津生态城为例 [M]// 多元与包容——2012 中国城市规划年会论文集，2012.

[9] 官卫华．城乡统筹视野下城乡规划编制体系的重构——南京的探索与实践 [J]．城市规划学刊，2012（3）．

[10] 陈晓明,岑慧．控制性详细规划全覆盖编制技术创新——以广州市花都区为例 [J]．规划师，2012（7）．

[11] 陶亮．控规编制中城市设计附加图则成果规范研究——《上海市控制性详细规划附加图则成果规范》解析 [M]// 多元与包容——2012 中国城市规划年会论文集，2012.

[12] 金广君，王萍萍．结合城市设计的控制性详细规划优化探讨 [M]// 多元与包容——2012 中国城市规划年会论文集，2012.

[13] 冯宗周，陈颖，欧阳洁．山地城市规划控制性指标确定的新探索——从城市设计角度的推演 [M]// 多元与包容——2012 中国城市规划年会论文集，2012.

[14] 平茜，杨新海．基于弹性控制的控规容积率赋值方法研究 [J]．现代城市研究，2012（11）．

[15] 黄汝钦．新旧城区容积率弹性控制方法探讨 [J]．国际城市规划，2012（1）．

[16] 费彦，王世福．居住区公共配套设施总量控制方法研究——以广州为例 [J]．城市规划，

2012（12）.

[17] 赵中元，魏正，江丕文．科学发展下城乡规划管理信息化实践与探讨——以武汉市规划管理信息化建设实践为例 [J]．城市规划，2012（4）.

[18] 周偲．上海市各层次规划的数据衔接与管控方式研究 [M]// 多元与包容——2012 中国城市规划年会论文集，2012.

[19] 叶祖达．低碳生态控制性详细规划的成本效益分析 [J]．城市发展研究，2012（1）.

[20] 徐愉凯．控制性详细规划生态指标体系建构研究 [M]// 多元与包容——2012 中国城市规划年会论文集，2012.

[21] 陈国伟．基于整合的生态型控规能源系统规划研究——以苏州独墅湖科教园区生态型控规为例 [M]// 多元与包容——2012 中国城市规划年会论文集，2012.

[22] 郑文含，唐历敏．控制性详细规划经济分析的一般框架探讨 [J]．现代城市研究，2012（5）.

[23] 彭芳乐，赵景伟，柳昆，李佳川．基于控规层面下的 CBD 地下空间开发控制探讨——以上海虹桥商务核心区一期为例 [J]．城市规划学刊，2013（1）.

[24] 刘卫东，潘宁宁．控规视角城市核心地段地下空间的开发利用——以温州瓯海城市中心区为例 [M]// 多元与包容——2012 中国城市规划年会论文集，2012.

（致谢：广州市城市规划编制研究中心、杭州市城市规划编制研究中心、哈尔滨市城乡规划编制研究中心、合肥市规划设计研究院、厦门市城市规划设计研究院、梅州市城乡规划编制研究中心、肇庆市地理信息与规划编制研究中心、绍兴市城乡规划编研中心、惠州市城市规划编制研究中心协助提供 2012 年度城市控规编制与管理的相关资料）

（撰稿人：戴晴、周劲、王承旭、陈敦鹏、李蓓蓓、蔡志敏、郭沁峰、朱鑫月，深圳市规划国土发展研究中心）

城乡统筹规划

一、关于城乡统筹的政策与实践

（一）中央政策

1. 中共十八大报告

中共十八大报告指出要推动城乡发展一体化。解决好农业、农村、农民问题是全党工作的重中之重，城乡发展一体化是解决“三农”问题的根本途径。要加大统筹城乡发展力度，促进城乡共同繁荣。加大强农、惠农、富农政策力度，让广大农民平等参与现代化进程，共同分享现代化成果。加快发展现代农业，增强农业综合生产能力，确保国家粮食安全和重要农产品有效供给。深入推进新农村建设和扶贫开发，全面改善农村生产生活条件。着力促进农民增收，保持农民收入持续较快增长。坚持和完善农村基本经营制度，构建集约化、专业化、组织化、社会化相结合的新型农业经营体系。改革征地制度，提高农民在土地增值收益中的分配比例。加快完善城乡发展一体化体制机制，促进城乡要素平等交换和公共资源均衡配置，形成以工促农、以城带乡、工农互惠、城乡一体的新型工农、城乡关系。

2. 2012 年政府工作报告

2012 政府工作报告中指出在工业化和城镇化发展进程中，要更加重视农业现代化，进一步加大强农、惠农、富农政策力度，巩固和发展农业农村好形势。要求在坚持农村基本经营制度不动摇、严格保护耕地的前提下，搞好土地确权登记颁证，加强土地承包经营权流转管理和服务，扶持农民专业合作社、产业化龙头企业，发展适度规模经营。

该报告还指出要积极稳妥推进城镇化，促进大中小城市和小城镇协调发展，提升城镇化质量和水平。通过放宽中小城市落户条件，把在城镇稳定就业和居住的农民工有序转变为城镇居民。着力解决农民工在城市生活中的实际问题，逐步将城镇基本公共服务覆盖到农民工。关爱留守儿童、留守妇女和留守老人。让农民无论是进城还是留乡，都能安居乐业、幸福生活。

3. 2012 中央农村工作会议

会议强调，要加大统筹城乡发展力度。当前和今后一个时期，要进一步加大力度，推动资源要素向农村配置，逐步缩小城乡发展差距，形成以工促农、以城带乡、工农互惠、城乡一体的新型工农关系。加快推进城乡基本公共服务均等化，促进城乡要素平等交换，有序推进农业转移人口市民化，维护好农民合法权益。

4. 2012 年 12 月中央经济工作会议

会议提出要积极稳妥推进城镇化，着力提高城镇化质量。城镇化是我国现代化建设的历史任务，也是扩大内需的最大潜力所在，要围绕提高城镇化质量，因势利导、趋利避害，积极引导城镇化健康发展。要构建科学合理的城市格局，大中小城市和小城镇、城市群要科学布局，与区域经济发展和产业布局紧密衔接，与资源环境承载能力相适应。要把有序推进农业转移人口市民化作为重要任务抓实抓好。要把生态文明理念和原则全面融入城镇化全过程，走集约、智能、绿色、低碳的新型城镇化道路。

5. 2012 年全国住房城乡建设工作会议

会议把农村危房改造、传统村落保护作为下一年的工作重点。要求制定全国传统村落保护发展规划，保护村落的传统文化要素和地区民族特色。扩大绿色低碳重点小城镇试点和特色景观旅游名镇名村示范，启动美丽小镇和美丽乡村示范。

6. 农业部启动全国新一轮农村改革试验区

2012 年 1 月，农业部会同有关部门批复在全国建立 24 个农村改革试验区，启动新一轮农村改革试验工作。农村改革试验工作坚持城乡统筹，紧紧围绕稳定和完善农村基本经营制度、健全严格规范的农村土地管理制度、完善农业支持保护制度、建立现代农村金融制度、建立促进城乡经济社会发展一体化制度、健全农村民主管理制度等六大制度建设，选择试验主题，确定试验内容。

（二）地方实践

1. 山东省德州市“两区共建”统筹实践

在城乡统筹发展的大背景下，山东省德州市根据本市农村村庄分布散、规模小、人口少、占地多的实际，以新型农村社区和现代产业园区“两区同建”为抓手，实践一条不以牺牲农业和粮食、生态和环境为代价的“三化”协调科学发展之路。通过城乡统筹为城市提供发展空间和改善村庄居住条件的同时，保障农业生产的安全以及农民生活的稳定。

全市由原来的 8319 个行政村合并为 3070 个社区（村），减少 5249 个。规划建设 1184 个并建社区，截至 2011 年年底，全市累计启动并建点 959 个，10.2 万农户从原来的村庄搬进新建设的社区楼房。同时，全市规划了农业、工业、商贸产业园区 1538 个，现已开工建设 953 个。

2. 浙江省杭州市“区县协作”统筹实践

2010 年 8 月，浙江省杭州市设计出台了“区县协作”战略，把 11 个城区与

5个下属的县市进行对口结合，建立了5个联动发展的协作组，并将下属的乡镇街道和党委政府部门全部打通，试图取得统筹发展的效果。与“东西合作”等做法有着本质的不同，杭州的“区县协作”以市场需求为导向，改变了长期以来人们将城乡对立起来考虑的思维习惯，也改变了长期来单向的“输血式”帮扶，将政治任务和市场需求融会贯通，建立起了互利共赢的利益机制，解决了城乡统筹中动力不足、难以持续的“顽症”。

2012年，城区共筹集区县协作资金3.25亿元，支持五县（市）协作项目293个，总投资达72.3亿元。城区向五县（市）实施产业转移项目139个，总投资达455.4亿元。一年来，城区与五县（市）在教育、卫生、就业、科技、招商、旅游等领域开展全方位协作，推动优势资源向五县（市）流动，城市公共服务向农村延伸。

3. 天津市“三区联动”到“三改一化”统筹实践

2010年以来，天津市全面推进示范工业园区、农业产业园区、农村居住社区“三区”统筹发展，增强区县经济规模和实力，打造一批强区、强县、强镇，使天津市的农业现代化、农村工业化、农村城市化走在全国前列。

天津市还通过实践“宅基地换房模式”解决城镇建设用地与耕地保护的矛盾问题，提出在不增加建设用地的基础上，实现城镇用地与宅基地挂钩试点占补平衡。农民以其宅基地，按照规定的置换标准换取小城镇中的一套住宅，迁入小城镇居住。农民原有的宅基地统一组织整理复耕，实现耕地占补平衡和土地的高效集约利用。通过建立“居民住宅区、商务与工业园区和农业产业园区”三区联动发展，实现宅基地换房的土地试点政策带动下的小城镇发展模式。

2011年下半年开始，天津又在农村探索方面开展了“三改一化”改革，推进农村城镇化。“三改一化”即将农民改为居民，村民的农业户口改变为非农业户口，与城市居民享受同等的待遇；将农村改为社区，撤销农村村委会，建立社区居委会，完善配套的社区管理和服务体系；将村集体经济组织改为股份制公司，采取资产变股权、村民变股东的方法，实施股份制改造。2011年，天津在包括华明镇在内的3个街镇、43个村，开展了“三改一化”试点。2012年，又启动实施第二批“三改一化”试点工作。

4. 重庆市启动第二轮区县城乡总体规划的编制工作

重庆市自2007年起开展了为时两年的区县城乡总体规划工作试点。2010年1月重庆市颁布了《重庆市城乡规划条例》，这个条例中明确了“市城乡总体规划和其他区县（自治县）城乡总体规划”的法定地位。2012年4月，重庆市再次召开了“区县城乡总体规划交流研讨会”，意味着重庆市将开启新一轮的区县城乡总体规划工作，以有效地制定区县发展的城乡统筹与城镇化战略，并促进区县农村建设用地的集中流转，解决区县发展中的切实问题。

二、城乡统筹规划的新探索

2011 ~ 2012 年度，许多地区相继进行了以城乡统筹为目的的规划实践探索，其中具有代表性的包括：石家庄市域城乡统筹规划、常熟市城市总体规划、阳泉市域总体规划。

（一）《石家庄市域城乡统筹规划（2010—2030 年）》

1. 规划性质

规划是石家庄市以省会打造京津冀“第三极”为目标，整合市域城乡经济、社会、生态与区位资源，统筹市域城乡产业、空间与生态发展思路和计划，构建扬长避短、重点突出、动力强大、城乡和谐的市域总体发展战略和城乡发展策略的总纲性规划，为市域在新的历史时期实现跨越发展提供创新引领。同时，在市域总体发展战略和策略的框架下，深化规划乡村产业、空间、生态与特色发展的图景与路径。

2. 规划重点任务

（1）研究确定市域在更大区域的角色定位，明确自身的发展目标；

（2）研究制订实现发展定位与目标的总体战略；

（3）制定高集约与高辐射兼备，能够在当前和可预见的未来实现突破的产业发展策略与布局规划；

（4）制定符合石家庄特点的特色化城市化与城乡统筹发展策略及布局规划，构建结构合理、分工明确、功能突出的镇村体系；

（5）围绕总体发展战略、产业和空间发展规划，规划完善的市域生态与基础设施支撑系统；

（6）对重点空间和近期建设制定规划指引和实施项目建议，为各县市具体落实战略和操作规划提供有效引导。

3. 规划方法与原则

（1）创新规划。本规划是突破既有法定规划类别的战略性、区域性、综合性规划，并面临着石家庄发展的特殊情况，因此从基本技术路线、国内外理论经验的广泛比较与借鉴、规划研究与方案设计的突破等多方面，坚持解放思想、创新规划。

（2）落实国家战略。落实科学发展观，重视生态保护、低碳经济；重视调结构；重视发展战略新兴产业；重视工业化、城市化和城乡统筹发展的社会和谐。

(3) 在目标导向、总体战略引领的基础上，做好与现有发展思路的协调统筹。

(4) 突出实施抓手。重视村庄分类发展指引、近期建设项目的设计与实施主体的分解落实，并针对市域特色鲜明的中、东、西三大片区，对发展战略和各项规划进行分解落实。

4. 规划的主要内容

(1) 石家庄市域总体战略：包括背景研究、现状解读、总体战略规划等内容。

(2) 市域空间规划：包括城市化空间规划、城乡统筹规划、重点片区深化引导、市域产业空间规划等内容。

(3) 市域支撑体系规划：包括市域市政设施、公共服务设施、交通设施、生态系统、空间管制等规划内容。

(4) 体制与政策建议。

5. 统筹模式：做“加法”的统筹模式

(1) 手段采取 4 个“+”

+ 重点空间：在全市域集中力量培育的因地制宜、各具特色的高品质重点空间，包括都市区、中部的新市镇、平原和山地不同的重点镇、增长点、特色聚落。

+ 城镇化机制与保障：提供畅通的城镇化路径，消除体制机制性障碍，完善城镇化技能培训，完善保障性住房机制，健全社会保障体系，为农民提供顺利“进城”的体制支撑。

+ 高效都市农业：大力支持农村高效都市农业的发展，兴建农田水利设施，重点扶持东部平原区的京津菜篮子工程以及丘陵山地区的特色山地农业。

+ 重点乡村服务：促进农民权益的确权、流转，建设与本地生态和空间特征契合的均等、高效基本公共服务体系。逐步推进基本公共服务均等化，特别注重推进农业、村庄节水、节能等环保型生产和生活模式，注重保护本地乡村特色；空间上分不同地带，在尺度上进行差异化。

(2) 目标实现 4 个“+”

最终通过有机引导，低成本地实现：

——农民权益 +

——效率效益 +

——社会和谐 +

——用地指标 +（图 1）。

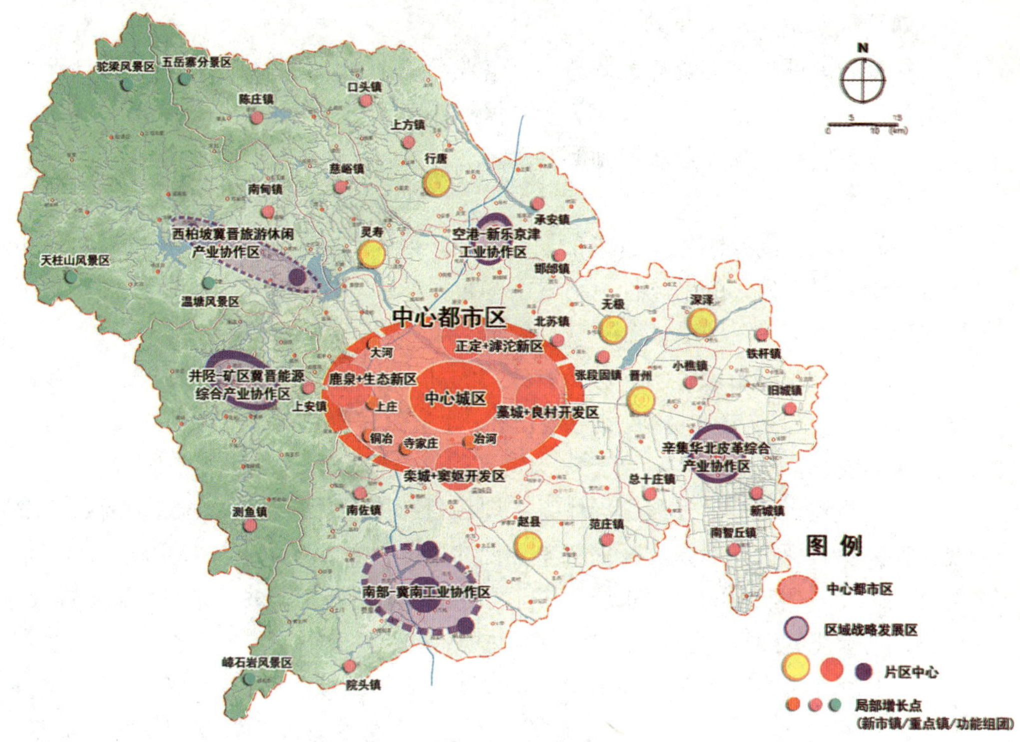

图 1　石家庄市域聚落体系规划图（2010—2030 年）

（二）《常熟市城市总体规划（2010—2030 年）》

1. 统筹目标

（1）统筹城乡规划

探索统一规划、统一管理的新机制，提高规划制定的公开性、透明性和群众参与度，加快规划实施的法制化进程。

（2）统筹城乡基础设施

统筹城乡交通、市政公用、水利、电力、电信、环保等重大基础设施建设，推进城乡道路、供水排水管网和污水处理设施有效衔接，加快城乡公交一体化，加强农村环卫设施建设，逐步实行城乡垃圾统一收集处理，促进城乡基础设施共建共享。

（3）统筹城乡公共服务

推进城乡公共服务一体化。统筹规划、合理布局城乡科技教育、医疗卫生、文化体育等社会事业，加大对农村公共服务投入，加强农村社区服务设施建设，鼓励城市优质社会事业资源进入农村，使农村居民享受到与城市居民均等的公共服务。

（4）统筹城乡就业社保

统筹管理城乡人力资源，营造公平就业环境；加快建设城乡一体的社会保障体系，不断完善农村养老、医疗等社会保障制度，全面落实被征地农民基本生活保障，逐步实现城乡社会保障制度并轨。

2. 统筹内容

（1）市域空间管制体系建设：划定四区，因地制宜，制订现代化发展目标和发展策略，增强规划的前瞻性、科学性与可操作性，促进城市社会经济健康、可持续发展。

（2）积极统筹市域资源，进行有效节约利用：以促进资源利用方式和城乡建设方式的转变为重点，引导城乡土地资源、水资源和能源资源综合节约有效利用，关注生态安全。

（3）构建市域分区发展引导体系：规划引入片区发展理念，通过对各片区发展条件的深入评价，对各片区采取差异化的规模引导、产业引导等策略，并在此基础上研究各类产业的空间布局，进行经济指标和用地指标的分解，为制定合理、可行以及量化的政绩考核体制提供参考依据。

（4）村庄发展路径：合理引导城市文明向农村延伸，形成特色分明的城镇与农村的空间格局；引导村庄适度集聚，促进村庄建设模式从粗放到集约的转变，以提高公共设施和基础设施的统筹共享与利用效率，推动资源集约利用水平同步提高与村庄人居环境的改善。尊重地方民俗与生活习惯，保护村庄自然肌理，改善农村生活环境。

（5）构建现代化公共服务设施体系，提升市域服务水平：在城乡统筹背景下构建现代化的基础设施体系；关注对商业、文化、教育设施的共享建设体系（图2、图3）。

（三）《阳泉市域总体规划（2011—2030年）》

1. 规划背景

2010年12月批复的“山西省国家资源型经济综合配套改革试验区”，是我国第一个全省域、全方位、系统性的国家级综合配套改革试验区。“十二五”期间山西省将形成“一核一圈三群”的城镇空间布局，为阳泉市率先全面城镇化发展提供了难得的机遇。

2. 发展目标

以“工业新型化、农业现代化、市域城镇化、城乡生态化”为方向，加紧落实“率先全面转型、率先全面城镇化”的要求，构建“经济发展、环境友好、资源节约、社会和谐”的新阳泉。

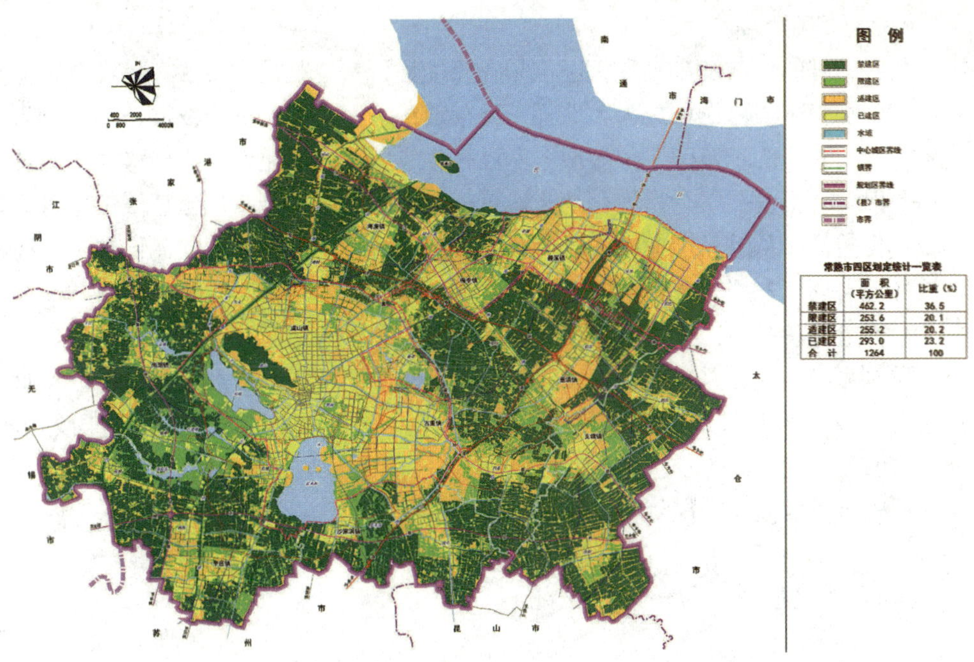

常熟市四区划定统计一览表

	面积（平方公里）	比重（%）
禁建区	462.2	36.5
限建区	253.6	20.1
适建区	255.2	20.2
已建区	293.0	23.2
合　计	1264	100

图 2　常熟市总体规划市域四区划定图（2010—2030 年）

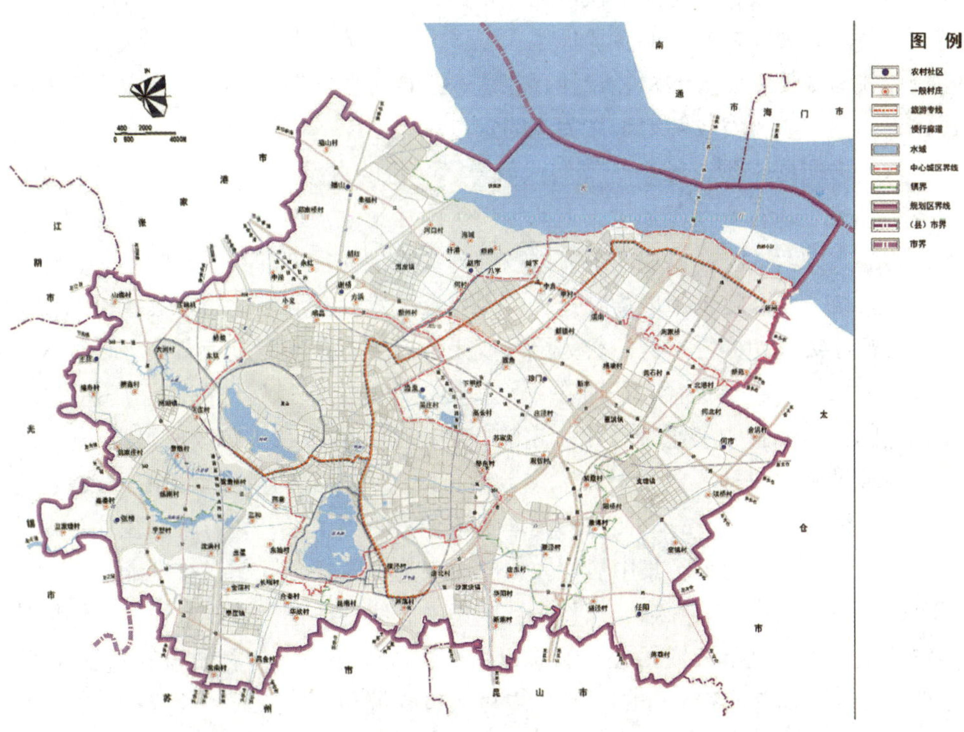

图 3　常熟市总体规划市域村庄布点规划图（2010—2030 年）

3. 发展战略

依托较好的经济基础，发挥区位与资源优势，实现跨越式发展，建设宜居生态城市；加强区域协调，成为太原都市圈东翼经济增长极；创新发展，率先成为全省综改试验区的示范区；统筹城乡发展，构建城乡一体化发展的新格局。发展战略是以“转型发展”为指导，从区域封闭向区域融合转型，从粗放城镇化向集约城镇化转型，从单一产业向多元产业转型，从城乡隔离向城乡一体化转型，从牺牲环境向环境友好转型，由资源依赖向文化科技引领转型。

4. 乡村发展规划

重构乡村地区，采取特色小城镇与产业园区协同推进的发展模式，特色农业旅游业＋新型农村社区的发展模式。促进人口向城市和镇区集聚。通过向外拓展中心城区用地，积极推进城镇化，使中心城区成为阳泉市域的主要人口集聚区。农村居民点适度撤并。规划中心村 39 个。

三、总结

从 2012 年的政策导向看，加快农业现代化是中央政府对农业发展的主要引导方向，在坚持农村基本经营制度、严格保护耕地前提下的农村体制改革和新农村建设将是处理农村问题的重要抓手。以城乡统筹为重要手段的新型城镇化道路将成为我国城镇化发展的路径选择，在这一路径下，城镇化的质量、农民工的市民化等问题将成为城乡统筹工作关注的焦点。

从地方实践上看，城乡统筹实践取得了一定的成绩，但也暴露出一些问题。城乡统筹实践的着力点在乡村，主要创新集中在集体土地经营模式、产权制度等方面，而农村新社区建设成为地方城乡统筹实践最为常见的具体操作手段。过去一年中，结合城乡建设用地增减挂钩的农村社区建设在河南、山东等省份的城市中大规模地实践和推行，这一行为已经成为地方政府在现有制度背景下获得城镇建设用地指标的重要途径，同时在一定程度上改善了农村居民的生活居住环境。但在实际操作过程中，也暴露出一定的问题，主要表现在：①政府财政压力大。大规模地推进农村社区建设对于大多数城市政府而言都构成了重大的财政负担。②社区生活条件参差不齐。在节约用地指标动力的驱使下，地方政府往往会推进几千人甚至上万人的社区集中居住，由此而来的社区融合问题、社区配套问题难以解决。③农民生活来源难以保障。社区集中居住后往往会造成农民难以继续从事农业生产，而这部分农民往往又难以获得进城就业的机会和城镇的社会保障。④部分社区面临二次空心化的风险。农村人口的流动已经造成了部分村庄的空心化问题，而一些农村社区建设地处偏远，交通不便，建成后村民也难以在社区方便地生活，这样的社区面临着二次空心化的风险。

从城乡统筹规划（包括城乡统筹规划、城乡一体化规划、新型城镇体系规划、市域总体规划等一系列以统筹城乡资源、协调城乡发展为主要内容的规划形式）来看，近些年的城乡统筹规划主要形成了下面几种类型：①城乡发展差距较大区域的城乡统筹规划，比如重庆市针对城乡差距极大的现状编制的《重庆市城乡总体规划（2007—2020年）》，重点是要进一步发挥各级城市的中心辐射力量，培育各级增长核心，有效带动乡村地区的发展，并适时从城乡规划体系创新与跨部门合作上寻求突破，借助行政力量的整合逐步缓解城乡矛盾；②一些城乡发展水平总体较高、城乡融合较为明显区域编制的县（市）域总体规划（主要集中在浙江、广东以及江苏等省份），重点在于从区域全覆盖的角度去对整个区域空间进行有效配置，促进片区经济和片区中心的形成，通过相邻地区设施的共建共享，引导建设空间集聚、集约利用的作用，最终实现城乡一体化发展，比如《常熟市城市总体规划（2010—2030年）》；③大都市边缘快速成长地区的城乡统筹规划，重点是应对大都市边缘区无序蔓延、以全方位转换增长模式，如《南京市江宁区城乡总体规划（2010—2030年）》。①

总体来看，在多年的尝试与总结的基础上，近年各地区的城乡统筹规划与城乡统筹实践较好地适应了解决三农问题、实现健康城镇化的总体要求。城乡统筹是一个长期而复杂的过程，需要在实践过程中对规划编制、实施等多个环节进行不断地探索和尝试。

参考文献

陆枭麟，张京祥，皇甫玥．发展环境变迁背景下的全域城乡规划比较研究[J]．规划师，2010（7）．

（撰稿人：蔡立力，中国城市规划设计研究院，教授级高级规划师；陈鹏，中国城市规划设计研究院，教授级高级规划师；魏来，中国城市规划设计研究院，城市规划师）

---

① 陆枭麟，张京祥，皇甫玥．发展环境变迁背景下的全域城乡规划比较研究[J]．规划师，2010（7）．

城市设计

引言

随着近年来中国城市化发展的快速推进，中国城市化水平已经超过 50%，社会经济水平与人民生活水平都得到了很大的提升，但在享受城市化红利的同时，城市文化与城市特色方面却没有获得足够的重视，城市整体面貌趋同、城市特色缺乏，千城一面的情况比比皆是。新城、新区建设中缺乏对于本土地域文化的传承与发展、缺少对于公共空间中特色空间的梳理与塑造；古城、老城的改造与提升中也忽视了对文脉底蕴和风貌特色的保护与运用，独具特色的传统风貌与文化逐步消失，趋近消亡。

随着中国城镇化思路的转变，在探索我国新型城镇化道路的过程中，我们也欣喜地看到，一些城市已经在城市特色空间的塑造上方面作出了大量有益的尝试和探索，对城市文化与城市特色的复兴与发展起到了积极的推动作用。而在这些实践案例中，城市设计的角色与作用愈发重要。除了对于城市特色空间的设计实践之外，对于城市设计应用实施的机制实践也在一些城市获得了长足的进展，以苏州为代表的部分城市将城市设计作为了城市规划建设体系构建的基本框架，将城市设计的内容与要求贯穿于各层次的规划当中。此外，围绕城市特色空间塑造为主题的学术文献与学术活动也大量涌现，2012 年城市设计专业学术委员会年会即以“城市特色空间的设计研究”为会议主题，组织开展了有针对性的实地踏勘和讨论交流。

一、城市设计学术活动

（一）学术文献

2012 年，城市设计的学术研究氛围热烈，成果颇丰。2012 年全年发表的以城市设计为主题的研究文献为 484 篇，其中核心期刊文献 86 篇，会议文献 100 篇。对其进行分析归纳可看出如下城市设计学术研究方面的趋势和发展。

在城市规划管理方面，城市设计与规划管理相关联的程度提高，其中，城市设计导则、规划管理等相关研究成为热点，可见城市设计可实施性方面的研究走向了规划控制的更深层次。

在城市规划编制方面，近些年控制性详细规划与城市设计的关联度始终显著且逐渐增强，同时总体规划与城市设计的关联研究明显增加，同样表达了城市设计由局部形态走向整体形态的研究动向。

在城市设计对象方面，从类型来看，既有城市设计理论、案例、实践研究的传统领域，如城市广场、历史街区、滨水区、街道空间等经典性研究对象，也有一定数量的研究关注小城镇、社区等较为宽泛的类型，显示出城市发展进程中城市设计关注面的拓展。

（二）学术会议与活动

2011年11月，中国城市规划学会城市设计专业学术委员会与江苏省城市规划学会城市设计专业学术委员会在苏州召开了以“城市特色空间的设计研究”为议题的城市设计学术研讨会。与会专家学者通过对苏州本地及我国其他城市实践案例的探讨交流，一致认为，无论在城市历史地区还是新区，城市特色空间的塑造已经逐步成为城市文化与城市特色建设的一个重要抓手。

会上嘉宾就城市空间特色塑造、中国的城市设计理论、城市设计的作用地位、城市设计运行及方法、设计师的修养、设计的公共审美、特色空间推广、转型期的城市设计等话题，畅谈了个人的看法。围绕会议上的精彩内容，《城市规划》杂志组织专家以会上观点为基础撰写文章，以“中国城市设计面临问题与对策”为主题集结刊登，对面向新时期的城市设计进行学术讨论。

二、城市设计实践探索与理论研究

（一）城市设计的机制建设实践

在我国现行规划体系的一系列法定规划中，“城市设计”作为非法定规划并未得到充分的重视。在我国城市迅速地外延式扩张，逐步失去城市特色和迷失城市建设方向的时候，各地在规划实践中正探索通过城市设计的手法使城市特色和文化进一步地延续，使城市走向内涵式的发展道路。如苏州市建立了适用于各个规划层面的城市设计工作谱系，将城市设计作为规划的技术支撑，对各类规划进行设计指引。

苏州城市设计工作谱系的构建，基于在做城市总体规划的同时融入城市设计的思想，形成总体城市设计框架，以总体规划为纲，总体城市设计为综合研究平台，引导一系列的城市设计，如提出城市设计总体思路、对总体问题做相应的设计通则、提出片区控制与引导准则、建立片区项目库等。通过总体规划和总体城市设计作为指导中心城区各项规划设计的重要指导文件，组织多项后续专项规划和片区规划设计。在总体城市设计的基础上编制相关的专项城市设计规划，对专项规划的要素进行系统梳理，提出设计指引，如：《苏州市公共空间环境建设规划》、《苏州市中心区户外广告专项规划》、《苏州市高度控制规划研究》、《苏州市城市色彩规划研究》等专项规划设计以及虎丘周边地区、木渎胥江两岸等片区规划与城市设计。根据总体城市设计提出的要求，对实施性规划设计进行指导，编制实施性规划设计，如：《苏州市干将路合整治规划前期研究与导则设计》、《三角咀生态公园》、《荷塘月色湿地公园》、《石湖景区整治》等实施性规划设计。苏州市城市设计工作谱系的构建，鼓励和规范了各层次规划体系中的城市设计工作，这对提高城市空间环境的品质起到积极作用，也对城市设计的工作机制建设提供了良好的范例。

（二）城市特色空间设计实践

城市特色之源来自于它所处的自然、历史文化以及时代环境，不同地域、不同文化背景、不同时代的城市空间会表现出不同的特色。我国幅员辽阔、文化多样、地域发展阶段差别亦较大，城市空间形象的反映也应当是丰富多样的。城市特色空间作为城市特色展示的窗口，成为这种差别的直接反映，城市特色的展示可以从城市特色空间入手。在城市特色空间的实践中，各地出现了不少成功的案例，它们的积极作用主要体现在经济、社会、文化和生态四大层面。

1. 城市特色空间是提升和激发城市活力的策源地区

第一，城市特色空间能够增强城市的竞争力。城市特色空间往往因具有宜居、宜业、宜游的特色优势而具有较强的吸引力和凝聚力，成为城市竞争中的有利资本。同时，特色空间往往也是城市旅游经济、创意经济等新兴经济的载体。例如，北京的南锣鼓巷（图 1），通过积极保护历史文化资源，修复街区肌理功能，发展文化创意产业和旅游产业，吸引了大量创意人才和创意活动，实现了街区的复兴与可持续发展，改善了居民生活环境，增加了城市活力。

第二，城市特色空间能够激发地区的发展潜力。城市特色空间通过本身的发展，能够起到“触媒”的作用，以点带面激活周边街区和城市的潜力，成为“城市名片”，进而推动整个城市区域经济的发展。如苏州的平江路（图 2）、山塘街（图 3）与李公堤（图 4）都是城市特色商业街，带动零售、餐饮及其他行业的发展，完善了城市功能，促进了经济发展。

2. 城市特色空间是凝聚和认同集体记忆的公共场所

城市特色空间作为城市的公共空间，是市民公共活动和交往的重要场所。在

图 1　北京南锣鼓巷实景

图 2　苏州平江路实景

图 3　苏州山塘街实景

图 4　苏州李公堤实景

长期作为社会活动的物质载体的过程中，它充分体现着时代的社会关系和伦理秩序，成为具有城市归属感和认同感的场所，无论时代如何变迁，城市如何日新月异（特别是对于快速城市化的我国），特色空间都是坚守着城市集体记忆的一方净土。如苏州的平江路、山塘街两条特色商业街都在充分保护和合理利用现存资源的基础上强调苏州城市特色，使苏州传统的记忆继续在现代功能与环境中延续与传承。

3. 城市特色空间是传承和发扬城市文化的活力高地

“让我看看你的城市，我就知道这座城市的人民追求的是什么”，这句名言揭示出城市的物质空间环境其实反映着城市的内在文化和精神。特色空间作为城市空间中最具代表性的场所，是城市文化和精神的浓缩之地，了解一座城市最便捷的方式就是观察和体验它的特色空间。如在南京明城墙（图 5）特色空间的营造和设计中，采取保护与拓展相结合的理念，科学慎重地处理城市建设与城墙保护的关系，主张保护城墙环境的历史结构，同时引入与周围环境和谐的现代因素，城墙成为城市公共空间中的文化象征。又如济南商埠区在旧城改造过程中，继续延续商埠区的整体风貌，探索向传统城市学习的设计方法，传承疏密有致的形态和肌理，保护历史文化遗存与文化空间，严格把控空间与建筑尺度，塑造了具有文化内涵的特色空间。

图 5　南京明城墙实景

图 6　深圳欢乐海岸实景

4. 城市特色空间是滋养和改善城市环境的绿色空间

许多城市的特色空间往往是与当地各具特点的自然生态环境相结合，不同的自然生态环境不仅塑造了不同的城市特色空间，同时也将自然生态要素融入了城市的生活中，而城市中的湿地、雨水公园等特色空间更是城市生态系统中的重要组成部分。对于高密度的大都市而言，紧密融入城市日常生活的生态特色空间的积极意义更加突出。如深圳欢乐海岸（图 6）将深圳湾开发和华侨城生态湿地保护统一考虑，将得天独厚的自然资源融入城市建设中，形成非常好的城市生态环境。

（三）城市特色风貌塑造的理论探讨与方法总结

从近年来的大量实践案例中可以看到，城市特色、城市风貌的话题不仅在城市规划、建筑的专业领域被讨论，上至政府领导、下至普通百姓对此也非常关注。应该说，城市特色、城市风貌的问题无论中外都有很高的关注度。因此，城市特色风貌的理论与方法的探索在我国始终是一个非常具有现实意义的课题。相信这个话题将继续被深入探讨、思考并践行。

1. 认清特色来源

城市的风貌要体现出特色，必须从自身挖掘，不是照搬、抄袭、模仿而来。这个特色来自于城市所处的自然环境、文化传统和时代进步。

自然环境是城市特色的基础。结合自然环境可以因借自然要素成为空间中的景观，如苏州工业园城市空间所围绕的金鸡湖；也可以依就自然环境反映其地势，如山城重庆城市空间依据地形层层叠叠铺陈开来；还可以利用自然环境满足城市的实用功能来反映其特点，如历史上的苏州平江路与平江河，“水陆并行，河街相邻”，充分展现出水乡特色街道。

文化传统是城市特色的灵魂。其特色表现主要通过两个方面，一是城市空间结合已有的历史文化遗迹，如结合石库门老房子的上海的“新天地”；二是对于缺少历史文化遗迹的地区应注意挖掘和提炼地方的文化特色并体现在城市空间中，如新疆国际大巴扎以现代方式体现了伊斯兰文化，塑造了浓郁的地方特色的城市空间。

时代进步是城市特色的创新。城市在不同的历史阶段会呈现不同的面貌，有特色的城市面貌需要体现时代的特点，它也许是新兴的产业，也许是创新的思维等。新兴的产业是为满足社会发展产生的新需求而出现的，它对城市空间会带来新的要求，如创意产业对小街区、小路网、社区级别的小设施的钟情，又如生态低碳技术带来的新的城市空间的体验；而创新思维会令城市空间充满想象，如解构思维的巴黎拉维莱特公园。

2. 紧抓特色空间

人对城市的感受更多的是从人的感官所能掌握的空间环境来获得，而在城市的大量空间中，有一些空间最能够展现甚至代表一座城市的气质和特色，这一类空间可以称之为城市特色空间。作为城市特色风貌展示窗口的城市特色空间往往处在城市的关键位置，即功能比较核心、文化比较集中、活动比较频繁、景观比较独特的所在。对城市特色空间的控制包括以下两个方面，第一是识别并界定这些空间，并在城市设计中予以重点考虑；第二是建立这些空间的良好连接性，形成特色空间能够相互通联的网络，连接的通道也应作为特色空间来加以控制。由于城市特色空间往往是体现城市功能和格局、空间和设施、氛围和活动特点的重要窗口，因此把握好特色空间成为塑造城市特色的重要抓手。如苏州山塘街始建于唐代，历史悠久，是典型的水巷，一直被誉为“姑苏第一名街”。苏州市在尽可能保持原来风貌的原则下，于 2002 年 6 月启动了“山塘历史文化保护区保护性修复工程”。改造后的山塘，以再现山塘传统风貌为主题，集旅游、休闲为一体，充分展示了山塘丰厚的历史文化底蕴、典型的姑苏水巷风貌、鲜活的吴地民俗风情，使山塘街重新焕发活力，成为苏州最具代表性的城市特色空间之一。

3. 重视实施保障

特色风貌的保障需要通过城市设计来管控并通过管理机制来落实。

通过城市设计提炼特色风貌的管控要求。在我国现行规划体系的一系列法定规划中，“设计”并未给予充分的重视，为了弥补这一缺失，这部分内容往往要求反映在各层次的规划中，特别是控规。作为对空间的设计，城市设计需要把对空间、对城市风貌的设计意图通过简单、明确的语言陈述出来，无论对设计者、管理者还是审查者都能够明白无误地理解这些内容，从而使整体设计意图能够在众多的局部实施中加以落实。城市设计导则管控的内容包括许多方面，从城市风貌的角度它发挥了两大重要作用：第一是它保障基本的普适审美及价值准则，比如街道、广场的比例、尺度、界面，建筑的高度、体量、形式等；第二是它引导地方特色的实现，比如它对特征区、风貌区的划定和描述，并提出针对性的管控要求。如江苏省制定了全省的城市设计导则并鼓励和规范在各层次的规划体系中进行城市设计工作，这对提高城市空间环境的品质起到积极作用。

通过管理机制落实特色风貌的管控要求。特色风貌的管控要求需要科学合理的管理机制来有效地落实，缺少这样的机制再好的城市设计也会打折扣，甚至走样。在北川新县城的实施建设中创造和实践了一系列管理机制，取得了极大的成功。这些管理机制保障了规划和设计的实施效果，最终保证了城市整体风貌的实现。这一系列管理机制包括多方协作的联系协调机制、规划统筹的技术归口机制、科学决策的技术审查机制、监督落实的规划巡查机制等。

三、城市设计专业发展的展望

政府的意愿往往对城市问题的解决具有关键作用，过去，在城市政府心目中，城市化对经济的拉动作用往往处于最重要的地位，城市特色风貌只是锦上添花，能做出特色当然好，做不到也无所谓，这大概是虽然大家对城市特色风貌口头上很重视，但实际效果并不理想的原因之一。可喜的是，现在越来越多的城市政府开始真正重视城市特色风貌问题，采取了很多实质性的工作。比如在贵州省贵安新区的规划建设初期，省领导对贵安新区未来城市特色提出了“贵州特色、时代特点”的要求，2013 年年初省住房和城乡建设厅邀请省内外专家召开了城市特色风貌的专题研讨会，充分讨论新区未来的特色如何塑造，会后就讨论内容形成了六点共识，作为指导未来贵安新区城市特色风貌塑造的纲领性文件。

(1) 贵安新区是贵州省生态文明建设的标志，是我国西南地区城镇化的典范。新区建设要立意高远，突出生态低碳意识、注重民族文化传承、彰显地域文化特色、反映时代进步特点。避免新区建设千城一面的“特色危机”。

(2) 城市空间是城市特色风貌的载体。贵安新区的城市形态、空间结构、城市肌理和公共空间应遵循“跟着水走、围着山转、顺应地形、融入自然”的原则，减少对本底环境的干扰，实现低冲击的开发。

（3）城市建筑风貌应以贵州地方多元建筑文化传统和本地自然环境的特点为基础，提倡设计创新。坚持通过城市设计的控制，塑造各具特色的片区，实现新区建筑风貌的整体协调。

（4）妥善处理新区中标志建筑和背景建筑的辩证关系：标志性建筑应形象鲜明，突出贵州特色，反映时代精神；背景建筑应统一协调，其体量、色彩、材质等应服从整体风貌的要求。

（5）建筑设计应努力实践“乡土建筑现代化、现代建筑本土化”的理念，在满足实用功能的前提下，采用现代技术和材料，力求真实表达多彩贵州的地域文化，反对简单的照搬、拼贴，不搞追求怪异奇特的“形式主义”，要在吸收传统文化精髓和借鉴国外先进经验的基础上，不断创新，创造具有时代特征的贵州新建筑。

（6）在新区建设管理的过程中，应重视前期规划设计工作，在充分调研论证的基础上，搞好各层次的规划和设计，特别要注重通过城市设计做好群体及单体建筑的控制，建立科学的实施管理机制，保证规划设计的顺利实施。

贵安新区城市特色风貌的六点共识，尽管只是针对贵州省贵安新区的，但是其核心精神具有普适性，其他新区建设、旧区改善工作仍然能够从中吸取有价值的思想，指导城市特色风貌的塑造。实践正在也必将进一步证明，城市设计是融理性与感性于一身，管理、控制和展现城市特色风貌的重要工具，一个合格的城市设计也许不能保证能够塑造出出色的城市面貌，但它却是避免混乱、无序、乏味的糟糕城市面貌的有效手段；与此同时，我们也欣喜地看到，各地对城市特色风貌的认识在不断加深，也越来越重视，科学认识城市特色风貌的内涵是引导正确行动的前提，对这一领域的研究工作已经有了更多、更好、更系统的进展，未来也仍将是继续深入的热点，我们将共同关注。

结语

2012 年是城市特色空间进一步获得关注的一年，对城市特色空间的塑造是城市设计在未来一段时期里需要重点研究的课题。塑造城市特色风貌，首先要正确认识特色的来源，它们来自于城市所处的自然环境、历史文化环境以及时代环境，无视自然、忽略文化、脱离时代的“特色”只是无源之水、无本之木；其次，面对城市特色塑造的庞大内涵，其切入点可以从城市特色空间入手，通过这一抓手，把城市的自然、文化和时代的特点通过城市特色空间来展现；最后，特色风貌的落实还需要好的制度来保障，优秀的城市设计导则和严格的管理控制机制是城市特色风貌得以实现的必要条件。

参考文献

[1] 杨保军，朱子瑜，蒋朝晖，魏钢，张佳．城市特色空间刍议[J]．城市规划，2013（3）．

[2] 张佳，相秉军，朱子瑜．浅析城市特色空间对城市发展的积极作用——以苏州三条特色商业街为例[J]．城市规划，2013（3）．

[3] 王世福．城市设计建构具有公共审美价值空间范型思考[J]．城市规划，2013（3）．

[4] 张杰，张弓，张冲，霍晓卫，张飏．向传统城市学习——以创造城市生活为主旨的城市设计方法研究[J]．城市规划，2013（3）．

[5] 吕斌，王春．历史街区可持续再生城市设计绩效的社会评估——北京南锣鼓巷地区开放式城市设计实践[J]．城市规划，2013（3）．

[6] 张泉．城乡规划工作中的城市设计应用探讨[R]//2012 城市设计学术委员会年会报告．

[7] 相秉军．苏州市城市设计工作谱系简介[R]//2012 城市设计学术委员会年会报告．

[8] 张佳．苏州三条特色商业街——平江路、山塘街与李公堤的调研情况[R]// 2012 城市设计学术委员会年会报告．

[9] 吕斌．北京南锣鼓巷可持续再生的城市设计实践[R]//2012 城市设计学术委员会年会报告．

[10] 王婳．深圳湾华侨城“欢乐海岸”项目介绍[R]//2012 城市设计学术委员会年会报告．

[11] 段进．南京明城墙特色空间思考[R]//2012 城市设计学术委员会年会报告．

[12] 徐苏宁．苏州会议年会总结[R]//2012 城市设计学术委员会年会报告．

（撰稿人：朱子瑜，教授级高级规划师，中国城市规划设计研究院副总规划师，中国城市规划设计研究院城市设计研究室主任，中国城市规划学会城市设计学术委员会秘书长；蒋朝晖，中国城市规划设计研究院城市设计研究室教授级高级规划师；陈振羽，中国城市规划设计研究院城市设计研究室高级城市规划师；魏维，中国城市规划设计研究院城市设计研究室城市规划师；魏钢，中国城市规划设计研究院城市设计研究室助理规划师）

城市交通规划

引言

紧密围绕着城镇化、机动化两大核心问题，我国的城市交通规划领域走过了具有转折意义的2012年。在过去的一年中，针对中国式城镇化道路的反思和实践得以体现于国家层面的方针政策中，新型城镇化在“两会”上被列入中央政府的工作重点。在交通拥堵日益严重、绿色交通呼声高涨的现实面前，优先发展公共交通、调控小汽车拥有和使用、改善步行和自行车交通的各项政策和措施已经进入实质推进阶段。从传统城镇化到新型城镇化以及从传统机动化到绿色机动化的两个转变，开启了城市交通规划领域的新视野和新方向。

回顾2012年，我们看到城市交通规划在理念、技术和政策三个方面开展了若干积极的探索与实践，同时也注意到只有将理念、技术和政策结合在一起，才能更好地解决城市交通问题。

一、城市交通规划发展背景

（一）新型城镇化与绿色交通系统

建设生态宜居城市和绿色交通系统是面对资源约束趋紧、环境污染严重、生态系统退化等严峻形势下的必然选择。2012年，我国机动车保有量达2.4亿辆，并且快速增长势头仍在继续，对能源的需求也随之增长，2012年我国的石油对外依存度已经超过50%。从环境来看，我国已经屡次出现大范围的雾霾天气，以北京为例，机动车尾气排放的PM2.5约占全市PM2.5排放总量的22.2%，氮氧化物约占全市的58%，挥发性有机物约占全市的40%（刘小明，2012）。

经过长期探索和不断总结，建设生态文明、推进新型城镇化被写入国家战略任务。2012年11月，党的“十八大”报告提出“大力推进生态文明建设”，“融入经济建设、政治建设、文化建设、社会建设各方面和全过程，努力建设美丽中国，实现中华民族永续发展”，“坚持走中国特色新型工业化、信息化、城镇化、农业现代化道路”。12月，中央经济工作会议将推进新型城镇化列入经济工作的主要任务，提出“要把生态文明理念和原则全面融入城镇化全过程，走集约、智能、绿色、低碳的新型城镇化道路”，“积极稳妥推进城镇化，着力提高城镇化质量”。

中国工程院启动的重大课题“中国特色城镇化道路发展战略研究”共设置九个课题，分别针对我国城镇化的质量评估、空间布局、综合交通、产业结构、生态保护、城市治理等方面开展系统性研究，明确提出“促进综合交通与城镇化协调发展，加快区域与城市一体化综合交通体系建设，推进环保节能、以人为本的绿色交通系统规划建设，加快综合交通枢纽的规划建设，把交通需求管理作为长期对策全面实施”。

（二）公交优先进入实质推进阶段

2012 年 10 月，温家宝总理主持召开的国务院常务会议通过了《关于城市优先发展公共交通的指导意见》（国发 [2012]64 号），这是继 2005 年国务院办公厅转发《关于优先发展城市公共交通的意见》（国办发 [2005]46 号）明确“公交优先”发展战略以来，中央政府在公交优先政策方面作出的又一项重大举措。《指导意见》提出确立公共交通在城市交通中的主体地位，构建以公共交通为主的城市机动化出行系统，大城市公共交通占机动化出行比例达到 60% 左右，根据城市实际发展需要合理规划建设以公共汽（电）车为主体的地面公共交通系统，有条件的特大城市、大城市有序推进轨道交通系统建设，同时改善步行、自行车出行条件。

为了贯彻落实公共交通优先战略，交通运输部计划在“十二五”期间选择 30 个城市进行“公交都市”建设试点，北京、重庆、济南、南京、石家庄、武汉、长沙、大连、哈尔滨、西安、郑州、太原、乌鲁木齐、昆明 14 个城市，加上 2010 年批准的深圳共 15 个城市入选第一批试点城市。

2012 年 9 月，国家发改委集中批复 25 个城市轨道交通建设项目，总投资规模超过 8000 亿元，其中广州市城市轨道交通近期建设规划投资最高，预计总投资为 1241 亿元。截至 2012 年年底，中国内地共有 17 个轨道交通运营城市，运营总里程近 2008km，其中北京 442km，超过伦敦（408km）、首尔（406km）和上海（425km），成为世界上地铁线路最长的城市。预计“十二五”期间，国家仍将按照适度超前原则继续保持城市轨道交通快速发展态势，到 2020 年内地有大约 40 个城市将发展轨道交通，总规划里程 7000km 左右。

（三）城市交通拥堵治理方案频出

据公安部交管局发布的数据，全国 667 个城市中，约有 2/3 的城市交通在高峰期间出现拥堵，并向着常态化的方向发展。为了缓解日益严峻的交通拥堵，各大城市纷纷出台综合性的治堵方案，从规划、建设、投资、管理等多个方面层层落实部门责任，提出分阶段的目标和工作重点，使拥堵治理成为政府的常态化工作内容。

首先，一线城市治堵升级，二、三线城市陆续跟进。北京在2010年开始实施拥堵综合治理措施，采取建、管、限相结合的方式。2011年，广州也制定了重视交通需求管理等30项交通治理措施。进入2012年，越来越多的城市加入治堵大军，深圳、杭州、西安、济南、成都、义乌等城市也制订了相应的缓堵措施。

其次，机动车限购限行政策相继出台。2012年7月1日，广州成为继上海、北京、贵阳之后国内第四个正式实施汽车限购的城市。尽管有不少公众质疑限购限行政策治标不治本，政府有转嫁管理责任之嫌，但是该政策客观上起到了延缓机动车快速增长的作用，为发展公交、改善管理等长期措施赢得了更多时间。因此，广州的做法有可能得到其他大城市的仿效。

另外，此前备受争议的交通拥挤收费政策频频释放信号。2012年7月，北京市发布的《“十二五”时期交通发展建设规划》提到“出台一批促进交通可持续发展、缓解交通拥堵的配套法规、规章，以保障停车泊位管理、拥堵收费管理等工作的顺利开展”。有媒体报道广州市正在研究拥堵收费的实施方案。业界专家也提出大城市严重交通拥堵的风险评估与应对策略，包括出台拥挤收费等较为严厉的限制性政策。

（四）不良交通行为的多角度反思

2012年，“中国式过马路”、“闯黄灯”、“地铁乘客不文明行为”等话题成为舆论热议的焦点。为了规范和整治上述行为，公安部出台了“闯黄灯”处罚条款和实施细则，后又发通知要求违反黄灯信号以教育为主，暂不处罚。北京市公安局宣布将在全市范围内发起交通、治安、环境三大秩序突出问题集中管理整治专项工作，其中包括了中国式过马路问题。

这些现象一方面反映了人们不良的交通行为习惯，另一方面也反映了人们在使用交通工具或交通出行过程中的无奈。这提醒我们在加强教育、严格执法的同时，应不断提高交通系统的设施水平和服务水平，为交通参与者交通行为的改变创造更好的条件。同时，要关注交通文明与交通文化建设，完善设施、健全法规、严格执法、持久教育和全体出行者交通文明程度的提高是畅通、安全出行的重要保证。

二、城市交通规划发展特点与案例分析

（一）特大城市与都市区交通发展战略

特大城市的交通发展战略始终是城市交通规划领域关注的重点，这是因为以特大城市为中心的都市区主导着中国的城镇化格局，同时具有带动周边地区发展

的作用。根据“十二五”规划，国家将“按照统筹规划、合理布局、完善功能、以大带小的原则”，“以大城市为依托，以中小城市为重点，逐步形成辐射作用大的城市群，促进大中小城市和小城镇协调发展”。现阶段，我国面临着大城市人口规模快速增长、城市空间结构与功能布局不协调等若干问题，许多大城市中心区的基础设施和社会服务已经不堪重负，同时外围新城和小城镇因资源投入不足而导致发展迟缓或功能单一。因此，特大城市交通发展战略的核心问题之一就是如何处理功能集中与都市区均衡发展的关系。

针对门户功能和交通组织功能高度集中于北京市中心城区、环首都圈功能提升受阻的现状特点，环首都圈综合交通战略研究提出：合理分担北京市交通组织职能和压力，立足首都区域重构国家与区域运输通道及枢纽布局，实施首都门户功能外延，提升环首都圈主要城镇为区域门户，分圈层、分区域完善交通运输网络，促进北京市与环首都圈的联动、融合发展（全波，2012）（图 1）。

随着特大城市人口分布正在向外围地区快速集聚，城市空间结构和交通组织方式的调整势在必行。以上海为例，近 10 年来，内环线以内地区人口每年下降

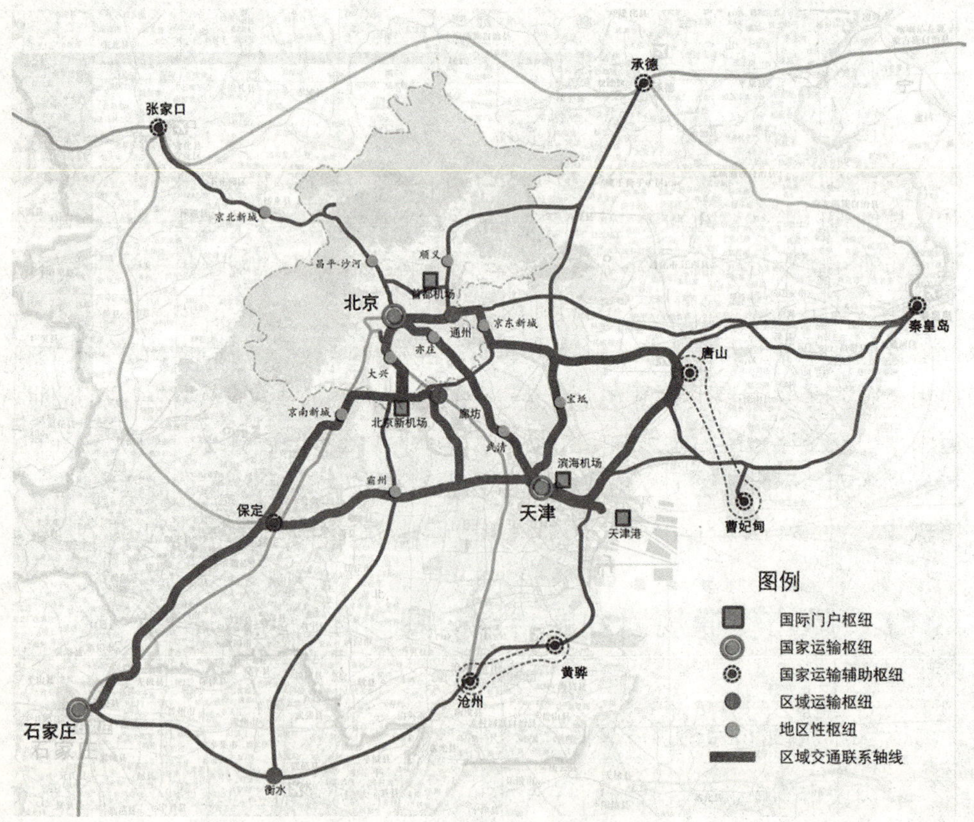

图 1　首都区域综合交通运输框架

2万～3万人，内环与中环之间地区每年增长约12万人，中环与外环之间每年增长6万～7万人，外环以外地区每年增长约50万人，这将导致越来越多的人口集聚在公共交通服务相对薄弱的外围地区，无疑是对现有交通组织模式的重大挑战（杨东援，2012）。北京、上海、广州、西安在交通战略研究中对中心城区和外围新城之间的交通发展模式进行了探索，在区分长距离机动性和短距离可达性两类出行需求的基础上，普遍提出分层服务、枢纽带动、公交主导、快慢分离的规划方法，改变了原有的单一均质服务方式。

（二）城市绿色交通系统评估与规划实践

正如上海世博会提出的“城市，让生活更美好！”的口号一样，人们来到城市是为了生活得更好。现在，建设生态宜居城市和绿色交通系统已经成为共识，绿色交通作为一种发展理念，已经开始融入城市交通体系规划的全过程。

住房和城乡建设部组织开展了中国城市绿色交通指数研究，目的是设计一个可量化的度量尺度，衡量各个城市的年度绿色交通发展状态，发挥政策导向作用。研究将评价指标分为四大类，即：设施水平指标，绿色出行指标，政策导向指标和公众感受指标，共包含13个具体指标。该项研究的成果下一步将用于评估和指导各个城市绿色交通系统的规划建设。

作为绿色交通系统的重要组成部分，步行和自行车系统开始得到足够的重视。2012年年初，国家发改委制定的《“十二五”节能减排全民行动实施方案》，倡导“135”交通出行方案，即1km以内步行，3km以内骑自行车，5km以内乘坐公共交通工具。9月，住房和城乡建设部下发《关于加强城市步行和自行车交通系统建设的指导意见》（建城[2012]133号），要求到2015年，城市步行和自行车出行环境明显改善，步行和自行车出行分担率逐步提高。至2012年年底，住房和城乡建设部已开展两批“城市步行和自行车交通系统示范项目”，进一步改善城市步行和自行车交通出行条件，提高居民的绿色出行意识。

为了强化步行和自行车系统规划的技术指引，住房和城乡建设部开始着手制定《城市步行和自行车交通规划设计导则》，重点是保障路权，完善过街设施、停车设施、景观环境、人性化服务设施，并处理好与公共交通的结合以及与机动车协调的问题。在城市规划的各个层次提出明确控制要求：在总体规划层面，提出步行和自行车系统的总体功能定位；在控规或专项规划层面，落实步行和自行车系统的详细布局，并进行交通设计和优化。

以三亚市慢行交通专项规划为例。城市总体规划明确提出，三亚交通要以绿色为主题，打造可欣赏、可游览、宜生活的交通服务体系。以此为依据，专项规划采取了分区和分级的策略，提出了差别化的慢行系统设计要求。通过引入交通

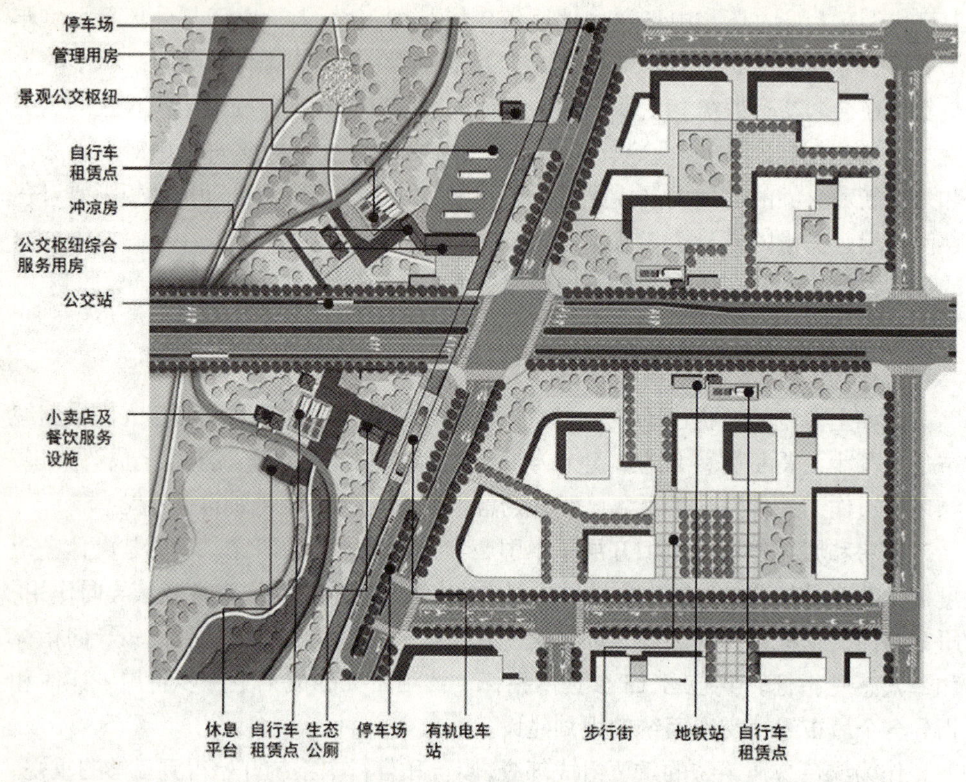

图 2　三亚某轨道站点周边慢行交通节点设计

工程设计手法，将上述要求与城市设计相结合，抓住节点、动线、界面的衔接和转换特征，得到令人满意的最终方案（图 2、图 3）。

（三）综合交通整治规划与节点优化设计

当前，中国城市正面临由于依赖小汽车交通而产生的交通拥堵、环境品质下降、人文关怀缺失等不良后果。在道路交通基础设施和公共交通设施逐步完善的同时，交通组织管理科学化、动态化、精细化水平的提高日益成为改善交通拥堵的重点。片区交通整治规划与交通节点改善设计是本年度值得关注的两类规划实践，它们是在上层宏观规划指导下进行的面向控制和实施的衔接环节，起着承上启下的作用。

交通整治规划的核心理念是"规划、设计、建设、实施一体化"，分功能定位、交通组织、详细设计、实施保障四个阶段将交通工程设计工作融入整个技术体系。首先，在功能定位上，以全体交通参与者为核心，与城市发展、用地布局和景观意向相协调，准确把握片区或道路的功能；其次，根据交通功能差异，对不同的

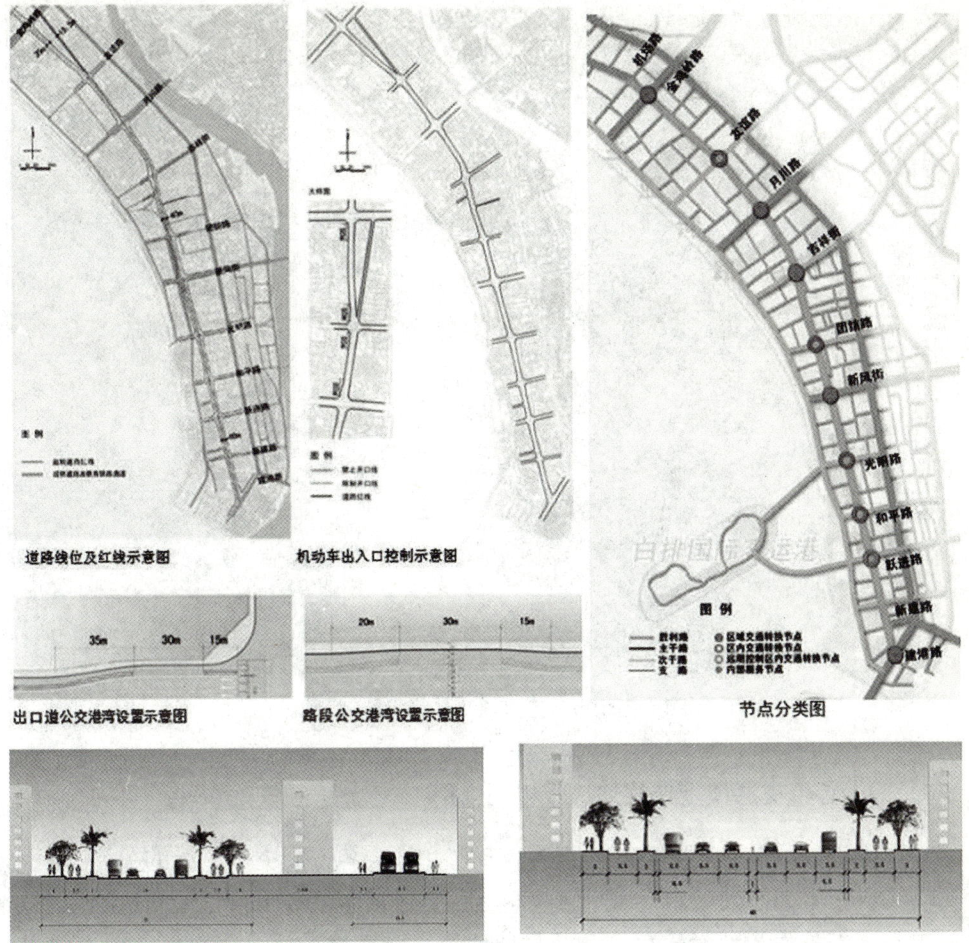

图 3　三亚市胜利路交通改造规划设计

节点要分类处理，制订针对性的交通组织策略和方案；第三，进行详细交通工程设计，落实用地、设施、管理、景观等各类关键控制要素；最后，明确交通、用地、市政、景观等各类设施进行协调的原则，以确保各自的功能能够正常发挥。可见，交通整治规划正向着多专业交叉领域发展，而最终目标是提高整体交通品质。

城市轨道交通沿线用地调整规划是按照《城市轨道交通线网规划编制标准》GB/T 50546-2009 的要求，综合考虑轨道车站功能定位和交通系统等因素，对站点周边土地使用功能、强度进行控制，以达到高密度集约化以公共交通为导向的发展模式，并保证轨道交通客流有序增长。在福州市轨道交通 1 号线沿线规划调整中，项目组结合轨道站点交通可达性影响范围和用地开发潜力，综合判断可开发用地及其开发效益，从用地布局、建设强度和地下空间利用等方面对既有控规进行调整（图 4）。

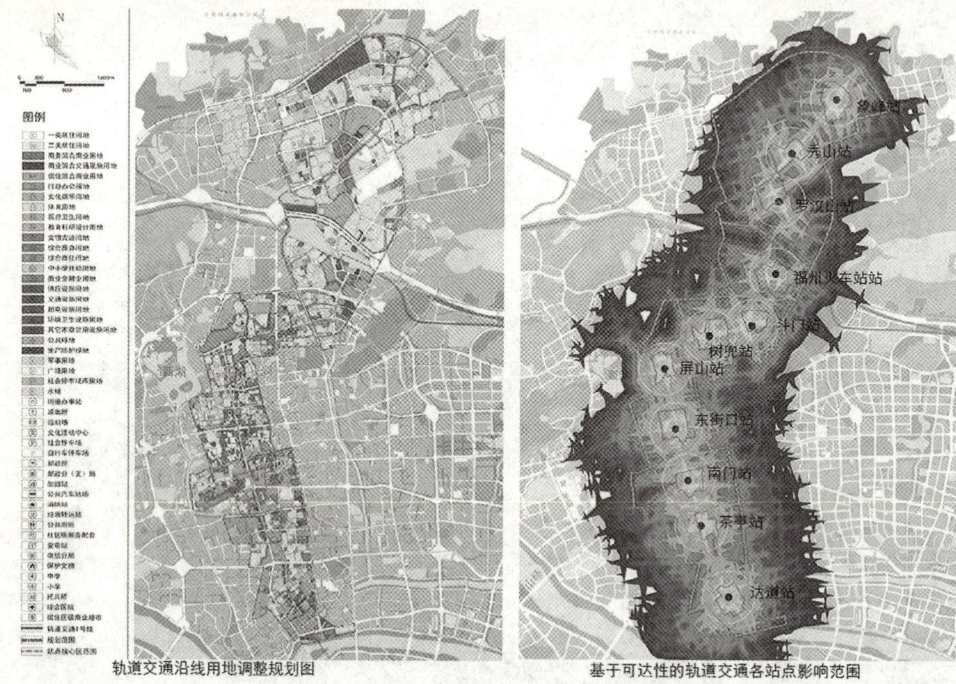

图 4　福州市轨道交通 1 号线沿线规划调整

（四）综合交通模型在规划决策中的应用

现阶段，城市交通决策正得到各级政府和社会各方面更加广泛的关注，因此对决策科学化、精细化的要求也越来越高。交通模型已经不再作为简单的需求分析工具，而是作为科学化决策和效果评估的技术支撑条件。北京、上海、广州、深圳、南京、杭州等城市已经对交通模型体系建设开展了长期的研究工作，目前贵阳、郑州、西安等中西部城市也开始加入建立本地交通模型的行列。

以郑州综合交通模型为例。该模型体系针对郑州都市区发展特征与趋势，划分为中心城区和城镇密集地区两个层次，共包含居民出行需求模型、流动人口需求模型、枢纽点交通需求模型、公交需求模型、机动车需求模型、对外道路交通需求模型和交通分配模型等多个模块，能够应用在城市建设计划评估、道路项目方案测试、交通影响评价应用、道路交通组织方案评估、道路节点（交叉口、立交）设计的定量支撑、公交线网方案评估、轨道交通网络的调整与优化、土地利用空间布局的反馈与优化、交通战略与政策制定的定量支撑等多个方面。

随着模型理论技术的发展，计算机软硬件的更新，基础数据采集渠道的拓展以及社会各界对科学决策的期待，交通模型正得到逐步完善和推广（图 5）。

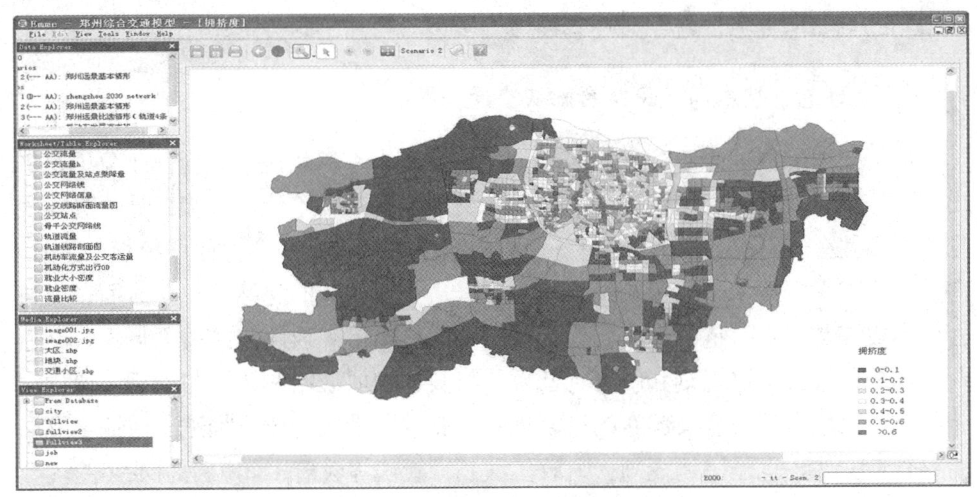

图 5　郑州市综合交通模型应用

三、思考与展望

（一）建设多方式整合的大交通体系

今年“两会”期间，大部制改革再次启动，原铁道部拟定铁路发展规划和政策的行政职责划入交通运输部，由交通运输部统筹规划铁路、公路、水路及民航发展。在此背景下，有关加快推进交通运输方式协同，建设大交通体系，实现“客运零距换乘、货运无缝衔接”的呼声渐强。从国际经验来看，美国、日本都采取的是综合运输体系的管理模式，即把铁路、航空、公路、水运、管道等交通运输方式共同纳入国家综合运输体系，防止由于单一方式只为追求本行业经济利益最大化而导致整体效率下降。

就城市交通规划领域而言，多种交通设施整合与衔接的技术手段和政策制定将是今后的研究重点，而枢纽布局是其中的关键所在，枢纽的效率是核心评价指标（孔令斌，2010）。

（二）更加人性化的交通设施规划与设计

当越来越多的城市在解决了交通设施的有无问题以后，市民对交通的意见不仅没有减少，反而有所增加。究其原因，使用者体验的缺失和人性化尺度的忽略是最突出的问题（扬·盖尔，2010），这关系到公平性、安全性、便捷性、舒适度、存在感和归属感。当宏大的开发计划确定以后，如何让规划设计回归地面，真正以个体人的视角和感受来谋划各类设施的适宜布局和功能，把人性化的口号落实在精巧的细节考量中，是今后规划设计领域迈向精细化的关键。

（三）理念、技术与政策结合解决交通问题

尽管交通发展理念不断更新，规划设计技术水平不断提高，管理政策也是层出不穷，但目前整体交通状况依然堪忧，交通改善效果不佳，政策引导缺失，规划体系不健全，解决思路与措施单一。可以说，单纯依靠某一个方面已经很难奏效，需要探索理念、技术与政策相结合来治理城市交通问题的思路。在这方面，交通白皮书或许是一种可行的方式。作为城市交通战略、交通政策的书面形式，交通白皮书是以城市交通规划和研究为基础，将长远发展战略和政策与近期交通计划相结合，以城市政府名义颁布的综合性政策文本，是城市政府推进交通科学发展的纲领性文件，也是协调规划、财政、法制、管理等政府工作的指引性文件。

2012 年 4 月，上海市启动新一轮交通白皮书编制工作，共包括 18 个分项课题，针对小汽车政策、新城交通政策、交通基础设施建设导向以及城际交通、公共交通、步行和自行车交通、停车等方面从政策与战略层面进行了系统研究。同期，深圳市颁布了首部城市交通白皮书，围绕“枢纽城市、公交都市、需求调控、品质交通”四大核心交通战略提出交通发展策略。到目前为止，国内已有 30 多个城市编制并颁布了交通白皮书，但是各自的编制方法和编制程序差别较大，亟须建立完善的编制标准和流程，最大程度地发挥其作用。

参考文献

[1] 孔令斌. 城市客运交通枢纽规划设计讨论 [J]. 城市交通，2010（5）：F002.

[2] 刘小明. 北京交通发展历程与对策 [C]. 首届世界大城市交通发展论坛，2012.

[3] 全波，陈莎，黄洁. 首都区域视角下环首都圈综合交通规划框架研究 [J]. 城市交通，2012(6)：6-13.

[4] 杨东援. 面向特大城市未来发展的交通模型研究——数据密集型分析概念下的交通模型 [J]. 城市交通，2012（6）：1-4.

[5] 扬 · 盖尔著. 人性化的城市 [M]. 欧阳文，徐哲文译. 北京：中国建筑工业出版社，2010.

（撰稿人：殷广涛，中国城市规划设计研究院城市交通专业研究院，院长，教授级高级工程师；王继峰，中国城市规划设计研究院城市交通专业研究院，高级工程师）

城市防灾规划

一、2012 年我国灾害形势及防灾政策动态

（一）我国灾害形势依然严峻

随着我国城市化进程的加快，发达国家上百年城市化过程中分阶段出现的环境、安全等问题，我国近 30 年来已经集中出现。2012 年，我国各类自然灾害共造成 2.9 亿人（次）不同程度受灾，因灾死亡失踪 1530 人，紧急转移安置 1109.6 万人次；农作物受灾面积 2496.2 万 hm^2，倒塌房屋 90.6 万间，因灾直接经济损失 4185.5 亿元，灾害形势依然严峻（表 1）。从区域特点来看，自然灾害分布点多面广，局部地区受灾严重，华北地区因洪涝、风雹、台风等自然灾害造成的损失较为严重，其中，北京“7 · 21”特大暴雨共造成北京、河北两省市共 102 人死亡；西北地区洪涝、滑坡和泥石流灾害损失偏重，甘肃岷县“5 · 10”特大洪水泥石流共造成 56 人死亡；西南地区年初遭遇重旱，汛期遭受多轮暴雨袭击，遭受泥石流、5 级以上地震灾害影响，其死亡失踪人口、倒损房屋数量均占全国总损失数的 4 成左右。

我国 2005—2012 年自然灾害损失情况　　表 1

年份	2005 年	2006 年	2007 年	2008 年	2009 年	2010 年	2011 年	2012 年
受灾人口（亿人次）	—	—	4.0	4.8	4.8	4.3	4.3	2.9
死亡（含失踪）人口（人）	2475	3186	2325	88928	1528	7844	1126	1530
紧急转移安置人口（万人次）	1570.3	1384.5	1499.1	—	—	1858.4	939.4	1109.6
农作物受灾面积（万 hm^2）	3881.8	4109.1	4899.2	3999.0	4721.4	3742.6	3247.1	2496.2
倒塌房屋（万间）	226.4	193.3	146.7	1097.8	83.8	273.3	93.5	90.6
直接经济损失（亿元）	2042.1	2528.1	2363.0	11752.4	2523.7	5339.9	3096.4	4185.5

（二）国家相关政策动态

《国家综合防灾减灾规划（2011—2015 年）》发布，明确了“加强自然灾害监测预警、防灾减灾信息管理与服务、自然灾害风险管理、自然灾害工程防御、区域和城乡基层防灾减灾、自然灾害应急处置与恢复重建、防灾减灾科技支撑能力及防灾减灾社会动员、防灾减灾人才和专业队伍建设、防灾减灾文化建设”的主要任务，地方政府和各部门纷纷也出台相关政策和规划，不断促进我国防灾减灾水平提高。

2012 年 4 月，国土资源部《全国地质灾害防治“十二五”规划》获得国务院批复，“十二五”期间将重点开展地质灾害调查评价工作、地质灾害监测预警体系建设、搬迁（避让）与地质灾害治理工程、应急技术体系建设、科学技术研究支撑等工作；完成地质灾害重点防治区调查任务，全面查清地质灾害隐患的基本情况等工作。

2012 年 5 月，科技部发布《国家防灾减灾科技发展“十二五”专项规划》，旨在全面提升重大自然灾害风险评估、工程防治、应急救援、决策指挥、恢复重建等各个环节的科技水平，推动高水平的国家防灾减灾科研和实验基地建设，培养高素质科技人才队伍，进一步增强公民防灾减灾意识，缩小防灾减灾科技方面与发达国家和地区的差距，全面形成与“十二五”国家防灾减灾目标相适应的科技支撑能力。

（三）防灾减灾规划技术新规范

2012 年，防灾减灾规划领域国家标准《城镇防灾避难场所设计规范》、《城镇综合防灾规划标准》、《城市抗震防灾规划标准（修订）》完成征求意见稿，进入征求意见环节。

北京“7 · 21”特大降雨后，城市内涝防治规划相关的标准规范的编制也正式进入日程。

二、2012 年学术动态

中国城市规划学会城市安全与防灾规划学术委员会、城市工程规划学术委员会和中国勘察设计协会抗震防灾分会于 2012 年 5 月在厦门举办了 2012 年全国城市安全减灾与工程规划学术研讨会。该次会议立足于促进防灾规划和工程规划领域的相互融合，总结城市安全减灾与工程规划的技术发展和学术成果。会议从国内外城市防灾规划及管理经验介绍、城市防灾规划理论方法研究及应用案例、灾害风险评估与分析、避难场所规划设计、生命线工程防灾规划设计与抗灾技术、城市防洪排涝规划方法与实践、滨海城市防潮排涝与水系规划、国内外城市应对洪涝灾害的做法等当前防灾减灾的热点问题开展了学术交流，反映了我国城市安全防灾领域研究与实践的新成果。

2012 年 10 月在昆明召开的中国城市规划年会为城市安全专设了一个自由论坛：从汶川地震到北京 7 · 21，论坛邀请了国内数位顶尖城市规划专家就城市规划中如何进一步加强对城市安全问题的关注进行了探讨。同时，在专题会议“创新与拓展——转型背景下的工程规划”中安排了题为“从城市内涝灾害频发看排水规划的作为与趋势”的主题报告和历史文化街区消防保护、城市综合防灾规划编制探索等专题发言。

2012 年 10 月在南京召开的中国灾害防御协会风险分析专业委员会第五届年会特别为城市规划设置了一个题为“规划让城市更安全”的专题讨论会，来自全国各高校和科研院所的研究人员就化工园区布局优化、城市避难场所资源优化配置、城市空间安全与灾害风险评估和地震灾后临时社区安全管理等问题开展了讨论。

城市安全是城镇化质量提升的重要方面，已成为国际规划学术研究领域的热点话题。2012 年，以北京 7·21 为代表的城市内涝灾害引起了社会各界的广泛关注，城市规划建设的安全问题也成为学术研究所关注的重点。

三、2012 年规划特点

（一）规划理念不断创新

城市防灾专项规划逐渐从单灾种防灾规划向综合防灾规划发展。2012 年海口、鄂尔多斯等城市开展了城市综合防灾规划编制工作，编制单位对城市综合防灾理念开展了创新研究。规划在编制过程中在以下方面进行了创新实践：

第一是“耦合”，即对灾害考虑耦合效应。人口向城市的聚集使城市规模不断扩大，城市功能日趋复杂，脆弱性也不断增加。城市中一旦发生灾害，常会诱发一连串的次生灾害，即灾害链。例如，地震除了会直接导致建筑物倒塌和基础设施破坏之外，还常会引发火灾、滑坡、洪水、危险品泄漏和传染病等次生灾害。规划考虑各种灾害叠加在一起可能产生的耦合效应，在对城市灾害进行综合风险评估的基础上提出科学的规划对策。例如，海口市城市综合防灾规划在编制过程中对城市灾害的种类、发生频率、强度和影响范围进行了统计和模拟，开展了城市灾害风险的综合评估，分析各灾种同时发生并产生耦合效应的最不利影响，绘

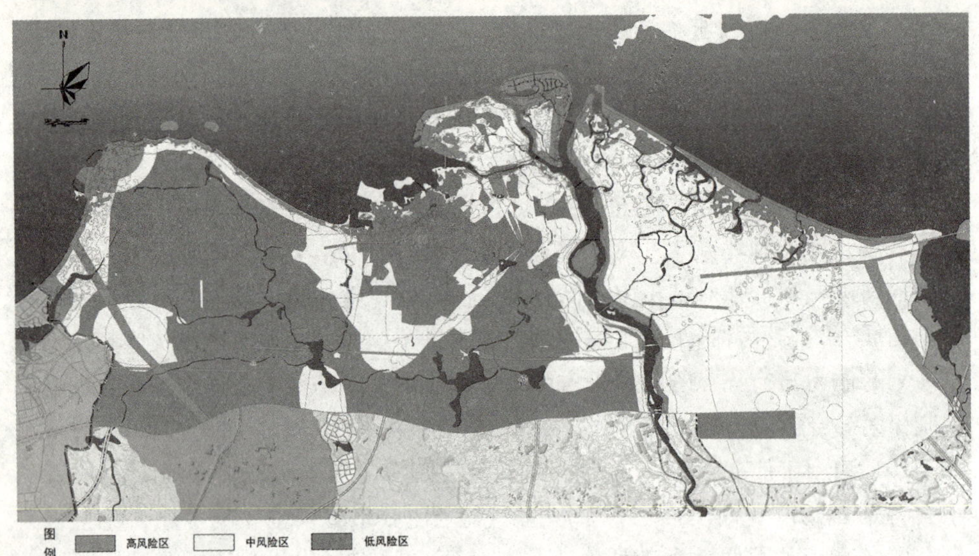

图 1　海口市城市综合灾害风险图

制了城市灾害综合风险空间分布图（图 1），为制订防灾规划方案提供了决策依据。

第二是“集成”，即对工程设施与防灾措施考虑集成利用。与其他城市基础设施相比，防灾设施的利用率相对较低，重复规划势必增加建设成本，降低规划的可实施性。综合防灾规划探索将各灾种的设施建设需求进行整合，统一规划布局，可有效避免重复建设，整合城市有限的空间资源发挥最大的防灾效益。例如，海口市城市防灾规划在布局应急避难场所时就根据各类避难场所的特点考虑了各灾种的共享；避难场所的规划布局也考虑了与公园、学校、体育场馆等公共设施的共享，既考虑这些设施本身的功能，也兼顾了防灾避难的需要。与工程性措施相配合，规划还制订符合城市社会经济发展水平的非工程性措施，包括灾害应急救援体系、物资供应体系以及针对近期基础设施防灾能力不足而采取的管控措施等。非工程措施与工程措施的“集成”可有效缓解基础设施建设滞后与城市防灾要求的矛盾。

第三是“分级防御”，即对城市基础设施的防灾能力设定不同的等级。灾害发生后，基础设施应随灾后重建工作逐步恢复正常功能。对于供水、供电等城市生命线工程，灾后必须保证救灾和居民生活的基本需求。受灾害的不确定性和技术经济条件所限，目前还无法达到发生任何等级的灾害后城市基础设施均不发生破坏的目标，因此根据城市现状和城市规划方案提出基础设施的分级保障对策，以提高规划的可实施性。如图 2 所示，淮南市城市抗震防灾规划根据淮南市供水设施的抗灾能力评价结果，并考虑各水厂的布局和管网的等级、走向，确定了供

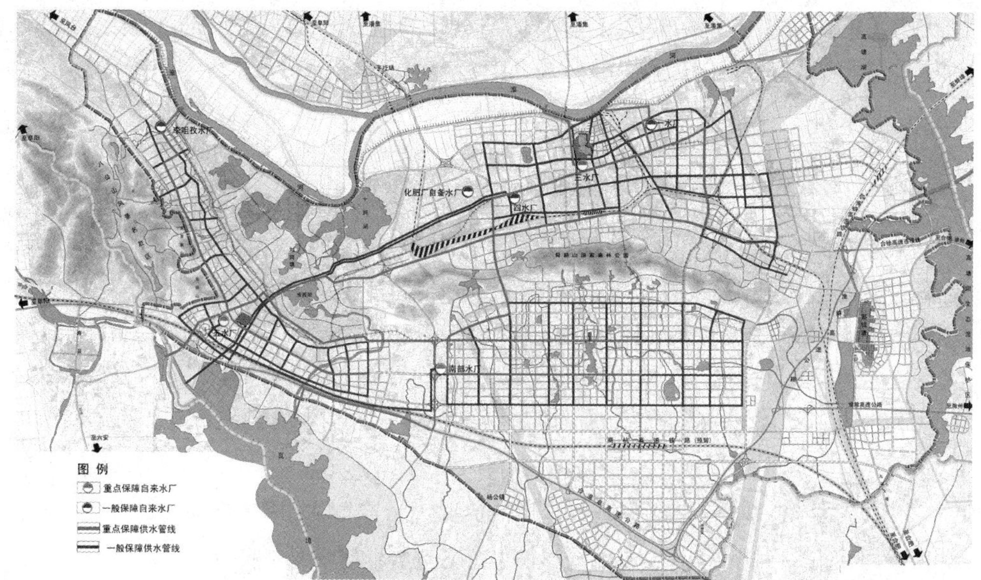

图 2　淮南市供水系统抗震防灾规划图

水设施不同的灾后保障标准，兼顾了城市经济发展水平与防灾需求。

第四是“本质安全”，即从本底条件出发构建城市安全体系。规划考虑地震、洪涝、地质灾害等自然灾害影响要素，以及火灾、危险品泄露扩散等人为灾害影响要素，对城市用地的安全进行风险评估，以此为依据对城市用地安排提出调整建议，尽量避开灾害风险较高的区域，避免灾害高风险的布局形态，通过改善城市安全本底条件的方式降低城市的灾害风险。这种规划思路将灾害风险与城市空间紧密结合，利于防灾规划的落实。

（二）规划体系不断完善

随着城镇化的不断推进，防灾规划在宏观层面上也开始关注城乡一体化的发展方向，强化城镇建成区与城郊之间的衔接。江苏省开始尝试在城镇化程度较高的长三角区域从城乡一体服务的角度规划布置大型防灾设施，推动防灾设施向农村延伸，打造城乡周边地区与建成区防灾通道与设施布局的统筹规划，统一规划、建设，以便灾害发生时能够保证联系便捷、救援迅速有力的应急能力。

在微观层面上，防灾规划也开始针对不同的城市功能区域开展防灾详细规划。如福建漳州古雷港经济开发区发展定位为福建省两大石化基地之一，针对该区域的发展定位和产业特点，管理部门组织编制了消防规划。规划从产业链和物料分析入手，应用灾害多米诺效应分析、事故后果模型分析等技术方法对消防力量需求进行定量测算；在对消防力量现状进行充分调研的基础上，对消防基础设施和消防力量的布局进行统筹规划，在消防安全管理机制方面将公安消防和社会消防力量进行整合，是防灾工程性措施与非工程性措施的有效结合，增强规划的可实施性。

（三）规划着眼平灾结合利用

为了提高城市防灾设施的经济效益，越来越多的城市在编制防灾规划时注重设施的平灾结合利用。例如，以前大部分城市独立编制的人防规划现在开始越来越多地结合地下空间开发利用规划一起编制。2012 年济南、昆明、绵阳、白银等城市完成了人防与地下空间开发利用规划；丹阳、武安等县级市也开始编制城市人防与地下空间开发利用规划，平灾结合的理念正在规划中逐步落实。

四、未来趋势与展望

（一）向全面综合发展，形成完善的评估体系

城市防灾规划继续朝着全面、综合的方向发展，即全灾种设计、全过程防御和全社会参与，这是城市综合防灾规划区别于其他单灾种规划的最主要特征。综合防灾规划对灾种的考虑融合城市历史上发生过，并在将来预测可能发生的多种灾害；综合定性与定量、现状与规划、经济与社会效益的多重评估；维持保障城市安全的多部门的协调互动；解决不同角度城市防灾问题而设定的多角度目标。

完善的规划评估体系包括规划前对城市灾害的综合风险评估、城市防灾能力评估、规划方案形成后的灾害风险评估、防灾措施经济性评估和防灾措施的生态环境影响评估等。

灾害综合风险评估首先是进行灾害识别，根据规划区域的自然条件、人类生产生活特点及历史灾害记录，判定该区域的灾害种类。对于每种可能发生的灾害，应用灾害分析理论评估灾害发生的频率、强度、可能引发的次生灾害和灾损，给出各灾种对评估区域影响强度的排序。在对区域内孕灾环境和承灾体承载能力评估的基础上，考虑各灾种同时发生的可能性，以最不利情境为条件给出灾害综合风险评估的空间分布图。对于灾害受季节影响较强的区域，还可形成一系列的灾害综合风险时空分布图。灾害风险评估只有与城市的空间布局相结合，才能对城市规划起到有力的支持作用。

城市防灾能力评估的要素包括：城市防灾设施的设防等级，服务半径、容量、效率等服务水平；城市防灾组织机构的管理水平，居民的防灾意识与避灾能力等。对城市进行防灾能力分析，确定城市防灾的薄弱环节，可有的放矢

地制订规划对策。

对规划方案形成后的灾害风险评估、防灾措施经济性评估、防灾措施对生态环境和景观的影响评估等规划中后期的评估对规划方案的优化有重要意义。由于防灾设施的建设并不能产生直接的经济效益，为了提高城市建设防灾设施的积极性，必须考虑经济性，如人防地下空间的平灾结合利用，既可创造经济效益，又解决了防灾设施的维护问题。城市防灾设施的建设也应与生态环境和自然景观相协调。提到防洪防涝，我们最直接想到的或许就是修筑堤坝、修建排水管道等工程措施。坝筑得越高，防洪能力就越强；排水管道修得越粗，积水排得就越快。但从另一方面考虑，过高的堤坝挡住了河湖沿岸的景观；过粗的管道排走了本应补充到城市地下的降水。城市居民在需要安全的同时，也需要优美的自然景观和生态环境。这些评估的结果是规划决策的依据，使规划富有准确性、合理性、科学性和可操作性。

（二）与相关城市规划紧密衔接、综合协调

科学选择城市发展用地、合理安排城市各项建设用地的功能是城市综合防灾规划编制中必须包含的内容，而这些要素也是城市总体规划的基本原则，可见防灾是城市总体规划决策的要素之一，与总体规划有着密不可分的联系。在范围上，综合防灾规划与城市总体规划的规划范围应当一致；在编制的时间上，二者应同步进行，相辅相成。综合防灾规划应把灾害分析与城市空间布局结合起来，使城市在安全的基础上营造更加科学完美的空间。

城市总体规划编制前，综合防灾规划应先行，通过地质勘探、资料收集和现场勘察等手段摸清规划区域的自然灾害特点，对规划区域内的自然本底条件开展灾害风险评估，对地震、洪水、气象灾害和地质灾害等可能发生并对城市发展产生不利影响的自然灾害开展论证，将灾害风险在空间上落位，从城市安全的角度为总体规划的用地选择提供决策支持，避免因初期决策失误而导致城市安全隐患。

城市总体规划编制中，城市综合防灾规划应与其紧密配合，为总体规划的用地布局提供防灾安全支持，包括：根据总体规划确定的人口规模安排合理的防灾避难空间；根据总体规划的用地布局方案划定规模适度的防灾组团，以合理的防灾轴线控制火灾、传染病等灾害在城市中的蔓延。

城市总体规划方案确定后，城市综合防灾规划应根据总体规划方案的用地布局特点提出合理的防灾设施配置要求，包括：根据城市防洪的需要提出防洪设施的配置标准；根据城市工业、危险源、仓储的布局安排消防应急设施；根据城市人防等级、人口规模和重要设施分布情况提出人防建设要求等。

城市综合防灾规划除了与总体规划紧密结合外，还应协调抗震防灾、消防、

人防、防洪防涝、地质灾害防治等各防灾单项规划，基于城市灾害综合风险评估的结果对各单灾种的防灾规划提出灾害防治要求，例如地震可能引发火灾、海啸、极端暴雨、滑坡等次生灾害，若干种灾害叠加在一起产生耦合放大效应，各单灾种的防灾规划应考虑可能的灾害放大效应，在规划对策中予以考虑。此外，还应本着“平灾结合、资源共享、综合配置”的理念考虑城市生命线设施的抗灾设防和应急保障标准，提高防灾设施的利用效率，降低建设成本，使规划方案提高可实施性。

五、小结

城市防灾需要多个学科、多种手段、多个部门的配合：灾害理论与城市规划相结合，将“平灾结合、资源共享、综合配置”的理念落实到规划方案中；防灾设施等工程性措施与法律法规及管理制度等政策性措施相辅相成，解决城市快速发展与防灾减灾能力的矛盾；整合城市防灾减灾各相关部门的力量，处理好长远与当前、整体与局部的关系，满足城市防灾减灾全过程的需求，促进经济效益、社会效益与安全效益的协调统一，为城市建设和社会经济的持续安康发展服务。

参考文献

[1] 中华人民共和国民政部．民政事业发展统计公报（2005—2012 年）[Z].

[2] 中华人民共和国国土资源部．全国地质灾害防治“十二五”规划 [Z].

[3] 中华人民共和国科技部．国家防灾减灾科技发展“十二五”专项规划 [Z].

[4] 马东辉主编．安全减灾与工程规划的新发展 [M]．北京：中国城市出版社，2003.

[5] 中国城市规划设计研究院．海口市城市综合防灾规划（2011—2020 年）[Z]，2012.

[6] 邹亮，樊超，陈志芬等．淮南市供水系统抗震防灾对策 [J]．世界地震工程，2013，29（1）：145-151.

（撰稿人：张全，中国城市规划设计研究院城镇水务与工程专业研究院院长，教授级高级工程师；邹亮，中国城市规划设计研究院城市公共安全研究中心，高级工程师，博士；陈志芬，中国城市规划设计研究院城市公共安全研究中心，高级工程师，博士；王家卓，中国城市规划设计研究院城市公共安全研究中心副主任，硕士）

城市能源规划

引言

经国家统计局初步核算，我国2012年全年能源消费总量为36.2亿t标准煤，比上年增长3.9%。其中，煤炭、石油、天然气占比分别为66.4%、18.9%和5.5%。在能源结构中煤炭仍旧占据主导地位。2012年全国万元国内生产总值能耗比上年下降3.6%，降幅高于2011年的2.01%。

2012年我国煤炭、石油、天然气净进口量分别为2.8亿t、2.72亿t和425亿m^3，三类能源对外依存度分别为7.7%、56.9%和28.9%。

相比2011年，2012年我国能源供应的紧张局面得到了缓解。除原油消费量增长速度有所增加外，其他各类能源消费的增长速度都有所下降。比如煤炭消费量增长速度由9.7%下降到2.5%，天然气消费量增长速度由12.0%下降到10.2%，电力消费量增长速度由11.7%下降到5.5%。

以上各类指标得以优化，与2012年我国经济发展条件有关，同时也是国家、省、市各层面及能源生产、供应、消费等各部门严格执行能源规划的结果。作为攻坚年份，2012年在完成我国“十二五”时期能源消费强度和消费总量双控制的指标上，成绩斐然。以此为契机，城市层面的能源规划的编制，也得到了越来越多的关注。

一、2012年回顾

（一）“十二五”能源行业规划密集发布

2012年是“十二五”的第二年，能源领域多项规划在该年度密集发布。这些规划不仅明确了中国能源的发展方向、提出了“十二五”时期能源发展的目标和原则，对我国转变经济发展方式、推进生态文明建设也有重大指导意义。

1.《能源发展“十二五”规划》

2013年1月1日，国务院印发了《能源发展“十二五”规划》。该规划是国务院确定的“十二五”国家级重点专项规划之一，由国家发改委、国家能源局组织编制。该规划提出："实施能源消费强度和消费总量双控制，能源消费总量 40 亿 t 标准煤，单位国内生产总值能耗比 2010 年下降 16%"；"能源综合效率提高到 38%"；"非化石能源消费比重提高到 11.4%，天然气占一次能源消费比重提高到 7.5%，煤炭消费比重降低到 65% 左右"；"建设山西、鄂尔多斯盆地、内蒙古东部地区、西南地区、新疆五大国家综合能源基地"等目标。同时，对非常规天然气、水电、核电、可再生能源的开发与利用等提出了明确的要求。

本规划是"十二五"时期我国能源发展的总体蓝图和行动纲领，它的出台，对构建我国安全、稳定、经济、清洁的现代能源产业体系，对于保障我国经济社会可持续发展具有重要战略意义。

2.《可再生能源发展"十二五"规划》

为加快能源结构调整，培育和打造战略性新兴产业，推进可再生能源产业持续健康发展，2012 年 7 月 6 日，国家发改委发布了《可再生能源发展"十二五"规划》。

该规划提出了"十二五"时期我国可再生能源的发展目标，"到 2015 年，可再生能源年利用量达到 4.78 亿 t 标准煤，其中商品化年利用量达到 4 亿 t 标准煤，在能源消费中的比重达到 9.5% 以上"；确定了水电、风电、太阳能发电、太阳能热、生物质能、分布式可再生能源等利用目标。本规划提出推进金沙江中下游、雅砻江等流域大型水电厂建设，"三北"及沿海地区大型风电基地建设，江苏、山东、河北等沿海省份海上风电建设，甘肃、青海、新疆等太阳能资源丰富地区太阳能电站基地建设，农村沼气、非粮生物液体燃料、生物质成型燃料等生物质替代燃料工程等八项重大工程。

3.《节能减排"十二五"规划》

为确保实现"十二五"节能减排约束性目标，缓解资源环境约束，建设资源节约型、环境友好型社会，国务院于 2012 年 8 月 6 日印发了《节能减排"十二五"规划》。

该规划提出到 2015 年，全国万元国内生产总值能耗下降到 0.869t 标准煤、全国化学需氧量和二氧化硫排放总量分别控制在 2347.6 万 t、2086.4 万 t 的总体节能减排目标；也提出了北方采暖地区既有居住建筑供热计量和节能改造 4.0 亿 m^2 以上，新建建筑施工阶段节能标准执行率达到 95% 以上，绿色建筑标准执行率达到 15% 等重点领域的具体目标。该规划明确指出，调整优化产业结构、推动能效水平提高、强化主要污染物减排成为节能减排任务的重点。

4. 其他

2012 年各行业专项规划也陆续发布，包括《天然气发展"十二五"规划》、《太阳能发电发展"十二五"规划》、《石化和化学工业"十二五"发展规划》、《核安全与放射性污染防治“十二五”规划及2020年远景目标》、《核电安全规划（2011—2020年）》、《核电中长期发展规划（2011—2020年）》、《煤炭工业发展“十二五”规划》、《页岩气发展规划（2011—2015年）》等。这些行业规划明确了我国各类能源利用的发展方向和目标，如《天然气发展“十二五”规划》提倡推广分布式能源等高效能源利用方式，到2015年，我国城市和县城天然气用气人口数量约达到2.5亿，约占总人口的18%；《太阳能发电发展“十二五”规划》提出，到2015年年底，我国太阳能发电装机容量达到2100万kW以上等。

（二）节能减排工作

1. 鼓励发展战略性新兴产业，替代传统“三高”产业

2012年政府工作报告中提出，我国要加快产业结构优化升级，大力培育新能源、新材料、生物医药、高端装备制造、新能源汽车战略性新兴产业快速发展，控制汽车、钢铁、造船、水泥等行业发展，加大对高耗能、高排放和产能过剩行业的调控力度，淘汰落后产能，推进节能减排工作。

2. 循环经济及清洁生产理念在工业领域得到推广

国家的“十二五”规划纲要提出推行循环型生产方式、健全资源循环利用回收体系，确定了“十二五”期间资源产出率提高15%的目标。

2012年2月29日，《中华人民共和国清洁生产促进法》（2012年修正）获得通过，自2012年7月1日起施行。该法的实施对工业领域推广清洁生产理念，减少污染物的排放，具有较好的促进作用。

2012年12月12日，国务院通过了《“十二五”循环经济发展规划》，该规划进一步明确了在工业领域全面推行循环型生产方式，促进清洁生产，实现能源梯级利用等循环经济发展模式。

3. 建筑节能稳步推进

为确保“十二五”节能指标的完成，不少省、市加大了建筑节能工作管理力度，比如天津市在多举措推进绿色建筑的同时，将居住建筑的三步节能标准提升到四步，新标准对围护结构的保温性能、供暖、通风与空气调节、电气设备与照明的节能技术标准进行调整，并特别强调了对太阳能的利用；宁夏通过规范节能设计、严把进场材料质量关、加强建筑节能专项检查等五项措施落实新建建筑节能；山西推出了考核问责制度，落实既有建筑节能改造工作等。

4. 交通节能

2012年，交通运输部通过推进低碳交通城市的建设、营运船舶和施工船舶节能技术应用、运输及交通工具油改气、交通工具燃料消耗准入、治理大城市拥堵、低碳出行等措施，实施交通节能管理。经初步统计，2012年，该行业累计

节能 420 万 t 标准煤，减排 917 万 t 二氧化碳，其中公路运输节能 284 万 t 标准煤，减排 616 万 t 二氧化碳；水路运输节能 128 万 t 标准煤，减排 288 万 t 二氧化碳；港口节能约 8 万 t 标准煤，减排 13 万 t 二氧化碳。

二、特点与方法

（一）新形势下能源规划的特点

进入“十二五”以来，能源规划更加注重综合考虑安全、资源、环境、技术、经济等全方位因素，在进一步强调节能优先战略、着力加快能源生产和利用方式变革、全面提升能源开发转化和利用效率的基础上，开始重视能源、经济与环境的协调发展，构建安全、清洁、经济、高效的现代能源规划体系。

新形势下能源规划主要表现以下几方面特点。

1. 强调能源规划的系统性和综合性——从行业专项规划向综合性能源规划转变

“十二五”规划中，我国明确提出对能源消费总量的控制目标，这就要求能源规划不仅仅需要研究不同行业的发展，而且需要将能源所涉及各行业置于一个平台统一考虑，对各类能源供应、转换、消费进行集中把握、统一调配，才能真正达到控制能源消费的同时，不损害经济的稳定增长。这对能源规划的系统性与综合性提出了更高的要求。

2. 更加强调能源规划的“战略性”——从能源工程规划向能源战略规划转变

现阶段能源规划正逐步从完善城镇电力、燃气、供热等能源基础设施建设，满足能源基本供给为基本导向转向更加强调能源规划的战略意义，将提升能源利用效率、保障能源供给安全、构建能源输运通道以及增强能源应急调节能力等作为城市可持续发展的重要战略支撑，将能源规划上升到城市发展战略的层面。

3. 能源规划更加强调与“绿色低碳”发展理念的耦合关系——从节约能源规划向低碳能源规划转变

“十二五”期间，我国首次提出单位国内生产总值二氧化碳排放降低 17% 的碳减排目标，从节能减碳、绿色发展的角度出发，能源规划与低碳规划具有极强的耦合性。能源规划在过去单纯强调能源节约及污染物减排的基础上，更加关注能源结构优化以及碳排放强度降低，更加顺应新时期绿色低碳发展理念，从传统的节约能源规划逐步向更加系统科学的低碳能源规划转变。

4. 能源规划编制更加注重加强与城市其他重大规划的衔接——从配套规划向强调规划之间的统筹与协调关系转变

以往能源规划仅作为国民经济与社会发展规划、城市总体规划等的配套规划，而根据发达国家的城市发展经验，城市发展模式将在很大程度上受能源供给和使用方式影响制约，主要体现在环境保护、土地利用、城市安全及经济发展等方面。从能源规划的编制方法来看，现阶段愈发强调能源与城市空间利用规划（如城市总体规划）、交通规划、产业规划、环境保护规划之间的相互协调关系，以及在能源、环境、经济之间关系，区域和城乡发展之间的统筹作用。

（二）能源规划技术方法的创新实践

1. 强调科学理念和新能源技术的能源综合利用规划

以单纯满足能源供求关系为出发点，以化石能源为基础，以电力、供热、燃气等行业独立规划为基本内容的传统能源规划正逐步被以科学理念和新能源技术为基础的能源综合利用规划所取代。相比传统能源规划，能源综合利用规划（或称综合能源规划）具有以下几方面优势、特点：

（1）更加关注国家经济、社会、产业及环保政策对能源系统建设的要求以及能源安全对实现国民经济和社会发展目标的战略意义；

（2）能源供需平衡更多地从区域和系统层面进行考虑，强调提高城市整体用能效率、节能低碳以及能源的可持续利用；

（3）充分协调整合城市电力规划、燃气规划和热力规划等各能源专项规划，从整体优化城市能源供需结构，统合能源基础设施建设。

从世界范围来看，能源综合利用规划相对来说是一种新型的规划方法，仍在不断地演变和发展。从我国实践的情况来看，清华大学的付林等人提出了基于动态和空间分布的城市能源综合规划方法。该方法考虑了各种能源专项规划的相互协调，合理地进行城市能源基础设施的建设，同时也从时间和空间分布的角度考虑能源需求的动态特性，以达到能源的合理配置和高效利用。

2. 强调“软节能”的区域能源规划

区域能源规划强调能源需求侧（诸如对全部能源用户的能源需求种类、数量、品位、温度、价格、用能的时间等）以及能源供应侧（诸如各种能源资源情况、一次化石能源、二次转换能源、可再生能源、可用的低品位能源等）的针对性匹配，同时注重能源梯级利用、能源高效输配及转换、区域能源系统及能源中心的运行策略、能源消耗总量以及节能减排效益的分析和规划。

区域能源规划可以在城市和城区一级开展，也可以是一个居住小区或者一个建筑群，还可以特指开发区、园区等。如果把建筑单体看成微观技术的“硬节能”，对建筑群体进行能源规划则是宏观意义上的“软节能”。

3.《能源发展“十二五”规划》加快了分布式能源规划发展的步伐

2013 年年初发布的《能源发展“十二五”规划》中要求积极发展天然气分

布式能源，大力发展分布式可再生能源，实现分布式能源与集中供能系统协调发展。到 2015 年，建成 1000 个左右天然气分布式能源项目、10 个左右各具特色的天然气分布式能源示范区。分布式能源发展规划担负着指导分布式能源合理发展，并与社会经济发展其他专项规划有序衔接的重任，有重要的意义和必要性。分布式能源规划的重点包括以下两项。

1）分布式可再生能源的规划重点

在现有可再生能源规划基础上，重点对城市和边远地区的分布式可再生能源进行重点规划，例如屋顶光伏发电、地热能、垃圾沼气发电等能源系统进行重点规划。

2）天然气分布式能源的规划重点

天然气分布式能源规划要采用“以热定电”的设计原则，避免分布式系统的投资浪费和运行的不经济，促进分布式能源的科学、合理发展。此外，天然气分布式能源和经济社会发展规划、城市规划、能源规划、天然气规划、电源规划、电网规划、热力发展相互呼应，有序衔接。

三、展望与思考

1. 面向都市圈范围的城乡规划的编制需重视能源规划

伴随城镇化快速发展，为实现资源的优化配置，不少省市、区域编制了面向都市区范围的战略规划、城乡统筹规划、城镇体系规划等大区域规划，比如京津冀都市圈、长三角都市圈、珠三角都市圈、大西安都市圈等规划。通过对已编制规划的分析，发现不少这类规划对能源内容的研究不深入，这一方面影响了规划成果的完整性，另外容易让人对规划结论的科学性提出质疑。随着我国城镇化的加速及工业化水平的提高，由于资源、环境等条件的限制，城市能源供应日趋紧张，发生在 2011 年的能源短缺或将成为一种常态。在此条件下，作为都市圈各城市空间拓展及产业发展的支撑，能源条件或将与水资源条件一样，成为确定各城市发展规模及产业方向的依据之一。

面向都市圈范围的城乡规划宜预测各城市未来发展对能源的需求，研究本区域资源、环境、进出口等条件下的能源可供应量，制订能源分配方案；统筹安排区域性能源设施，包括煤矿、电厂、天然气（含煤层气、页岩气等）矿井、油气码头、炼油厂等设施布局，及各类输送系统，包括高压电力线路、天然气长输管线、原油或成品油管道、煤炭运输廊道（铁路、公路、管道等）布局等。

2. 能源规划是城市解决能源短缺及实现节能目标的重要手段

城市能源短缺一般由以下几个原因造成：一是由于生产能力不足或进口渠道

受限，造成的城市能源供应量不足；二是能源设施不健全或分布不均衡，能源整体充足但部分区域供应不上；三是受到自然灾害的影响，能源输运通道或设施遭到破坏，能源不能及时送达终端用能对象。编制能源规划，可以利用系统分析的方法，找到可能造成城市能源欠缺的各方面原因，并统筹给予解决。比如，属供应量问题的，应及时开源；属设施不足的，应完善基础设施；有灾害风险的，应设置多种类、多通道，减少灾害影响范围。

能源节约与资源综合利用是我国经济和社会发展的一项长远战略方针，是实现我国经济增长方式转型和可持续发展的关键因素之一。通过编制能源规划，特别是能源节约与利用规划，实现能源供应结构的优化调整，提高能源使用效率及转换效率，改善居民的用能习惯，实现全社会能源的节约。在能源结构与产业结构的关系上，一般认为，能源供应应该适应产业结构和工业品结构的调整，同时能源结构的调整也要求加快产业结构和产品结构的调整力度。因此，能源或节能规划，需要研究城市产业结构、工业品结构的调整，以实现城市节能目标。

3. 大气环境治理将提供城市能源专项规划编制的契机

近几年，我国大气环境问题日益得到市民及国际舆论的关注。根据《2011年中国环境状况公报》，总体上看，325个地级及以上城市（含部分地、州、盟所在地和省辖市）中，环境空气质量达标城市比例为89.0%，超标城市比例为11.0%。但部分城市、部分时段大气环境严重超标，PM2.5连续多天爆表，严重损害人体健康。

2011年12月，国务院印发《国家环境保护“十二五”规划》，提出了控制总量、改善质量、防范风险和均衡发展四大战略任务，要求到2015年，主要污染物排放总量显著减少，实现化学需氧量、二氧化硫排放总量在2010年基础上削减8%，氨氮、氮氧化物排放总量削减10%，地级以上城市空气质量达到二级标准以上的比例达到80%以上等目标，并制订了一系列措施，大气环境治理已经成为我国“十二五”时期的重点工作之一。

大气环境污染与能源的开发利用是分不开的。据环保专家分析[①]，对一般城市而言，能源利用对二氧化硫、氮氧化物贡献率超过95%，对PM10贡献率超过50%，对PM2.5贡献率超过70%。因此，优化能源供应结构，提高区域清洁能源供应比例，是减少大气污染物排放总量的重要举措。为此，国家能源发展“十二五”规划中，也对此进行了规定，要求到2015年，单位国内生产总值二氧化碳排放比2010年下降17%，每千瓦时煤电二氧化硫排放下降到1.5g、氮氧化物排放下降到1.5g，能源开发利用产生的细颗粒物（PM2.5）排放强度下降

① 贺克斌，贾英韬，马永亮，雷宇，赵晴．城市大气污染物来源特征[J]．环境科学学报，2009（3）．

30% 以上。

我国要发展生态城市，净化城市空气质量，需要研究大气环境治理措施，这就需要一个科学的、低污染排放的城市能源专项规划作为支撑。

4. 能源规划研究思路应从粗放型向集约型转变，从开源为主向节约为主转变

党的十八大明确要求："推动能源生产和消费革命，控制能源消费总量，加强节能降耗，支持节能低碳产业和新能源、可再生能源发展，确保国家能源安全。"《能源发展"十二五"规划》中，也明确"十二五"时期，能源消费强度、消费总量的控制目标及提高能源综合效率的目标。

要实现以上要求或目标，传统需求导向型的能源规划编制思路将不再适应新形势下的发展要求。各级城市通过限制能源的供应，以实现节能目标或生态化建设的理念。为此，这些城市将不得不在能源需求侧、加工转换、输运等环节加强节能力度，以较少的能源增量满足城市经济、社会持续稳步增长。在此指导方针之下的能源规划，应深入研究各类能源供应方式与节能的关系、能源品种的替代与节能的关系、新能源技术的应用与节能的关系等内容，集约考虑工农业生产、建筑、交通等能源解决方案，实现能源生产与消费的革命性转变。

5. 能源规划编制技术方法亟待创新

近些年，我国城市发展的基础用能条件发生了变化，面临很多新问题，主要表现在以下几个方面：一是国内能源供应形势日趋紧张，城市间能源竞争逐渐加剧，能源安全存在风险；二是城市对电力、天然气等清洁能源供应的要求提高了，过去以煤炭为主的供应思路，随着清洁能源供应比例的提高，原有的传（运）输手段、分配手段、安全手段均应发生变化；三是能源消耗强度、密度加大，很多能源设施，需要深入到城市中心区布置；四是调峰问题突出，电力、天然气两类能源尤其严重；五是随着居民对生活品质要求的提高，能源供应类型、供应方式发生了变化；六是分布式能源加入能源供应大系统，对电力系统及燃气供应系统将产生影响；七是不同类能源产品价格差异化的存在，对能源消费结构存在影响。

在技术方法上，能源规划的编制应适应新形势下新的要求，从基线情景或条件、供应及需求测算、能源经济或能源环境模型选取及优化、合理性评价等方面加强研究，制定出既适合我国国情、又适合地方特点的能源编制技术方法。

6. 关注页岩气的勘探开发

页岩气是指赋存于富有机质泥页岩及其夹层中，以吸附或游离状态为主要存在方式的非常规天然气，成分以甲烷为主，是一种清洁、高效的能源资源。研究表明，世界页岩气资源量为 $636.283 \times 10^{12} m^3$，是常规天然气的 2.2 倍。近几年，美国页岩气勘探开发技术得到突破，页岩气产量快速增长，使得 2010 年美国取代俄罗斯成为世界上最大的天然气生产国，同时使得美国从液化天然气进口国转

变为出口国。这对国际天然气市场及世界能源格局产生了重大影响，被称为“能源革命”。①目前，世界主要资源国都加大了对页岩气的勘探开发力度。

据评价，我国页岩气资源丰富，主要分布在四川盆地、鄂尔多斯盆地、渤海湾盆地、松辽盆地、塔里木盆地以及准噶尔盆地等，技术可采资源量达 $25 \times 10^{12} m^3$，超过常规天然气资源。页岩气的开发利用，将有效缓解我国天然气资源不足的状况，对我国能源结构的调整优化，也将起到重大的支撑作用。

我国页岩气开发尚处于起步阶段，关键开发技术尚未掌握，形成规模开发尚需时日。目前，我国中石油、中石化等公司正在积极探索、实验适合我国地质特点的开采工艺，预计到 2020 年，我国页岩气勘探开发将初具规模。

参考文献

[1] 国务院关于印发能源发展“十二五”规划的通知（国发 [2013]2 号）[Z].

[2] 国务院关于印发节能减排“十二五”规划的通知（国发 [2012]40 号）[Z].

[3] 胡锦涛. 坚定不移沿着中国特色社会主义道路前进 为全面建成小康社会而奋斗——在中国共产党第十八次全国代表大会上的报告（2012 年 11 月 8 日）[R].

[4] 国家能源局. 页岩气发展规划（2011—2015 年）[Z].

[5] 国家能源局. 可再生能源发展“十二五”规划 [Z].

[6] 魏保军. 影响巨大城市能源安全的因素分析 [M]// 多元与包容——2012 中国城市规划年会论文集，2012.

[7] 付林，郑中海，江亿等. 基于动态和空间分布的城市能源规划方法 [M]// 2008 城市发展与规划国际论坛论文集：146-149.

（撰稿人：魏保军，中国城市规划设计研究院城镇水务与工程专业研究院，高级工程师；陈岩，中国城市规划设计研究院城镇水务与工程专业研究院，工程师；柳克柔，中国城市规划设计研究院城镇水务与工程专业研究院，工程师）

① 美国页岩气开发驱动全球能源革命 [N]. 经济参考报，2012-10-18.

资源与环境保护规划

近年来，随着我国城镇化率不断增强，城镇用地规模和人口规模不断增加，支撑城镇发展的水资源、土地资源、能源、矿产资源的压力日趋增大，城镇大气、水和土壤等环境保护压力不断增加，重点流域的水污染和重点区域的大气污染防控压力增大。面对如此众多的发展与环境保护压力和难题，党的十八大把科学发展观确立为必须长期坚持的指导思想，首次单篇论述生态文明，并把生态文明建设纳入中国特色社会主义事业总体布局，强调生态文明建设融入经济建设、政治建设、文化建设、社会建设各方面和全过程，努力建设美丽中国，实现中华民族永续发展。

一、国务院与各部委积极开展资源与环境保护规划工作

据不完全统计，我国自 2000 年以来由国务院和国家各大部委发布和实施的相关重大规划和计划共 40 项，仅 2012 年一年就出台了 15 项，占全部规划和计划总数的 37.5%。从规划类型上看，近 10 年的规划和计划呈现出由综合性规划为主向综合性规划与专项规划并重的趋势；从规划编制单位看，由国务院与环境保护主管部门为主转向形成国务院牵头、其他各相关领域主管部门共同参与的态势；从规划时间上看，延续了 5 年规划期限为主的特征；从规划实施的角度看，有由指导性规划转向指导性规划与重大项目落实并重的趋势（图 1、表 1）。

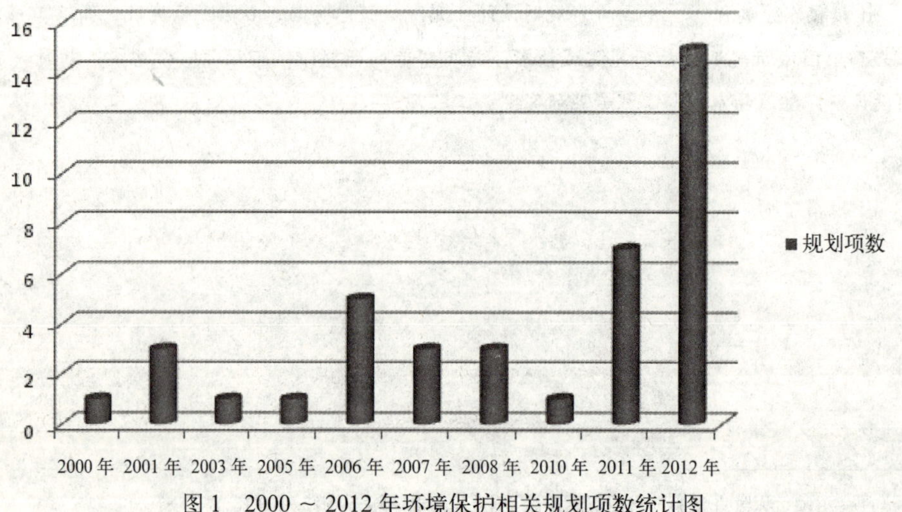

图 1　2000 ~ 2012 年环境保护相关规划项数统计图

我国 2000 ~ 2012 年环境保护规划、计划统计汇总表　　表 1

时间	规划名称	发文单位
2000 年	《全国生态环境保护纲要》	国务院
2001 年	《国家环境保护“十五”计划》	环保总局
2001 年	《“十五”国土资源生态建设和环境保护规划》	国土资源部
2001 年	《“十五”生态建设和环境保护重点专项规划》	国家计委
2003 年	《中国 21 世纪初可持续发展行动纲要》	国务院
2005 年	《“十一五”全国环境保护法规建设规划》	环保总局
2006 年	《“十一五”国家环境保护标准规划》	环保总局
2006 年	《国家环境监管能力建设“十一五”规划》	环境保护部
2006 年	《“十一五”期间全国主要污染物排放总量控制计划》	国务院
2006 年	《全国生态保护“十一五”规划》	环境保护部
2006 年	《国家农村小康环保行动计划》	环境保护部
2007 年	《国家环境保护“十一五”规划》	国务院
2007 年	《现有燃煤电厂二氧化硫治理“十一五”规划》	国家发改委、环境保护部
2007 年	《国家重点生态功能保护区规划纲要》	环境保护部
2008 年	《全国生态脆弱区保护规划纲要》	环境保护部
2008 年	《三峡库区及其上游水污染防治规划（修订版）》	环境保护部
2008 年	《淮河、海河、辽河、巢湖、滇池、黄河中上游等重点流域水污染防治规划（2006—2010 年）》	环境保护部、国家发改委、水利部、住房和城乡建设部
2010 年	《全国主体功能区规划》	国务院
2011 年	《国家环境保护“十二五”规划》	国务院
2011 年	《“十二五”节能减排综合性工作方案》	国务院
2011 年	《“十二五”全国环境保护法规和环境紧急政策建设规划》	环境保护部
2011 年	《国家环境保护“十二五”环境与健康工作规划》	环境保护部
2011 年	《重金属污染防治“十二五”规划》	国务院
2011 年	《全国地下水污染防治规划（2011—2020 年）》	环境保护部
2011 年	《国家环境保护“十二五”科技发展规划》	环境保护部
2012 年	《公路水路交通运输环境保护“十二五”规划》	交通运输部
2012 年	《节能减排“十二五”规划》	国务院
2012 年	《重点流域水污染防治规划（2011—2015 年）》	环境保护部、国家发改委、财政部、水利部
2012 年	《核安全和放射性污染防治“十二五”规划及 2020 年远景目标》	环境保护部
2012 年	《“十二五”节能环保产业发展规划》	国务院

续表

时间	规划名称	发文单位
2012 年	《“十二五”循环经济发展规划》	国务院
2012 年	《环保装备“十二五”发展规划》	工信部、财政部
2012 年	《大宗工业固体废物综合利用“十二五”规划》	工信部
2012 年	《工业清洁生产推行“十二五”规划》	工信部
2012 年	《“十二五”全国城镇生活垃圾无害化处理设施建设规划》	国务院办公厅
2012 年	《“十二五”全国城镇污水处理及再生利用设施建设规划》	国务院办公厅
2012 年	《重点区域大气污染防治“十二五”规划》	环境保护部、国家发改委、财政部
2012 年	《“十二五”危险废物污染防治规划》	环境保护部、国家发改委、工信部、卫生部
2012 年	《全国环境宣传教育行动纲要（2011—2015 年）》	环境保护部、中宣部、中央文明办、教育部、团中央、全国妇联
2012 年	《全国畜禽养殖污染防治“十二五”规划》	环境保护部、农业部

（一）“十二五”全国城镇生活垃圾无害化处理设施建设规划

2012 年 4 月 9 日，由国务院办公厅印发了由国家发改委、住房和城乡建设部、环境保护部组织编制的《“十二五”全国城镇生活垃圾无害化处理设施建设规划》(以下简称“规划”)。

规划回顾了我国近年来在城镇生活垃圾无害化处理方面的工作、成绩及问题。截至 2010 年年底，全国设市城市和县城生活垃圾年清运量 2.21 亿 t，生活垃圾无害化处理率 63.5%，其中设市城市 77.9%，县城 27.4%。

规划提出到 2015 年，直辖市、省会城市和计划单列市生活垃圾全部实现无害化处理，设市城市生活垃圾无害化处理率达到 90% 以上，县县具备垃圾无害化处理能力，县城生活垃圾无害化处理率达到 70% 以上；全国城镇生活垃圾焚烧处理设施能力达到无害化处理总能力的 35% 以上，其中东部地区达到 48% 以上；全面推进生活垃圾分类试点，在 50% 的设区城市初步实现餐厨垃圾分类收运处理，各省（区、市）建成一个以上生活垃圾分类示范城市；建立完善的城镇生活垃圾处理监管体系。

规划提出“十二五”期间，东部地区选用焚烧技术达到 48%；东部地区、经济发达地区和土地资源短缺、人口基数大的城市，要减少原生生活垃圾填埋量，优先采用焚烧处理技术；其他具备条件的地区，可通过区域共建共享等方式采用焚烧处理技术。卫生填埋处理技术作为生活垃圾的最终处置方式是每个地区所必须具备的保障手段。生活垃圾管理水平较高的地区可采用生物处理技术。

规划在有条件的地区，按照统筹城乡的原则，推进生活垃圾收转运系统的建设。推广生活垃圾压缩式收转运方式，统筹布局生活垃圾转运站，加强压缩式生活垃圾转运站建设与升级改造。推广密闭化收运，淘汰敞开式收转运，减少和避免生活垃圾收转运过程中的二次污染，大中型城市要在"十二五"期间全部实现密闭化收转运。研究运用物联网技术，探索路线优化、成本合理、高效环保的收转运新模式。

规划提出推行生活垃圾分类。各地要根据本地生活垃圾特性、处理方式和管理水平，科学制定分类办法，明确工作目标、实施步骤和政策措施，逐步推进。近期以控制水分作为开展分类示范的优先选择，对家庭生活垃圾进行干湿分类，降低厨余垃圾含水率。选择一批有条件的城市和县城，在已启动餐厨垃圾处理工作的基础上，继续推动餐厨垃圾单独收集和运输，以适度规模、相对集中为原则，建设餐厨垃圾资源化利用和无害化处理设施。鼓励使用餐厨垃圾生产油脂、沼气、有机肥、饲料等，并加强利用。鼓励餐厨垃圾与其他有机可降解垃圾联合处理。

（二）"十二五"全国城镇污水处理及再生利用设施建设规划

2012年4月19日，由国务院办公厅印发了由国家发改委、住房和城乡建设部、环境保护部组织编制的《"十二五"全国城镇污水处理及再生利用设施建设规划》(以下简称规划)。

规划回顾了我国近年来在城镇污水处理及再生利用方面的工作、成绩及问题。截至2010年年底，我国城镇生活污水设施处理能力已达到1.25亿m^3/日，设施城市污水处理率已达77.5%，设施建设超额完成"十一五"专项规划的要求，化学需氧量（COD）污染减排贡献率占"十一五"期间全国化学需氧量新增削减总量的70%以上。

规划提出到2015年，城市污水处理率达到85%（直辖市、省会城市和计划单列市城区实现污水全部收集和处理，地级市85%，县级市70%），县城污水处理率平均达到70%，建制镇污水处理率平均达到30%；直辖市、省会城市和计划单列市的污泥无害化处理处置率达到80%，其他设市城市达到70%，县城及重点镇达到30%；城镇污水处理设施再生水利用率达到15%以上；全面提升污水处理设施运行效率。到2015年，城镇污水处理厂投入运行一年以上的，实际处理负荷不低于设计能力的60%，三年以上的不低于75%。

"十二五"期间，全国规划范围内的城镇建设污水管网15.9万km，约三分之一为补充已建污水处理设施的管网。在降雨量充沛地区，新建管网要采取雨污分流。对已建的合流制排水系统，要结合当地条件，加快实施雨污分流改造。难以实施分流制改造的，要采取截流、调蓄和处理措施。在有条件的地区，逐步推进初期雨水收集与处理。分流制雨水管道泵站或出口附近可设置初期雨水贮存池，合流制管网系统合理确定截流倍数，将截流的初期雨水送入污水处理厂处理，或在污水处理厂内及附近设置贮存池。规划提出建设重点由东部城市和主要的大中城市逐步向中西部、东北地区等老工业基地、中小城市和县城倾斜，优先支持目前尚无污水集中处理设施的设市城市和县城加快建设。全部建成后，所有设市城市均建有污水处理厂，县县具有污水处理能力。污水处理坚持集中与分散处理相结合的原则，在人口密度较低、水环境容量较大的地方，以及地处非环境敏感区的建制镇，在满足环保要求的前提下，可根据实际条件采用"分散式、低成本、易管理"的处理工艺，鼓励自然、生态的处理方式。

规划提出"十二五"期间，按照城镇污水处理厂污泥处理处置技术有关要求和泥质标准选择适宜的污泥处理技术。采用多种技术处理处置污泥，尽可能回收和利用污泥中的能源和资源。鼓励将污泥经厌氧消化产生沼气或好氧发酵处理后严格按国家标准进行土壤改良、园林绿化等土地利用，不具备土地利用条件的，可在污泥干化后与水泥厂、燃煤电厂等协同处置或焚烧。作为近期的过渡处理处置方式，可将污泥深度脱水和石灰稳定后进行填埋处置。

在再生水利用方面，规划提出按照"统一规划、分期实施、发展用户、分质供水"和"集中利用为主、分散利用为辅"的原则，积极稳妥地推进再生水利用设施建设。各地因地制宜，根据再生水潜在用户分布、水质水量要求和输配水方式，合理确定各地污水再生利用设施的实际建设规模及布局，在人均水资源占有量低、单位国内生产总值用水量和水资源开发利用率高的地区要加快建设，促进节水减排。

（三）《重点流域水污染防治规划（2011—2015 年）》

环境保护部、国家发改委、财政部和水利部于 2012 年 5 月 17 日联合发布的《重点流域水污染防治规划（2011—2015 年）》明确要求，到 2015 年，重点流域总体水质由中度污染改善到轻度污染，Ⅰ～Ⅲ类水质断面比例提高 5 个百分点，劣Ⅴ类水质断面比例降低 8 个百分点。《规划》深入分析影响水环境质量的主要因素，兼顾水环境改善需求与可达性，制定了水污染防治目标。具体地，松花江流域总体水质由轻度污染改善到良好；淮河在轻度污染基础上有所改善；海河重度污染程度有所缓解；辽河流域、黄河中上游由中度污染改善到轻度污染；太湖湖体维持轻度富营养化水平并有所减轻；巢湖湖体维持轻度富营养水平并有所减轻；滇池重度富营养化水平改善到中度富营养化水平，力争达到轻度；三峡库区及其上游流域总体水质保持良好；丹江口库区及上游流域总体水质保持为优。

在总量控制上，《规划》提出到 2015 年，重点流域主要污染物排放总量和入河总量持续削减，化学需氧量排放总量较 2010 年削减 9.7%；氨氮排放总量削减 11.3%。

此外，《规划》明确了加强饮用水水源保护、提高工业污染防治水平、系统提升城镇污水处理水平、积极推进环境综合整治与生态建设、加强近岸海域污染防治、提升流域风险防范水平六大重点任务。

（四）节能减排“十二五”规划

为确保实现“十二五”节能减排约束性目标，缓解资源环境约束，对全球气候变化的影响，促进经济发展方式转变，建设资源节约型、环境友好型社会，增强可持续发展能力，根据《中华人民共和国国民经济和社会发展第十二个五年规划纲要》，制定《节能减排“十二五”规划》（以下简称规划），并于 2012 年 8 月 6 日印发。

规划提出了全国万元国内生产总值能耗下降到 0.869t 标准煤（按 2005 年价格计算），“十二五”期间实现节约能源 6.7 亿 t 标准煤；提出全国化学需氧量、氨氮、二氧化硫和氮氧化物排放总量的减排要求；提出单位工业增加值（规模以上）能耗比 2010 年下降 21% 左右，建筑、交通运输、公共机构等重点领域能耗增幅得到有效控制，并对主要工业和生活能耗产品的能耗指标提出了限定性要求。

规划明确了调整优化产业结构、推动能源水平提高、强化主要污染物减排等重点任务。

在抑制高耗能、高排放行业过快增长方面：提出合理控制火电、钢铁、水泥、造纸、印染等重点行业发展规模，优化电力、钢铁、水泥、玻璃、陶瓷、造纸等重点行业区域空间布局。中西部地区承接产业转移必须坚持高标准，严禁高污染产业和落后生产能力转入。在调整能源消费结构方面：提出促进天然气产量快速增长，推进煤层气、页岩气等非常规油气资源开发利用，加强油气战略进口通道、国内主干管网、城市配网和储备库建设，加快风能、太阳能、地热能、生物质能、煤层气等清洁能源商业化利用，加快分布式能源发展，提高电网对非化石能源和清洁能源发电的接纳能力。到 2015 年，非化石能源消费总量占一次能源消费比重达到 11.4%。在推动服务业和战略新兴产业发展方面：提出推动节能环保、新一代信息技术、生物、高端装备制造、新能源、新材料、新能源汽车等战略性新兴产业发展。到 2015 年，战略性新兴产业增加值占国内生产总值比重达到 8% 左右。

在强化建筑节能方面：开展绿色建筑行动，从规划、法规、技术、标准、设计等方面全面推进建筑节能，提高建筑能效水平；城镇建筑设计阶段 100% 达到节能标准要求，施工阶段节能标准执行率达到 95% 以上；加强新区绿色规划，重点推动各级机关、学校和医院建筑，以及影剧院、博物馆、科技馆、体育馆等执行绿色建筑标准；在商业房地产、工业厂房中推广绿色建筑。

在城市交通节能方面：提出合理规划城市布局，优化配置交通资源，建立以公共交通为重点的城市交通发展模式；优先发展公共交通，有序推进轨道交通建设，加快发展快速公交；探索城市调控机动车保有总量；开展低碳交通运输体系建设城市试点；积极推广节能与新能源汽车，加快加气站、充电站等配套设施规划和建设；抓好城市步行、自行车交通系统建设；发展智能交通，建立公众出行信息服务系统，加大交通疏堵力度。

（五）重点区域大气污染防治“十二五”规划

2012 年 12 月 5 日，国家发改委、环境保护部、财政部印发了获国务院批复的《重点区域大气污染防治“十二五”规划》（以下简称规划）。规划涉及北京、上海、天津、重庆等直辖市以及 15 个省会城市在内的共计 47 个城市，规划涉及钢铁、电力、水泥、石化、化工、有色等行业中的高污染项目，要重点控制区禁止新、改、扩建除“上大压小”和热电联产以外的燃煤电厂。

规划分析了我国大气环境质量不断恶化和污染加剧的现状。当前，我国大气环境形势十分严峻，在传统煤烟型污染尚未得到控制的情况下，以臭氧、细颗粒物（PM2.5）和酸雨为特征的区域性复合型大气污染日益突出，区域内空气重污染现象大范围同时出现的频次日益增多，严重制约了社会经济的可持续发展，威胁到人民群众的身体健康。区域性复合型的大气环境问题给现行环境管理模式带来了巨大的挑战，仅从行政区划的角度考虑单个城市大气污染防治的管理模式已经难以有效解决当前愈加严重的大气污染问题，亟待探索建立一套全新的区域大气污染防治管理体系。京津冀、长三角、珠三角地区，以及辽宁中部、山东、武汉及其周边、长株潭、成渝、海峡西岸、山西中北部、陕西关中、甘宁、新疆乌鲁木齐城市群等 13 个重点区域，是我国经济活动水平和污染排放高度集中的区域，大气环境问题更加突出。重点区域占全国 14% 的国土面积，集中了全国近 48% 的人口，产生了 71% 的经济总量，消费了 52% 的煤炭，排放了 48% 的二氧化硫、51% 的氮氧化物、42% 的烟粉尘和约 50% 的挥发性有机物，单位面积污染物排放强度是全国平均水平的 2.9 ~ 3.6 倍，严重的大气污染已经成为制约区域社会经济发展的瓶颈。

规划提出到 2015 年，重点区域二氧化硫、氮氧化物、工业烟粉尘排放量分别下降12%、13%、10%，挥发性有机物污染防治工作全面展开；环境空气质量有所改善，可吸入颗粒物、二氧化硫、二氧化氮、细颗粒物年均浓度分别下降10%、10%、7%、5%，臭氧污染得到初步控制，酸雨污染有所减轻；建立区域大气污染联防联控机制，区域大气环境管理能力明显提高。

京津冀、长三角、珠三角区域将细颗粒物纳入考核指标，细颗粒物年均浓度下降6%；其他城市群将其作为预期性指标。

规划明确划分了“十二五”期间区域污染控制的重点区域和类型。京津冀、长三角、珠三角区域与山东城市群为复合型污染严重区，重点针对细颗粒物和臭氧等大气环境问题进行控制，长三角、珠三角还要加强对酸雨的控制，京津冀、江苏省和山东城市群加强对可吸入颗粒物的控制。辽宁中部、武汉及其周边、长株潭、成渝、海峡西岸城市群为复合型污染显现区，重点控制可吸入颗粒物、二氧化硫、二氧化氮，同时注重细颗粒物、臭氧等复合污染的控制，此外，武汉及其周边、长株潭、成渝加强酸雨的控制，辽宁中部城市群加强对采暖季燃煤污染的控制。山西中北部、陕西关中、甘宁、新疆乌鲁木齐城市群，以传统煤烟型污染控制为主，重点控制可吸入颗粒物、二氧化硫污染，加强对采暖季燃煤污染的控制。

规划提出上述这些地区和重点城市需要严格控制高耗能、高污染项目建设，严格控制污染物新增排放量，部分行业实施特别排放限值，提高挥发性有机物排放类项目建设要求，优化工业布局，大力发展清洁能源，实施煤炭消费总量控制，扩大高污染燃料禁燃区，加大热电联供，淘汰分散燃煤小锅炉以及深化大气污染治理，实施多污染物协同控制等重要措施。

（六）“十二五”循环经济发展规划

2012年12月12日，国务院总理温家宝主持召开国务院常务会议，讨论通过了《“十二五”循环经济发展规划》（以下简称规划），规划首次提出资源产出率提高15%的循环经济发展目标，并要求推进循环型生产方式，构建循环经济产业体系。

循环经济发展规划既是我国长期的重大战略，也是现阶段的迫切需求，更是贯彻落实党的十八大提出推进生态文明建设战略部署的重要步骤。规划从以下几个方面明确了发展循环经济的主要目标、重点任务和保障措施：构建循环型工业体系，在工业领域全面推行循环型生产方式，促进清洁生产、源头减量，实现能源梯级利用、水资源循环利用、废物交换利用、土地节约集约利用；构建循环型农业体系，在农业领域推动资源利用节约化、生产过程清洁化、产业链接循环化、废物处理资源化，形成农、林、牧、渔多业共生的循环型农业生产方式，改善农村生态环境，提高农业综合效益；构建循环型服务业体系，推进社会层面循环经济发展，完善再生资源和垃圾分类回收体系，推行绿色建筑和绿色交通行动；充分发挥服务业在引导树立绿色低碳循环消费理念、转变消费模式方面的作用；开展循环经济“十百千”示范行动，实施十大工程，创建百座示范城市（县），培育千家示范企业和园区。在全国范围内推广循环经济典型模式，构建循环经济产业体系，促进企业循环式生产、园区循环式发展、产业循环式组合。我国循环经济的发展将实现从“十一五”的试点探索到“十二五”的示范推广转变。

二、低碳生态城市与绿色生态城区规划建设工作有序开展

2010 年 1 月，住房和城乡建设部与深圳市政府共同签署了共建“国家低碳生态示范市”的合作框架协议，深圳市成为了我国第一个在城镇化发展过程中探索实践建设低碳生态发展模式的城市。继深圳市后，2010 年 7 月，住房和城乡建设部与江苏省无锡市人民政府签署《共建国家低碳生态城示范区——无锡太湖新城合作框架协议》，提出了在城市中探索式建立以新城规划与建设为主体的城镇化新模式。

2010 年 10 月，住房和城乡建设部与河北省共同签署《关于推进河北省生态示范城市建设促进城镇化健康发展合作备忘录》，以正定新区、曹妃甸新区、北戴河新区和黄骅新区为主要实践地区，开展一省四区的低碳生态建设示范实践。

根据国家层面需求、住房和城乡建设部近期的研究成果，2011 年开展了绿色重点小城镇试点示范的工作。

2012 年，由财政部支持，财政部、住房和城乡建设部共同推进了绿色生态城区建设工作，明确提出为推进绿色建筑的规模化发展，鼓励城市新区按照绿色、生态、低碳理念进行规划设计，发展绿色生态城区，中央财政对经审核满足条件的绿色生态城区给予基准为 5000 万元资金的补助。

2012 年 11 月，首批 8 个绿色生态城区获得 5000 万资金补助，分别是中新天津生态城、唐山湾生态城、深圳光明新区、无锡太湖新区、长沙梅溪湖新城、重庆悦来生态城、昆明呈贡新区生态城、贵阳中天未来方舟生态城。

（一）深圳低碳生态城市

深圳市低碳生态城市建设取得了良好成效：截至 2012 年年底，深圳市已经成为国内绿色建筑建设规模最大的城市之一；轨道三期工程开工，自行车和步行道网络的不断完善，公交出行、绿色出行逐步成为广大市民的首选；通过河流综合治理、节能减排工作的不断深入，人居环境不断优化，2012 年 6 月，深圳市

顺利通过了国家环保模范城市的复核；以光明新区、坪山新区为试点示范，结合公园、湿地、道路等的低冲击示范项目成效显著，为全面推广低冲击开发提供了新鲜的样本；随着新一轮“绿色深标”的实行，深圳市将率先实现从试点项目、示范区域向全市整体的绿色规划、绿色建设和绿色发展。2012 年 3 月，深圳市荣获了住房和城乡建设部、中国城市科学研究会颁发的首个中国绿色建筑实践奖——“城市科学奖”。

2012 年 2 月

2012 年 2 月 14 日至 16 日，全国“首届国土资源节约集约模范县（市）表彰大会”在北京隆重召开，南山区获得国土资源节约集约利用示范县称号。

2012 年 2 月 25 日，住房和城乡建设部城乡规划司张勤副司长率考核工作组对我市光明、坪山新区的生态新区建设工作进行阶段性工作考核，充分肯定了光明、坪山新区在生态城示范建设中所做的大量工作。

2012 年 3 月

2012 年 3 月 8 日，深圳市在珠三角地区率先发布 PM2.5 数据，公布全市 18 个监测站的 PM2.5 监测结果。

2012 年 3 月 30 日，在北京举行的第八届绿博会上，住房和城乡建设部副部长仇保兴向深圳市委常委、常务副市长吕锐锋颁发国内首个“城市科学奖”，以表彰他在推动城市科学研究实践（绿色建筑实践）中所作出的突出贡献。

2012 年 5 月

2012 年 5 月，在李克强副总理与欧盟委员会主席巴罗佐共同出席的中欧城镇化伙伴关系高层会议上，许勤市长作了题为“绿色低碳城市化”的发言，并建议将深圳国际低碳城打造为中欧可持续城镇化合作旗舰项目，得到了欧盟代表的普遍认可。

2012 年 6 月

2012 年 6 月 16 日，深圳市顺利通过国家环保模范城市复核。

2012 年 7 月

2012 年 7 月 23 日，《深圳“十二五”城市生活垃圾减量分类工作实施方案》正式印发施行。

2012 年 8 月

2012 年 8 月 1 日，《深圳市餐厨垃圾管理办法》正式发布施行。

2012 年 8 月 1 日，《深圳市绿道管理办法》正式施行。

2012 年 8 月 29 日，深圳市排污权交易模拟运行工作正式开展。

2012 年 9 月

2012 年 9 月 20 日，福田区国土资源节约集约利用高层论坛隆重举行。

2012 年 10 月

2012 年 10 月 29 日，深圳市土地整备局正式挂牌，标志着全国首家土地整备局机构成立，市委常委、常务副市长吕锐锋、市规划国土委主任网游鹏出席仪式并作重要讲话。

2012 年 10 月，深圳市细网格气候信息平台上线运行，该平台向公众提供分辨率为 1km 的太阳能资源、风能资源、城市热岛空间、风玫瑰以及舒适度的空间分布数据。

2012 年 11 月

2012 年 11 月，深圳市在全市选择的机关、学校、餐馆、居民小区等共 500 个垃圾分类点示范活动陆续启动。

（二）深圳光明新区

光明新区和坪山新区作为《框架协议》确定的国家低碳生态试验区，从多方位系统推进，建立了工作机制，制定了鼓励政策，明确了建设标准，在实践中也取得了明显成效。在具体试点建设中，从绿色交通、绿色建筑、绿色照明、雨洪利用、低冲击开发模式等方面开展了一系列工作，尤其在绿色建筑和低冲击开发方面已经取得了良好的成效。2012 年 2 月和 10 月，住房和城乡建设部先后两次考察光明、坪山新区的低碳生态示范区建设并予以了认可。前海中心区以城市规划为先导，以国际先进的规划理念打造成低碳生态示范地区，确立了系统的指标体系，结合高端商务功能，明确了小尺度地块、高密度路网、混合立体开发的以公共交通为导向的土地利用模式，提出在能源、水资源管理方面的新措施，目前前海中心区已经进入建设阶段。

全市各区以绿色住区、绿色校园和绿色社区为试点的创建工作也呈现蓬勃发展之势，由初期单一的技术利用逐步向多层次、多领域低碳生态技术方法的“大集成”转变，出现了南方科技大学、深圳大学新校区、坪山土地整备安置小区、光明新区万丈坡保障性住房小区等一批代表性示范工程。通过开展大量实践探索，深圳市正在不断积累经验，绿色发展、低碳发展的理念正在影响着深圳城市规划建设的方方面面。截至 2012 年 9 月，全市新建节能建筑面积累计达到 6656 万 m^2，累计完成既有建筑节能改造 622 万 m^2，完成 1270 万 m^2 建筑的太阳能热水系统安装，建成和在建的太阳能光电建筑用系统总装机容量约 46MW。作为首批国家机关办公建筑和大型公共建筑节能监管体系建设示范城市，深圳市已建立起覆盖全市的既有建筑能耗监测平台，实现 500 栋大型公共建筑的在线能耗监测，完成 18458 栋居住建筑及 470 栋大型公建的 2011 年度能耗统计和数据上传、750 栋大型公建的能源审计以及 120 栋大型公建的能效公示。

（三）重庆悦来生态城

图 2　悦来生态城区位图

悦来生态城位于两江新区范围内，规划控制范围 3.44km²，其中城市建设用地 2.46km²，属于悦来公司的储备土地。选址这一区域主要考虑以下因素：①规模适宜；②符合总规要求，不占基本农田；③具备大运量公共交通支撑；④山地特征明显；⑤土地已储备，利于政府主导（图 2）。

悦来生态城呈典型的滨江地形特征，地形变化丰富，最大高差 185m，场地东南向西北逐渐降低。规划总建设用地 246hm²，总建筑面积 315 万 m²，毛容积率 1.28。

前期开展多项相关规划和研究工作，如开展了四山管制规划、污染企业搬迁改造规划、悦来生态城规划、可再生能源利用规划、城市绿化与森林重庆规划、慢行系统规划和建设、低碳科学技术研究、既有建筑节能改造和扩大可再生能源建筑用地规模。规划以“公共交通导向的发展模式”为核心理念，体现公交导向的土地开发模式，总体规划以大容量公共交通站点为核心，通过土地混合使用，具有相对较高的土地利用密度，提高土地使用效率和大运量公共交通使用率，形成布局紧凑、适宜步行的城市社区；并强调“提高交通效率”、“小格网街区”、“采取交通宁静化措施”、“提倡绿色出行”等特点。规划在土地利用方面强调“差异化容积率”、“小尺度地块开发”、“土地混合和职住平衡”、“集约节约利用土地”等特点。

（四）长沙梅溪湖新城

梅溪湖新城是湖南省长沙市的重要项目，位于长沙大河西先导区的梅溪湖片区的核心位置，距市政府 6km，位于二、三环之间，距市中心约 8km，交通便利。

梅溪湖新城占地面积为 7.6km²，约 11452 亩；片区内包括约 3000 亩的湖面；经营性用地约 4214 亩，包括约 3910 亩住宅及商业公建用地、304 亩研发及配套用地；总建筑面积约 1040 万 m²（图 3）。

规划结合“山水相宜”的自然先天优势开展；提出完善的指标体系 48 项——

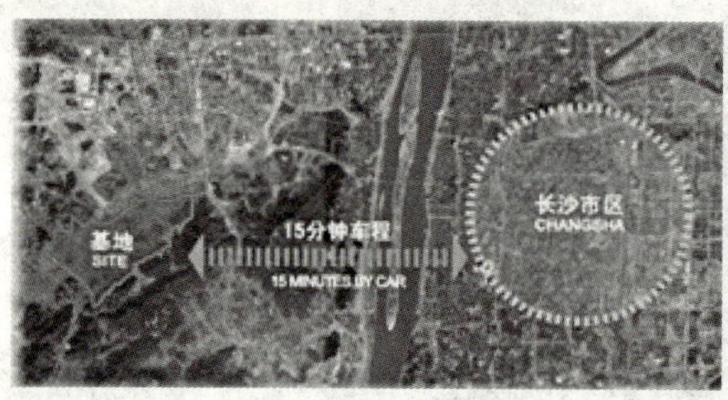

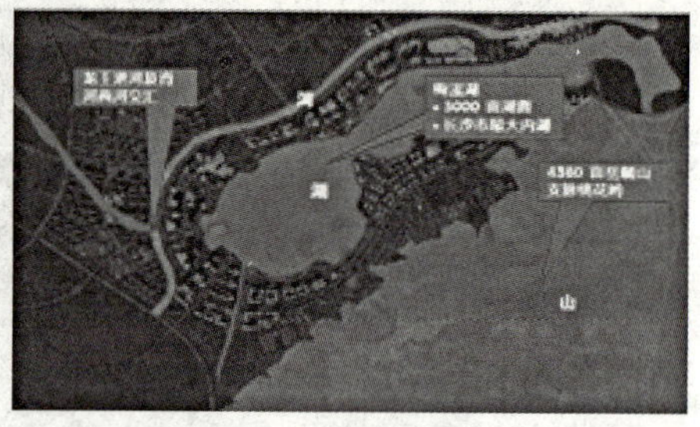

图 3　梅溪湖新城区位及配套资源示意图

碳排放总量指标与平行生态规划指标相结合；关注新城建设指标，针对性和操作性强；设计、施工、运行全过程规划建设和实施技术指导；100% 绿色建筑，实现单体绿色建筑向低碳生态城区发展；国内首个全面推进绿色学校和绿色教育体系建设的城区；建筑全过程能耗数据采集及分析平台建设，拟建立国家级专项科研实验室。

（五）贵阳中天未来方舟生态城

贵阳中天未来方舟生态城位于东二环中段东侧、贵阳市老城区东部、南明河下游北岸，总用地规划 810hm^2，其中规划建设用地 595.43hm^2。

规划从策划研究、专项规划支撑、指标体系控制和设计执行四个层次开展。其中主要在能源、水资源和固废三个领域，在四个层次中分别采用新技术和新理念，以可实施、可操作、可建成为主要目标，实现能源的可再生利用与循环，水资源的节约与循环使用，优化生态环境、减少废物产生，并采用循环经济模式进行固废处理（图 4）。

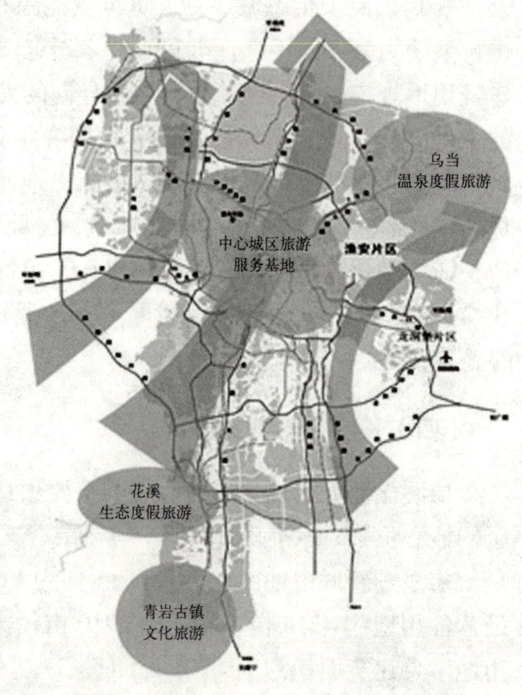

图 4　贵阳中天未来方舟生态城区位图

（六）昆明呈贡新区生态城

呈贡新区距昆明老城区直线距离约为 20km，距昆明新机场直线距离约 22km。规划控制面积 160km^2，规划新城建设面积 107km^2（含约 10km^2 禁建区）（图 5）。

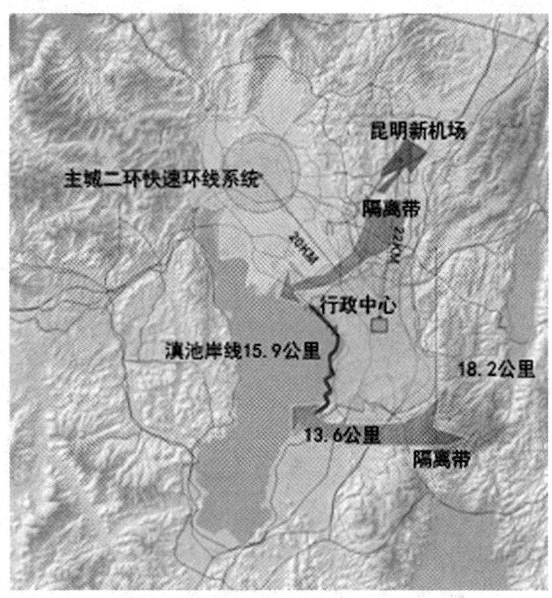

图5　昆明呈贡新区生态城区位图

2010年以来，新区邀请美国“新城市主义”理论创始人彼得·卡尔索普先生对10km^{2}呈贡新区低碳城市建设及商业核心区的开发规划进行指导和优化完善。核心区道路网承载力增强，路网线密度由6.7km/km^{2}增加到14km/km^2，同时道路面积率仅比原规划提高7.1%。

核心区绿色建筑建设实施方案为：2012～2014年绿色建筑开工建设规模为216.9万m^2，绿色建筑二星级和三星级项目占绿色建筑规模比例达到35%；引进波特兰绿色建筑先进经验；在自然通风、建筑遮阳、太阳能光热建筑用技术、立体绿化、绿化灌溉、透水地面等方面探寻适宜温和地区的绿色建筑技术；在绿色阳光学院、绿色保障用房、绿色综合体建筑方面进行绿色建筑和可再生能源重点工程的实践探索。

三、城市环境总体规划逐步推进

大连市环境科学设计研究院和大连理工大学环境保护与规划研究所合作承担的“城市环境保护总体规划研究”项目于2012年5月15日通过环境保护部科技标准司组织的专家验收。

在此基础上，环境保护部为贯彻落实《国家环境保护“十二五”规划》，探索城市环境总体规划编制思路，在6月份开始在部分城市先行开展环境总体规划编制试点工作。

随着工业化、城镇化进程的加快，作为支撑城市发展的最基本要素条件资源、能源和环境，逐渐成为制约我国城市未来可持续发展的瓶颈因素。环境保护部认为现行的城市环境保护规划由于规划功能定位限制，使其侧重于对生产生活排放污染物的防治，无法对城市长远发展和空间布局提出引导性要求，不利于城市的可持续发展。鉴于加强城市生态环境建设与保护工作、促进城市可持续发展的迫切要求，环境保护部决定开展环境总规编制工作，把环境保护目标、任务等放在城市长期发展的大背景下去谋划和考量，系统分析城市发展进程中的各种环境问题，统筹国民经济和社会发展规划、城市总体规划、土地利用总体规划等相关规划，通过确定城市生态环境阈值，调控城市发展规模，建立以资源和环境承载力为基础的发展方式、经济结构和消费模式，构建环境—发展—建设—国土“四划一体、相互融合”的城市可持续发展规划体系，从源头上奠定城市环境保护格局，促进城市生态环境建设与保护从被动向主动、环境规划与其他规划从相互脱节向积极融合转变，推动城市环境管理战略转型。

2012 年大连市、鞍山市、伊春市、南京市、泰州市、嘉兴市、福州市、宜昌市、广州市、北海市、成都市和乌鲁木齐市陆续开展城市环境总体规划的编制工作。

（一）大连市

大连市于 2012 年 5 月启动了《大连市环境总体规划（2011—2020 年）》的修编工作，开展了部门调研资料收集工作，开展了相关专题研究工作。修编工作明确了集合生态文明建设指标体系、基本实现现代化指标体系、生态市指标体系、大连市相关“十二五”规划指标体系、新的环境质量标准等内容进行调整。深入开展城市资源环境压力分析与评估、划定环境功能分区、探索生态红线划定方案、明确环境保护重点区块、城市环境安全保障体系和城市环境基本公共服务建设等研究内容。已经初步完成了《大连市环境总体规划修编（大纲框架）》。

（二）福州市

2012 年 12 月启动了福州市近岸海域环境保护规划调研工作，并明确了生态承载力评估和近岸海域分区管控两个规划重点任务，评估福州市近岸海域生态系统对于主要污染物（无机氮、活性磷酸盐、重金属和石油类等）的承载力情况，为划定近岸海域分区和制定措施提供依据。福州近岸海域环境保护规划探索建立“四区一线”的管控体系，即，四区指生态红区、限制区、引导区和推进区，一线指预警线。已经完成了《福州市近岸海域环境保护规划大纲框架》（初稿）。

（三）嘉兴市

2012 年 11 月嘉兴市启动环境总体规划编制工作。嘉兴市作为环境总规试点城市中等城市代表，资源约束和环境问题突出，未来发展需要遵循自然发展规律，以资源环境承载力和环境容量为基础，探索生产发展、生活富裕、生态良好的绿色发展之路。

嘉兴市环境总体规划将以水环境综合治理为切入点，切实解决环境污染对嘉兴发展的瓶颈约束问题；以资源环境承载力和环境容量为基础，完善环境功能分区，优化城市发展格局和经济产业布局，以非物质文化遗产保护为突破口，构建嘉兴红色文化和生态文化建设体系。目前，嘉兴环境总规大纲框架初稿已基本形成。

（四）广州市

2012年9月广州市开始环境总体规划编制工作。其中，设置了6项主要任务，分别为生态环境建设与保护总体战略定位和目标指标研究；生态环境安全空间格局分析构建；环境承载力容量评估与城市发展的环境压力调控研究；改善城市环境质量、保障人体健康的战略与措施研究；完善城市环境基础设施、提高环境基本公共服务水平对策研究；完善区域协调机制、提升规划实施效果。设置了12个研究专题，分别是：广州市区域环境战略定位研究；广州市环境经济预测与重大环境问题判断；广州市可持续发展目标与指标体系研究；广州市生态红线划分与区域生态安全格局构建；广州市环境功能区划划分研究；广州市饮用水源地环境保护及安全饮水调控研究；广州城市空气质量模拟、容量分布格局及利用调控研究；广州市城乡一体环境基本公共服务体系研究；广州市环境保护区域协调机制研究；广州城市环境规划体系及实施机制研究；环境总规制图体系与数据、技术支持；规划演示系统开发。

四、2012年资源和环境领域大事件

（一）水污染风险防控与大气环境改善

1月15日，广西龙江河发生严重镉污染事件，镉含量一度超《地表水环境质量标准》Ⅲ类标准约80倍。此后半个月内，广西打响了一场饮用水安全保卫战。环境保护部、监察部组成的国务院工作组介入调查，相关企业和地方政府多位责任人被查处。此次事件暴露了我国基层环境监管能力严重不足，环境风险防控任重道远。

2月29日召开的国务院常务会议，同意发布新修订的《环境空气质量标准》，要求2012年在京津冀、长三角、珠三角等重点区域以及直辖市和省会城市开展细颗粒物与臭氧等项目监测。按照环境保护部统一部署，京津冀、长三角、珠三角等重点区域以及直辖市和省会城市要在今年率先实施环境空气质量新标准。12月1日起，江苏、浙江、上海在全国率先统一发布环境空气质量指数（AQI）。

（二）野生动物保护与生物多样性

2012年6月互联网微博爆出长白山毒杀黑熊事件；湖南罗霄山脉“千年鸟道”过境候鸟被大批捕杀；天津北大港20多只我国一级保护动物东方白鹳遭投

毒致死。野生动物遭野蛮杀戮事件频发，引发对野生动物保护法律如何有效执行、人类发展与野生动物生存如何协调等议题的重新讨论。

（三）环境污染的群体性事件与地区产业升级

面对 2011 年日本福岛核电站泄漏事件和全世界各国对核电设施的恐慌，我国开展了在用和再建的全国民用核设施综合安全检查。2012 年 5 月 31 日，国务院常务会议审议并原则通过了全国民用核设施综合安全检查报告和《核安全与放射性污染防治“十二五”规划及 2020 年远景目标》。检查结果表明，总体上讲，我国核设施安全是有保障的，我国核设施发生类似福岛核事故的可能性极低。而规划的出台，使中国核电发展告别了只有核电发展规划、缺乏安全规划的尴尬处境。

2012 年 7 月和 10 月，四川什邡、江苏启东和浙江宁波，分别因反对钼铜项目、达标水排海工程和 PX 项目引发群体性事件，由环境敏感项目建设而引发的群体性事件进入高发期。10 月底，环境保护部发布《关于进一步加强环境保护信息公开工作的通知》，要求对涉及群众切身利益的重大项目，扩大环境信息公示范围，广泛听取社会公众意见。

为实现以环境保护倒逼技术升级、优化产业结构等目的，环境保护部 12 月向国家发改委等 13 个经济综合部门提供了《环境保护综合名录》（2012 年版），包含高污染、高环境风险产品，重污染工艺、环境友好工艺等 700 余项。同时，建议有关部门采取差别化政策，强化企业环境责任。

（四）法律制裁制度建设与监测能力水平不断提高

8 月 31 日，《民事诉讼法》修正案在十一届全国人大常委会第 28 次会议上获得通过。修正案增加了关于环境公益诉讼的规定：对污染环境等损害公共利益的行为，法律规定的机关和有关组织可以向人民法院提起诉讼。

11 月 19 日，环境一号 C 星成功发射，与之前在轨道运行的环境一号 A、B 星，组成环境与灾害监测预报小卫星星座，有利于环保部门开展大规模、快速、动态的生态环境监测及评价，跟踪溢油、水华等突发环境污染事件的发生和发展，大幅度提高我国生态环境宏观监测的能力和水平。

参考文献

[1] “十二五”全国城镇生活垃圾无害化处理设施建设规划 [Z].

[2] “十二五”全国城镇污水处理及再生利用设施建设规划 [Z].

[3] 重点流域水污染防治规划（2011—2015 年）[Z].

[4] 节能减排“十二五”规划[Z].

[5] “十二五”循环经济发展规划[Z].

[6] 俞露等. 深圳市建设低碳生态城市进展报告[R]，2013.

[7] 刘琰等. 绿色生态示范城区考察报告[R]，2013.

[8] 吕红迪. 大连市城市环境总体规划编制进展简报[R]，2013.

[9] 吕红迪. 福州市城市环境总体规划编制进展简报[R]，2013.

[10] 吕红迪. 嘉兴市城市环境总体规划编制进展简报[R]，2013.

[11] 吕红迪. 广州市城市环境总体规划编制进展简报[R]，2013.

（撰稿人：任希岩，中国城市规划设计研究院，高级工程师；刘琰，中国城市科学研究会，助理研究员；俞露，深圳市城市规划设计研究院，高级工程师）

历史文化名城、名镇、名村保护规划

一、行业政策背景

(一)行业广泛开展历史文化名城保护制度建立30周年纪念活动

1982年我国首次建立历史文化名城保护制度，经过30年发展，初步形成了以历史文化名城为主体、包括历史文化名镇名村在内的、较为完整的保护体系；建立了以“两法一条例”为核心，由相关部门规章、地方法规共同组成的历史文化保护法律法规体系；形成了富有中国特色的三个层次的保护框架和相应的理论体系；初步建立一系列配套技术标准和管理制度，有力地促进了包括历史文化名城在内的各类文化遗产的保护及与国际文化遗产保护领域的交流。但是，保护形势仍不容乐观，面临着保护意识不强、法规制度有待健全、有法不依和执法不严的现象仍旧存在、保护规划编制滞后、监督管理不到位、开发性破坏行为日益突出、保护资金投入不足等诸多突出问题的困扰和制约。名城保护事业发展到了一个十分重要的路口，无论是理论建设还是实践工作，很多新问题的出现都迫切地要求规划行业回顾历史、总结经验、反思教训，探索解决当前保护工作新问题的理论、方法。

2012年6～7月，中国城市科学研究会历史文化名城委员会、北京历史文化名城保护委员会在京举办纪念国家历史文化名城设立30周年系列活动，通过展览、论坛和文化探访活动，总结名城保护经验、广泛交流全国范围内历史文化名城保护工作思路，住房和城乡建设部副部长仇保兴出席并发表主旨演讲。2012年7月，针对当前名城保护工作当中的一些热点问题，中国城市规划学会历史名城规划学术委员会在北京组织召开《历史文化名城保护若干理论问题座谈会》，邀请主管部门领导和学术界专家围绕若干突出问题开展深入的理论研讨。2012年8月，在嘉兴召开的《中国城市规划学会历史文化名城规划学术委员会2012年年会》以“名城保护制度三十年总结与创新”为主题，学术委员从不同视角分别阐述了对名城保护制度三十年总结与创新的见解，并围绕当前历史文化名城保护工作的对策进行了充分讨论。此外，很多高校和地方也结合各自的特点开展富有特色的纪念和学术活动，例如扬州组织了名城保护30周年座谈会，就扬州古城的保护模式、历史街区整治和历史建筑合理利用，以及扬州申报世界文化遗产等内容进行研讨。

（二）历史文化名城名镇名村大检查结果公布，8 座名城受到点名批评

2011 年的名城大检查工作是我国名城保护制度建立 30 年来首次开展全国性检查工作，检查充分展现了近 30 年来我国历史文化名城名镇名村保护取得的诸多成绩，也全面揭露了当前保护工作存在的主要问题和根源所在。经过历时一年的整理、讨论，2012 年 11 月住房和城乡建设部和国家文物局正式发文公布了此次大检查结果，对因保护工作不力，致使名城历史文化遗存遭到严重破坏、名城历史文化价值受到严重影响的山东省聊城市、河北省邯郸市、湖北省随州市、安徽省寿县、河南省浚县、湖南省岳阳市、广西壮族自治区柳州市、云南省大理市等国家历史文化名城予以通报批评。并明确要求相关省、自治区住房和城乡建设厅、文物局督促上述城市人民政府尽快采取补救措施，提出整改方案，并根据整改情况决定是否上报国务院列入濒危名单。

这次声势大、动真格的大检查工作起到了很好的警示、督促作用。2012 年很多名城针对自己工作的不足提出了针对性措施，例如浙江省、杭州市、福州市、会理县完善保护立法建设①，成都、广州、南京、天津等名城开展历史建筑普查和挂牌工作。② 部分名城针对大检查中的专家意见，开展针对性整改工作，例如宁波全面叫停了月湖西区的改造方案，重新开始保护规划论证。③ 河北省已经在 2012 年启动了全省历史文化名城名镇名村保护督导检查工作。正是鉴于大检

① 2012 年《浙江省历史文化名城名镇名村保护条例（草案）》提交浙江省人大审议，并已面向社会公开征求意见。2012 年，凉山彝族自治州会理县制定的《凉山彝族自治州会理历史文化名城保护条例》公布实施。2012 年，《福州市历史文化名城保护条例》（征求意见初稿）完成编制工作，目前已就初稿向有关单位征求意见。重新修订的 2012 年《杭州市历史文化街区和历史建筑保护条例（草案）》向社会各界征求意见。

② 2012 年 1 月开始，成都市在前一阶段全市历史建筑普查工作的基础上，对历史建筑进行了重点复查，初步确定了具有保护价值的历史建筑 27 处。广州通过在 2012 年着手制定《广州市历史建筑和历史风貌区保护办法》（暂定名）立法保护历史建筑，并将开展广州历史建筑家底普查。2012 年，南京市大力推进对该市重要近现代建筑的挂牌工作，计划为 115 处民国建筑挂牌，详细介绍建筑、风貌区的名称、文化价值、历史背景。2012 年，哈尔滨市开展新一轮历史建筑普查工作，在全市 8 个区开展全面普查工作，在前 4 批 415 处历史建筑的基础上，计划公布 5 批历史建筑名录。2012 年，天津市启动 15 幢严重损坏历史建筑的维修，确保全年完成 30 幢的修缮工作。

③ 从 2009 年开始，宁波月湖西区一期改造启动拆迁，据宁波市民盟文化委员会委员，宁波工程学院高级工程师，国家一级注册建筑师陶海燕等文保志愿者实地勘察了多遍后发现，一期 35 处历史建筑，19 处被拆除，仅剩下 16 处。2010 年 3 月底，月湖西区二期开始了拆迁。陶海燕介绍："我们经过实地勘察，这 141 处历史建筑已经有 30 处被拆除"。2011 年名城大检查过程中专家也对月湖模式提出了不同看法。2012 年，宁波紧急叫停了之前由波士顿国际设计集团设计的月湖西区改造方案。

查的积极效果，住房和城乡建设部有意向出台动态管理机制监督历史文化名城保护[1]，如果这一构想得以实施，必将有力地促进我国历史文化名城、名镇、名村的保护。

（三）第一批传统村落名单公布，古镇、古村的保护日益得到重视

2012 年，为贯彻落实温家宝总理在中央文史馆成立 60 周年座谈会关于“古村落的保护就是工业化、城镇化过程中对于物质遗产、非物质遗产以及传统文化的保护”的讲话精神和加强保护工作的指示，住房和城乡建设部等部委在全国开展了传统村落调查、申报工作，经过历时半年的高效工作，经过专家评议从各地 1 万多申报村落中遴选 646 个村落作为中国第一批传统村落，2012 年年底住房和城乡建设部、文化部、财政部正式公布了第一批中国传统村落名录。[2]未来对已列入名录的村落，中央部委将予以支持、监督和指导地方政府进行妥善保护。

2012 年，为总结全国特色景观旅游名镇名村示范经验[3]，推进特色景观旅游名镇名村工作，住房和城乡建设部、国家旅游局（以下简称“两部局”）在江苏省苏州市召开了全国特色景观旅游名镇名村研讨会，对特色景观旅游名镇名村的保护、发展进行广泛讨论、交流，并对第一、第二批国家特色景观旅游名镇名村授牌。此外，2012 年另一个值得关注的会议就是在梅州举行的全国古村落工作经验交流会暨第二届中国古村落保护与发展研讨会。

名镇名村和古村落保护也是 2012 年地方工作的重点所在，陕西省开展省级名镇名村申报认定工作、河北省开展全省第三批历史文化名镇名村申报公布工作，这些工作都可以看做各地为 2013 年启动的第六批中国历史文化名镇名村申报工作的准备和预热，从另一个侧面反映了名镇、名村保护的热度。

---

① 住房和城乡建设部党组成员、总规划师唐凯 2012 年公开表示建议设立由国家相关部门联合组成的监督管理制度，建立国家历史文化名城保护工作年度报告制度和历史文化名城动态管理机制，形成合力做好名城、名镇、名村保护工作的监督。

② 在第一批中国传统村落推荐名单中，各省及直辖市的传统村落数量分别为：北京市 9 个、天津市 1 个、河北省 32 个、山西省 48 个、内蒙古自治区 3 个、黑龙江省 2 个、上海市 5 个、江苏省 3 个、浙江省 43 个、安徽省 25 个、福建省 48 个、江西省 33 个、山东省 10 个、河南省 16 个、湖北省 28 个、湖南省 30 个、广东省 40 个、广西壮族自治区 39 个、海南省 7 个、重庆市 14 个、四川省 20 个、贵州省 90 个、云南省 62 个、西藏自治区 5 个、陕西省 5 个、甘肃省 7 个、青海省 13 个、宁夏回族自治区 4 个、新疆维吾尔自治区 4 个。

③ 特色景观旅游名镇名村示范是 2006 年两部局全国旅游小城镇发展工作会议确定开展的一项工作，也是落实《国务院加快发展旅游业的意见》提出“在妥善保护自然生态、原居环境和历史文化遗存的前提下，合理利用民族村寨、古村古镇，建设特色景观旅游村镇”的具体措施。这项工作开展几年来，得到了各级政府的高度重视和广大村镇的拥护，取得了良好的社会反响。

自 2009 年以来，两部局分两批公布了 216 个国家特色景观旅游名镇名村示范。

（四）技术标准不断完善，名城名镇名村保护规划编制要求即将公布，名城保护规划规范修编全面启动

经过专家审核、全国范围征求意见、修改完善和必要法规程序之后，2012年年底，住房和城乡建设部、国家文物局联合下发了“关于印发《历史文化名城名镇名村保护规划编制要求》（试行）的通知（建规[2012]195号）”，这标志着《历史文化名城名镇名村保护规划编制要求》正式在全国范围得以试行。[①] 2012年底，国家标准《历史文化名城保护规划规范》修订编制组成立暨第一次工作会议于北京召开，会议明确了规范主编和参编单位，通过了编制大纲和工作进度计划。编制要求的实施和保护规划规范修编的启动将从技术层面有力地支撑保护工作的开展和深化，并为全国范围保护规划编制的规划化、科学化奠定一个良好的工作基础。

二、规划编制特点

（一）名城保护规划：强调价值脉络、重视文化线路、注重区域关联

《宜宾历史文化名城保护规划》[②] 重视对宜宾历史文化价值的梳理，从长江文化、抗战文化、川南文化、酒文化四条主线重新挖掘和整理城市历史文化价值和特色，提出宜宾历史文化价值集中体现在：万里长江第一城，山水交融、城塔辉映的人文荟萃之地；川南地区历史上的政治、商贸、文化中心，川滇黔结合部汉文化和少数民族文化交融的重要节点；文化抗战圣地，中国抗战时期教育、科研、文化薪火传续的功勋城市；中国酒都，中国传统酒文化的代表性遗产地。规划在上述四条价值脉络的组织下，重新整理保护对象、明确保护重点，为保护实施夯实基础。规划还特别重视历史上五尺道和南方丝绸之路作为文化线路对宜宾历史文化发展的影响和作用，并以文化线路为串联基础组织市域文化遗产保护体系（图1）。

《四川眉山历史文化名城保护规划》[③]从城市发展时间轴线和城市功能两个维度对历史文化价值进行重点解读，通过横纵向比较，总结出“崇文淡雅，休闲安逸”的城市特点；确定眉山的历史文化特点是以东坡文化为核心的三苏文化，特

---

① 1994年建设部和国家文物局颁布的《历史文化名城保护规划编制要求》同时废止。

② 该规划的编制单位为中国城市规划设计研究院。

③ 该规划编制单位为上海同济规划设计研究院。

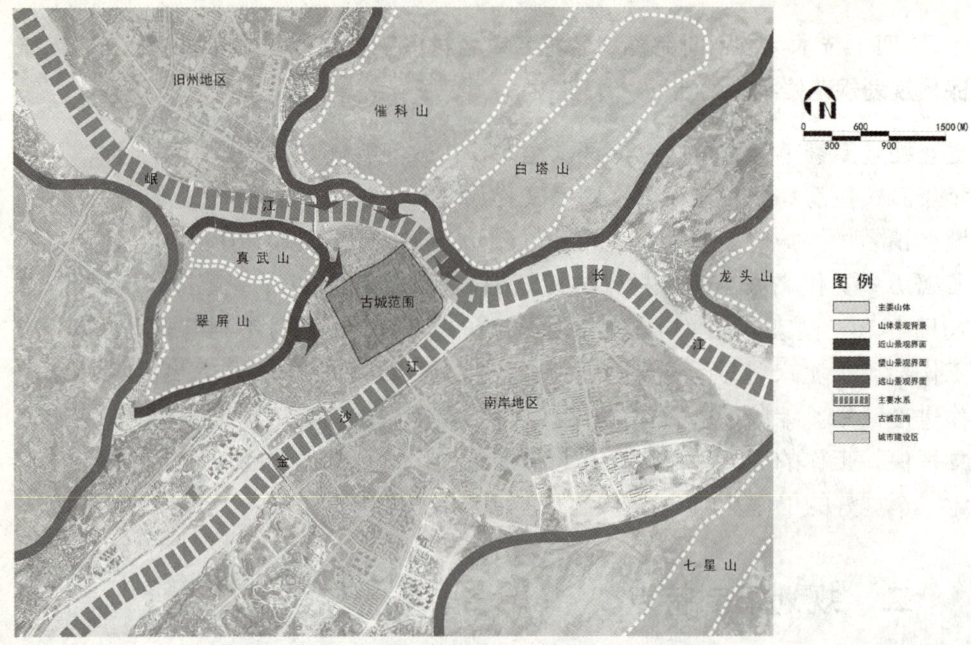

图 1 宜宾山水格局分析图（2012—2030 年）

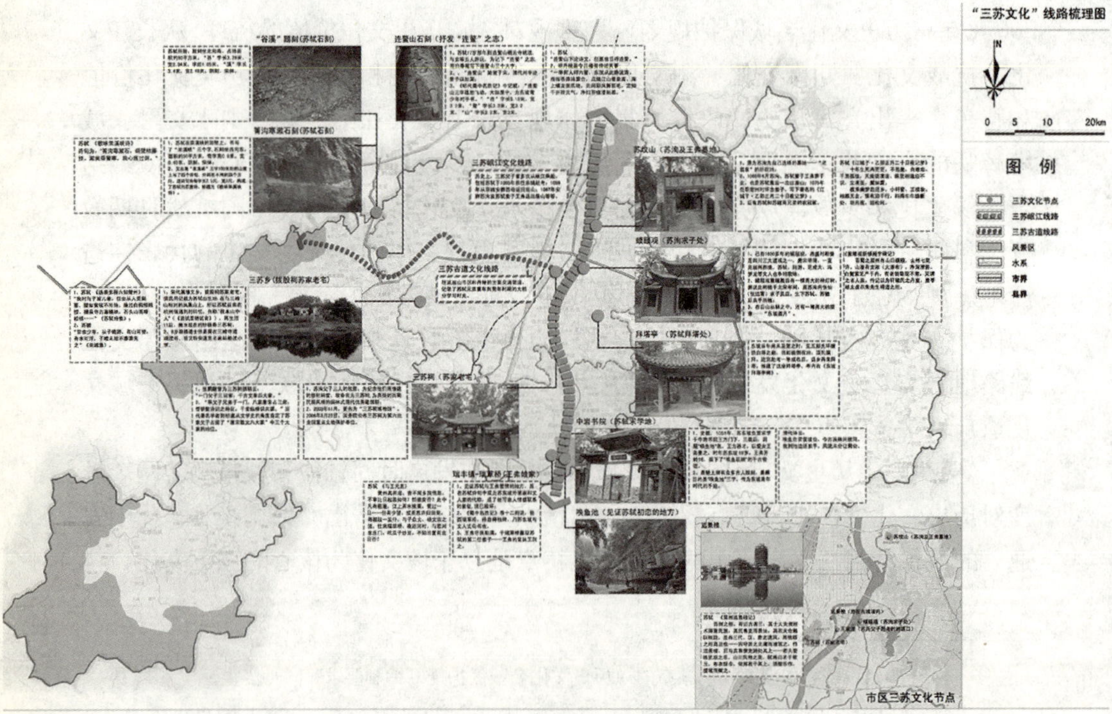

图 2 眉山三苏文化线路梳理图

色为崇文淡雅、休闲安逸的东坡名城。针对眉山市域整体文物价值低，分布相对较散的特点，规划认识到文化线路的整体价值大于线路各部分相加价值，明确动态、多维度特点对眉山名城保护的意义。规划引入了文化线路的概念，整合市域内的各种历史文化资源，实现整体价值最大化的保护（图 2）。

《库车历史文化名城保护规划》[①]将历史文化遗产保护融入城市总体发展，将物质环境的保存与地方性历史文化传统和社会生活体系的延续并重，推进城市文化建设，并针对历史文化街区等重点保护区域编制了以保护性控制指标为核心的控制性详细规划，直接作为保护区内规划控制的管理依据。规划积极探索新技术在名城总体保护层面的运用——基于 3DGIS 的海量数据管理，建立以院落为单位的历史城区三维数据库和数字化管理平台；综合运用 3S 技术、C14 测年等精密检测分析技术，和统计计量、数理模型、叠加分析方法，揭示“城市”在不同时期的历史面貌及所依托的环境特征，增强了保护的整体性和系统性；运用数字高程模型、视域分析和 GPS 技术，对保护区划边界进行精确定位和放样。

《齐齐哈尔历史文化名城保护规划》[②]从地缘政治环境的角度剖析这座城市地处北边疆地区、多元文化融汇与冲突的特征，研究文化遗产与其从古代东北地区肃慎、秽貊和东胡三大民族交汇活动、从清代以来中国与周边多个国家利益冲突的焦点地区这一环境背景之间的关系。从文化线路视角，探索清末中东铁路修建后对整个区域发展的影响，通过对齐齐哈尔老城、昂昂溪区、富拉尔基区三座历史城区的不同价值特色和遗存的保护，探索出一条历史文化保护与城市总体发展和谐共进的道路（图 3）。

《云南省历史文化名城（镇村街）保护体系规划》[③]借鉴区域规划的方法，总体把握云南历史聚落发展及分布体系格局的历史轨迹和空间特征；通过系统识别云南历史聚落遗产价值，准确界定价值特色和保护对象及内容。规划以文化线路和遗产廊道为脉络，将历史文化资源进行重新整合，将主题性较强、地方特色明显的文化资源整合串联起来，形成云南遗产体系的架构。《规划》系统研究了诸如茶马古道、南方丝绸之路、滇越铁路、滇缅公路、红军长征路线、云龙桥系列等“文化线路”，赋予沿线历史文化名城、名镇、名村新的意义并发现新的聚落遗产（图 4）。

---

① 该规划编制单位为北京清华同衡规划设计研究院有限公司。

② 该规划的编制单位为中国城市规划设计研究院。

③ 该规划的编制单位为云南汇景工程规划设计有限公司、云南省城市科学研究会。

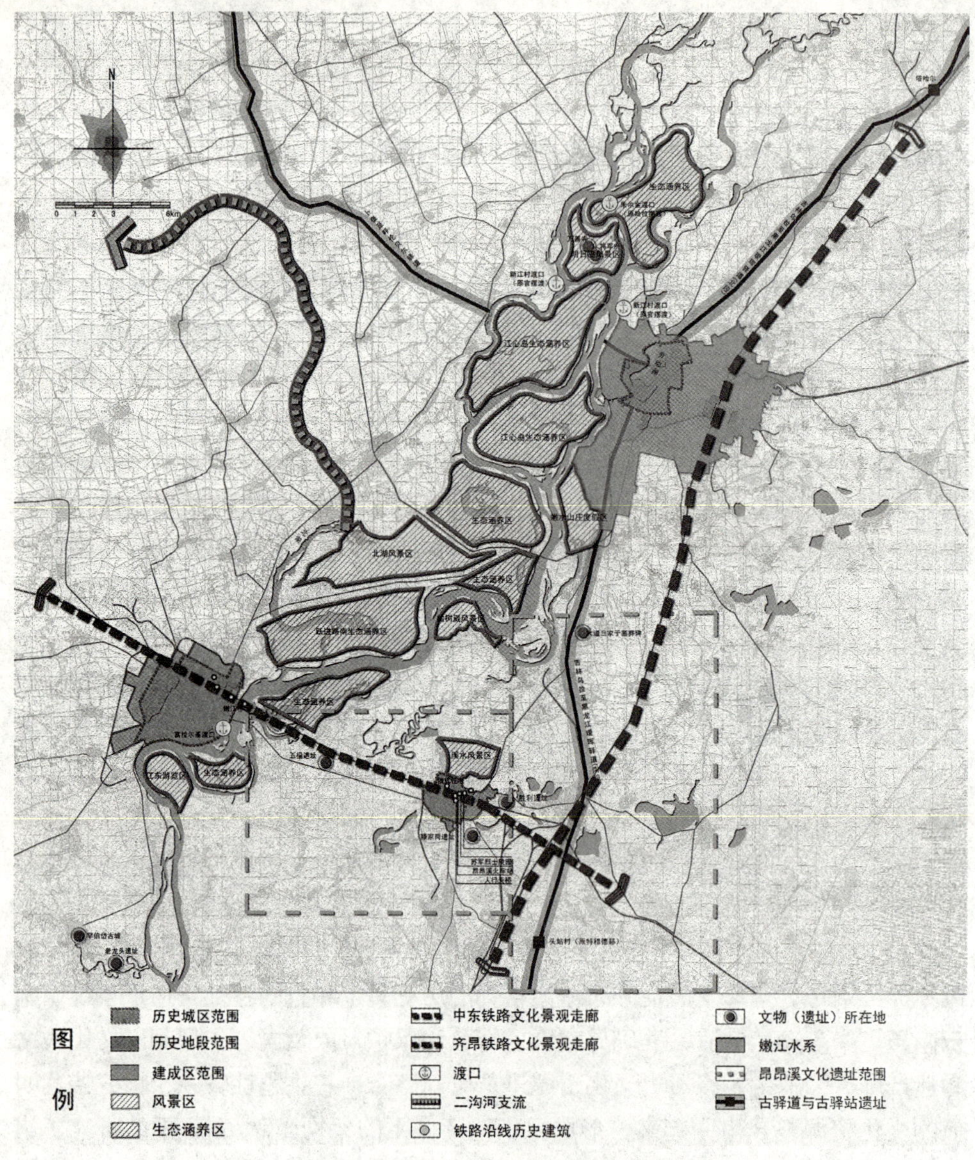

图 3 齐齐哈尔总体格局保护规划图

（二）街区保护规划：以价值研究引领规划编制，综合协调探索表达控制要求的新方式

《福州上下杭、苍霞、太平汀州传统街区保护与复兴系列规划》①认为价值的准确识别是保护的关键，规划引入历史学、地理学、社会学、建筑学等多学科研

① 该规划的编制单位为北京清华同衡规划设计研究院有限公司、福州市规划设计研究院。

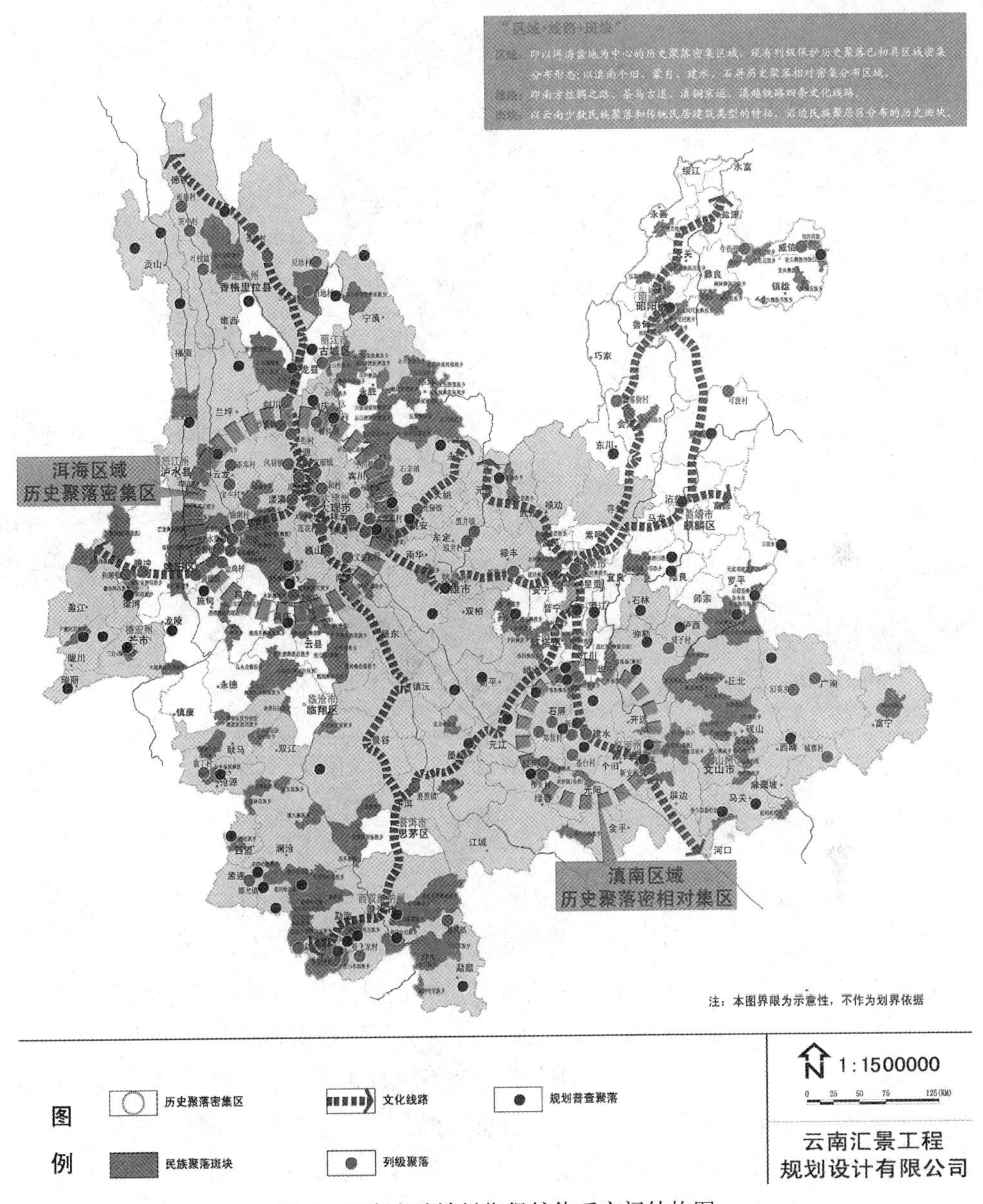

图 4　云南名城镇村街保护体系空间结构图

究，对街区进行“考古”，即将街区各类遗存、优秀传统文化及非物质文化遗产放在街区发展的社会、经济、文化背景中，试图提炼出街区的核心价值为“闽商文化的发源地之一和最重要的传承地”，图解遗存与街区相关背景的联系，构筑起一系列以价值为主线的文化遗产网络。规划立足价值、以点带面，通过节点塑造、线形提升、业态植入，使街区价值得以传承、增强，并带动街区文化和活力

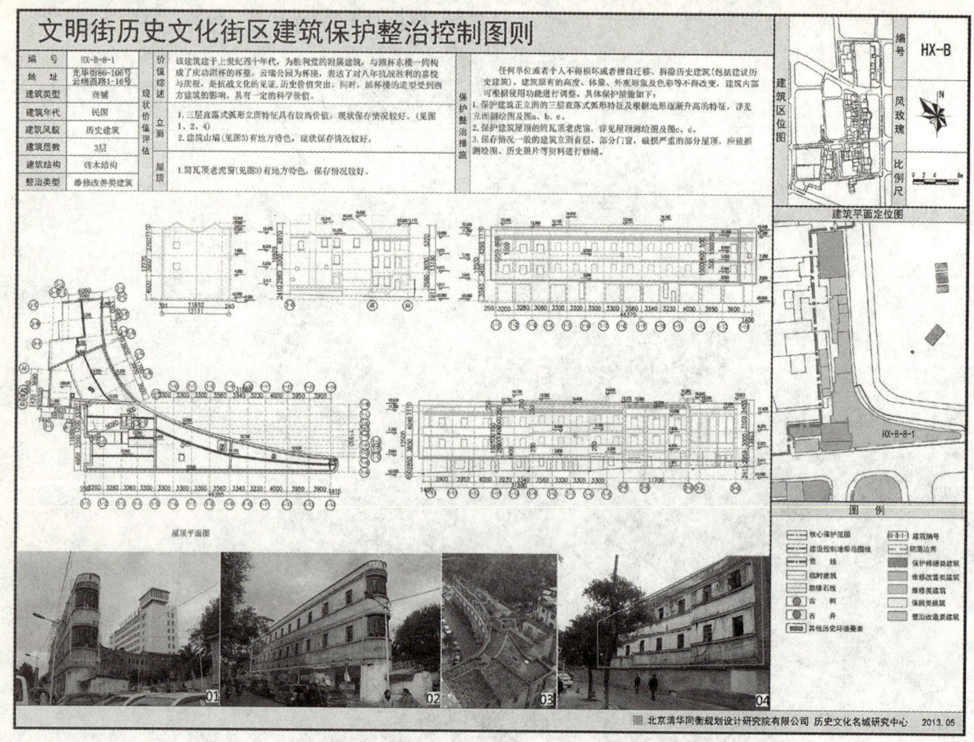

图 5　昆明文明街历史文化街建筑图则

全面复兴。

《昆明文明街历史文化街区保护规划（修编）》①从价值评估入手，将街区价值概括为 5 个核心价值②，以价值研究为基础，规划确定保护对象，提出保护措施。规划建立了以院落为单位的用地管控体系，并通过“地块 + 建筑”两级控制图则体系，细化街区实施管理要求。在地块图则中，规划明确院落、街巷、建筑的分类保护及整治模式，高度、用地性质、地下室建设等管控内容。在建筑图中，则明确需保护建筑的价值、保护整治措施，通过对历史建筑、传统风貌建筑进行 3D 激光扫描，准确记录并明确其应当保护的内容。考虑到规划的公共管理属性，规划亦明确了保护规划及其图则在规划管理流程中的介入阶段和增补审查的要点，使规划成果便于使用（图 5）。

① 该规划设计单位为北京清华同衡规划设计研究院有限公司。

② 规划提出文明街的核心价值由 5 个方面构成：①昆明古城城市轴线的核心组成部分；②昆明形式最为多样、类型最为丰富、文化内涵最为多元的地方传统建筑聚集区；③明清以来昆明城市历史及格局变迁和近代民族抗战精神的典型而完整之见证；④昆明古城现存最繁荣的传统商业街区；⑤中原儒家文化与地方多民族文化相互交融的空间场所。

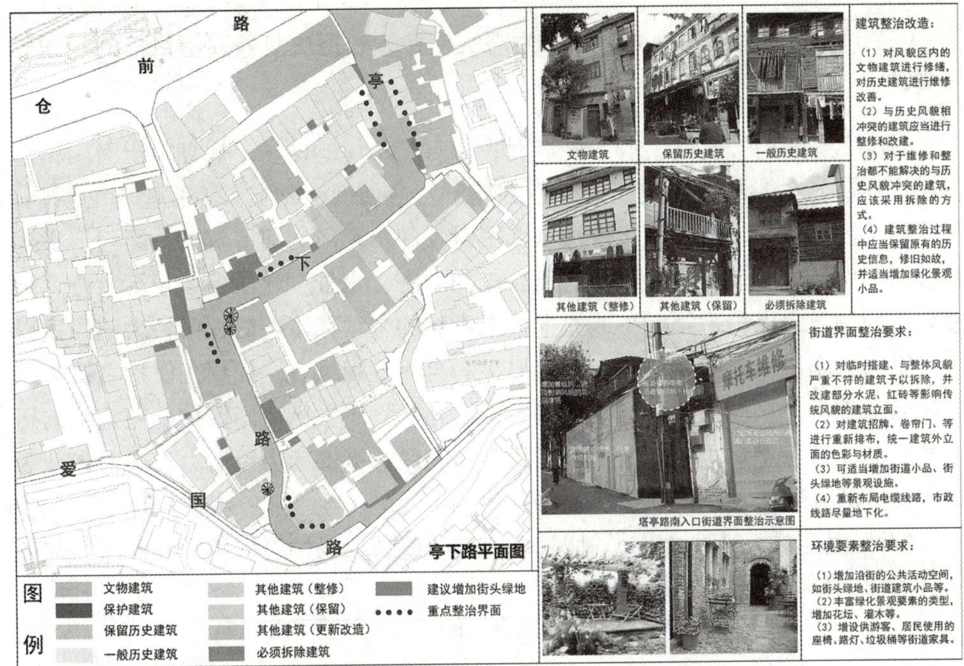

图6　烟台山历史文化风貌区城市设计导则——亭下路

《烟台山历史文化风貌区及公园路、马厂街历史建筑群保护规划》①的编制尽可能地把握保护对象内容的确定，同时对位于城市中心区内且具有山地滨水特征的历史街区，如何控制地形地貌特征和整体历史风貌特色提出一系列的分析并制订相应的规划对策。编制形式在以往的传统保护规划编制的基础上，增加规划控制图则，使每一地块在开发控制管理过程中，实效保护、管理到位，这也是确保指定保护的建筑及其他保护对象得到真正保护的有效方法（图6）。

《武汉市主城历史文化与风貌街区体系规划》②从体系层面开展规划编制的尝试，力图解决当前历史文化名城保护规划中“总体规划太宏观、街区规划面太窄”的困境，从中观层面将历史文化名城保护与社会、经济、环境协调发展等诸多问题综合考虑。规划重视价值和历史研究，梳理了空间文化脉络，使武汉市历史文化与风貌街区保护与利用建立在科学的基础上。此外，规划有意识地加强了城市设计方法在历史文化与风貌街区保护与发展全过程中的运用，加强了历史文化与风貌街区的空间格局和形态研究，增强了规划的技术支撑。

① 该规划编制单位为上海同济城市规划设计研究院、福州市规划设计研究院。

② 该编制单位为东南大学城市规划设计研究院、武汉市规划设计研究院。

（三）名镇名村保护规划：寻求生态文明建设和历史复兴双重目标的规划技术突破

《蜀河古镇保护总体规划》①强调对古镇自然环境的保护，规划突出对山体形态和自然植被种类的保护及覆盖范围的控制，遵循因地制宜、因景制宜的原则，充分利用现有植被，适时补充植被密度。对汉江、蜀河的河道流向、断面形式均要求强调保持传统风貌，保护蜀河及汉江的形态、水量、水质，禁止污水及各种废弃物的排放，保护古镇所在地原生生态系统的各项环境功能，保护古镇周边青山、绿水、小桥、农田所形成的富有层次的自然景观风貌。规划在保护古镇生态文明的基础上，积极保护历史文化空间，结合非物质文化遗产保护，把古镇的历史文化与精神思想宣传教育相结合，为古镇的保护提供动力和活力，丰富当地居民文化生活（图 7）。

《井陉县吕家村历史文化名村保护规划》②坚持“保护与村庄发展、保护与环

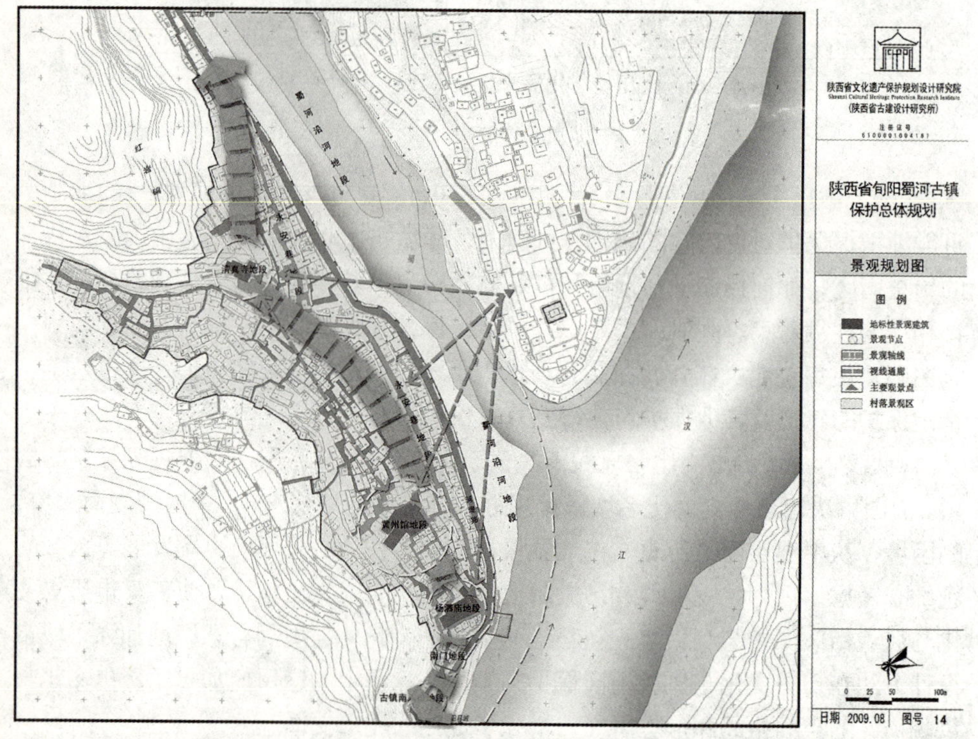

图 7　蜀河古镇景观保护规划图

① 该规划编制单位为陕西省文化遗产研究院（陕西省古建设计研究所）。

② 该编制单位为石家庄市规划设计院。

境建设、保护与文化传承”相结合的原则，根据村落价值和环境特点，在传统“三区”保护的基础上，突出了街巷空间和传统文化元素的保护，形成了以建筑和院落为核心，街巷、风貌保护为重点，文化元素保护为补充的“五层次”保护体系。规划在严格保护现有历史建筑、街巷的基础上，对传统文化进行了深入挖掘，展现活着的历史，保持古村的鲜活和真实性。通过传统文化的展示，提升了古村发展旅游的潜在价值。为了能够在以后的旅游发展中落实保护的基本要求，使多个规划为保护形成合力，保护规划对古村旅游进行策划，组织旅游线路，为古村落的旅游发展提供方向，为古村保护与发展提供后续动力，使古村落得到持续的良性发展。

（四）相关保护规划：积极引入城市规划技术，探索适宜性的文物保护技术方法

《荥阳故城文物保护规划》[①]制定了从宏观上的区域分析和根植于考古勘探实际工作进程并行的技术路线。规划强调区域分析，侧重于相关城镇发展关系以及周边遗产分布状况的分析。对体现汉城格局的城墙、钓鱼台等地面遗址，冶铁遗址和其他地下遗址埋藏区，以及体现明清城市格局文物点和历史街巷进行分类保护，实现对双城格局方面的全面保护。在展示体系的建构中，将荥阳故城与历史文化街区统一考虑，根据历史发展过程中形成的重要功能分区划分展示分区，设置一级展示路线，以体现从汉城向明清城市过渡的脉络。此外，规划通过与城镇发展关系的分析，探讨大遗址这种分布范围广的文物类型的市政设施的解决策略，即并非采用全部“明确的”规划设计数据，而是根据保护的要求，原则提出服务的片区和主要设施接入点，明确设施设置应避免对大遗址可能造成的影响。

《汉阴凤堰古梯田移民生态博物馆保护利用规划》[②]根据凤堰古梯田的性质、内涵、分布及其相关历史环境的分析，将保护区划调整为保护范围、建设控制地带两个层次进行保护管理。规划重视环境规划，借鉴生态环境保护和绿化规划，改善遗址景观环境；加强视线通廊分析，建立各展示点之间的呼应关系，形成生态博物馆保护区内重要的景观特征系统，严格控制通视区域内的建筑高度、体量、外观。对居民社会的调控，规划提出控制生态博物馆范围内的村庄发展规模，并通过调整用地性质的方式将涉及文物建筑、生态博物馆建设的用地转化为文物保护用地的措施。同时，提出要调整发展模式，鼓励村民开展观光农业，

① 该规划的编制单位为北京清华同衡城市规划设计研究院。

② 该规划编制单位为陕西省文化遗产研究院（陕西省古建设计研究所）。

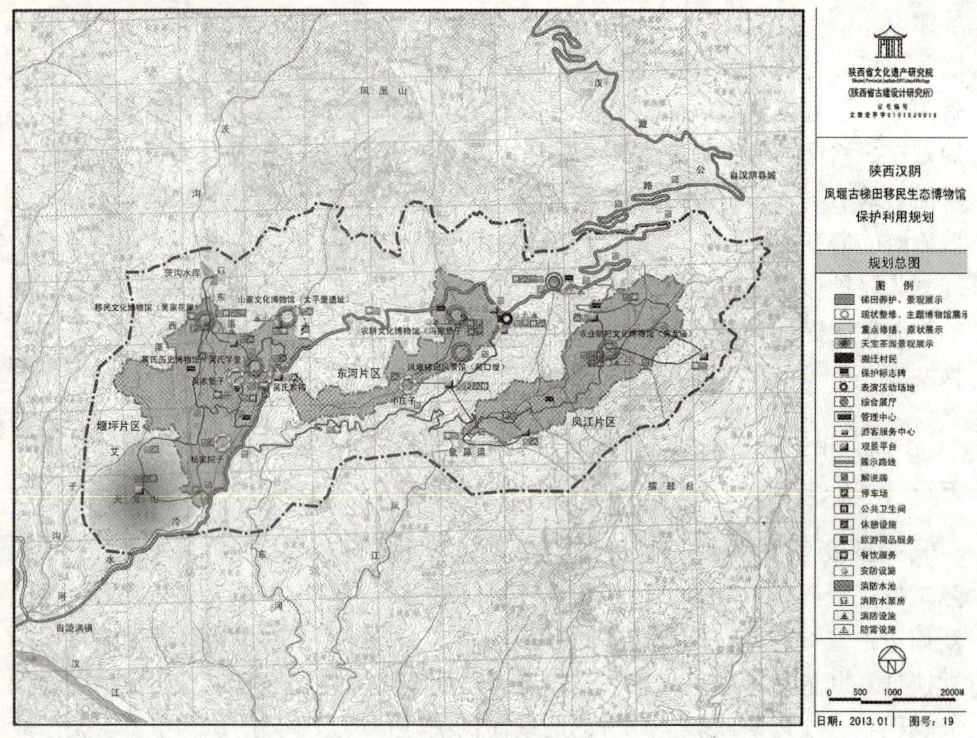

图 8　汉阴凤堰古梯田移民生态博物馆保护利用规划总图

开办农家乐等服务型产业，在实现保护生态文明的同时，促进当地居民生活水平的提高（图 8）。

《张壁古堡保护规划》①根据张壁古堡具有丰富的历史、军事、宗教、建筑、民俗等综合价值的综合性聚落特征，不仅致力于真实、全面地保存并延续张壁古堡的历史信息及全部价值，同时关注张壁古堡内部居住环境及生活品质的提高，引导张壁古堡成为域内具有地方特色及发展活力且极具独特代表性的古村落，使其在促进国家经济建设和推进精神文明建设的历史进程中，充分发挥遗产地的作用。规划对遗产本体的保护措施重点在于文物建筑及其装饰、附属文物的修缮维护工程，及其人文、自然环境的协调整治。规划重视遗产与内部居民生活的协调发展，规划为民居的保护策划了多方面筹集资金与管理的计划，并制定了修缮导则，提高规划的可操作性和参与性。

① 该规划编制单位为清华大学建筑设计研究院有限公司文化遗产保护研究所。

三、未来发展展望

（一）制度层面：创新性体制探索试点启动，值得继续研究探索

2012 年 10 月 26 日，苏州姑苏区、苏州国家历史文化名城保护区挂牌成立，根据国务院、省政府批复精神，姑苏区、苏州国家历史文化名城保护区将实行“区政合一”的管理模式，姑苏区整体纳入保护区范围，实行统一规划管理。苏州国家历史文化名城保护区在机构设置上将把切实加强对国家历史文化名城保护区建设的组织领导工作放在突出位置，全面履行历史文化名城保护的综合管理职责，对于破解当前历史文化名城保护过程中面临的多头管理、功能布局雷同、各自为政、缺少统筹的困境和难题具有重要意义。在国家深化政策体制创新的背景下，结合行政区划调整的名城保护创新性体制探索值得我们持续关注。

另一个需要关注的是从国土安全的高度考虑文化遗产的综合价值。近年来文化遗产在维护国土安全等方面开始发挥重要的作用，如高句丽申遗成功的另一个意义反映了国际社会对我国东北国境范围的间接支持。从 2012 年开始国家文物局进一步加大南海海域的海上考古工作力度，海南省已经计划在西沙群岛的北礁、华光礁、玉琢礁、永乐礁等四大区域划定文化遗产保护区[①]，这不仅将加强文化遗产保护工作，也有利于开展争议地区的历史研究工作，从文化传承维度捍卫国家领土完整。在我国海洋领土纠纷四起的复杂局势下，文化卫国或许将成为一条值得重视和推广的路径。同时，我们的保护对象和范围在扩大，需要我们研究相应的保护规划工作的方法和措施。

（二）理论层面：“保护性”破坏层出不穷，深化理论探索和统一思想认识刻不容缓

当前，“建设性”破坏已经很少发生，但是“保护性”破坏却日益增多，无论是名城大检查所看到的，还是规划督察员所发现的，或者通过各种媒体所曝光的，很多破坏行为往往打着保护历史文化名城之名，但是造成了破坏历史文化名城之实。其中原因众多，领导保护意识淡薄、过度追求经济利益、日常管理松懈等固然是主要原因所在，但是社会上对保护认识的混乱、学术界对很多实践做法

---

① 根据新华网 2012 年 6 月 25 日的报道，海南省将在西沙群岛的北礁、华光礁、玉琢礁、永乐礁等四大区域划定文化遗产保护区，并通过与公安部合作搭建海上监管平台等现代科技监管形式，配以日常性海上文物保护执法检查，逐渐构建起立体化的南海文物保护监管系统。

的评价不一也是不可否认的事实。理论指导实践，深化理论探索和统一思想认识应当成为学术界在未来这一段关键时期的重要工作，这也是中国城市规划学会历史名城保护规划学术委员会于 7 月 12 日在北京组织召开《历史文化名城保护若干理论问题座谈会》的初衷所在。未来，在中国特色的历史文化名城保护发展过程中，国际遗产保护理论的本土化发展，尤其是“真实性”地域文化背景的认识将成为保护理论工作的当务之急和重中之重，这在我国城镇化发展进入到一个新阶段、承担新使命的历史背景下，显得尤为突出。

（三）实践层面：历史文化街区保护现状形势堪忧，街区保护整治实施将成为下阶段工作的重点所在

历史文化街区是指保存文物特别丰富、历史建筑集中成片、能够较完整和真实地体现传统格局和历史风貌，并有一定规模的区域。是我国历史文化名城体系中一个十分重要的层次，起到承上启下的作用，这里文化遗产和城市生活重叠存在，也成为各种矛盾和问题集中交汇的地方。相对格局保护，历史文化街区的保护更能落在实处，并接近生活，因此街区往往成为衡量名城保护成功与否的关键试金石，这一点从名城大检查的标准①就可见一斑。但是大检查发现很多历史文化街区不满足街区标准②，历史文化街区普遍命运堪忧，或听之任之、逐步衰败，很多街区从地域文化精髓的代表地逐步沦为脏乱差的代名词；或开发主导、肆意改造，完全违背了历史真实性、风貌完整性和生活延续性原则。很多曾经作为成功典范的历史文化街区，如绍兴的小西街历史文化街区也面临破墙开店、维护不足的窘境。某种意义上讲，历史文化街区已经关系到名城保护制度能否具有长久生命力和得到广泛群众基础的关键所在，探索“合规矩、接地气、可持续”的历史文化街区保护整治必将成为未来名城在实践层面的聚焦点。

制度层面、理论层面和实施层面出现的保护问题，需要针对性地去解决，在

---

① 名城大检查重点检查以下 7 方面：(1) 保护范围及数量变化。根据申报名城材料，对照检查名城保护范围、各级文物保护单位和历史建筑的数量及保护范围的变化情况、原因。(2) 历史文化街区。是否依法由省级人民政府核准公布了历史文化街区，历史文化街区的数量、保护范围、核心保护范围的变化情况、原因。(3) 历史建筑。名城城市（县）人民政府和名镇名村所在地县以上人民政府依法核准公布历史建筑和优秀近现代保护建筑、保护标志设立、档案建立情况。(4) 保护规划制定。名城、历史文化街区、名镇名村保护规划组织编制和批准情况。(5) 保护规划实施。在保护规划确定的保护范围内，各项建设活动履行规划许可审批、违法行为处理情况。(6) 地方法规制定。(7) 国家专项补助资金使用。对照这 7 项内容，不仅第 2 项单独列出了历史文化街区，其他 6 项也都与历史文化街区密切相关。

② 主要表现在以下三个方面：一是将文物保护单位、遗址公园作为历史文化街区的主体。二是历史文化街区面积过小，规模不满足要求。三是历史文化街区建筑质量太差，体现街区价值水平的文物古迹和历史建筑在街区中数量太少。

解决上述问题的过程中，保护规划作为法定规划面临的任务十分艰巨，需要我们知难而进，群策群力，共同应对，为美丽中国的目标贡献力量。

参考文献

[1] 仇保兴．中国历史文化名城保护形势、问题及对策 [J]．中国名城，2012（12）．

[2] 冯忠华．我国历史文化名城保护的问题及对策 [R]//2012 年中国城市规划学会历史文化名城规划学术委员会嘉兴年会报告．

[3] 张兵．历史文化名城保护的理论建设：三十年的回顾与展望 [R]//2012 年中国城市规划学会历史文化名城规划学术委员会嘉兴年会报告．

[4] 张兵．探索历史文化名城保护的中国道路——兼论“真实性”原则 [J]．城市规划,2011(S1)．

[5] 赵中枢，胡敏．历史文化街区保护的再探索 [J]．现代城市研究，2012（10）．

（致谢：感谢张松、吕舟、张杰、张恺、刘学、阳建强、霍晓卫、周萍、李惠林、边兰春、贺艳、潘丽珍、陈亮、苏原、汤芳菲等提供第一手名城名镇名村保护规划资料）

（撰稿人：赵中枢，中国城市规划设计研究院名城所教授级高级规划师，博士，中国城市规划学会历史名城保护规划学术委员会副主任委员；胡敏，中国城市规划设计研究院名城所高级城市规划师，博士研究生）

风景名胜区规划

一、2012 年政策背景与行业动态

（一）国务院审定公布第八批国家级风景名胜区

2012 年 10 月 31 日，国务院审定发布了第八批共 17 处国家级风景名胜区名单。至此，我国国家级风景名胜区已达 225 处，其中浙江、湖南、福建、贵州、江西、四川、云南、河北、安徽、河南等 10 个省分别拥有 10 处以上风景名胜区，10 个省风景名胜区总数为 144 处，占国家总数的 64%，浙江、湖南两省分别拥有 19 处，数量并列第一（表 1）。

第八批国家级风景名胜区　　表 1

省（区）	风景名胜区名称
河北省	太行大峡谷风景名胜区、响堂山风景名胜区、娲皇宫风景名胜区
山西省	碛口风景名胜区
浙江省	大红岩风景名胜区
福建省	灵通山风景名胜区、湄洲岛风景名胜区
江西省	神农源风景名胜区、大茅山风景名胜区
湖南省	凤凰风景名胜区、沩山风景名胜区、炎帝陵风景名胜区、白水洞风景名胜区
重庆市	潭獐峡风景名胜区
西藏自治区	土林—古格风景名胜区
宁夏回族自治区	须弥山石窟风景名胜区
新疆维吾尔自治区	罗布人村寨风景名胜区

（二）住房和城乡建设部发布《中国风景名胜区事业发展公报（1982—2012 年）》

为进一步宣传风景名胜区的重要价值、作用和意义，扩大我国风景名胜区及世界遗产相关工作在国内外的影响，增强对风景名胜区的保护意识，住房和城乡

图 1　新闻发布会现场

建设部于 2012 年 12 月 4 日在京举办新闻发布会，公布了《中国风景名胜区事业发展公报（1982—2012 年）》。在会上，部总规划师唐凯全面介绍了我国风景名胜区、世界遗产保护管理工作取得的成就，展望了未来的发展，并回答了记者提出的有关问题（图 1）。

（三）住房和城乡建设部通报风景名胜区保护管理执法检查结果

2012 年 5 ～ 10 月，全国各地按照住房和城乡建设部的统一部署，组织开展了国家级风景名胜区保护管理执法检查，住房和城乡建设部组织 8 个检查组对 48 个风景名胜区进行抽查。住房和城乡建设部于 2012 年 11 月底发出通知，通报了抽查结果：安徽黄山等 16 个风景名胜区综合评分在 90 分以上，达优秀等级，予以表扬。北京八达岭—十三陵等 27 处风景名胜区综合评分在 60 分以上，不满 90 分，为达标或良好等级。其中，河北秦皇岛北戴河等 15 个风景名胜区存在突出问题，责令限期整改。山西五台山、山东胶东半岛海滨（成山头）、王屋山—云台山（王屋山）、三亚热带海滨、长江三峡（丰都名山）等 5 个风景名胜区综合评分低于 60 分，保护管理不达标，责令限期整改，并于 2013 年 6 月底前将整改结果报住房和城乡建设部城市建设司，住房和城乡建设部将对其进行重点督察。

（四）风景名胜区主要相关会议

中国城市规划学会风景环境规划设计学术委员会年会于2012年6月27～29日在青海省西宁市湟源县召开，会议以“我国高原城乡风景环境特色探讨”为主题。与会代表认为，高寒地区是我国重要的生态屏障区，万山之宗、万水之源。生态十分敏感，一旦损害，难以恢复，因此要实行最严格的保护。不可过分人工干预，不可过分修建游览设施，严禁破坏和污染。这些地区的风景普遍尺度大，景观连续性强，所以单独保护景点景群没有意义，应以保护整体景观（山体、水体流域等）为主。游赏方式应选择徒步、骑行为主，减少对生态的破坏，配套设施建设应设在海拔低点，宜小而简朴。

2012年12月20日，由中国城市规划设计研究院风景所、北京大学城市与环境学院、中国·城市建设研究院风景园林专业院联合主办，于北京召开了以“美丽中国、美丽风景”为主题的风景和遗产论坛，以纪念我国风景名胜区制度30周年和世界遗产公约40周年。原建设部副部长、中国风景园林学会名誉理事长、两院院士周干峙先生出席会议，会议共有11位业内专家学者作了精彩发言，内容紧紧围绕论坛主题，包括风景名胜区的发展历史、取得成果、存在问题以及应采取的政策、规划手段、生态文明的特殊要求和世界遗产工作等各个方面，对于风景名胜区今后的规划、管理和具体的实践工作，具有极大的启发意义（图2）。

图2　风景和遗产论坛会议现场

二、2012 年学术动态

综合行业主要刊物的有关学术文章，2012 年有关风景名胜区的研究相对较少，且主要是其他相关专业对风景名胜区的研究。其一，是对风景名胜区总体规划环评指标的研究，如《风景名胜区总体规划环评指标体系构建研究》；其二，是对风景名胜区基础科学的研究，如《贵州龙宫风景名胜区水溶洞环境变化特征与预测研究》；其三，是对各类活动对风景名胜区环境影响及对策措施的研究，如《航道疏浚工程对风景名胜区水生生态影响及解决方案》、《镇江南山风景名胜区水环境问题与修复思路》、《旅游风景名胜区旅游交通系统碳足迹评估及影响因素分析——以南岳衡山为例》、《农村生活污染控制的关键环节与对策——以沂河源风景名胜区为例》、《山岳型风景名胜区内基础设施建设项目对生态环境的影响分析》、《山岳型风景名胜区开发生态影响评价综合分析——以伏牛山养子沟景区开发为例》；其四，是对风景名胜区移民的后续研究，如《遗产旅游地生态移民影响的实证研究——以武陵源风景名胜区为例》。

出版的相关著作主要有唐晓岚主编的《风景名胜区规划》、中国风景名胜区协会编著的《中国风景名胜区游览手册 6——贵州省》。此外，住房和城乡建设部发布了《风景名胜区游览解说系统标准》CJJ/T 173-2012。

三、中国风景名胜区 30 年发展成就

风景名胜区是国家依法设立的自然和文化遗产保护区域，以自然景观为基础，自然与文化融为一体，具有生态保护、文化传承、审美启智、科学研究、旅游休闲、区域促进等综合功能及生态、科学、文化、美学等综合价值。风景名胜区与国际上的国家公园相对应，同时又有着鲜明的中国特色，它凝结了大自然亿万年的神奇造化，承载着华夏文明五千年的丰厚积淀，是自然史和文化史的天然博物馆，是人与自然和谐发展的典范之区，是中华民族薪火相传的共同财富。

风景名胜资源属国家公共资源，风景名胜区事业是国家公益事业。1982 年，国家正式建立风景名胜区制度。30 年来，我国风景名胜区在频繁的国际交流中借鉴国家公园、世界遗产等保护与发展理念，传承中华文化传统，使得风景名胜区事业不断发展壮大，在保护自然文化遗产、改善城乡人居环境、维护国家生态安全、弘扬中华民族文化、激发大众爱国热情、丰富群众文化生活等方面发挥了极为重要的作用，取得了举世瞩目的成就。

（一）建立了覆盖全国的风景名胜区体系

我国是世界上风景名胜资源类型最丰富的国家之一，1982 年国务院审定公布第一批 44 处国家级风景名胜区以来，经过 30 年的不懈努力，我国已形成覆盖全国的风景名胜区体系。我国风景名胜区分为国家级和省级两个层级，国务院先后批准设立国家级风景名胜区 8 批共 225 处，面积约 10.3 万 km^2；各省级人民政府批准设立省级风景名胜区 746 处，面积约 9.12 万 km^2，两者总面积约 19.42 万 km^2。这些风景名胜区基本涵盖了华夏大地典型独特的自然景观，彰显了中华民族悠久厚重的历史文化，遍及除香港、澳门、台湾和上海之外的所有省（直辖市、自治区），占我国陆地总面积的比例由 1982 年的 0.2%提高到目前的 2.02%。此外，市、县人民政府还可根据资源情况划定市县级风景名胜区。在国家自然和文化遗产保护体系中，风景名胜区占重要地位，与自然保护区、文物保护单位/历史文化名城并列为国家三大法定遗产保护地。

（二）逐步完善了法规和体制建设

各级政府十分重视风景名胜区管理的法制化和规范化，30 年来，出台了一系列法律、法规、规章及规范性文件，建立了符合我国国情的风景名胜区管理体制。

1985 年，国务院颁布我国第一个关于风景名胜区工作的专项行政法规——《风景名胜区管理暂行条例》，使风景名胜区走上了依法发展之路。2006 年，国务院颁布《风景名胜区条例》，强化了风景名胜区的设立、规划、保护、利用和管理，是风景名胜区事业发展的重要里程碑。为及时解决发展中出现的问题，国家建设行政主管部门先后出台了《风景名胜区建设管理规定》、《国家重点风景名胜区审查办法》等一系列配套制度，先后有 19 个省（直辖市、自治区）制定了地方性法规，82 个国家级风景名胜区实现了“一区一条例”。这些法规对风景名胜区行政管理、资源保护、规划建设和旅游服务等发挥了重要的规范指导作用。

在体制上，我国建立了国家建设行政主管部门、地方政府主管部门以及风景名胜区管理机构三级管理体制。目前，全部国家级风景名胜区都已建立管理机构，行使地方人民政府或有关主管部门依法委托的行政管理职权。大部分省级风景名胜区也建立了相应的管理机构。

（三）保护了珍贵的风景名胜资源

30 年来，风景名胜区以较少的政府资金投入，保护了我国最优秀的自然和文化遗产资源。一方面，我国风景名胜区的保护理念不断提升，逐步实现由注重视觉景观保护向视觉景观、文化遗产、生物多样性、自然生态系统等方面综合保护的转变，由点状保护向网络式、系统式保护的转变，由注重区内保护向区内区外协调保护、共同发展的转变。另一方面，风景名胜区保护了珍贵的自然资源，包括丹霞地貌、喀斯特地貌、花岗岩地貌、火山地貌、雪山冰川及江河湖泊等最珍贵的地质遗迹、最典型的地貌类型和最美的自然景观，还为我国及世界生物多样性保护作出了积极贡献。风景名胜区传承了丰富的民族文化，风景名胜区内分布着 401 个全国重点文物保护单位和 490 个省级文物保护单位，还有非物质文化遗产 196 项。尤为重要的是，我国风景名胜区十分重视整体保护传统文化所处的自然与人文环境，使传统文化成为活的可传承的文化。

（四）强化了规划管理

30 年来，我国风景名胜区规划管理取得了三方面的重要成就。一是规划编制全面规范。风景名胜区规划包括总体规划、详细规划和省域／区域体系规划三个层次，规划编制遵循“政府主导、公众参与、专家论证、科学决策”的原则，具有较强的科学性和规范性。二是规划审批程序严格。风景名胜区规划具有严格的审批要求和程序，国家级风景名胜区总体规划由国务院审批，详细规划由国家建设行政主管部门审批。省级风景名胜区总体规划由省级人民政府审批，详细规划由省、自治区人民政府建设主管部门和直辖市人民政府风景名胜区主管部门审批。三是规划监管制度完备。目前已建立国家级风景名胜区遥感监测信息系统，对 150 多个国家级风景名胜区的规划实施、资源保护和项目建设情况实施动态监测，及时发现和严肃查处各类违规建设行为。加强了国家级风景名胜区重大建设工程项目选址方案的审查和核准工作，2006 年以来积极开展了国家级风景名胜区规划实施督察，一些省级建设行政主管部门积极探索，实行风景名胜区建设项目选址审批书制度和初步设计报批制度。

（五）大幅提升了服务能力

30 年来，风景名胜区的基础设施日益完善，管理队伍日益规范，管理方式日益精细。各级风景名胜区广泛动员和整合社会相关力量，积极拓展风景区建设投融资渠道，极大地改善了风景区内外交通、住宿、餐饮、污水处理等基础设施，以及游客中心、旅游集散中心等公共服务设施。各级风景名胜区主管部门不断加强风景名胜区管理人员的在岗培训和业务交流，有效增强了管理队伍依法保护管理的执行能力和业务能力。目前，国家级风景名胜区共有管理人员 4 万余人，其中专业技术人员约 1.3 万人，占总数的 32.5%。此外，在加强风景名胜区科学研究的基础上，还充分运用现代信息技术，提升风景名胜区科学保护、科学利用、科学决策的能力。

（六）为经济社会发展作出重要贡献

30 年来，具有公益性的风景名胜区事业，作出了巨大的社会贡献，带动了相关产业发展。风景名胜区是文化和旅游经济的重要资源，在培育国民经济新的增长点、促进旅游经济和现代服务业发展方面，发挥着越来越重要的作用。风景名胜区丰富的自然和文化资源，为开展青少年科普、环境教育和爱国主义教育奠定了基础，是我国社会主义精神文明建设的重要载体。目前，全国设立“全国科普教育基地”和“全国青少年科技教育基地”的风景名胜区达到 107 个，设立各级爱国主义教育基地 286 个。风景名胜区事业发展与人民生活紧密相连，惠及民众，服务社会。30 年来，风景名胜区始终坚持资源保护、旅游发展与民生发展相结合的道路，通过旅游收入反哺居民、门票利益居民共享、生态补偿及搬迁补偿、促进居民就业等多种方式，大大提高了居民就业率，改善了民生，完善了基础设施，缩小了地区差距，很好地促进了社会和谐发展，很多风景名胜区的所在地区成为脱贫致富的典范。

目前，风景名胜区仍然存在着立法严重滞后、资金不足、重开发轻保护、政出多门、发展不平衡等多方面难题。为此，在新的历史时期，我国风景名胜区事业发展要将党的十八大提出的“生态文明、美丽中国”作为行动纲领，要始终坚持科学发展观，坚持“科学规划、统一管理、严格保护、永续利用”的基本方针，坚持生态效益、经济效益和社会效益的有机统一，坚持风景名胜资源保护和促进地区发展的相互结合，突出风景名胜区的公益性，全面发挥风景名胜区的各项功能，为广大人民群众提供更好的精神家园。

四、趋势与展望

（一）趋势一：风景名胜区公益性日益明确

住房和城乡建设部 2012 年发布的《中国风景名胜区事业发展公报（1982—2012 年）》明确了风景名胜区事业的公益属性，并以此为基本出发点将风景名胜区作为国家公共资源进行管理。为此，规划作为指导风景名胜区保护、利用、建设和管理的主要依据，将成为建设部门管理风景名胜区的主要抓手。而且，随着“生态文明、美丽中国”理念的践行，风景名胜区规划应顺应新时期要求，突出发挥风景名胜区的公益性职能。

（二）趋势二：风景名胜区与世界遗产关系日益密切

世界遗产已成为我国自然和文化遗产资源管理的导向与目标。风景名胜区与世界遗产关系十分紧密，截至2012年，我国43处世界遗产当中有27处属于风景名胜区，占我国遗产总量的62.8%；此27处世界遗产涉及国家级风景名胜区为36处，占国家级风景名胜区总量的16%，涉及省级风景名胜区10处，详见表2。

列入世界遗产名录的风景名胜区　　表2

序号	世界遗产地名称	世界遗产类型	相关联风景名胜区
1	长城	文化遗产	1 八达岭—十三陵国家级风景名胜区内
2	陕西秦始皇陵及兵马俑	文化遗产	2 临潼骊山国家级风景名胜区内
3	甘肃敦煌莫高窟	文化遗产	3 敦煌鸣沙山月牙泉国家级风景名胜区内
4	山东泰山	文化与自然双遗产	4 泰山国家级风景名胜区
5	安徽黄山	文化与自然双遗产	5 黄山国家级风景名胜区
6	湖南武陵源风景名胜区	自然遗产	6 武陵源国家级风景名胜区
7	四川九寨沟风景名胜区	自然遗产	7 九寨沟国家级风景名胜区
8	四川黄龙风景名胜区	自然遗产	8 黄龙国家级风景名胜区内
9	河北承德避暑山庄及周围寺庙	文化遗产	9 承德避暑山庄外八庙国家级风景名胜区内
10	湖北武当山古建筑群	文化遗产	10 武当山国家级风景名胜区内
11	江西庐山风景名胜区	文化景观	11 庐山国家级风景名胜区
12	四川峨眉山—乐山风景名胜区	文化与自然双遗产	12 峨眉山—乐山国家级风景名胜区
13	云南丽江古城	文化遗产	13 丽江玉龙雪山国家级风景名胜区内
14	重庆大足石刻	文化遗产	14 大足石刻省级风景名胜区内
15	福建武夷山	文化与自然双遗产	15 武夷山国家级风景名胜区内
16	四川青城山—都江堰	文化遗产	16 青城山—都江堰国家级风景名胜区内
17	河南洛阳龙门石窟	文化遗产	17 洛阳龙门国家级风景名胜区
18	明清皇家陵寝	文化遗产	18 南京钟山（明孝陵）、北京八达岭—十三陵（十三陵）、湖北大洪山（明显陵）等国家级风景名胜区内
19	云南三江并流	自然遗产	19 三江并流国家级风景名胜区
20	高句丽王城、王陵及贵族墓葬	文化遗产	20 五女山省级风景名胜区
21	四川大熊猫栖息地	自然遗产	21 四姑娘山；22 西岭雪山、青城山都江堰；23 天台山 4 个国家级风景名胜区和夹金山、米亚罗、灵鹫山—大雪峰、二郎山、三江、鸡冠山—九龙沟 6 个省级风景名胜区等

续表

序号	世界遗产地名称	世界遗产类型	相关联风景名胜区
22	中国南方喀斯特	自然遗产	24 荔波樟江；25 石林；26 芙蓉江等国家级风景名胜区，天生三桥、后坪天坑等省级风景名胜区
23	江西上饶三清山	自然遗产	27 三清山国家级风景名胜区
24	山西五台山	文化景观	28 五台山国家级风景名胜区
25	登封“天地之中”少林寺历史建筑群	文化遗产	29 中岳嵩山国家级风景名胜区内
26	中国丹霞	自然遗产	30 福建泰宁；31 湖南莨山；32 广东丹霞山、33 江西龙虎山；34 龟峰；35 浙江江郎山；36 贵州赤水 7 个国家级风景名胜区
27	杭州西湖	文化景观	37 杭州西湖国家级风景名胜区

从实际情况看，各风景名胜区申报遗产的积极性也非常高，希望通过遗产的国际知名度和最高层次的认可来吸引游客，增加游客量，提高旅游收入，促进地方经济发展。同时，管理层也鼓励地方申报世界遗产，以此提高风景名胜区管理者的积极性，加强全国风景名胜区管理，为我国自然和文化遗产资源管理开创新思路。因此，自然和文化遗产成为风景名胜区规划工作者必须研究的课题，从规划角度提出我国自然和文化遗产资源管理的新方法、新技术。

（三）趋势三：风景名胜区与城乡关系越来越紧密

截至第七批，国家级 208 处风景名胜区中，城市型风景名胜区共 46 处，占总量的 22%。此外，受城市发展影响的风景名胜区超过 70 处，占总量的 33% 以上，两项之和超过 55%。随着城乡发展，城市建设不断向风景名胜区靠近，风景名胜区内村镇也有不断扩展的趋势，风景名胜区与城乡协调发展问题已成为目前风景名胜区规划必须正视并着力解决的核心问题之一，这也将是今后风景名胜区规划要研究的核心课题之一。

风景名胜区的发展趋势要求规划不断创新，风景名胜区规划应践行公益性要求，全面深入研究风景名胜区的风景、旅游与居民社会三大系统在新时期的新要求，同时要加强遗产研究和城景协调发展研究，加强风景名胜区总体规划和详细规划创新，加强风景旅游城镇规划、乡村规划、旅游规划等相关规划能力（图 3）。

（撰稿人：贾建中，中国城市规划设计研究院风景园林规划研究所所长，教授级高级工程师；邓武功，中国城市规划设计研究院风景园林规划研究所，高级工程师）

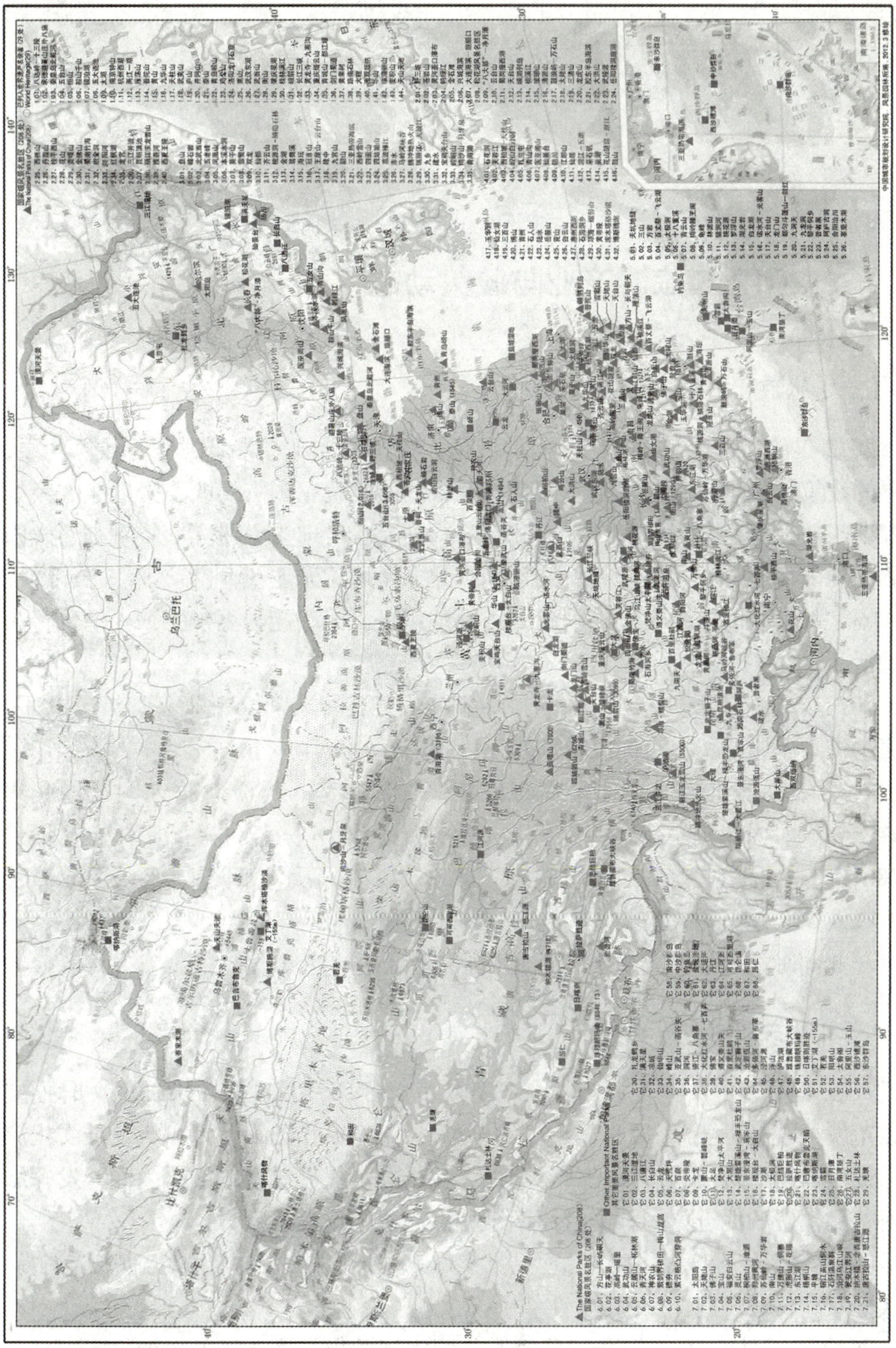

图 3　中国风景名胜分布图

旅游规划

一、2012 年旅游产业与政策动态

（一）旅游产业快速发展

2012 年旅游业受各种政策因素和环境因素的影响，继续快速发展。其中，重要的政策因素包括国家取消了假期高速公路的收费；国家发改委降低了部分景区假期门票价格；其他如对房地产的新一轮调控政策、通货膨胀等，特别是对《国民旅游休闲纲要》和《旅游法》的预期，地方发展旅游业热情空前高涨，旅游投资大幅增加，我国旅游市场的消费需求更加积极、消费能力更加强劲、消费行为更加活跃。

2012 年中国旅游的宣传主题为“中国欢乐健康游”，宣传口号为“旅游、欢乐、健康”、“欢乐旅游、尽享健康”、“欢乐中国游、健康伴你行”。

2012 年我国旅游业总体呈现平稳较快发展态势，旅游总收入同比增长达 18%。全年国内出游人数达 29.6 亿人次，比上年增长 12.1%；国内旅游收入 22706 亿元，增长 17.6%。入境旅游人数 13241 万人次，下降 2.2%。国际旅游外汇收入 500 亿美元，增长 3.1%。

与此同时，旅游需求趋于多元化，旅游产品功能复合化。

（二）相关旅游政策动态

2012 年 2 月中共中央办公厅、国务院办公厅印发《国家“十二五”时期文化改革发展规划纲要》（以下简称《纲要》）。《纲要》指出，要“积极发展文化旅游，促进非物质文化遗产保护传承与旅游相结合，提升旅游的文化内涵，发挥旅游对文化消费的促进作用，支持海南等重点旅游区建设。”

2012 年 3 月 5 日，国务院总理温家宝作政府工作报告，提出要鼓励旅游消费，落实好带薪休假制度。

2012 年 5 月 11 日，国务院国资委与国家旅游局签署合作备忘录，双方将在多方面加强合作，推动产业融合，实现优势互补，充分发挥国有大型旅游企业的独特优势和作用，共同推进中国大型旅游“航母企业”建设。

2012 年国家旅游局出台《关于进一步做好旅游公共服务工作的意见》，提出力争到 2015 年年末，基本建设完善全国旅游信息咨询服务体系、旅游安全保障服务体系、旅游交通便捷服务体系、旅游便民惠民服务体系、旅游行政服务体系等五大体系，初步实现旅游公共服务在东中西区域间、城乡间的统筹协调发展，全面提升我国旅游公共服务的质量和水平。

2012 年 8 月，国家旅游局与国家质检总局签署了《贯彻质量发展纲要提升旅游服务质量合作备忘录》。提出要到 2015 年，旅游、文化体育产业等服务领域质量标准与国际先进水平接轨。

2012 年 8 月 29 日，酝酿多年的《旅游法》草案首次提请全国人大常委会审议。旅游法草案对旅游者、旅游规划和促进、旅游经营、旅游服务合同、旅游安全、旅游监管、权利救济等内容作了规定。并在 2013 年 4 月通过、公布。

2012 年 9 月 17 日，中国邮轮旅游发展实验区揭牌。国家旅游局正式批复在上海设立“中国邮轮旅游发展实验区”,开展邮轮旅游业发展先行先试的创新实践。

继国家旅游局将秦皇岛、舟山、张家界等作为旅游综合改革试点城市之后，2012 年 11 月国家旅游局正式批复了在北京市开展省一级国家旅游综合改革试点的工作，同时授予延庆县为“全国旅游综合改革示范县”。在加快建设旅游功能区和旅游大项目，培育新的旅游消费热点，重点发展一批特色旅游小城镇等方面进行试点。2012 年 12 月，经国务院批复同意，北京对 45 个国家的公民实施 72h 过境免签政策，延长部分外国人过境免签时限。同月，上海也获批 72h 过境免签政策。

2012 年 12 月 12 日，国务院发布《服务业发展“十二五”规划》，明确提出“十二五”期间旅游业发展的四大重点：乡村旅游发展、旅游精品建设、红色旅游发展和海南国际旅游岛建设。

旅游发展受到各地政府的重视，在各地的党代会上，发展以旅游业为代表的现代服务业,不断提升人民群众的生活品质和幸福指数等问题多次被提及,“旅游”一词频频出现在各地的党代会报告中。例如，广东提出建设“幸福广东”要深入实施休闲计划，天津提出把旅游业培育成“战略性支柱产业”，四川提出实现资源大省向“旅游经济强省”跨越,山东也要继续打造“好客山东”文化旅游品牌等。

（三）标准规范体系更加完善

2012 年国家旅游局编著《中国旅游业国家标准和行业标准汇编》，收录 2012 年 7 月 31 日前发布实施的旅游业及相关国家标准和行业标准共 40 项，其中包括旅游业国家标准 22 项，旅游业相关国家标准 4 项，旅游业行业标准 14 项。

2012 年 9 月，国家旅游局和环境保护部制定了《国家生态旅游示范区管理规程》和《国家生态旅游示范区建设与运营规范评分实施细则》，为国家生态旅游示范区建设和运营工作提供了标准和规范。

旅游规划相关标准规范体系的完善，为旅游规划编制提供了较好的技术支持。

（四）旅游发展的新热点

1. 休闲度假旅游蓬勃发展

世界旅游组织研究表明，当人均 GDP 达到 2000 美元时，休闲游将获得快速发展；当人均 GDP 达到 3000 美元时，旅游需求出现爆发性需求，旅游形态出现以度假游为主时期；当人均 GDP 达到 5000 美元时，步入成熟的度假旅游经济，休闲需求和消费能力日益增强并出现多元化趋势。2011 年我国人均 GDP 首次突破 5000 美元，达到 5400 美元，2012 年我国人均 GDP 达到了 6100 美元，我国度假旅游需求旺盛，休闲度假旅游将蓬勃发展。各地呈现旅游度假区建设热潮，山东省、江苏省、云南省等地纷纷建设省级旅游度假区。国家在第一批 12 个国家级旅游度假区后，也逐渐开始进行试点，包括珠海海泉湾“国家旅游休闲度假示范区”等。

2. 海洋旅游成为热点

随着我国海洋权益受到周边邻国挑战的影响，国家旅游局确定 2013 年为“海洋旅游”主题年（口号为“体验海洋，游览中国”、“海洋旅游，引领未来”、“海洋旅游，精彩无限”），以及海洋旅游热的到来，海洋旅游作为新兴的朝阳产业在海洋经济和旅游产业体系中的地位日益突出。海洋旅游突出海洋的特征与个性、彰显海洋的风情与魅力，相比于其他旅游产品形式更加迎合现代社会背景下人们的精神需求。因此，海洋旅游已逐渐发展成为主流旅游类型之一，海洋旅游产业也显示出强劲的增长态势。

3. 文化旅游成为时尚新宠

文化是旅游的灵魂。《中共中央关于深化文化体制改革推动社会主义文化大发展大繁荣若干重大问题的决定》要求逐渐扩大文化消费。2012 年 2 月中共中央办公厅、国务院办公厅印发的《国家“十二五”时期文化改革发展规划纲要》指出，要“积极发展文化旅游，促进非物质文化遗产保护传承与旅游相结合，提升旅游的文化内涵，发挥旅游对文化消费的促进作用，支持海南等重点旅游区建设。”旅游为文化产品和文化传播提供载体和空间，文化元素能够提升旅游的内涵，二者深度融合有助于提高旅游业增长质量。旅游与文化深度融合成为近期的发展热点。

4. 旅游产业融合推进

工业旅游、农业旅游、文化旅游、体育旅游，旅游与相关产业的融合发展近年来日趋深化，在融合发展过程中，人们的旅游资源观逐渐科学、全面，旅游产品也更加多样化。从杭州推出社会资源国际旅游访问点，到北京市鼓励和支持有条件的企事业单位、政府部门设立旅游开放日，越来越多的社会资源已经逐渐转化为旅游产品。随着旅游产业的深度融合，这一趋势将更加凸显。

5. 智慧旅游建设加速

随着科技的进步，“智慧旅游”的应用得到了全面推广。国家旅游局也在全国推广“国家智慧旅游城市试点”工作，确定了“北京、武汉、成都、南京、福州、大连、厦门、苏州、黄山、温州、烟台、洛阳、无锡、常州、南通、扬州、镇江和武夷山”等 18 个城市作为试点城市。各地也在加快推进“智慧旅游”城市建设，河北加快推进景区“智慧旅游”工程；江西省建设江西智能旅游工程；北京市旅游委、市经信委、中关村管委会共同举办 2012 北京智慧旅游三方合作“五个一”活动，探索智慧旅游建设的新方式。

6. 特色专项旅游更加旺盛

随着国民旅游消费水平的升级，不仅一般的观光旅游和大众休闲旅游需求越来越大，邮轮、医疗、探险、温泉等专项旅游产品也逐渐成为越来越多普通消费者的选择。拉动内需的政策利好和旅游者个性化消费需求的持续增加，双重因素的叠加效应，将推动特色专项旅游市场进一步发展。

（五）学术研究对旅游规划的关注

中国知网（cnki）学术期刊总库收录的文献中，各核心期刊在 2012 年总计发表了 30 篇“旅游规划”（篇名模糊搜索）文章。其中，旅游规划理论体系研究与理论探索方面、生态旅游规划方面的文章数量最多，分别占总数的 26.7% 与 13.3%。其次是旅游城镇规划与文化旅游规划，均占总数的 10.0%（图 1）。

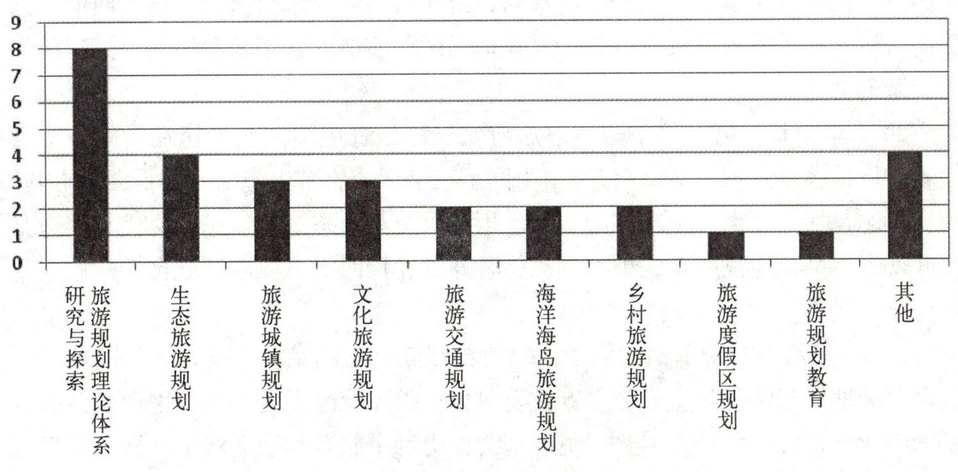

图 1　2012 年核心期刊旅游规划论文主题统计（篇）

学者以《旅游学刊》等刊物为学术阵地，探讨了旅游规划理论体系。徐美等借鉴“城市意象”理论，提出了“旅游意向图”的旅游景区规划设想。石培华等针对旅游规划缺乏核心理论和关键技术的问题，就旅游规划的本质特征、核心框架、技术方法、学科性质等若干基础性问题进行了探讨。张凌云等着眼于旅游规划中的利益博弈，并以新疆喀纳斯景区作为案例，对编制旅游规划的程序和实体改革方向进行了思考。骆高远以非洲旅游为例，对旅游保障体系进行了广泛而深入的研究。

2012 年学者编著了多本旅游规划著作。张述林等主编的《旅游概念规划研究》、郭伟等著的《旅游规划原理与实务》，对旅游规划的最新发展进行了研究与分析。刘俊著的《中国滨海旅游度假区发展及影响因素》、杨财根著的《休闲旅游视野下的城郊森林公园旅游规划》以及熊剑平等著的《资源枯竭区旅游发展之路》，分别研究了滨海旅游度假区规划、城郊公园规划以及资源枯竭区旅游规划的理论与方法。

2012 年最为重要的旅游规划相关学术成果是《中国旅游大辞典》的出版发行。《中国旅游大辞典》是我国第一部大型旅游工具书，具有创新性、权威性、实践导向和国际化视野的特点，填补了国内外同类型辞书的空白。该辞典词条的选取既考虑了旅游、旅游者、旅游产业、旅游规划等与国际接轨的基础性词条，也包含了国家政策文件中所使用的红色旅游、战略性支柱产业、现代服务业等特色词条，还包括了旅游装备制造业、航空旅游、海洋旅游等旅游新业态方面的现实，对旅游规划乃至旅游行业发展具有重要指导意义。

（六）年度学术会议的召开

2012 年，与旅游规划与研究内容相关的学术会议，从国际会议到地方学术研讨，从旅游产业到旅游行业，类型多样。按时间为序，主要有第九届中国生态旅游发展论坛暨中国州长论坛、第八届旅游前沿国际学术研讨会、海峡两岸观光旅游研讨会、风景旅游大会、第十六届全国区域旅游开发学术研讨会、第三届中西旅游大会等。

2012 年 4 月，第九届中国生态旅游发展论坛暨中国州长论坛在贵州省黔西南布依族苗族自治州兴义市召开，由中国生态学学会旅游生态专业委员会等承办。会议议题包括全面推动生态旅游实践、生态旅游与生态建设、民族文化与生态旅游开发、喀斯特地貌生态保护与生态旅游开发和黔西南布依族苗族自治州旅游业可持续发展等。

5 月，第八届旅游前沿国际学术研讨会在江苏省南京市召开，由国际地理联合会旅游地理与休憩和全球变化专业委员会、国际旅游学会、中国地理学会旅游地理专业委员会、南京大学共同主办。会议研讨了旅游与社会转型、旅游景观与遗产的文化地方化等。

8 月，海峡两岸观光旅游研讨会在北京第二外国语学院召开。以旅游促进文化繁荣与发展为主题，探讨了共同关注的旅游观光产业发展的重大问题。

9 月中旬，风景旅游大会在北京林业大学召开。北京林业大学园林学院主办，旅游管理系承办。议题包括生态旅游的中国道路、风景园林及游憩、旅游规划及目的地营销、文化及遗产旅游等。

9 月下旬，中国区域科学协会区域旅游开发专业委员会主办的第十六届全国区域旅游开发学术研讨会在湖北省荆门市召开。会议主题为休闲农业与乡村旅游：理念、模式与实践。主要议题包括了乡村旅游与三农问题、乡村旅游规划的理念与实践、乡村旅游的产业促进等。

12 月，第三届中西旅游大会在广州召开，会议由中山大学旅游学院等主办。会议议题包括地区国家和国际旅游政策、旅游营销、旅游预测、旅游与接待业等。

二、2012 年旅游规划的编制

2012 年，国家和许多地区组织编制了不同层次的旅游规划，其中国家旅游局信息中心对具有典型性和代表性的旅游规划进行了持续的动态推介。基于旅游规划行业视角和旅游规划实践，结合国家旅游局信息中心的动态通报，选取国家旅游发展重点区域、旅游大省，以及重点城市、重要旅游区的典型规划进行盘点。

（一）旅游“十二五”规划

福州市政府出台《福州市“十二五”旅游业发展专项规划》，公布福州市“十二五”旅游业发展目标，其中发展榕台互动合作成为重点之一。“‘十二五’期间，福州市将积极推进榕台互动合作，深化拓展两岸共同文化内涵，着力发展文化、温泉等福州特色旅游产品，增强对海峡两岸游客的吸引力。”

《余姚市旅游业“十二五”发展规划》提出“十二五”期间，余姚旅游将重点加快推进“一城三区”四大功能板块建设，着力建设好余姚中心城区、四明山生态旅游区、牟山湖休闲度假区和河姆渡文化旅游区。

（二）各层次区域旅游总体规划

《长三角区域旅游发展规划研究》对区域旅游合作的发展现状、合作阶段、合作特点、合作经验、合作模式等都进行分析和总结的基础上，特别分析长三角区域的旅游流，揭示了长三角区域旅游互为目的地和客源地的基本规律。将区域旅游发展与城市经济紧密地结合起来，提出充分依托长三角区域的重要城市，辐射和带动区域旅游整体发展。

《合肥市及环巢湖地区旅游发展规划》提出合肥市旅游要实现后发崛起，应学习和借鉴上海、杭州等旅游城市的成功经验，坚持以人为本、大产业视角、低碳与生态的基本理念，以“跨越转型、空间优化、品牌重塑”为主线，实现优环境、竖品牌、强吸引、增效益、惠民生的目标。环巢湖地区要以“城湖共生、重点开发、以点串线、整体推进”为基本原则，以“大湖观光、温泉度假、人文探秘”为主线，将环巢湖地区建设成为融观光游憩、文化体验、养生度假、生态休闲、运动娱乐、商务旅居等功能于一体，世界知名、全国一流的湖泊休闲度假旅游目的地，成为安徽旅游创新发展的标杆、合肥旅游发展的核心引擎（图 2、图 3）。

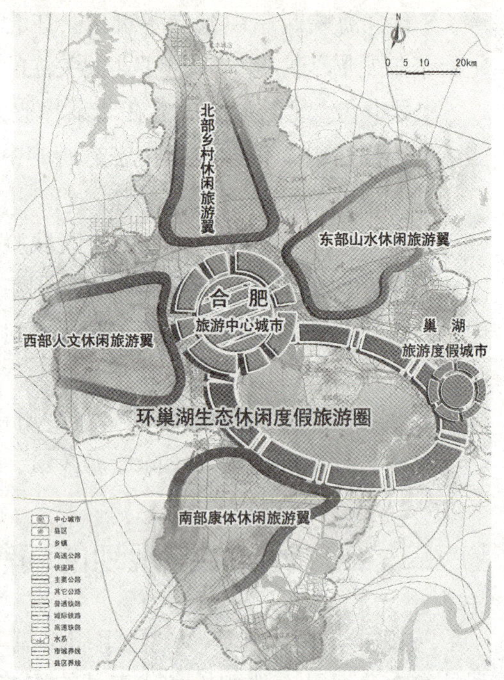

图 2　合肥市旅游发展空间结构

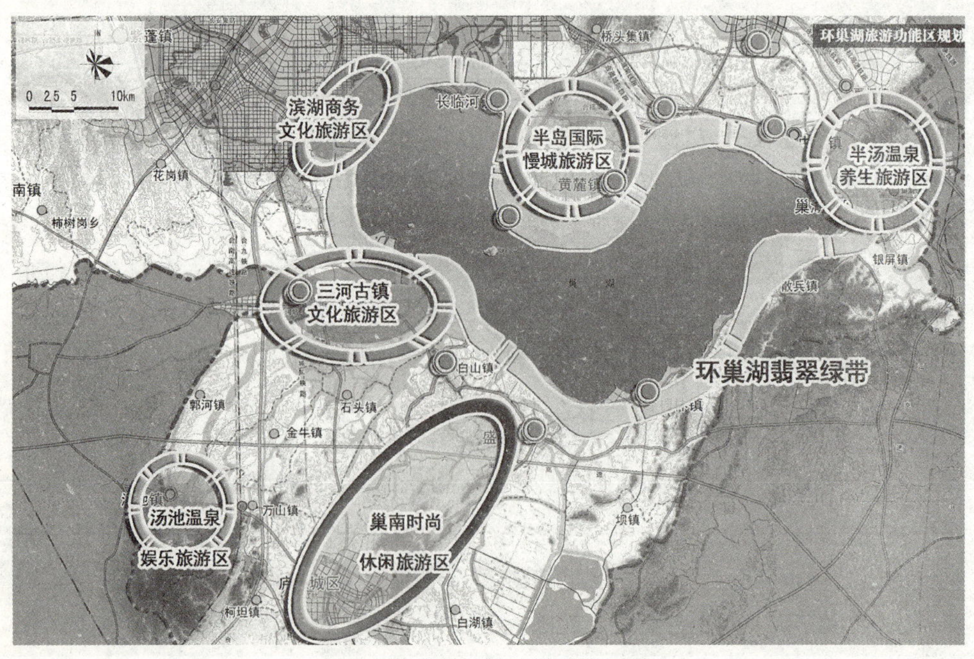

图 3　环巢湖旅游功能区规划图

安徽省旅游局就《安徽省旅游业发展总体规划（2012—2020年）》的征求意见稿对外广泛征求意见。在《安徽省旅游业发展总体规划（2012—2020年）》中，明确提出全省将打造十大不同的旅游功能区，并首次推出了6条自驾游环线，通过差异定位满足游客的多方面需求。

《贵州省生态文化旅游产业发展规划》对接国家对贵州省“文化旅游发展创新区”的战略定位要求，提出了四个“融入”的要求，即要融入到贵州经济社会发展的大战略中、要融入到贵州一、二、三产业的转型升级中、要融入到贵州城市化建设的全过程中、要融入到贵州的生态文明建设中。

（三）旅游区规划

《四明山仰天湖概念性策划》以低8℃生活的高品位民宿为定位，以综合管理区为中心，由中心向外发散至民宿休闲区、山庄度假区、风景游赏区、入口服务区四个区域。项目将以政府主导、农户参与、市场运作的方式开发，目标是打造成为长三角地区知名的高山民宿集聚村落。

《淄博市文昌湖旅游度假区旅游发展总体规划》提出，要立足山东省旅游发展总体格局，顺应以济南都市圈为核心的国内外旅游市场发展新趋势，承接“旅＋居＋业”的多种功能复合，创新主题休闲度假产品开发，打造主题性、生态性、复合性的旅游度假区（图4）。

《伊犁河谷旅游业发展总体规划》（修编）从发展条件透视、竞争发展、战略规划、空间规划、产业规划、社会规划、重大项目、资源保护、环境建设和实施策略等方面进行研究与规划，充分发挥伊犁河谷的独特旅游区位和资源环境优势，着重于全面引领伊犁社会经济转型跨越。

《大喀纳斯旅游区总体规划》（修编）从现状分析与问题诊断、目标设定与战略布局、产品优化与重点突破、市场营销与形象传播、社区参与与影响调控、设施规划与支持构建等方面进行研究与规划，并进行了禾木旅游区专项规划、旅游产品开发专项规划、阿勒泰哈萨克游牧文化遗产旅游专项规划、大喀纳斯旅游区边境旅游专项规划，以及阿勒泰千里旅游画廊旅游区概念规划。

（四）旅游专项规划

《余姚横坎头红色旅游二期发展总体规划》以紫溪滨水观光走廊为带，分为三个功能区块，分别是以革命传统教育与旅游综合服务为内容的红色历史怀旧景区，以大中型企业高层管理人员修身养性、休闲度假、培训等为内容的红色CEO讲习会所，以国际养生及特色休闲度假为内容的红色假日休闲世界。

《华东片区红色旅游规划（2012—2020年）》确定了华东片区“一心三轴四

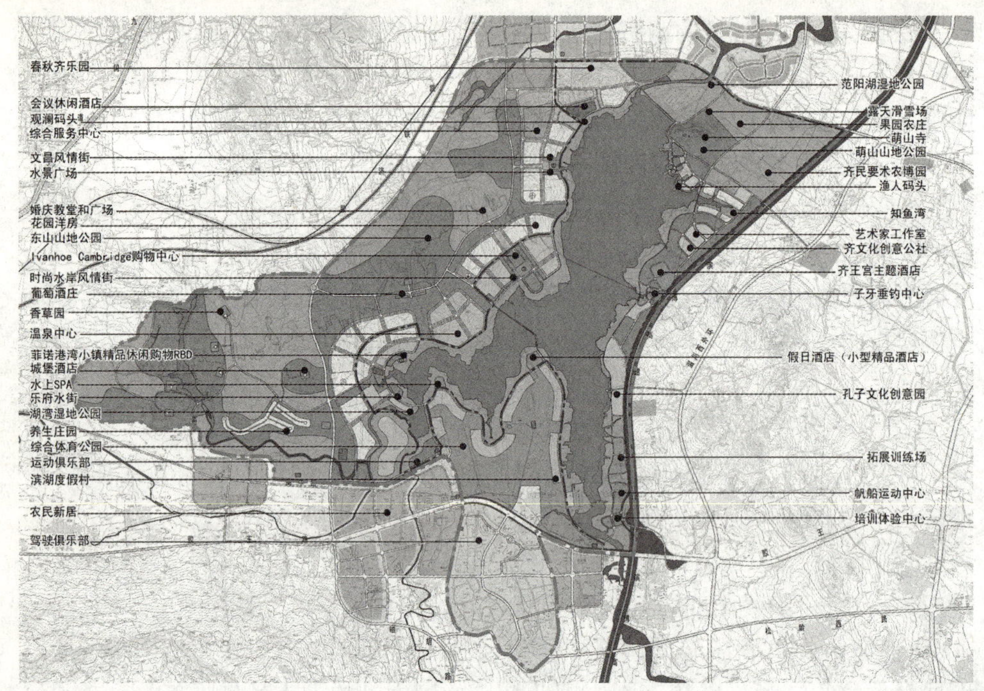

图 4　文昌湖旅游度假区旅游项目策划布局图

地五片区”的红色旅游空间布局结构，构建了红色旅游产品体系及较为具体的旅游项目策划，并进行了旅游产业要素、旅游市场营销、区域旅游合作和旅游支撑与保障体系规划。

安徽省旅游局编制了《安徽省旅游产业体系创新建设规划》、《安徽省旅游交通“十二五”发展规划》。前者立足安徽建设旅游经济强省的需要，通过新技术、新模式应用，加大、加快、加深对资源和要素的整合力度，推动旅游资源的创新利用，培育和引入旅游战略投资，加快构建智慧旅游体系，通过旅游产品、服务要素和业态体系的创新，促进旅游目的地转型，增强安徽旅游业的核心竞争力和发展后劲。后者以满足需求、创造需求为主题，以区域统筹、系统集成、安全便利、适度超前为主线，以完善硬件、提升软件为重点，在综合评价和研究分析的基础上，明确了安徽省旅游交通发展的指导思想、总体目标、重点任务和保障措施。

部分城市出台“智慧旅游”的规划或行动计划，如江苏省编制了《江苏省智慧旅游发展规划》，并将开展“江苏省智慧旅游企业地方标准”的研究；北京市发布《北京智慧旅游行动计划纲要（2012—2015 年）》，杭州市出台《“智慧杭州”建设总体规划（2012—2025 年）》。

三、2012年旅游规划特征

（一）旅游规划中更加注重创意策划和概念规划

2012年我国旅游市场细分化趋势明显，旅游需求更趋多样化。追求更为灵活多变的旅游方式，散客旅游、自驾游和家庭旅游成为潮流。旅游产品不断创新，旅游新业态不断涌现。在旅游中追求更多的参与性和娱乐性，精品级旅游景区与各种类型旅游目的地快速发展。新旅游地中以创意策划和参与娱乐类为重点的旅游景区日益增多，如主题公园、休闲度假区和旅游村镇等，需要通过较强的创意策划才能形成具有独特卖点、特色品牌和市场美誉度高的旅游吸引物，故此，创意策划和概念规划成为各类旅游规划中的重点内容，或者单独编制这类旅游规划。

（二）旅游规划的目标导向更加明确

2012年多数地方政府以旅游目的地建设为目标的规划大量增加，以各级行政地域为主，如以建设“世界一流商务休闲旅游目的地（城市）”为目标的《珠海市旅游发展总体规划（2013—2030年）》，以建设“避暑养老度假旅游目的地”为目标的《海南屯昌县旅游发展总体规划》；也包括跨行政地域的旅游目的地发展规划，如以打造“世界级旅游目的地”为目标的《洞庭湖生态经济区旅游发展规划》；还包括专项旅游目的地规划，如以“冰雪旅游目的地”建设为目标的《松花江（吉林省段）旅游发展规划》等。

具次是以景区改造整治、等级提升和品牌申报为日标的旅游景区规划，2012年最突出的是以5A旅游景区建设和申报为目标的景区提升规划。2012年新增国家5A级景区就达8家，这些新增景区都需编制相应的规划。如四川北川依托“两城一湖”、“两山一谷”等地震遗址和新县城资源，编制了创建国家5A景区规划。

2012年还有一类目标导向明显的旅游规划是红色旅游规划和旅游扶贫规划。因红色旅游资源多数在经济较落后的地区，发展红色旅游除了爱国主义教育的功能外，还有对这些地区的扶贫作用。故此，在2012年国务院发布的《服务业发展“十二五”规划》中，把推进《2011—2015年全国红色旅游发展规划纲要》的实施作为旅游业发展的四大重点之一。

（三）开发类旅游规划明显增多

2012年度假休闲类旅游景区接待游客量位居全国10大类旅游景区之首，达9.03亿人次，较2011年增长了34.18%；主题游乐类景区接待游客量达到了2.24

亿人次，较 2011 年增长了 77.78%，增长率位居国家旅游局划分的 10 类旅游景区之首。乡村旅游类接待游客量达 6.37 亿人次，位居各类旅游景区接待量的第二位。历史文化类加博物馆类旅游景区（点）接待游客量 4.41 亿人次，位居各类景区接待量的第四类，较 2011 年增长 22.85%。

随着国家对房地产调控力度的加大，我国旅游特别是休闲度假需求快速增长。由于国家主体功能区划对不同类型资源地域的开发利用限制的差异，部分地方政府和房地产企业包括旅游投资企业对休闲度假类和旅游村镇类投资大量增加。此外，搭车“新型城镇化”，文化旅游园区和主题公园类、村（镇）级旅游规划项目增长较快，使得带有较强开发特征的旅游规划明显增多。

（四）旅游规划中理念与技术的创新

旅游业是各类产业中理念和思想最活跃的产业部门之一。旅游规划针对特定地域，规划设计能满足目标旅游者的旅游行为和过程的特定旅游空间。因旅游者的行为与理念是与时俱进的，规划设计的理念也应随之变化。如在前几年低碳与生态、旅游者为本、慢游与快行、特色与文化、合作与共赢、参与与和谐等理念基础上，新 3S（包括海洋（Sea）/ 低空飞行（Sky）、购物（Shopping）、运动（Sports））和 4F（时尚（Fashion）、自由（Free）、新鲜（Fresh）、趣味（Fun））、价值与营销、创意与创造、智慧化与全息化等理念成为 2012 年各级各类旅游规划的常用热词。技术方法的创新主要是旅游市场的分析技术、智慧旅游地建设技术、低碳与生态技术在旅游地的应用，3S-4D 技术在旅游地规划中的应用等。

（五）旅游规划类型更趋多样化

2012 年是旅游规划类型最多的一年，其中最突出的是国家旅游局授牌了一批具有改革创新意义的旅游地，如（上海）中国邮轮旅游发展实验区；湖南张家界、四川成都、河北秦皇岛、浙江舟山、广西桂林等旅游综合改革试验区；深圳东部华侨城生态旅游度假示范区；珠海海泉湾国家旅游休闲度假示范区；青海贵德国家级高原旅游度假区；宁波东钱湖国家级生态旅游示范区；国家旅游局批准江苏丹阳为首个国家旅游产业创新发展实验市等，这些具有创新试验的旅游地也同时需要创新的旅游规划。其次，为满足快速增长的游客多样化的旅游需求，旅游资源地域类型不断扩展，旅游产品不断创新，相应的旅游规划类型也随之变化。第三，规划委托单位的特殊性需求和规划编制单位的技术与内容创新也使旅游规划类型多样化。

四、趋势与展望

（一）旅游规划需求还将继续快速增长

在旅游需求持续增长，政府政策重点扶持的大背景下，特别是2013年2月18日国务院批准并向社会发布《国民旅游休闲纲要（2013—2020年）》、4月25日国家主席习近平签署颁布实施《中华人民共和国旅游法》，以及各级政府对科学编制旅游规划的重视，可以预期，旅游规划需求在2013年乃至以后相当长的一段时间内仍将持续快速增长。

（二）注重科学和操作性的旅游规划

旅游业是高度市场化的产业。在国务院简政放权和理清政府职责和市场关系的改革思路下，受旅游企业委托的旅游规划比例会相应提高，但无论是旅游企业还是国务院旅游行政主管部门和地方各级政府委托的旅游规划，都将越来越注重规划的科学性和操作性，因为旅游规划的编制目的将更多地出于指导实施的需要，而不是以前较多出现的“工具规划”和“程序规划”。

（三）旅游规划兼顾创新和规范

随着可供开发的优质旅游资源的减少，以及旅游市场需求的多样化和高档化，普通旅游资源开发，以及主题公园类、文化旅游类和旅游村镇类景区的开发等，更多地需要通过创意策划才能形成特色和差异，创造竞争优势，满足多样化的旅游需求。因此，未来的旅游规划将更多地需要“以旅游者为导向”，以创造“旅游卖点”和“旅游价值”为目标的旅游规划。

与旅游规划的创新相伴的是规范。2012年2月8日国家旅游局确定并公布了首批“全国旅游标准化示范单位”，7月11日国家质检总局与国家旅游局联合下发了“关于开展‘贯彻质量发展纲要，提升旅游服务水平’专项活动的通知”，对旅游行业的规范化提出要求，包括旅游规划的规范化。

（四）目标导向的旅游规划将大量增加

随着国家调结构、促转型的不断深化，以及对房地产宏观调控的深入，旅游规划在引导地方投资、促进产业升级中的作用将更加突出。以政府目标诉求和企业利益为导向的旅游规划大幅增长。从2012年以来的旅游规划实践看，旅游规划明显呈现出较强的目标导向：以招商引资和旅游产业发展的旅游规划，以整治提升、申报相应品牌为目的的旅游规划和以旅游地产开发为目的的旅游规划。

（五）旅游规划编制单位将面临洗牌

我国旅游规划编制单位多数是随着我国旅游业的大发展催生了大量旅游规划任务后，从城市规划、风景园林、地理学科中产生出来的，也有从广告营销、旅游管理、金融投资，还有其他的学科、专业转变而来的。因旅游规划的非法定性和规划内容的独特性，规划委托单位和社会各界对旅游规划的认识差异较大、需求多样，规划编制资质的进入门槛相对较低，一些创意类、营销类和提升类为主的旅游规划甚至没有资质要求，故此，良莠不齐的旅游规划单位大量涌现。但随着国家旅游行政主管部门监管力度的加大，以及规划委托单位对旅游规划科学性和操作性要求的提升，旅游规划编制单位将面临重新洗牌。

参考文献

[1] 石培华等．中国旅游景区发展报告 2012[M]．北京：中国旅游出版社，2012．

[2] 丁沙．新一轮“跑部”热点 [J]．财经国家周刊，2013（8）．

[3] 丁宁．中国邮轮旅游发展实验区揭牌 [N]．中国旅游报，2012-09-17．

[4] 中国旅游研究院．2012 年中国旅游经济运行分析与 2013 年发展预测 / 中国旅游经济蓝皮书 [M]．北京：中国旅游出版社，2012．

[5] 张述林等．旅游概念规划研究 [M]．北京：科学出版社，2012．

[6] 郭伟等．旅游规划原理与实务 [M]．北京：北京大学出版社，2012．

[7] 刘俊．中国滨海旅游度假区发展及影响因素 [M]．北京：科学出版社，2012．

[8] 杨财根．休闲旅游视野下的城郊森林公园旅游规划 [M]．北京：气象出版社，2012．

[9] 熊剑平．资源枯竭区旅游发展之路 [M]．北京：科学出版社，2012．

[10] 中国旅游大辞典编辑部．中国旅游大辞典 [M]．上海：辞书出版社，2012．

[11] 国家旅游局网站焦点咨询专栏．[2013-05]．www．cnta．gov．cn．

（撰稿人：周建明，中国城市规划设计研究院文化与旅游规划研究所所长，教授级高级城市规划师；宋增文，中国城市规划设计研究院文化与旅游规划研究所，城市规划师）

住房保障与规划建设工作

“十二五”是我国社会经济发展转型与深化提升的关键时期，2011 年国家陆续出台住房保障相关政策，并在保障性住房建设规模上创造了历史之最。进入 2012 年，各大城市都迎来了保障性住房的竣工、交付和分配期，我国住房体系的重构出现实质性进展。如果说 2011 年是我国保障房建设和制度重构的“大幕开启年”，那么 2012 年则是“制度完善年”，年度保障房建设的重点不再是一味强调数量，而是在住房保障政策、制度与规划各方面继续推进。

一、2012 年住房保障政策完善与制度强化

（一）落实建设目标，加快项目建设进度

2012 年中期出台的《全国城镇住房发展规划（2011—2015 年）》重申了 3600 万套保障性住房和各类棚户区改造住房的建设目标，并计划在 2012 年度新开工 700 万套。而《国务院关于印发国家基本公共服务体系“十二五”规划的通知》（国发 [2012]29 号）则明确提出“十二五”期间增加廉租住房不低于 400 万套，新增发放租赁补贴不低于 150 万户，增加公共租赁住房不低于 1000 万套，改造棚户区居民住房不低于 1000 万户。

为达到上述目标，住房和城乡建设部分别下发《关于做好 2012 年城镇保障性安居工程工作的通知》（建保 [2012]38 号）和《关于加快推进棚户区（危旧房）改造的通知》（建保 [2012]190 号），其中 38 号文要求“各省（区、市）住房和城乡建设（住房保障）部门会同发展改革、农业、林业等部门，尽快将各省（区、市）人民政府确定的年度建设任务目标落实到市县，并督促各市县尽快分解落实到具体建设项目。列入年度建设计划的开工项目、基本建成（竣工）项目，由各省（区、市）住房和城乡建设（住房保障）部门负责建立年度建设计划项目库，并报部备案，作为各级、各部门督促检查的重要资料”。而 190 号文提出加快推进城镇非成片棚户区（危旧房）改造、城中村改造和城镇旧住宅区综合整治；加快推进国有工矿棚户区改造；大力推进国有林区棚户区和国有林场危旧房改造；积极推进国有垦区危房改造，力争到“十二五”末全国成片棚户区（危旧房）改造基本完成的宏伟目标能实现。并要求各地方政府相关部门进一步做好各类棚户区（危旧

房）调查摸底，对辖区内截至 2012 年年底尚未实施改造、在改造的各类棚户区（危旧房），逐个调查摸底，登记造册后报送住房和城乡建设部、国家发改委、财政部、农业部和国家林业局。

（二）优化项目布局，提高规划设计水平

在以往的政策文件中，对各类保障性住房质量、布局和服务配套均作出过原则性要求。2012 年国家对保障性住房的质量、布局和服务配套更为重视。李克强总理在 6 月和 8 月的讲话中均指出对住房质量问题，要实行“零容忍”，哪个地方、哪个环节出问题，就在哪里解决，对责任单位和责任人要严肃追究，决不手软。保障房建设要坚持质量第一，工期服从质量；进一步完善制度，对新建和在建工程，严把勘察设计、招标投标、材料供应、工程建设和监理等全过程质量管理。对建成的项目，要严格验收监管，不达标项目一律不得交付使用。对配套设施欠缺的项目，要抓紧完善，保证市政等基本设施同步建成，尽快达到入住条件，并将此作为竣工的重要标准；对拟建的保障房项目，要精心规划，项目选址一定要从便利居民就业、就医、就学、购物等实际需求出发，形成有效供给。为此，2012 年度的多项住房政策和规划对保障性住房的空间布局和服务配套提出了更为严格和细致的要求（表 1）。

2012 年度政策和规划对保障性住房的空间布局和服务配套的要求　　表 1

《国务院关于印发国家基本公共服务体系“十二五”规划的通知》（国发 [2012]29 号）	保障性住房实行分散配建和集中建设相结合。集中建设保障性住房，要优先安排在交通便利、基础设施齐全、公共事业完备、就业方便的区域
《全国城镇住房发展规划（2011—2015 年）》（建房改 [2012]131 号）	促进职住平衡和居住融合。发挥城市规划的引导和综合协调作用，在居住用地空间布局中充分考虑居住空间与就业空间的均衡。保障性住房实行分散配建和集中建设相结合，倡导与普通商品住房配套建设，新建与存量利用并重，实现保障性住房布局的空间相对均衡，促进社会融合。集中建设的保障性住房，要优先安排在交通便利、基础设施齐全、公共事业完备、就业方便的区域
《关于做好 2012 年城镇保障性安居工程工作的通知》（建保 [2012]38 号）	加大基础设施投入，加强质量安全管理。要结合实际，优化 2012 年建设项目的规划布局，提高规划设计水平。集中建设的，选址要尽量安排在交通便利、基础设施齐全地段，做到给水排水、供电、燃气、供暖、消防等设施齐全。要严格执行基本建设程序，完善相关手续，对手续不全、基础设施不配套、达不到入住条件的项目，不得组织验收；验收不合格的项目不得交付使用
《关于做好保障性安居工程电力供应与服务工作的若干意见》（电监供电 [2012]48 号）	做好保障性安居工程电力规划及相关基础性工作；确保保障性安居工程电力设施建设施工质量；加快保障性安居工程建设报装接电速度；规范保障性安居工程电力建设的收费标准，让利于民；加强保障性住房电力信息公开；加强保障性住房电力供应的后期维护等服务

资料来源：作者根据 2012 年国家相关政策、规划整理。

（三）健全监管机制，加强分配运营管理

公平分配和高效管理始终是住房保障持续发展的生命线，李克强总理在2012年2月、6月和8月的住房保障工作会议上多次强调要把确保公平分配放在更重要的位置，他指出，确保保障房公平分配，一是要保障基本，提供小户型、齐功能、质量可靠的保障房和加快推进棚户区改造。二是要公正程序。准入、审核、轮候、分配、退出等方面的程序要严格规范，对保障房申请人、入住者的收入、住房、财产等情况全面审核、动态监测。三是要公开过程，接受群众、社会和媒体全方位监督，坚决查处骗购骗租、变相福利分房、利用职权侵占以及违规转租、转售保障房等行为。同时，要创新运行管理模式，逐步将廉租房向公租房并轨，实行租补分离、明收明补，根据住户不同收入情况给予适当租金补贴，并且在财税等政策上也要研究给予必要支持。

以往的政策包括2005年制定的《城镇廉租房租金管理办法》、2007年出台的《经济适用房管理办法》、《国务院关于解决城市低收入家庭住房困难的若干意见》（新政国发[2007]24号文）以及2010年住房和城乡建设部等七部门联合发布的《关于加快发展公共租赁房的指导意见》等对各类保障性住房的准入、分配和管理提出了较为明确的要求。之后的2011年9月，《国务院办公厅关于保障性安居工程建设和管理的指导意见》（国办发[2011]45号），要求大力推进以公租房为重点的保障性安居工程建设，并第一次正式将新就业职工和外来务工人员纳入城镇住房保障体系。

2012年5月，住房和城乡建设部公布了《公共租赁住房管理办法》（中华人民共和国住房和城乡建设部令第11号），更为详尽地规定了公共租赁住房的申请与审核、轮候与配租、使用与退出、法律责任等方面的措施，使公共租赁住房的运营管理可以做到有法可依，也完善、健全了包含公租房、廉租房和经适房的整个住房保障体系（表2）。

2012年度政策和规划对保障性住房运营管理的要求 表2

《全国城镇住房发展规划（2011—2015年）》（建房改[2012]131号）	加强分配运营管理。建立健全多部门联动的收入（财产）和住房情况动态监管机制，制定公平合理、公开透明的保障性住房配租配售政策和监管程序，严格规范准入、退出管理和租费标准。健全纠错机制，防范和严查骗购骗租以及以权谋私等行为。完善经济适用住房和限价商品住房上市交易收益分配机制，消除牟利空间。建立健全保障性住房管理服务机构，提升住房保障管理人员素质，加强规范化管理。建立全国住房保障基础信息管理平台，促进全国住房保障业务系统互联互通

续表

《公共租赁住房管理办法》（中华人民共和国住房和城乡建设部令第11号）	直辖市和市、县级人民政府住房保障主管部门应当加强公共租赁住房管理信息系统建设，建立和完善公共租赁住房管理档案。 申请公共租赁住房，应当符合住房条件、收入水平等标准，外来务工人员需要达到在本地稳定就业的年限。 直辖市和市、县级人民政府住房保障主管部门应当根据本地区经济发展水平和公共租赁住房需求，合理确定公共租赁住房轮候期，报本级人民政府批准后实施并向社会公布。轮候期一般不超过5年。 公共租赁住房房源确定后，市、县级人民政府住房保障主管部门应当制订配租方案并向社会公布。 配租方案应当包括房源的位置、数量、户型、面积、租金标准、供应对象范围、意向登记时限等内容。 企事业单位投资的公共租赁住房的供应对象范围，可以规定为本单位职工。 配租对象与配租排序确定后应当予以公示。公示无异议或者异议不成立的，配租对象按照配租排序选择公共租赁住房。配租结果应当向社会公开

资料来源：作者根据2012年国家相关政策、规划整理。

（四）拓宽资金渠道，做好建设资金安排

建设资金来源是保障性住房成功与否的关键，由于“十二五”期间保障房建设规模大，各地进展不平衡，要进一步落实建设条件，尤其是要创新机制拓展资金来源，更多地吸引社会资金参与，使计划任务按期完成。

为此，财政部于2012年年初下发《关于切实做好2012年保障性安居工程财政资金安排等相关工作的通知》（财综[2012]5号）（本段简称《通知》），提出了六大保障举措，强调首先要严格按照规定渠道筹集城镇保障性安居工程财政资金，明确地方各级财政部门可从公共预算、住房公积金增值收益、土地出让收益、国有资本经营预算、地方政府债券收入中安排资金，用于城镇保障性安居工程项目。通知还指出，将采取投资补助或贷款贴息方式支持企业参与公共租赁住房建设运营管理；继续落实好城镇保障性安居工程建设和运营管理涉及的行政事业性收费、政府性基金（含土地出让收入）与相关税收减免政策，切实减轻城镇保障性安居工程建设和运营管理费用。

随后，住房和城乡建设部于2012年3月下发《关于做好2012年城镇保障性安居工程工作的通知》（建保[2012]38号）（本段简称《通知》），要求各省（区、市）住房和城乡建设（住房保障）部门要会同发展改革、财政部门，按照财政部5号文件要求，指导市县做好2012年保障性安居工程建设投资需求测算，合理确定年度投资规模，积极拓宽资金来源渠道，做好资金筹集安排，并具体分解落实到各类建设项目，报住房和城乡建设部备案。通知还要求各级住房和城乡建设（住房保障）部门研究公共租赁住房商业银行贷款具体贴息政策，创新财政支持方式，

支持和吸引社会资本参与保障性住房建设、运营和管理。

为拓宽资金渠道，吸引民间资本，住房和城乡建设部下发《关于鼓励民间资本参与保障性安居工程建设有关问题的通知》（建保[2012]91号），规定了包含直接投资或参股建设并持有、运营公共租赁住房；接受政府委托代建廉租住房和公共租赁住房，建成后由政府按合同约定回购；投资建设经济适用住房和限价商品住房；在商品住房项目中配建廉租住房和公共租赁住房，按合同约定无偿移交给政府，或由政府以约定的价格回购；参与棚户区改造项目建设以及市、县政府规定的其他形式等几种方式引导民间资本参与保障性安居工程建设。同时，还提出了营造民间资本参与保障性安居工程建设的政策环境及各项措施。

（五）推进信息公开，主动接受社会监督

为公平分配保障房提供基础支撑，更加详细地公布保障房开工、建成、分配结果、退出情况等信息，加快全国城市个人住房信息系统建设和联网成为重要的技术手段。住房和城乡建设部分别于5月和11月下发《关于做好2012年住房保障信息公开工作的通知》（建办保[2012]20号）和《住房保障档案管理办法的通知》（建保[2012]158号）。

其中，20号文规范了信息公开的内容，包括保障性安居工程年度建设计划任务量、项目清单；年度建设计划任务量完成进度、已开工和竣工项目基本信息；保障性住房分配和退出的政策、对象、房源、程序、过程、结果和退出情况信息等。另外，20号文还明确了信息公开主题和公开渠道建设的要求。158号文则从归档范围、归档管理、信息利用和监督管理等方面规范了保障性住房档案的管理。

二、2012年保障性住房规划与建设工作的开展

（一）住房规划与住房保障规划导则的编制研究

1. 城市住房建设规划编制导则颁布

2012年6月，住房和城乡建设部下发《城市住房建设规划编制导则》（建房改研1号）（以下简称《导则》）。《导则》从如何评估现行保障性住房规划与建设的执行情况；如何确定住房保障的目标任务；如何进行保障性住房规划布局等几方面，提出了规范性指导原则（表3）。

《导则》在分析研究各地城市住房建设规划和住房保障规划编制与实施情况，总结经验，分析问题，探讨在新的发展背景与要求下城市住房建设规划和保障规

《城市住房建设规划编制导则》对住房保障规划编制的要求　　表 3

评估现行保障性住房规划与建设的执行情况	住房保障相关政策和制度建设，各类保障性住房建设规模、建设标准和房源筹集，保障性住房建设项目空间分布、土地供应和资金保障，以及保障性住房的分配、管理和使用情况等
住房保障的目标任务	住房保障方式，各类保障性住房建设规模、建设标准、房源筹集模式和资金来源，以及保障性住房分配、运营管理和住房公积金管理等
保障性住房规划选址与建设要求	保障性住房应结合人口和就业岗位分布、公共交通走廊和公共服务设施布局等合理选址，并进行多方案比较； 保障性住房应采取“大分散、小集中”的布局模式，倡导与普通商品住房配套建设，并应与城市更新、城中村改造、旧住宅改造等项目相结合，新建与存量利用并重，实现保障性住房布局的空间相对均衡，并有利于促进社会融合； 保障性住房应注重与各类配套公共服务设施和市政交通基础设施同步规划、同步建设和同期投入使用

资料来源：作者根据 2012 年颁布的《城市住房建设规划编制导则》相关内容整理。

划需要在改进的基础上形成，建立健全了城市住房建设规划和保障规划编制的总体技术框架，为下一步制定城市住房建设规划（含住房保障规划）编制提供了规范性依据。

2. 全国城镇住房发展规划出台

《全国城镇住房发展规划（2011—2015 年）》于 2012 年 9 月出台，根据《住房和城乡建设部关于印发〈全国城镇住房发展规划（2011—2015 年）〉的通知》（建房改 [2012]131 号），全国城镇住房发展规划是“完善城镇住房供应体系、强化住房保障工作、加强和改善房地产市场调控、促进住房发展方式转型、引导相关资源合理配置的重要依据”，其中已包含住房保障的内容，因此在国家和省级的宏观尺度层面，住房保障规划应为住房发展规划的专项内容或专项规划，是对住房保障方面要求的深化、细化。

《全国城镇住房发展规划（2011—2015 年）》明确提出“十二五”时期，政府将为城镇低收入住房困难家庭提供廉租住房或租赁补贴；为城镇中等偏下收入住房困难家庭、新就业无房职工和城镇稳定就业的外来务工人员提供公共租赁住房；为符合条件的棚户区居民实施住房改造；为农村困难家庭危房改造提供补助。并且，住房保障力度进一步加大。到“十二五”期末，全国城镇保障性住房覆盖面达到 20% 左右。“十二五”期间，建设城镇保障性住房和各类棚户区改造住房 3600 万套。到“十二五”期末，全国住房公积金归集总额和贷款总额分别达到 6 万亿元和 3 万亿元以上。为实现上述目标，《全国城镇住房发展规划（2011—2015 年）》还就如何健全住房保障方式、加快保障性住房建设、加强分配运营管理等方面提出了指导性原则（表 4）。

《全国城镇住房发展规划（2011—2015 年）》对住房保障方式、保障房建设和分配管理的要求　　表 4

健全住房保障方式	实行实物保障和租金补贴相结合的保障方式。在“十二五”时期，政府投入资金以用于实物保障为主、租金补贴为辅；一定时期以后，随着住房供求关系缓和以及住房租赁市场不断发展，政府投入资金可以逐步转为以货币补贴为主
加快保障性住房建设	强化各级政府责任，加大保障性安居工程建设力度，基本解决保障性住房供应不足的问题。重点发展公共租赁住房，通过在普通商品住房开发项目中配建、支持企业和其他机构投资建设、鼓励产业园区建设等方式，切实提高公共租赁住房在保障性安居工程建设中的比重，逐步使其成为保障性住房的主体，并逐步实现与廉租住房统筹建设、并轨运行
加强分配运营管理	建立健全多部门联动的收入（财产）和住房情况动态监管机制，制定公平合理、公开透明的保障性住房配租配售政策和监管程序，严格规范准入、退出管理和租费标准。健全纠错机制，防范和严查骗购骗租以及以权谋私等行为。完善经济适用住房和限价商品住房上市交易收益分配机制，消除牟利空间。建立健全保障性住房管理服务机构，提升住房保障管理人员素质，加强规范化管理。建立全国住房保障基础信息管理平台，促进全国住房保障业务系统互联互通

资料来源：作者根据《全国城镇住房发展规划（2011—2015 年）》相关内容整理。

3. 城市住房保障规划编制导则及审查评估规程研究

近年来住房保障问题备受关注，政府在住房领域的公共职能加强，使得对住房保障规划的编制提出了新的要求。2010 年出台的《住房和城乡建设部等六部委关于做好住房保障规划编制工作的通知》（建保 [2010]91 号）对规划的指导思想和基本原则、规划重点和基本目标、规划编制的主要内容等提出了要求。随后，各地陆续启动编制住房保障规划或保障性住房建设规划的工作，部分城市出台了保障性住房土地供应、资金管理和后续管理运营的管理办法和实施细则，对加强住房保障、稳定市场预期、有序推进各项工作起到了较好的指导作用。但由于缺乏明确的编制标准和技术导则，难以切实发挥对住房保障规划编制的指导作用，各地规划编制中存在着成果内容、深度不尽一致，质量良莠不齐的问题。并且，由于整体上住房保障体系仍处于逐步完善阶段，因此对于住房保障规划、计划的管理尚无可资参照的系统依据和标准。规划计划的编制、委托、审查、批准与实施单位的职责不够明确，尚未形成规划技术审查制度，评价规划计划方案缺乏客观、科学的标准，汇总、上报和审批流程有待规范，规划执行的监管制度也有待完善。

在此背景下，住房和城乡建设部于 2012 年启动“城市住房保障规划编制导则及审查评估规程研究”，研究内容包括：梳理国家、原建设部、住房和城乡建设部对于编制住房保障规划的政策初衷、基本背景、法律法规依据、各类保障性住房规划建设管理相关要求和主要文件规定；调查各地保障性住房保障规划和住房建设规划编制与实施的基本情况，总结经验、分析问题；梳理研究近年来我国城镇化发展与住房政策体系完善对住房保障规划编制实施提出的要求，明确今后住房保障规划编制中需落实、补充和完善的内容；分析借鉴国外类似实践与经验教训,并以之为基础起草了《城市住房保障规划编制导则》(以下简称《导则》)和《住房保障规划和年度实施计划管理规程》(以下简称《管理规程》)。《导则》包括现行住房保障规划实施情况评估，住房保障发展现状和形势分析，需求现状与预测，规划目标和指标体系，住房保障方式，保障性住房建设标准，房源筹集模式，空间布局与用地规划，保障性住房的住区规划，住房保障的资金安排，保障性住房的准入、审核与分配制度，年度时序安排，政策保障措施，规划实施机制等方面，明确了住房保障规划的内容和技术方法；《管理规程》则借鉴相关部门对各类规划审查评估的经验，提出住房保障规划审查评估方法和评估规程，这一研究成果对下一步更为规范和有效地编制住房保障规划提供了有力的技术支持。

（二）保障性住房建设工作继续推进

1. 保障性安居工程的实施概况

2012 年全国新开工保障性住房 781 万套，基本建成 601 万套，超额完成年度 700 万套的工作目标。[①]全年保障性安居工程的用地落实量达到 3.8 万 hm^2[②],超过“新开工 700 万套”的预测用地需求。全年保障性安居工程财政支出 3800.43 亿元，比 2011 年增加 457.52 亿元，增长 13.7%。其中，公共财政预算支出 3123.32 亿元，占 82.2%；住房公积金增值收益支出 84.10 亿元，占 2.2%；土地出让收益支出 593.01 亿元，占 15.6%。中央财政安排保障性安居工程补助资金 2253.89 亿元，加上通过以前年度结转资金安排的 78.72 亿元，中央财政实际下达补助资金 2332.61 亿元，比上年增加 620.04 亿元，增长 36.2%。[③] 同时，各级财政资金投入的增加,有力地保障了保障性安居工程建设资金的需要（表 5)。

2012 年各类保障性安居工程财政支出情况 表 5

—	廉租住房	公共租赁住房	各类棚户区改造	农村危房改造	游牧民定居工程	其他
支出额（亿元）	1005.49	1045.51	654.17	485.31	57.95	552
占比（%）	26.5	27.5	17.2	12.8	1.5	14.5

资料来源：作者根据财政部网站及财政部《关于 2012 年中央和地方预算执行情况与 2013 年中央和地方预算草案的报告》的相关内容整理。

---

① 数据见住房和城乡建设部网站。

② 数据见国土资源部网站。

③ 数据见财政部在 2013 年 3 月 5 日在第十二届全国人民代表大会第一次会议上《关于 2012 年中央和地方预算执行情况与 2013 年中央和地方预算草案的报告》。

2. 保障性安居工程面临的主要问题

在加快推进保障性安居工程建设的过程中，仍然存在若干的问题。

行政审批周期过长。保障性安居工程开工建设需要办理各种许可证手续以及多种评估、公示和听证，涉及发展改革、规划、国土、建设、环保等多个部门，审批程序复杂、环节较多，一个项目完全履行审批程序，全过程少则需要 3 ~ 6 个月，多则需要 1 年时间，尤其是在新增建设用地需要中央审批的情况下，用时更长，有些项目用两年多时间才能开工。

资金筹措机制尚不完善。总体上看，目前财政资金投入机制基本建立，投入力度实现倍增，银行信贷和企业债券支持保障性安居工程建设的政策框架已经明确。但是，政策“落地”尚需加快制定具体措施，社会资金参与保障性住房建设的机制亟待建立。

保障性住房品种偏多。当前城镇的保障性安居工程，一是廉租住房和公共租赁住房，这是政府公共职责的必保部分；二是棚户区改造工程，这是中国特色城市化、工业化过程中的特殊现象，政府适当投入引导符合客观实际；三是经济适用住房、限价商品住房，目前从性质上讲，已不是政府保障的范畴，长期存在会带来一系列问题。一方面，容易模糊政府与市场的界限，模糊居住权与产权的关系，引发相应的社会问题，不仅政府难以承受，还会割裂房地产市场的正常发育体系；另一方面，保障性住房品种多，容易带来分配政策不统一、操作难度大的问题，难免留下“寻租空间”，也增加了管理成本。这些都是必须认真研究、尽快解决的现实问题。

三、趋势与展望

2011 和 2012 年，我国住房保障工作以保障安居工程为重点，大幅提高了保障房建设速度，也推进了相关制度的改革创新，然而今后的住房保障仍有若干问题需要进一步研究。

一是长期资金动力问题。地方尚可一鼓作气完成今年指标，但是以后去哪里找钱完成下面的任务？房子建好后，其 30 年的运转成本就是建房成本的两倍，长期运转资金怎么解决？如果政府完成不了目标，变成烂尾工程，政府公信力将再打折扣。

另外，大规模建造保障房是不是一个高效、经济的保障方式？这是值得我们思考的。目前，中央政府的政策是分配给地方建房任务，来解决这个问题，然而中央的指标层层分解与地方的实际需求是否吻合，仍存在很大的争议。实际上，解决住房问题的方式是多样的，除了实物补贴，还有货币补贴等。许多中西部城市，租金水平都很低，完全可以采取货币补贴形式。这样花费更少，见效更快，并且不像实物补贴那样容易滋生腐败。

再一方面是分配管理问题。建造 3600 万套保障房是一项耗费巨大的工程，建房计划完成后，将有 1 亿人住在新建保障房内。如何管理好这 1 亿人也需要庞大的专门机构和完善的制度。而且，目前对保障性住房的管理侧重于准入、分配和退出，对于后期物业管理与公共服务等内容还缺乏明确要求，随着保障性安居工程大规模建设的推进，需要进一步明确这方面的相关要求，以指导地方的实际工作。

最后，保障房的规划编制办法和导则需要尽早出台，来规范和评估目前的住房保障成果，并定期对地方的目标执行情况进行修正，以便更好地落实国家的住房保障任务，真正解决中低收入家庭的住房民生问题。

参考文献

[1] 住房和城乡建设部. 全国城镇住房发展规划（2011—2015 年）（内部稿）[Z].

[2] 国务院. 国务院关于印发国家基本公共服务体系“十二五”规划的通知（国发[2012]29 号）[Z].

[3] 住房和城乡建设部. 关于做好 2012 年城镇保障性安居工程工作的通知（建保[2012]38 号）[Z].

[4] 住房和城乡建设部. 关于加快推进棚户区（危旧房）改造的通知（建保 [2012]190 号）[Z].

[5] 住房和城乡建设部. 公共租赁住房管理办法（中华人民共和国住房和城乡建设部令第 11 号）[Z].

[6] 财政部. 关于切实做好 2012 年保障性安居工程财政资金安排等相关工作的通知（财综[2012]5 号）[Z].

[7] 住房和城乡建设部. 关于鼓励民间资本参与保障性安居工程建设有关问题的通知（建保[2012]91 号）[Z].

[8] 住房和城乡建设部. 关于做好 2012 年住房保障信息公开工作的通知（建办保[2012]20 号）[Z].

[9] 住房和城乡建设部.《住房保障档案管理办法》的通知（建保 [2012]158 号）[Z].

[10] 住房和城乡建设部. 城市住房建设规划编制导则 [Z].

[11] 财政部. 关于 2012 年中央和地方预算执行情况与 2013 年中央和地方预算草案的报告 [R].

（撰稿人：卢华翔，中国城市规划设计研究院，高级城市规划师；李力，中国城市规划设计研究院，城市规划师，博士）

城乡规划评估工作[1]

《中华人民共和国城乡规划法》颁布以来，城乡规划评估的工作得到了重视并开展了广泛实践。从其实践和作用来看，城乡规划评估工作研究规划实施中的新问题，总结和发现城乡规划的成效和不足，为贯彻实施规划或者对其进行修改提供可靠的依据，逐步成为提高城乡规划实施科学性和严肃性的有效手段。目前，从规划评估的理论、方法、组织、实践和起到的作用各个方面来看，均有可喜的进展，已经初步形成了规划评估体系的雏形，各地的规划评估工作广泛开展，对城乡规划的编制和实施起到了积极作用。从实践情况看，各地进行的城市总体规划实施评估最为普遍，从评估方法和内容上积累了经验。城乡规划实施评估不能等同于城乡规划评估，而是城乡规划评估的一部分，城乡规划评估从类型上就可分为规划文本评估、规划实施评估、规划作用评估、规划绩效评估以及各专项技术评估等，就我国当前城乡规划的主要任务、城市总体规划的作用来说，城乡规划实施评估尤其是城市总体规划实施评估都将起到重要的实践作用，因此本文将城市总体规划实施评估作为重点。

一、行业对城乡规划评估重要性的认识不断加强

（一）是履行《城乡规划法》的客观要求

《城乡规划法》第四十六条和第四十七条规定，省域城镇体系规划、城市总体规划、镇总体规划的组织编制机关，应当组织有关部门和专家定期对规划实施情况进行评估。对城乡规划实施进行定期评估，是修改城乡规划的前置条件，明确了城乡规划评估的法律地位和制度要求。根据这一法律基础，各地方的城乡规划条例陆续出台，如北京、天津、重庆、广东、江苏、河北、山东、安徽、浙江、山西等省市均明确了城乡规划评估的目的、主体、程序和主要内容。2009 年 4 月 16 日住房和城乡建设部制定下发了《城市总体规划实施评估办法（试行）》（建规 [2009]59 号），进一步强调对城市总体规划实施情况的评估，是城市人民政府的法定职责，也是城乡规划工作的重要组成部分。根据上述一系列法规文件的要

① 因为城乡规划评估工作是第一次盘点，所以本文整理总结了近几年的相关工作。

求，已经可以初步明确城乡规划评估的范围包括省域城镇体系规划、城市总体规划、镇总体规划、城市总体规划实施评估工作，原则上应当每 2 年进行一次；规划评估应当组织有关部门和专家进行，采取论证会、听证会或其他方式征求公众意见；对规划评估结果应分别向本级人大和原审批机关提供评估报告并附具征求意见情况；城市总体规划实施评估工作的目的是督促城市人民政府落实城市总体规划，及时制止违反规划的建设行为，掌握城市发展变化的趋势和出现的新问题，适时修改规划或者优化规划实施的具体措施。评估的重点内容应放在规划目标的落实情况、各项强制性内容的执行情况，依据总体规划的各专项规划、近期建设规划和控制性详细规划的情况，以及公众意见等方面。

（二）是创新和改革城乡规划编制的重要手段

城乡规划实施评估（价）是期望通过对之前一段时间的规划实施情况及其结果进行评价，以有助于了解规划实施的实际状况及其效用，为规划成果的制定及其规划实施的机制和制度的改进提供基础（孙施文，2012）。为加强城乡规划对城市发展的调控作用，有必要定期回顾和反思规划本身的效力，并采取一套行之有效的规划评估方法，检测城市发展、检验规划是否有效。对城乡规划的编制、实施程度以及实施效果进行评估，有助于掌握城市发展与规划的偏差，帮助找出偏差的症结所在，寻找提高规划有效性的对策方法，为城市总体规划的修改提供依据和方向（宋彦、陈燕萍，2012）。在新形势下，城市发展面临的问题更加突出，任务更加艰巨，为此，城乡规划工作既要对形势发展和要求作出正确的判断和认识，又要不断探索行之有效的对应机制和方法。进一步解放思想，创新规划编制方式和规划实施理念势在必行。开展城市规划评估既能提高规划的科学性和可操作性，也可体现前瞻性与灵活性，已经成为一个重要部分贯穿于城乡规划的整个过程，成为完善城乡规划编制体系的重要手段。

（三）是推动规划动态实施的积极探索

由于规划实施是一个长期的过程，规划实施的环境也随经济社会背景改变，常常呈现出一种“规划的整体性和实施的分散性”，规划的实施尤其是城市总体规划的实施因而是一个动态维护的过程。常态化的规划实施评估工作提供了一个很好的工作平台，针对城市发展出现的新情况、新问题，及时修正规划实施的措施，在充分整合资源的基础上，成为在规划实施中平衡各方利益主体诉求的载体，实现城市规划从单纯技术手段向综合公共政策的演进，实现规划从“静态蓝图式”向“动态情景式”的转变（黄艳，2011）。这个平台以城乡规划的空间数据为载体，整合综合资源信息，既要考虑规划目标的实现情况，更要研究和解决规划实施阶段性过程中的重点问题及其联系，全面考量规划实施的过程和结果，并作出情景分析，最终在此平台上形成包括政府部门和全社会的信息反馈机制。近年来，关于城乡规划评估的主要研究成果见表 1。

近年来城乡规划评估研究相关研究论文　　表 1

<table>
<tr><td>2010 年</td><td>体制变迁下的兰州城市总体规划实施效果分析</td><td>汪昭兵、杨永春、杨晓娟、杨永民</td><td>城市规划，2010 年 2 期</td></tr>
<tr><td>2010 年</td><td>波特兰城市总体规划实施评估及借鉴</td><td>张润朋</td><td>规划创新“2010 中国城市规划年会论文集”</td></tr>
<tr><td>2010 年</td><td>广州市生态城市规划实施评估</td><td>陈勇</td><td>2010 城市发展与规划国际大会论文集</td></tr>
<tr><td>2010 年</td><td>2001—2010 年广州南部地区总体规划实施评价研究</td><td>叶穗婷</td><td>华南理工大学</td></tr>
<tr><td>2010 年</td><td>杭州市城市总体规划实施评价研究</td><td>沈颖溢</td><td>浙江大学</td></tr>
<tr><td>2010 年</td><td>遥感技术支持下的城市总体规划实施评估方法研究——以重庆市永川区为例</td><td>张治清、何宗、黄潇莹</td><td>西南师范大学学报（自然科学版），2010 年 5 期</td></tr>
<tr><td>2011 年</td><td>北京城市生态环境保护与建设评估</td><td>阳文锐</td><td>北京规划建设，2011 年 6 期</td></tr>
<tr><td>2011 年</td><td>开展规划评估，促进规划改革</td><td>唐凯</td><td>城市规划，2011 年 11 期</td></tr>
<tr><td>2011 年</td><td>解放思想 与时俱进 进一步发挥规划对首都科学发展的引领作用——谈开展总体规划实施评估工作的目的和意义</td><td>黄艳</td><td>北京规划建设，2011 年 6 期</td></tr>
<tr><td>2011 年</td><td>动态渐进规划体系中的总体规划评估机制解析</td><td>陈烨</td><td rowspan="6">2011 中国城市规划年会论文集</td></tr>
<tr><td>2011 年</td><td>城市总体规划实施评估工作探讨——以杭州为例</td><td>汤海孺</td></tr>
<tr><td>2011 年</td><td>转型时期城市总体规划实施评估的实践与研究——以天津市为例</td><td>邢卓</td></tr>
<tr><td>2011 年</td><td>基于 GIS 的城市总体规划实施评估——以长沙市总体规划（2003—2020 年）为例</td><td>段鹏、郑伯红、侯科</td></tr>
<tr><td>2011 年</td><td>中小城市总体规划实施评价中的城市用地研究</td><td>尹逸娴、李辉、李斌</td></tr>
<tr><td>2011 年</td><td>城市总体规划空间引导实施评估——以常熟市为例</td><td>朱杰</td></tr>
<tr><td>2011 年</td><td>《北京城市总体规划》实施评估居民满意度调查研究</td><td>李东泉、叶裕民</td><td>北京规划建设，2011 年 6 月</td></tr>
<tr><td>2011 年</td><td>北京综合交通体系规划实施评估研究</td><td>姚智胜、王晓明</td><td>北京规划建设，2011 年 6 月</td></tr>
<tr><td>2011 年</td><td>南京市城市总体规划实施评估及相关思考</td><td>程茂吉、王波</td><td>现代城市研究，2011 年 4 期</td></tr>
</table>

续表

2011 年	湖北省城镇化发展政策实施评估研究	万艳华、罗丹、余思雨	城市规划学刊，2011 年 5 期
2011 年	理性评估、科学编制，提高规划的针对性和前瞻性——上海控制性详细规划实施评估方法研究	徐玮	上海城市规划，2011 年 6 期
2011 年	聚焦规划评估	徐忠平	城市规划，2011 年 12 期
2011 年	战略转型期的城市总体规划实施检讨与反思——以郑州市城市总体规划（1995—2010 年）为例	唐永、许忠秋、何文兵	地域研究与开发，2011 年 6 期
2012 年	应对气候变化的城市规划评估	洪亮平、华翔、周全	理想空间，2012 年 54 期
2012 年	世界大都市新一轮战略性规划评价——伦敦、香港、纽约、东京、迈阿密、新加坡的实践	桑劲、殷悦、袁也、郭淳斌、胡斌、崔俏、张晓	理想空间，2012 年 54 期
2012 年	浙江省兰溪市域总体规划实施评估	吴琳、徐亚军	理想空间，2012 年 54 期
2012 年	河源市城市总体规划（2011—2020 年）实施评估及应用	丁卓明、赖寿华、黄慧明	理想空间，2012 年 54 期
2012 年	北京城市总体规划评估——产业评估	和朝东	2012 中国城市规划年会论文集
2012 年	对重庆市城乡总体规划实施评估的思考与探索	彭瑶玲、曹春霞	2012 中国城市规划年会论文集
2012 年	无锡十年城市道路规划实施评估与对策	肖飞、赵喜斌、黄洁	2012 中国城市规划年会论文集
2012 年	城市总体规划检讨探析——以厦门为例	谢英挺	
2012 年	对北京城市总体规划实施的几点思考	施卫良	北京规划建设，2012 年 1 期
2012 年	北京城市空间趋势和布局战略思考——《北京城市总体规划（2004—2020 年）》实施评估研究	吴唯佳、于涛方、赵亮、于长明	北京规划建设，2012 年 1 期
2012 年	总体规划批复后的动态评估、维护和管理机制探索	陈猛	北京规划建设，2012 年 1 期
2012 年	关于城市规划实施评价及其研究	孙施文	理想空间，2012 年 54 期
2012 年	对完善城市总体规划评估工作的思考与建议	欧阳鹏、陈姗姗、李世庆	理想空间，2012 年 54 期
2012 年	新转型、新发展、新生活——《北京城市总体规划实施评估》的探索	施卫良、赵峰、杨明	理想空间，2012 年 54 期
2012 年	广州市战略规划实施评估的实践与探索	吕传廷、黎云、姚燕华、严明昆、李开平、何洁妍	理想空间，2012 年 54 期
2012 年	杭州市城市总体规划实施评估的实践	汤海孺	理想空间，2012 年 54 期

续表

2012年	总体规划的评估与修改——以长沙城市总体规划修改为例	朱郁郁、段宁	理想空间，2012年54期
2012年	规划实施评估，为城市做体检——以武汉东湖国家自主创新示范区规划实施评估为例	冯国芳、何灵聪	理想空间，2012年54期
2012年	内蒙古自治区快速发展地区城市总体规划实施评估——以鄂尔多斯、巴彦淖尔和呼伦贝尔为例	汪淳、江艺东	理想空间，2012年54期
2012年	江阴市城市总体规划实施评估研究	赵毅、郑俊、邬戈军	理想空间，2012年54期
2012年	中小城市总体规划实施定期评估研究——以东台市为例	陈科、赵玉奇	理想空间，2012年54期
2012年	控规实施评估框架及方法——上海安亭国际汽车城核心区控规实施评估回顾	孟江平、孙娟	理想空间，2012年54期
2012年	控制性详细规划实施评价研究——以杭州市留下单元为例	汤海孺、钟景琳	理想空间，2012年54期
2012年	生态市（县、区）建设规划实施评估的思路	顾冬梅	绿色科技，2012年2期
2012年	规划实施评估引发的城市总体规划编制改进思考——以《胶南市城市总体规划（2004—2020年）》实施评估为例	尹宏玲、陈有川、张军民	规划师，2012年9期
2012年	《湖北省城镇体系规划》实施评估研究	万艳华、汪军、卢彧、余思雨、程晓夏	城市规划学刊，2012年1期
2012年	发展转型背景下的开发区产业发展和用地规划评估研究——以金桥工业区为例	朱新捷	上海城市规划，2012年1期
2012年	上海张江高科技园区规划实施效果评估研究	罗翔	规划师，2012年11期

二、城乡规划评估的特点及案例

根据《城市总体规划修改工作规则》（国办发[2010]20号）文件的要求，需报国务院审批的城市总体规划，尚未到期但需要调整的只能采取修改方式，而总体规划实施评估又成为城市总体规划修改的前置环节，因此总体规划实施评估的工作得到重视并大量开展，见表2。

（一）总体规划实施评估成为规划评估的主力军

1. 总体规划实施评估成为总体规划修改的前置条件

杭州市于2010年开展的总体规划实施评估工作，作为及时总结成绩、把握动向、改进工作、加强落实、督促检查的重要手段，尤其是总规修改的必要前提。

总体规划实施评估的作用与特点　　表 2

序号	作用	特点	有代表性的城市
1	成为总体规划修改的前置条件	规划实施环境条件变化的评估、总规指标实现程度评估；城市职能、规模、布局、空间结构等方面的评估；市政、交通基础设施、历史文化名城、生态保护等专项评估	杭州、长沙、天津、重庆
2	更好地实施城市总体规划	制度性的常态性评估；基于多专题研究的综合评价分析	广州、上海、北京、武汉
3	建立规划评估指标体系和规划数据库	按照不同领域确定多项评价指标；协调各部门，建立多专业数据库，运用 GIS 技术综合分析	余姚、上海、深圳、北京、徐州、武汉
4	建立公众参与和监督反馈的机制	现场调查、网络调查、历年信访和公众信箱的公众参与形式；分专项的公众参与意见“三规合一”的工作形式；与建设规划、重大项目计划的反馈；向各地人大、政府报告落实	北京、广州、上海、武汉、兰溪

其主要内容包括：对规划实施环境适应性的评估，对实施结果符合性的评估，对总规成果可操作性的评估，对实施规划严肃性、能动性的评估以及对规划实施监督的评估。《长沙城市总体规划（2003—2030 年）》（2011 年修改）是全国首批进行修改的总体规划，2011 年《长沙城市总体规划（2003—2030 年）》实施评估成果顺利通过了部际联席会议的审查，其主要成果内容：一是对城市发展条件的评估，包括：因行政区划变化而产生的影响；长株潭社会综合配套改革试验区作为国家战略所产生的影响；长沙经济、社会、重大项目的变化所产生的影响等。二是对总体规划主要内容的评价，包括：定量评价总规各项控制指标的实现程度；对城市职能、规模、布局、空间结构等方面的评价；对市政、交通基础设施，以及历史文化名城、生态保护等专项的评价等。此外，天津市、重庆市在总规修改过程中也都进行了实施评估的研究，起到了积极作用。

2. 通过规划评估更好地实施城市总体规划

规划实施评估逐渐成为了常态工作，在规划实施过程中越来越发挥重要作用。广州、上海、北京、武汉等特大城市积极探索通过规划实施评估积极应对挑战、发现问题、优化维护城市总体规划并更好地实施总体规划。如广州市建立了规划实施评估制度，每年进行以年报编制为基础的“小评价”，并以此为平台来制订下一年的城市规划实施计划，每隔 3 ~ 5 年进行一次“大评价”，并在此基础上制订近期建设计划，从而增强城乡规划的可操作性。评估的内容形成了“两个层次”（跨年建设规划与年度实施计划）、“两个核心”（建设用地供应计划与基础设施和公共设施建设计划）。北京于 2010 年开始的城市总体规划实施评估工作，面对当前北京城市发展面临的机遇与挑战，总结实施效果、找出差距、分析原因、判断趋势和提出对策；形成了“1个实施评估总报告+15个专题研究报告+1个空间数据平台”的成果内容，涉及城市目标、人口、区域发展、空间演进、产业、城乡一体化、交通、基础设施、生态、历史文化名城保护、住房建设及综合防灾等诸多领域；有效地发挥了辅助决策、指导规划编制、指导规划实施管理的作用（表3）。

北京城市总体规划实施评估专题研究清单 表3

编号	专题名称	承担单位
I–1	北京城市总体规划实施评估空间趋势和战略思考	清华大学
I–2	京津冀区域一体化及北京区域协调发展战略研究	中国城市规划设计研究院
I–3	北京建设世界城市对策研究	中国城市规划设计研究院
I–4	首都经济发展预测及主导产业支撑研究	北京社科院
I–5	居民满意度调查研究总报告	中国人民大学
II–1	人口规模研究	北京市城市规划设计研究院
II–2	产业发展研究	北京市城市规划设计研究院
II–3	城镇化与城乡一体化发展研究	北京市城市规划设计研究院
II–4	城市空间布局研究	北京市城市规划设计研究院
II–5	综合交通体系	北京市城市规划设计研究院
II–6	市政基础设施	北京市城市规划设计研究院
II–7	城市生态环境保护研究	北京市城市规划设计研究院
II–8	住房建设及住房保障研究	北京市城市规划设计研究院
II–9	旧城保护与文化名城建设	北京市城市规划设计研究院
II–10	城市综合防灾减灾	北京市城市规划设计研究院

3. 规划评估指标体系和规划数据库平台成为重要工具

在规划实施评估的工作中，很多城市重视评估指标体系和规划数据库的建设，为评估工作的准确、科学奠定了基础。如余姚、上海、深圳、徐州等城市在指标体系方面，北京、上海、武汉在规划数据库建设方面具有代表性。《余姚城市总体规划（2001—2030年）》实施效果评价，首次采用了定性和定量相结合的方法，结合规划目标综合选取了统计型和价值型指标进行评估，通过问卷调查收集了市民对城市发展状况的满意程度，针对三个领域21个评估指标进行整体评价，涵盖经济、人口、用地、基础设施、公众满意度等多项内容；深圳选取了31项指标，分为经济、社会、环境几方面分别评价；武汉在指标的分类上强调刚性与弹性控制；《上海市城市总体规划（2001—2030年）》实施评估重视城市发展定量数据资料的整理分析，专门设有基础规划信息库建设专题；北京则是协调统计、建设、国土、测绘等部门，建立了较为完整的经济、人口、就业、土地、房屋、行政审批的综合数据库，运用地理信息系统技术综合分析，为评估提供了量化数据基础。

4. 初步建立了公众参与和监督反馈的机制

规划实施评估的工作在方法机制上不断扩大公众参与，客观反映城市发展状况和公众利益诉求的多元化和复杂性，加强规划跟踪，使评估结果及时反馈。如北京总规实施评估，通过公众参与形式收集现场调查问卷（1326 份）、网络调查（3120 份）、历年信访统计分析（2500 份）和公众信箱分析（1528 份）；浙江兰溪市总规实施评估的公众参与意见包括总体规划认知程度、城市结构、交通、社区服务、生态环保、住宅等；广州、上海主动进行“三规合一”、“两规合一”的工作，武汉加强了近期建设规划、重大项目计划的系统，有效地进行了不同规划间的相互反馈和动态实施；各地的总体规划实施评估按照要求报送当地人大审议，政府根据评估内容逐条落实，针对性地提出处理方案，并进行任务分解分级落实，完善了城乡规划的实施体系。

（二）规划评估的方法在其他规划中的应用和探索

1. 城镇体系规划

对城镇体系规划的实施开展动态评估工作，有利于及时发现城镇化发展和城乡空间拓展的重大问题，为规划补充调整提供依据，为新一轮规划修改提供更加有力的前提支撑。四川省于 2011 年年底完成了《四川省城镇体系规划（2000—2020 年）评估报告》，其内容注重落实既有国家发展战略和重大区域变动因素来分析论证省域城镇体系的变化。立足于国务院批复的《成渝经济区区域规划》和住房和城乡建设部与四川省、重庆市联合批准的《成渝城镇群协调发展规划》来推动省域空间总体结构的调整，立足于四川汶川地震灾后城镇体系规划和成都市建设世界田园城市规划对成都平原及其山区城镇职能、规模的变动情况，对这些区域的城乡空间发展作出展望。安徽省制定了一套全面的规划评估体系，立足于省、市、县的政府事权对所有设区市、县（市）开展评估工作，加强全省城镇化发展历程的动态评估，对当前城镇化和空间发展的重大问题进行评估，对省际发展的问题进行比较评估。山东省对上版城镇体系规划进行评估，总结问题：缺少城乡统筹发展规划、区域发展差距持续拉大、小城镇整体发展缓慢并出现分化、土地城镇化快于人口城镇化、空间管制缺乏有利的事实举措等。

2. 分区规划

深圳市实施评估是在系统的城市规划评估理论指导下开展的，分为规划文本评估、公共基础设施评估、规划效果评估、工业区改造规划效果评估几大板块。规划文本评估首先梳理出了文本内容，诸如规划愿景、目标、实施措施、指标、行动计划、反馈机制等要素；然后对各要素之间的关系和结构进行分析评价，通过评估其内在有效、良好和有待完善的方面，提出改进建议；就规划文本和其他相关规划进行水平和垂直的比照分析，邀请专家评估这些规划之间的协调关系，对规划文本的外在有效性进行理论实证评估。在公共基础设施评估方面，主要对公共基础设施的实施进度进行评估，检验项目的落实进度；对公共基础设施的自身服务质量进行评估，主要针对区覆盖率、容纳能力、利用程度、需求增加、设施成本等是否满足城市增长评估；对公共基础设施是否与城市发展目标一致进行评估，最后基于评估结果提出改进建议。规划效果评估则是通过地理信息系统图斑比较计算、空间句法指标计算等手段对人口密度、就业密度、住房公交靠近程度、就业交通靠近程度、车公里数、温室气体排放等要素进行指标评估，以及针对出行、城市归属感、环境、收入、住房、健康、教育、治安等要素进行公众评估。大量工业区是南山区的一大特点，针对其改造升级中的土地利用效率、空间改造、产业升级和转型等进行专项评估，指向性很强。

3. 控制性详细规划

以控制性详细规划为主的规划实施评估是一种中观尺度的、实施性的规划评估，已经成为控制性详细规划优化维护和全覆盖整合的重要手段。如上海市出台了新一轮控规管理规范性文件，对控规实施评估提出了工作要求，即作为“实施检测”、“战略研究”和“控规任务书”，要解决为什么要修编控规和编制一个怎样的控规的问题。如上海安亭国际汽车城核心区实施评估，是在原控规执行了10年后根据新形势、新要求进行的控规修编的前期研究，通过对外部条件的改变、控规自身问题、规划管理要求等方面的分析论证了控规修编的必要性；评估的核心内容有产业业态定位及开发效益、用地布局和土地使用、指标体系、人口导入与需求预测、公共服务设施、综合交通、市政公用设施、绿地与景观风貌等；研究方法上使用了数据库法、指标对比法、回归分析法、空间叠合法、成本分析法等，以利于得出较为科学的评估结论。

此外，诸如专项规划实施评估（能源、综合交通体系、历史文化保护区保护规划等、住房、生态等）、分行政区的规划实施评估（如区县规划实施评估）以及特别政策区规划实施评估（如绿化隔离地区规划实施评估、工业开发园区及科技园区的规划评估）近些年都有所开展。

三、趋势与展望

分析近些年来城乡规划实施评估工作的进展，初步判断2013年城乡规划实施评估可能呈现以下特征：一是城乡规划评估将不断丰富和完善城乡规划编制体系；二是城乡规划评估将成为促进规划理性编制、规划科学决策和规划动态实施的必要环节；三是以总体规划实施评估为龙头，多类型、多层次、多目标的城乡规划实施评估工作将更加丰富；四是城乡规划评估的路径与方法探索不断创新。这些趋势与特征在以北京为代表的一些城市的规划评估研究中已经显现：如《北京新城发展规划指数研究》，在国内首次将“指数”评价的理念与方法引入到城市规划实施的量化评测体系中，建立了以“指数”为表征手段，客观揭示城市规划实施进程、发展特征及规律的量化评价体系，契合了对城市规划实施效果进行动态监测和量化评价的专业化、科学化发展趋势，开启了针对城市规划实施进程和实施效果的新型定量评价方法。《北京城市交通承载力理论、方法与应用》，基于北京市中心城土地使用和交通方面的调查数据，系统地定量化分析了土地使用与交通之间的双向互动客观规律，建立了面向控制性详细规划阶段的城市交通承载力的定量化分析方法和计算流程框架，建立了城市交通承载力评价指标体系，提出了交通承载力指数（TLOS）这一综合指标。《北京市规划建设用地资源研究及对策》，通过统筹规划、国土、发改等部门，按年度更新规划建设用地资源底数，并对当前城市规划建设用地的实施情况进行动态跟踪、综合评估、整体分析，依据当前城市发展趋势，判断次年城市规划实施的方向，探索规划建设用地开发的总量、结构、布局与设施承载力的匹配关系，提出次年北京规划建设用地资源的优化利用策略。

综上所述，城乡规划评估从理论到实践将更加丰富，呈现出多元综合常态的发展态势，涵盖了从事前评估到事后评估的不同阶段评估，从注重侧向单一的“结果评判”转向关注多元的“过程检测”，从关注技术价值观、道德价值观转向关注综合的价值观。城乡规划评估的作用随着多角度多层次研究的深入将不断加深，并随着规划制度的不断完善将得以加强。

参考文献

[1] 中国城市科学研究会，中国城市规划协会，中国城市规划学会，中国城市规划设计研究院主编．中国城市规划发展报告 2011—2012［M］．北京：中国建筑工业出版社，2012．

[2] 中国城市科学研究会，中国城市规划协会，中国城市规划学会，中国城市规划设计研究院主编．中国城市规划发展报告 2009—2010［M］．北京：中国建筑工业出版社，2010．

[3] 宋彦，陈燕萍主编．城市规划评估指引［M］．北京：中国建筑工业出版社，2012．

[4] 中华人民共和国城乡规划法解说［M］．北京：知识出版社，2008．

[5] 孙施文．关于城市规划实施评价及其研究［J］．理想空间，2012（54）．

[6] 欧阳鹏，陈珊珊，李世庆．对完善城市总体规划实施评估工作的思考与建议［J］．理想空间，2012（54）．

[7] 施卫良，赵峰，杨明．新转型、新发展、新生活——《北京城市总体规划实施评估》的探索 [J]．理想空间，2012（54）．

[8] 吕传廷，黎云，姚燕华，严明昆，李开平，何洁妍．广州市战略规划实施评估的实践与探索 [J]．理想空间，2012（54）．

[9] 汤海孺．杭州市城市总体规划实施评估的实践 [J]．理想空间，2012（54）．

[10] 孟江平，孙娟．控规实施评估框架及方法——上海安亭国际汽车城核心区控规实施评估回顾 [J]．理想空间，2012（54）．

[11] 黄艳．解放思想 与时俱进 进一步发挥规划对首都科学发展的引领作用——谈开展总体规划实施评估工作的目的和意义 [J]．北京规划建设，2011（6）．

[12] 王飞．北京城市总体规划实施面临的机遇和挑战 [J]．北京规划建设，2011（6）．

[13] 陈猛．总体规划批复后的动态评估、维护和管理机制探索 [J]．北京规划建设，2012（1）．

[14] 上海市城市规划设计研究院．上海市城市总体规划（1999—2020 年）实施评估报告 [R].

[15] 北京市城市规划设计研究院．北京市城市总体规划（2004—2020 年）实施评估报告 [R].

[16] 重庆市规划局．重庆市城乡总体规划（2007—2020 年）实施评估报告 [R].

（撰稿人：石晓冬，北京市城市规划设计研究院副总规划师，研究室主任，教授级高级规划师）

（感谢：住房和城乡建设部规划管理中心张舰，北京市城市规划设计研究院杨明、朱洁对本文提供的帮助）

焦点篇

编者按：焦点篇主要针对本年度的热点问题或行业重大事件，从城乡规划专业角度加以点评，以期向社会各方面反映规划行业的基本立场。本年度焦点篇主要论题为“削山造城”引发的对山地城镇化的反思和历史文化名城中的大拆大建问题。

“削山造城”引发的对山地城镇化的反思

我国是一个多山的国度，就全国而言，约有 2/3 的区域属于山地，还有约 1/2 的人口、城镇分布在山地区域，山地面积分布广、山地区域城镇数量多是我国城镇化过程中无法回避的一项特殊国情。

目前，我国正处在城镇化的高速发展时期，随着产业逐渐从沿海向内陆腹地梯次转移，人口的逐步回流，西部大开发政策利好效应的进一步释放，近年来，我国西部地区正成为了我国城镇化的重要增长区域。西部地区也是我国山地分布的主要区域，近来不断有“削山造城”、“移山填壑建新城”的消息见诸媒体，在“向山要地”的榜单上先后出现的有陕西、云南、湖北、贵州、宁夏以及兰州、延安、十堰、襄阳等一大批中西部省、区、市[1]，范围之广、改造工程量之大不断挑战着人们的视觉、想象力和心理承受力，也引发人们对山地城镇化的系列反思。在山地建城是否得不偿失？山地开发应注意什么问题？山地的城镇化如何实现可持续发展？基于山地在生态、人居安全、文化、环境等方面的独特性和敏感性，山地城镇化正成为广大民众和业界专家关注、热议的重点和焦点，也考验着决策者和实施者的智慧和能力。

一、在争议中前行的山地城镇化

焦点一：对山地生态安全的关注与争议

山地开发中争议最大的是山地的生态保护问题。就全国而言，山地是我国大的战略性资源的储备基地。山地，尤其是我国西部山地是我国长江、黄河等众多大江大河的发源地，水资源涵养区，是我国的“水塔”，国家水安全的战略基地；山区能矿资源是支撑我国信息化、工业化、城镇化、农业现代化进程的保障基地；山地生物资源是我国生物多样性发展的主要区域，是我国重要的动植物基因库。根据中国科学院的山区发展报告，我国约有 90%的森林、85%的国家级资源位于山区。全国主体功能区划中所划定的全国 25 个重点生态功能区中有 16 个位于山地，其中主要集中分布在我国地理上一、二、三级阶梯等大地貌单元的过渡带

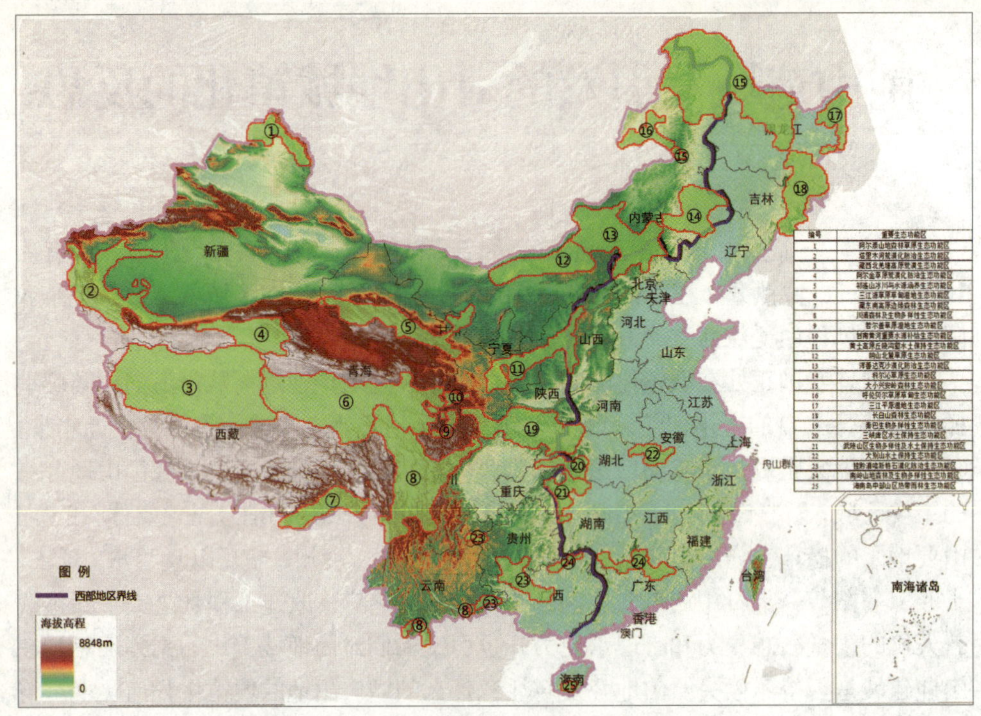

图 1　我国重要生态功能区在山区的分布示意图

的山区（图 1）。①因此，山地承载着特殊的生态服务功能，在为国家发展提供生态安全保障上有其独特的战略地位和作用。近来，城镇化、工业化快速发展中城乡环境的保护问题引发人们的持续关注，人们担心在沿海产业转移的同时是否把污染企业也转移到了生态更为敏感的山地，转移到了西部上风口、水源头，跑到了黄河、长江的上游。

就局部区域而言，虽然“削山、填沟、造地”，可以整理出大片建设用地，但大规模“削山造城”不仅会破坏自然的山水肌理，而且还会破坏原有的水文与地质环境、动植物生境，使原生山体、水系、生态系统遭受重创。由于一些地区削山填谷、毁林造地，导致山地大面积消失、森林覆盖率大幅度降低，水土流失加剧，人们担心从长远来看有可能会引发河流干涸、地质灾害爆发、环境污染、生物多样性减少、局地气候异常等生态危机与灾难，造成难以逆转的损失。[2]

① 我国地势西高东低，地形地貌的分布呈现明显的阶梯形特征，西南部的青藏高原，平均海拔在 4000m 以上，为第一阶梯。大兴安岭—太行山—巫山—云贵高原以西到第一阶梯之间为第二级阶梯，海拔在 1000 ~ 2000m 之间，主要为高原和盆地。第二阶梯以东，海平面以上的陆地为第三级阶梯，海拔在 500m 以下，主要为丘陵和平原。

焦点二：对山地人居安全的关注与争议

在我国山区的城镇化过程中，地质灾害问题不容忽视。《全国地质灾害防治“十二五”规划》中相关数据表明我国目前已发现约23万处地质灾害隐患，其中需要治理的滑坡泥石流有2.8万处，而特大型地质灾害隐患点有1800多个，这些灾害点主要位于我国的山地区域。山地地质环境相对复杂，随着人为活动的加剧，山地灾害出现的频率及破坏力有增加的趋势。目前，山地灾害已成为我国除偶发特大地震外的第一大自然灾害。[3]

2012年5～7月，我国西南多个地区爆发大型的泥石流灾害，包括甘肃省岷县山洪泥石流、四川宁南县泥石流、云南省景谷县泥石流洪涝灾害等，死亡和失踪人数合计超过百人。2012年9月云南彝良地震共死亡81人，其中由于山体滚石（崩塌）直接致死61人，由地震引发的次生地质灾害无疑成为导致严重人员伤亡的主要原因。频发的山地灾害事故警醒我们，山地城镇应如何建设，山地区域城镇建设是否应该大规模“上山”，需要重新审视。①

焦点三：对发展内生动力缺失的关注与争议

发展的内生动力的缺失是山地城镇化中的一个令人担忧的普遍现象。根据国家统计年报相关数据分析，“十一五”期间西部12省区市固定资产投资平均增速为28.2%，平均投资规模达16480亿元。②可以发现，在产业发展之中，这些省区市主要依托原矿资源输出、房地产开发、基础设施建设形成的外力拉动，以外源拉动式发展为主，缺乏依托自身资源环境优势形成的可持续发展的经济能力。一些山地城镇在发展中，土地的城镇化水平远远超越了人口和经济的城镇化水平。在缺少强有力的实体经济支撑的情况下，山地区域城镇发展的时序、进度该如何把控，花费巨大成本移山造地所建之城是否会成为“空城”和“鬼城”，并给政府带来巨大的财务风险，这成为关注和争议的又一焦点。

焦点四：对特色文化与景观流失的关注与担忧

自古以来，山地先民在山地人居建设中，注重结合自然，因地制宜，城镇或倚山为背景，或镇山为基座，造就出跌宕起伏、变幻多姿的空间，形成了山城共生、城绿交融的独特山地城镇风貌和人居环境形态。山地也是我国少数民族的聚居区和多元民族文化的富集地。长期以来，由其生存的独特的自然环境、生产生活方

---

① 数据来源于云南省地震局《彝良地震严重人员伤亡原因分析》，2012年9月10日的统计数据。

② 数据来源于国家统计局《“十一五”经济社会发展成就系列报告之四》。

式和社会文化传统共同孕育了极具特色的山地人居环境系统和多姿多彩的民族文化。据联合国教科文组织、文化部对我国物质和非物质文化遗产的调查统计，由于发展中各种因素的冲击和影响，我国文化遗产正在以每年 0.2%的速度消失。[①]人们担心随着大规模的移山建城，导致原生的山水环境、山水城人的和谐关系遭到难以挽回的损失与破坏，担心在山地经济发展的同时山地特有的文化资源、景观资源会在不知不觉中湮灭和消失。

焦点五：对唯经济增长的政绩考核导向的关注与担忧

山地生态脆弱地区大多是自身经济相对落后的区域，很多都是省级甚至国家级的连片贫困地区，财力匮乏，有的甚至连基本运转都存在困难，难以依靠自身力量来保障生态建设和环境保护所需要的足够的资金投入。同时，在沿海先富起来的效应带动下，当地政府、民众有着十分强烈的提高生活水平、改变贫穷落后面貌的愿望和诉求。与此同时，我国长期以来一直按行政区制定区域政策，多以经济增长为主要考核目标，没有建立按规划目标实施的差异化的政府工作绩效评价体制和区域生态补偿机制，因此在目前财政分成、政绩考核体制下，各级政府都有着巨大的经济发展的冲动，这也成为了本轮山地城镇“移山造地”的动因之一。人们担心尽管这些地区的政府部门大都制定了生态和资源保护的相关规划，但在实施过程中，往往从经济上的考量占据了上风，甚至出现不顾生态和人居安全上的风险搞发展，对山地城镇长期可持续发展带来重大安全隐患的现象，这也正是当前山地城镇化发展中必须面对和亟待解决的一个体制与机制难题。

二、战略意义与面临的现实困境

（一）山地城镇化的战略意义

1. 有利于优化国土开发格局，带动贫困山区的发展

我国的山地城镇大部分位于西部地区。西部地区疆域辽阔，人口稀少，是我国经济欠发达、需要加强开发的地区，我国有秦巴山区、武陵山区、六盘山区、乌蒙山区、滇桂黔石漠化区、滇西边境山区、新疆南疆三地州等 14 个连片贫困

① 据全国第三次文物普查统计，全国范围内不可移动文物仅存 91 万处，目前正以平均每年约 2000 处的速度从文化遗产目录上消失（源于 2012 年 12 月 26 日发布的程连昆教授接受央视网采访的谈话）。据此可测算年均消失速度约 0.2%。

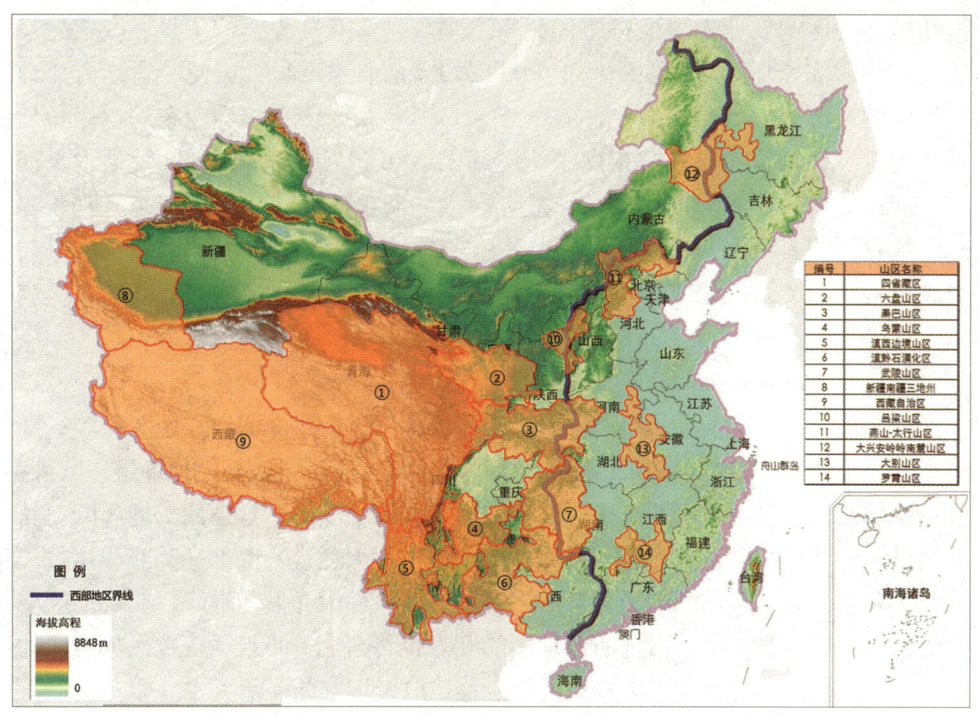

图 2　我国连片贫困地区在山区的分布示意图

地区位于山地，其中 12 个主要位于西部地区（图 2）。随着改革开放的逐步深入，国家的区域发展战略重心正在由沿海向西部内陆腹心推进。2000 年 10 月，中共十五届五中全会通过的《中共中央关于制定国民经济和社会发展第十个五年计划的建议》，把实施西部大开发、促进地区协调发展作为一项战略任务，强调："实施西部大开发战略、加快中西部地区发展，关系经济发展、民族团结、社会稳定，关系地区协调发展和最终实现共同富裕，是实现第三步战略目标的重大举措。"2010 年 6 月，《中共中央国务院关于深入实施西部大开发战略的若干意见》(以下简称《意见》）出台，这标志着又一轮西部发展的大幕拉开。《意见》指出："西部地区具有特殊重要的战略地位，承担着特殊的使命，应给予特殊的政策支持。"在此政策背景下，西部山地城镇迎来了新的大发展机遇，西部地区的发展将有利于优化国土开发格局，实现我国东中西区域协调发展，减少和消除山区贫困现象；有利于提高全体人民生活品质、构建社会主义和谐社会，推动国家在 2020 年整体实现全面建成小康社会的宏伟目标。

2. 有利于保护优质耕地，减轻城镇化对我国粮食主产区的人口、土地压力

从全国范围来看，我国城镇化发展和经济发展的热点地区仍然主要集中在东部沿海和中部平原地区，而这些地区恰恰也是我国粮食生产的主要地区，我

国城镇化地区与农业发展区在空间分布上呈现出了高度叠合的态势，城镇建设用地和粮食安全保障之间在空间上的冲突与矛盾日益凸显。因此，适度有序地开发山地资源，发展山地城镇，有利于人口产业在区域上的均衡布局，保护优质耕地，减轻城镇化对我国粮食主产区的人口和土地压力。就山区发展本身而言，让分散的山区人口向山区部分适宜建设的城镇化区域相对集中，有利于提高山地资源的集约化、规模化利用水平，促进农村剩余劳动力向非农产业转移，减少过度垦殖、放牧带来的生态环境压力，缓解农业发展中的人地矛盾，提高山区人民生活品质。[4]

3. 有利于内陆开放，促进民族团结和谐

就山地分布较为集中的我国西部地区而言，其与 14 个国家和地区接壤，陆地边境线长达 1.8 万 km，相比沿海，通过西部陆上通道可以更便捷地通达欧洲、中亚、西亚、东南亚、南亚，还可以穿过印度洋到达非洲。穿越西部地区的“丝绸之路”就曾是我国历史上第一条对外交流的国际大通道。西部也是我国少数民族聚集分布的地区。在新的历史条件下，伴随着西部大开发的进程，西部地区将会成为我国内陆开放的前沿，西部地区的开发也将会进一步推动少数民族地区的发展，促进民族团结和谐、边境地区社会稳定以及国家的长治久安。

（二）山地城镇化面临的现实困境

1. 山区发展的自然本底条件差异大

在我国山区，很多地区民间都流传着“九山半水半分田”、“八山一水一分田”或“七山两水一分田”的说法，形象地表达出了山区独特的水土资源组合关系。由于山地地貌复杂，地形起伏多变，加之受海拔、气候、生态、资源等多因素的复合作用影响，相较于平原，山区建设发展的自然本底条件差异更大，要求的工程技术措施更复杂，规划建设难度更大、成本更高，对城镇建设发展的环境适应性要求更高。

2. 山地生态与地质环境相对脆弱敏感

山地丰富的地形地貌条件，造就了山地复杂的自然生态过程与多样化生境，赋予山地生态系统多元景观与环境资源禀赋。同时，受山地起伏多变的地形地貌影响，山地生态与地质环境相对脆弱敏感，人类建设活动的加剧和自然灾害，都极易对山地生态系统造成难以弥补的损失与影响，如造成水土流失、石漠化、生态退化、物种与生境多样性丧失、自然景观和具有特殊科学价值区的破坏、山地灾害突发等。

3. 山地发展的人地矛盾日益尖锐

相较于平原城镇，我国山地城镇环境资源丰富，但可用于城镇建设的土地资源匮乏。由于地形陡峭，在一些山区，难以找到开阔平坦的地方设立城镇，部分城镇在选址建设初期，便位于地质灾害危险区范围内，埋下了安全隐患。随着城镇化的推进，部分山地城镇由于建设空间不足，开始向地质灾害危险地段拓展延伸，如向陡坡地段后靠，占用泥石流堆积扇、滑坡堆积体；向河边前靠，占用河道两侧的防护用地等。这种超环境承载力的城镇建设、大量人类工程活动对地质环境的强烈扰动，必然诱发新的地质灾害，给山地人们的生产生活带来重大损失。

由于大部分山地城镇拓展区域也是农耕地发展良好的地区，因此，山地城镇的空间扩展也同样存在严峻的人地矛盾。近年来，为减少城镇建设对农耕地的冲击，一些地方政府进行了开发利用低丘缓坡地（未利用地）的探索与尝试，提出了“城镇上山、工业上山”的口号。在宁夏回族自治区，当地政府通过对低丘缓坡地的开发利用，建设了宁东能源化工基地等多个工业园区，取得了一定的经济效益。云南省制定了“保护坝区农田，建设山地城镇”的发展战略，提出了“山水田园一幅画、城镇村落一体化、城镇朝着山坡走、良田留给子孙耕”的城乡协调发展目标。为鼓励对山地的开发建设，还出台了“用地上山”区域建设用地指标适度放宽、开发强度适当降低等一系列的政策措施。这些对山地利用方式的探索，一方面对于保护山区有限的耕地资源起到了积极作用，但是另一方面又对山地城镇的生态安全和人居安全等提出了新的挑战。

4. 贫困人口多，发展基础弱、起点低

在我国的13亿人口中，目前仍有约1.28亿尚未实现温饱的贫困人口①，其中大部分分布于山地地区。受经济水平的影响，这些地方的劳动力受教育的程度有限，许多人仅靠出卖体力为生，缺乏能够从事专门技术工作的一技之长，难以对山地城镇化和经济发展形成有力的支撑。

由于受区位偏僻，资金、人才缺乏，交通等基础设施建设滞后等因素的制约，山地城镇的发展尽管起步晚，具备一定的后发优势，但大多难以从经济上跨越初级阶段的门槛，实现高起点、低污染、低能耗、高效益的发展。

（三）转型与重构——走向可持续发展导向的山地城镇化

面对不可逆转的山地城镇化进程，立足我国山地资源环境的现实国情，按照党的十八大提出的“人口资源环境相均衡，经济社会生态效益相统一”的原则，实行发展的转型与空间的重构，是实现山地城镇化可持续发展的必然选择。

---

① 中国科学院《2012中国可持续发展战略报告》提出，中国发展中面临的人口压力依然巨大，按2010年标准贫困人口仍有2688万，而按2011年提高后的贫困标准（农村居民家庭人均纯收入2300元/年），中国还有1.28亿的贫困人口。

1. 探索特色化、差异化的山地城镇化发展路径

首先，对山地城镇的发展我们应该持更为审慎的态度，切忌搞运动式的“削山建城”和数量上的“跨越式”扩张；切忌简单照搬沿海和发达地区的成功经验，在发展速度上进行盲目攀比。在发展时序上，要强调经济发展与人口、土地的城镇化发展水平相协调；在发展方式上，山地城镇化应以规划为先导，实事求是，顺应自然，周密策划，谋定而后动。一是需要对全域资源环境进行详细的分析调查，摸清家底。二是要以空间规划为平台，通过全域规划，因地制宜地统筹配置好各种山地特色资源，通过对资源要素进行优化组合，充分发挥资源的组合优势和整体作用，进一步释放发展的潜力，实现优地优用、地尽其用，形成特色明显、优势互补的差异化发展格局。三是在资源合理配置的基础上，通过建立差别化的工作考核机制，促进各种生产和资源要素在全域充分有序流动，实现过程的调整优化。

目前，重庆、贵阳等山地城市正在编制新一轮的发展战略规划，目的是要全市一盘棋，依托辖区内各个区县自身的资源环境本底条件，围绕发展优势，突出发展重点，实行差异化、特色化发展，不搞平均主义和同质化竞争，在充分考虑城市经济社会资源、生态承载能力和潜力的前提下，坚持产业规划、人口梯次转移规划和城市规划的有机统一，最终实现整体功能的最大化。

2. 严控城镇发展的生态与安全底线

香港和重庆等山地城市的建设实践经验表明，在山区搞建设，必须坚持生态优先、人居安全优先的原则。应通过土地适宜性评价、地质灾害评估和环境影响评价，首先明确哪些地方是可以开发的，哪些地方是禁止开发的，然后再考虑怎样去建设的问题，应做到“先底后图”，循序渐进。如重庆市在 2001 年 5 月武隆县城大滑坡以后，在全国率先建立了“先评估，后规划，再建设”的严格的建设项目管理机制，将地质灾害评估报告作为规划和建设项目审批的前置条件（图 3）；结合总体规划修编，重庆市在 2006 ~ 2007 年相继编制了“组团隔离带规划”和“四山管制分区规划”等，划定了主城区生态保护的底线。四川省在汶川地震灾后恢复重建时，也提出了“避让山地灾害、避让泄洪通道、避让地质断裂带”的城镇用地选址原则。香港对申请城市开发建设的山地区域建立了严格的地质灾害风险评估制度，在具体工作中高度重视风险管理，并以现代信息技术为支撑，建立起了从规划、建设到后期管理的全过程动态跟踪管理的完善机制。

因此，要从山地城乡空间资源科学管理的角度，强化全域规划与全域空间管制。规划中既要注意对各类灾害特别是地质灾害风险进行超前识别与避让，也要注意对自然遗产、人文遗产、基本农田等不可再生的战略性空间资源进行超前识别和保护。保护有价值的自然系统，维护自然生态循环过程，引导城镇到低生态价值区发展，最大限度地降低自然灾害风险，严控城镇发展的生态与安全底线，

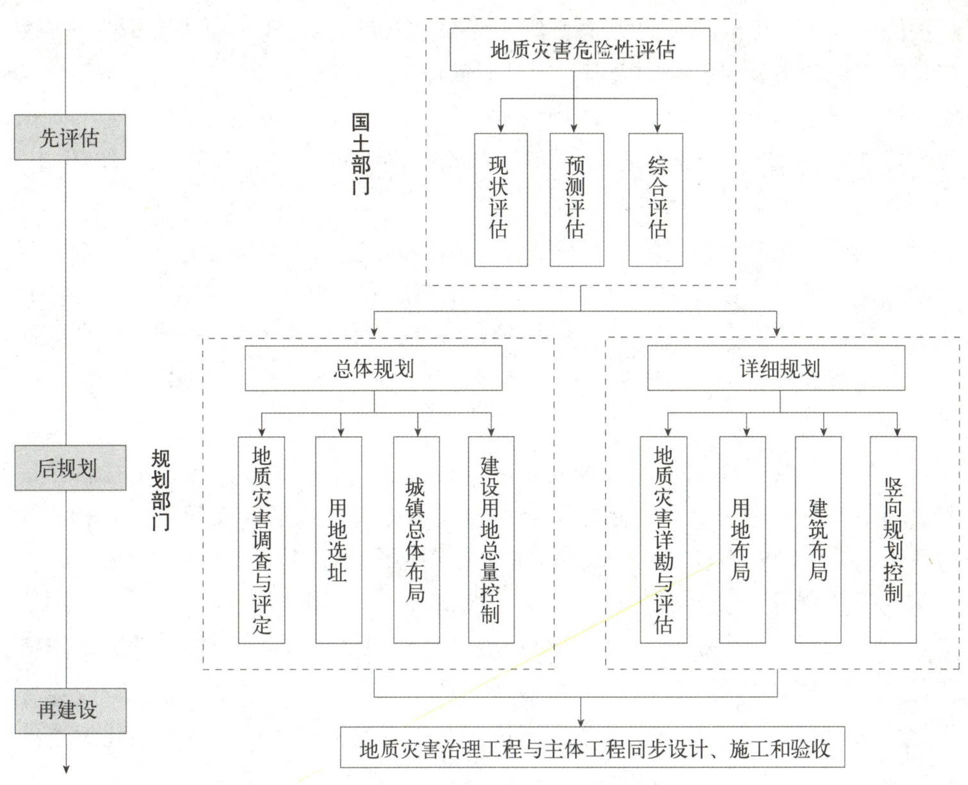

图 3　重庆市“先评估，后规划，再建设”的管理流程图

真正从源头上防范破坏与灾害。[5]

3. 传承山地城镇的自然和人文特色

2011 年全国城镇化水平已首次超过了 50%，中国社会正从农业社会加速向城市社会转型，如何在快速城镇化的过程中保持城镇的自然特色和人文特色是新时期城乡规划面临的最严峻的挑战。山地城镇往往是具有独特自然、人文禀赋的山水之城、文化名城，保护和利用好城镇的山水人文资源，彰显其独特的个性和魅力，铸造美丽中国的山城版，是我们这一代人义不容辞的历史责任。

在山地城镇规划中应重点注意协调处理好发展与保护、扩张与约束、建设与非建设的矛盾。其中，协调的关键是划好蓝线、绿线、紫线等规划“底线”，着力点就是系统全面地做好相关基础性工作，要对山地环境、山城空间关系、文脉渊源等资源环境条件作深入的透析与挖掘，明确划定哪些是禁止触碰的，哪些是限制开发的，还有哪些是适宜建设的区域，通过对规划底线的把控来引导对山地自然和人文资源宝库的保护和合理开发利用，引导山地城镇的科学发展。

由于山地城市是立体城市，空间变化多，景观层次丰富，管理难度大，所以从香港和重庆等山地城市的实践来看，加强城市设计已成为一项普遍共识，要高度重视山地城市景观风貌的管理，有针对性地开展研究和制定专门的城市设计导则。城乡规划还要在山地城镇文化资源的再发掘、资源的全面保护、资源的利用与深度开发、文化与产业发展的互动等方面下工夫，进一步发挥规划的引领作用。

4. 依托自身资源，培育内生动力

山地城镇化的健康发展离不开坚实的经济基础支撑。山地是我国资源最为富集的地区，要重点依托山地独特的区位、丰富的农特资源、水资源、能矿资源、风景名胜资源、历史文化资源、民族文化资源等发展特色经济，将资源优势转化为产业优势，并进一步转化为经济优势，实现发展主要由外力推动逐步过渡到内外力双轮驱动。

在发展中，需要注意四方面问题：一是要注意学习借鉴国内外依托自身资源发展的成功经验，做好发展策划，明确发展方向。二是要在新城拓展和招商引资中，注意以人为本，保障民生，促进生产生活设施同步配套规划建设；同时，应集约节约用地，发展绿色低碳产业，严格按照不同区域自身的生态位，明确产业准入门槛。三是以区县为发展单元，围绕自身资源环境比较优势，发展特色经济，培育多元发展动力。四是坚持城镇化与信息化、新型工业化、农业现代化相协调，在互动融合中寻求发展机会，培育发展动力，探索特色化发展的新型城镇化路径。

5. 建立区别化的规划实施政策保障体系

要从根本上避免经济发展中的冲动和“移山造城”中的盲动，实现区域统筹和城乡一体化协调发展，必须有相应的土地、财税、金融、产业、人口管理等方面的配套政策和绩效考核评价体系的强力支撑。应针对不同类型的地区，不同的资源环境禀赋，不同的规划发展主导目标，建立不同的政府工作考核指标体系，不搞“一刀切”，不搞唯“GDP”论成败。通过政策，引导政府工作乃至全社会的力量，形成分工合理、彼此协调、相互促进的差异化发展格局，实现区域整体效益的最大化。

建议可以城乡规划为空间平台，协调衔接主体功能区划、生态功能区划，形成各类规划的政策合力，推动规划目标的实现。对位于城镇中心区的旧城区可以优化、改善、提升为导向，重点考核经济发展质量、产业结构优化升级、城镇布局优化、功能完善等指标；对城镇拓展新区可以提高发展速度、提升发展水平为导向，重点考核经济增长速度、质量，城镇环境建设与公共设施配套的水平等指标；对位于城镇与区域上风、上水位的远郊区县应以生态环保为导向，重点考核水源涵养、资源保护、防风滞尘、绿色产业发展等指标；对于拥有国家禁止开发的世界自然与文化遗产、国家和省级自然保护区、风景名胜区、森林公园、历史文化名镇、名村、街区等的区县，则应以生态和文化价值为导向，将资源的有效保护和利用作为主要考核目标。同时，还应建立受益地区对生态脆弱地区的生态补偿机制，体现发展机会的均衡性与公平性。

（四）结语

尽管时下的“削山造城”已不存在技术层面的“近忧”，但这种地貌“变脸”引发的生态、人居安全、环境等一系列问题的“远虑”却在提醒我们，对待山地城镇化必须保持理性的头脑和科学的态度。山地城镇化是我国区域城镇化战略的重要组成部分，目前山地城镇的发展正方兴未艾，相较于平原城镇，发展中的矛盾更加错综复杂。由于种种原因，目前关于山地城镇化的研究还很薄弱，难以对山地城镇化的实践提供有力的理论和技术支撑，这在一定程度上也制约了山地城镇化的科学发展。山地城镇的发展事关我国区域发展战略的全局，也在一定程度上影响着东部、中部地区的发展和全国的城镇化进程。我们期待，通过全社会和业界同仁的共同努力，探索出一条符合山地城镇发展特点的长期稳定、健康可持续发展的新型城镇化路径，在山地城乡发展中真正实现“生产空间集约高效、生活空间宜居适度、生态空间山清水秀”的美好愿景。

参考文献

[1] 王丽娟．削山造城缺远虑 现代“愚公”须防愚[N]．中国改革报，2013-01-24．

[2] 刘道彩．“削山造城”的风险谁来担[N]．中国青年报，2013-01-31．

[3] 中华人民共和国国土资源部． 全国地质灾害通报（2005、2006、2007、2008、2009、2010、2011年）[R/OL]．中国地质环境信息网（http：//www.cigem.gov.cn/）．

[4] 王凯，李浩． 山地脆弱人居条件下的城镇化之路[M]// 中国科学技术协会，重庆市人民政府主编．山地城镇可持续发展．北京：中国建筑工业出版社，2012．

[5] 彭瑶玲，曹春霞． 我国山地城镇建设中地质灾害防治的规划对策与建议 [M]// 中国科学技术协会，重庆市人民政府主编．山地城镇可持续发展．北京：中国建筑工业出版社，2012．

（撰稿人：彭瑶玲，重庆市规划设计研究院，正高级工程师，副院长，总工程师；曹春霞，重庆市规划设计研究院，高级工程师，研究所副所长）

大拆大建与历史文化名城保护

近年来，一些历史文化名城的文物古迹和历史建筑遭到各种破坏的事件，引发国内主流媒体和新网络传媒的高度关注，成为舆论的热点话题。一时间，“维修性拆除”、“保护性拆除”、“古城复兴”、“风貌重现”成了社会热词，以文化遗产为关注对象，再次引爆文物古迹和历史文化名城保护的相关话题。简要回顾和梳理一下 2012 年前后发生在各地并在社会上引起巨大反响的文化遗产破坏事件，的确令人触目惊心。

2011 年 11 月，长沙老城区万达广场施工现场发现 120m 古城墙，由文物专家判定：古城墙历经南宋、元、明、清四个朝代叠加修建，是城市发展的历史地标，经相关利益方的博弈市政府最终采纳原址保护与异地迁移相结合方案，只将其中 23m 的古城墙原址保留，用玻璃防护罩密闭保护建设遗址博物馆，另外 100m 被整体切割搬迁走。其后，于 2012 年 7 月在长沙华远集团中心项目工地发现同时代城墙遗址，其处理方式也基本相似。有媒体惊诧：这段千年古城墙没能挺过“2012”。

2012 年 1 月，在北京旧城，华润集团富恒房地产开发公司在“未经报批”的情况下，违法拆除了位于北总布胡同 3 号的梁思成、林徽因旧居四合院建筑。此旧居为此前媒体和王军等文保人士广泛关注、呼吁保护的文保点，尤其是开发商以采取“维修性拆除”方式的说法引发社会各界的强烈质疑。

2012 年 2 月，蒋介石“重庆行营”被拆除引发网友关注。据当地有关部门解释，当时正在进行的施工是这项文物保护项目的一部分，2012 年 8 月将在原址进行文物复建，修好后的行营将作为抗战历史陈列馆。蒋介石“重庆行营”属于民国时期典型的中西合璧建筑，作为重庆市重要的抗战遗址，旧址在 2009 年被列为市级文物保护单位。

2012 年 10 月，上海市已列为全国文物“三普”、被登录的文物点清代民居“沈宅”，建筑的大部分被房地产开发公司强行拆除。该传统院落建筑由福建船商在清朝咸丰年间建成，为早期石库门公馆建筑的代表。

2013 年初，南京连续 6 座六朝时期的古墓毁于施工方的挖掘机之下。4 月 9 日，又是在南京，一座宋代墓葬又在施工工地被毁。

自 1982 年实施《文物保护法》和国务院公布历史文化名城以来，我国文物保护和名城保护的法律法规体系逐步完善，保护规划的编制与实施为文物古迹和历史名城的保护提供了依据，各级政府和社会各界对历史文化遗产的保护利用等也是空前关注。可就是在这样的情形下，还是出现了令人遗憾和无法弥补的建设性破坏事件，这是需要人们深刻反思和高度警惕的。

一、名城保护 30 年成绩与问题并存

1982 年 2 月，国务院公布北京等 24 个城市为第一批国家历史文化名城，标志着国家历史文化名城保护制度的正式设立。如今，历史文化名城的数量在前三批公布了 99 个，2000 年之后开始增补新的名城，直至 2013 年 2 月增补泰州为止，国家历史文化名城总数累计已达到 120 个。一方面，经过 30 年的不断努力，我国历史文化名城保护事业逐渐受到社会各界重视，国家及地方出台了一系列名城保护的相关条例。历史文化名城保护在理论和实践方面都积累了一些富有中国特色的宝贵经验，名城保护的内容也由文物保护向及历史文化街区等历史环境保护延展，由城市历史格局的维持向城市文脉特色延续等方面不断拓宽。一些历史文化名城通过文化遗产保护和历史街区保护整治，在改善人居环境、凸显城市特色、传承文化传统等方面都有所作为和创新发展。

另一方面，如前所述也发生了不少令人遗憾的文化遗产破坏事件。基于这样的背景情况，2011 年年末至 2012 年年初，为了贯彻党的十七届六中全会精神，落实《历史文化名城名镇名村保护条例》的要求，全面总结 30 年来历史文化名城的保护工作，住房和城乡建设部、国家文物局组织开展了国家历史文化名城保护工作检查。检查结果显示，名城的数量和保护资金的投入虽在不断增加，但名城整体的保护状况却不尽如人意，正如住房和城乡建设部仇保兴副部长在《中国名城》上发表的“中国历史文化名城保护形势、问题及对策”一文中所指出的，名城保护工作面临的问题主要表现在：①一些地方决策者对保护工作的重要性认识不足，指导思想错误，片面追求城市土地的经济价值，追求土地拍卖的高效益、高回报，忽视持续的文化价值；忽略历史与环境协调；以旅游开发来代替名城保护；拆真遗产、建假古董。②法规不健全，有法不依，执法不严。③保护规划编制滞后，规划实施不严。④管理体制不顺，监督管理不到位。⑤利用方式错误，旅游开发性破坏问题突出。⑥保护资金投入不足，制约了保护工作的开展。

而据 2012 年 8 月公布的全国人大常委会执法检查组关于检查《文物保护法》实施情况的报告称，近 30 年来，全国消失的 4 万多处不可移动文物中，有一半以上毁于各类建设活动。与文物的保护状况相比，历史建筑、历史文化名城保护的境况似乎更加糟糕，简单拆除、粗暴改造等案例可是说比比皆是。也就是说，由于快速城市化和大规模旧城改造的强力推进，不少历史文化名城的历史文化街

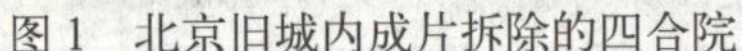

图 1 北京旧城内成片拆除的四合院

图 2 上海被拆毁的三普文物点“沈宅”

区和整体环境风貌都遭到相当严重的破坏（图 1、图 2）。

相对于历史文化名城名镇的破坏现象，历史名村和传统村落的破坏也是无法回避的一个重大问题。一些地方在大力推进城市化的进程中，以牺牲农村为代价，甚至是以消灭农村为目标来人为地推进城市化（准确地讲可能只是城市房地产的快速开发），导致乡村环境遭受严重的破坏成为普遍现象。面对这一严峻局面，一些有识之士也在不断地发出呼吁，2011 年 9 月 6 日，在纪念中央文史研究馆成立 60 周年座谈会上，文史馆馆员、中国文联副主席冯骥才就向温家宝总理直陈了古村落保护的严峻形势，对此温总理非常严肃地指出：“工业化、城镇化过程中对于物质遗产、非物质遗产以及文化传统的保护，我觉得存在三个问题：第一，就是现在有些地方不顾农民的合法权益，搞强制拆迁，把农民赶上楼，丢掉的不仅是古村落，连现代农村的风光都没有了。农民失去的是土地，这件事情远远超过文化的保护。第二，就是我们在城市建设中，从新中国成立以来，我们应该吸取的一个很深的教训，就是拆了真的建了假的。大批真的物质遗产被拆毁，然后又花了很多的钱建了许多假的东西。第三，就是城市的设计不是从这个地区文化的特点出发。这个问题恐怕要引起我们高度重视”。显然在这其中，农村地区聚落的消失和村落的“空洞化”问题，对文化遗产的保护与传承的影响最大，乡村的终结可能给中国传统文化带来灭顶之灾，中国传统文化之根在农村，并与农业生产和农村乡土环境密切相关，随着城市化的快速推进，农村居民点的剧烈减少和古村落的消失，对传统文化生态的破坏必然是巨大且无法挽回的。

二、大拆大建对名城保护的负面影响

上述这些近年来发生的、由旧城改造和房地产开发给历史文化名城的保护带来的“建设性破坏”，其背后最大的“推手”恐怕还是地方政府对“土地财政”的过度依赖。在一系列的“建设性破坏”行为中，首当其冲的就是那些法定保护地位不高的“不可移动文物”和保护身份不够明确的历史建筑和历史文化街区。不可移动文物和历史建筑，主要包括与土地直接相关的具有一定历史文化价值的建、构筑物等。这类文物和历史建筑的形成与存在，与土地和环境关系密切，土地权属和土地利用方式的改变，必然会带给历史建筑及历史风貌相应的影响。而大规模的旧城改造和土地批租出让，土地使用性质和建筑利用方式的巨大变化，将直接破坏文物古迹和历史建筑，或者间接改变文物古迹和历史建筑的周边环境，给包括文物古迹、建筑群、历史地区在内的城市历史环境保护带来严重挑战。

20 世纪 80 年代末开始，国内城市开始对住房和环境问题严重的旧城区进行成片的改造更新。经过短暂的快速推进，2000 年以后逐渐演变为城市追求土地经济效益最大的项目角逐。面对旧城改造引发的诸多城市问题，有主管部门称在城市建设中并没有推行过旧城改造政策。事实上，在城市更新实践中基本是以危旧房改造的方式进行，但随着改造规模的扩大，一定规模的成片的危旧房改造，也演变为实实在在的旧城改造了。并且，在快速推进旧改进程中基本不会区分“危房”与“旧房”的差别，甚至对有一定历史文化价值的旧房，本应当进行抢救修缮的历史建筑，采取彻底拆除、推倒重来的方式简单处理了。

显然，在城市开发建设过程中土地成为了最大的商品，即便城市土地国有的所有权关系并没有改变，但土地使用权的市场化，带给地方政府巨大的经济收益，成为经济发展巨大的动力。而且，由于历史城区所处区位的优势，往往又成为商业开发的“热土”，房屋动迁和旧城改造成为地方政府的工作重点，而旧城区范围内存在的文物古迹往往就变成这些房产开发者的眼中钉。时至今日，如果说地方官员和开发商不懂得历史建筑的价值和保护文化遗产的意义是不可能的。而多数的情形恐怕是面对文化价值与经济利益、长远目标与近期效益、整体利益与局部效益时，他们往往会选择后者。

据媒体相关报道称，各城市政府的基础设施的投入在不断增加，其主要来源不外乎依靠市场来化解，或通过土地储备的增值收益来解决。而长期和过度依赖旧城改造增加土地收益，对历史城区的整体环境和城区交通等基础设施会带来巨大的压力，也会加剧城市发展中出现“不平衡、不协调、不可持续”等突出问题。

住房和城乡建设部颁布的《城市紫线管理办法》虽有在历史文化街区内不得进行开发行为的相关规定，但该办法属于部门规章，约束力很低，而且，针对违法行为也没有制定严厉的处罚规定。因此，在现实中，对文物古迹和历史城区破坏的局势依然没有彻底改变。如果文物古迹、历史建筑和历史街区及其所在的土地和环境的文化价值得不到认同，公共资源属性得不到保障的话，全社会保护城乡文化遗产、整体保护历史环境等文化发展的战略目标就难以实现。

三、不能忽视古城重建带来的“保护性破坏”

相对于旧城区大拆大建对历史环境造成的“建设性破坏”，最近几年兴起的“复古”浪潮，又对文化遗产造成“保护性破坏”，这样一种重建古城形式带给历史文化名城原真性和完整性方面的破坏，具有较大的隐蔽性，其危害似乎还没有得到保护界专业人士的广泛认同。在城市遗产保护依然举步维艰的情况下，人们看到从聊城、大同、开封，再到台儿庄、凤凰，一个个城镇加入了古城复建的行列，可谓前赴后继，乐此不疲。这一壮观景象正如 2012 年 11 月《南方周末》记者发表的“三十古城上演重建风，‘名城’称号骑虎难下”专题报道中所描述的：“拆旧”和“仿古”的大戏正在中国城市加速上演。一边，部分“中国历史文化名城”岌岌可危，历史文化街区频频告急；一边，55 亿元再造凤凰，千亿元重塑汴京，仿制古城遍地开花。这一切正成为中国城市化进程中的独特风景。

一些城市通过大拆大建，希望能够再造古城、重现辉煌、回到过去，一些影响比较大的项目包括：

回到“明代”。2012 年年底，大同古城墙即将合龙，投资 500 亿元的古城再造正令这座城市再现明代风华（图 3）。

图 3　大同恢复重建的仿古城墙和城门楼

回到“宋代”。2012 年 8 月，河南开封爆出千亿元打造古城新闻，力争四年内重现北宋汴京繁华。

回到“春秋”。2012 年年初，山东肥城“春秋古城”项目开工奠基，计划总投资 60 亿元，占地 2200 亩。

回到“上古”。2011 年 9 月，江苏金湖尧帝古城开建，项目占地千亩，总投资 30 亿元。

在国家历史文化名城大检查之后，推倒重来的聊城已经成为了名城保护方面的负面典型案例。早在 2012 年 6 月在北京召开的“纪念国家历史文化名城设立三十周年论坛”上，住房和城乡建设部仇保兴副部长就直接点名痛批聊城等历史文化名城“拆真名城、建假古董”的行为，那些所谓的古城风貌是由“成片历史街区被拆掉，统一建仿古建筑，一个设计图纸、一个时间建出来的”。

2012 年 11 月，住房和城乡建设部、国家文物局发布《关于对聊城等国家历史文化名城保护不力城市予以通报批评的通知》，山东省聊城市、河北省邯郸市、湖北省随州市、安徽省寿县、河南省浚县、湖南省岳阳市、广西壮族自治区柳州市、云南省大理市等国家历史文化名城，“因保护工作不力，致使名城历史文化遗存遭到严重破坏，名城历史文化价值受到严重影响”被通报批评，并要求“尽快采取补救措施，提出整改方案，完善相关保护制度，坚决制止和纠正错误的做法，防止情况继续恶化”。历史文化名城保护应当科学规划、有序推进，像聊城基本抛开已经编制完成的“古城区保护与整治规划”，将老城区范围内的除全国重点文物保护单位光岳楼之外的旧建筑全部拆除，计划统一新建仿古建筑。这种以保护的名义开展恢复古城风貌的做法，是一种新形式的大拆大建，既没有遵守历史保护的原真性和完整性原则，又给城市建设发展带来了财政负担（图 4 ~图 7）。

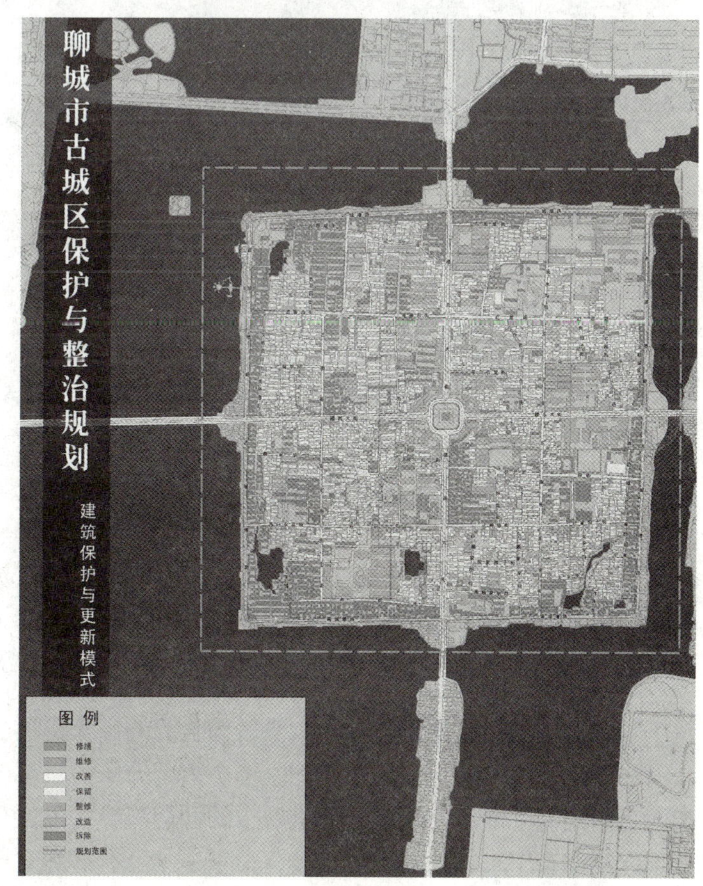

图 4　聊城古城区保护与整治规划图（紫色为改造、灰色为拆除）

图 5　聊城古城区局部鸟瞰（拆除前）

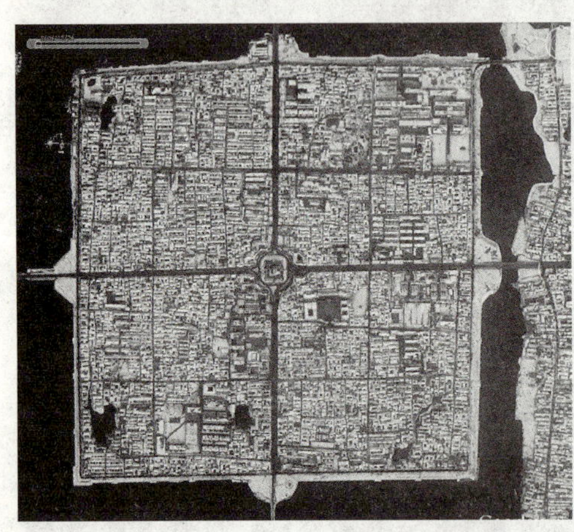

图 6　2004 年聊城古城区地图

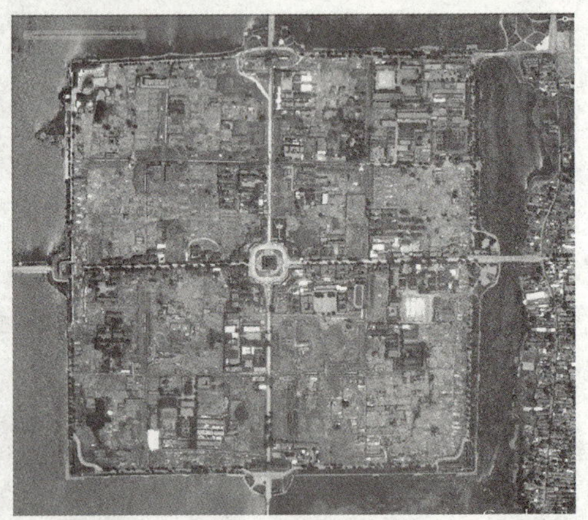

图 7　2011 年聊城古城区地图(google earth 截图)

历史文化街区，本来就是由大量较为普通的历史建筑、传统居住建筑构成的具有一定地方特色的生活居住街坊。历史街区的保护，不仅要保护文化遗产，还要改善市民的生活居住环境，促进城市的社会经济发展。今天，在大规模的旧城更新之后幸存下来的一些历史街区，由于多年没有得到实质性的维修、维护，建筑破败、设施老化现象比较普遍。现在，一些地方把它们作为“危旧房”进行彻底改造，街区的历史特征和城市文化的“底”被完全毁灭了，旧城的原有居民和城市生活消失了，传统文化的保护传承和城市文化的复兴繁荣恐怕将更为困难；还有一些地方历史街区是将现存的老旧建筑全部拆除之后重建仿古建筑，“拆真造假”，形成了新一轮的“保护性破坏”。真正的历史文化街区是不同历史时期、不同文化背景和不同生活方式所孕育出来的，与一个复古打造的“形似”建筑群不同，其深厚的历史文化积淀是无法复制和简单再现的（图 8）。

图 8　台儿庄古城繁荣街改造前后对比

此外，由于保护意识不强，还出现很多匪夷所思的破坏行为，例如，安阳为了满足机动车通行的需要，在古城内开辟出两条大道，破坏了历史城区的传统格局。大理古城，在城区东北角建设了一座名为“大理之眼”的巨大的演艺功能建筑，严重破坏了古城的整体风貌。丽江、凤凰一些过去在历史文化名城保护方面做得比较好的名城，近年来的旅游开发和房地产开发方面也有失控之趋势。出现了如国务院［2012］63 号文中所指出的“有的地方违法转让、抵押国有不可移动文物，将国有不可移动文物作为企业资产经营，过度开发利用文物资源，导致文物破坏或损毁，甚至擅自拆除文物古迹和历史文化街区、村镇以及历史建筑等问题”。

总之，这一轮的古城重建开发行为，明显存在“盲目跟风、一哄而上”的趋势。假遗产保护之名，借文化繁荣之机，大规模全面的古城重建，甚至“拆真造假”的做法，违背了文化遗产的保护原则，会对古城的历史风貌造成最彻底的最后破坏。而且，短期内打造形成的仿古的建筑群能产生多大的吸引力，这种新的同质化“古城风貌”是否能够维持旅游的热度恐怕也是未知数。然而，城市政府为此类宏大的“复兴”工程而遗留下的巨大债务问题在短期内也是难以有效化解的。

四、加强和完善名城保护机制的若干建议

1. 亟待强化对历史城区的整体保护

历史城区是历史文化名城的重要组成部分，其保护与发展问题不可能局限在历史城区空间范围内解决。需要通过总体层面的规划措施为历史城区的保护创造条件，这一点对于特大城市、大城市尤其重要。历史城区内单个小片区的保护行动，能够带来局部的改善，但是区域宏观结构不合理却会造成开发压力和环境矛盾，所以还必须从更大的城市区域范围内寻找保护与发展的协调之道，通过历史城区与周边地区的整合，统筹解决古城区的历史遗留问题。

一些历史文化名城以为只要保护好城区内的重点文物保护单位，认为历史文化街区和其他历史建筑皆是可以随意拆除的非法定保护对象，导致在名城保护中出现重大失误。事实上，早在 1982 年国务院公布第一批名城的文件中就已明确指出:“对集中反映历史文化的老城区、古城遗址、文物古迹、名人故居、古建筑、风景名胜、古树名木等，更要采取有效措施，严加保护，绝不能因进行新的建设使其受到损害或任意迁动位置”。2008 年国务院颁布施行的《历史文化名城名镇名村保护条例》中就明文规定“历史文化名城、名镇、名村应当整体保护，保持传统格局、历史风貌和空间尺度，不得改变与其相互依存的自然景观和环境。”

城市化和城市建设规划，必须充分考虑历史文化、社会和谐、自然生态和可持续发展等多种目标的整合推进，应在城市可持续发展框架下加强历史城区的整体保护。与此同时，在推进城市文化大发展大繁荣的进程中，应将城市遗产保护利用规划纳入到文化发展的宏观政策中，并作为其中的基础性工作。地方政府应强化文化遗产保护政策制定和执行，将历史城区保护维护、生活环境文化营造提升、地域特色文化的培育维持作为城市大文化的组成内容，科学规划管理，鼓励公众参与，并持之以恒地有序推进。如果只是把城市土地作为开发的资源或资本对待，以经济效益为中心的建设发展目标不改变的话，哪怕开发建设避开了重要的文物古迹、历史街区，对新发现的地下埋藏文物和其他历史城区进行破坏的事情还会不断发生。而且这样不顾自然环境和历史遗产的开发建设也不会给城市带来好的结果。

2. 必须在城乡规划中强化遗产保护管理

需要在城乡规划中进一步完善和强化遗产保护的规划管理。城市文化遗产保护管理规划，不仅包含针对文物古迹和历史建筑的保护、修缮，针对历史文化街区的整治、改善，针对历史城区传统格局和历史风貌的保持、延续，在更大范围的尺度上，还应包含针对城市空间格局和历史性城市景观的控制、引导，诸如文化线路、文化景观、文化生态区以及非物质文化遗产的积极保护。需要通过修订

《文物保护法》加大对文物资源和历史建筑的保护力度，也就是新发现的地下文物、文物古迹、传统风貌建筑、近现代建筑等，这些暂时还没列为各级文物保护单位（没有身份）的文物资源，需要直接公布保护，而不是等到评估、认定、公布之后再进行保护。可以在法律中增加“优先保护”的条款，新发现的文物资源（无论是考古发现还是各种开发建设中的发现）由专家委员会紧急认定后采取相应的保护措施；或者赋予各级文物管理部门，公布文物保护单位临时名单或暂定名单的权力，对特殊情形的文物资源经专家委员会评估认定后文物局公布暂定文物级别，参照相应级别的文物保护单位或历史建筑进行保护管理。

城乡文化遗产保护管理规划应从整体上考虑各种有形和无形的文化遗产彼此之间的关系及其相互影响，从历史演进过程和整体风貌保护的角度制定保护体系框架以及相应的可操作的措施。通过对文物古迹、历史建筑以及历史文化资源的合理利用、适度开发，传承地方的传统文化，保护和维持城乡历史环境、传统风貌和地域特色，改善历史文化街区的居住条件，实现经济、社会和环境的全面可持续发展。譬如，面对古村落和乡土环境的快速消失现象，在已公布五批 169 处中国历史文化名村的基础上，2012 年年底，住房和城乡建设部、文化部、财政部又联合公布了第一批 646 个“中国传统村落”的名单，对大拆大建可以起到一定的遏制作用。但如何有效切实地保护传统村落，让古村落“活”起来，还需要各级政府将村落保护纳入发展策略之中，坚持整体保护和积极保护的原则，通过资金投入、政策配套和鼓励民众参与，实现可持续发展框架下的传统村落活态保护和有效利用。

此外，从城镇总体规划、控制性详规直至项目选址各个环节，特别是重大基础设施和公共设施建设选址都要关注城乡文化遗产的保护，在城市的历史城区名镇名村的保护范围内应严格控制土地批租和大拆大建的习惯做法。以工业遗产保护复兴为例，近年来在住房和城乡建设部和国家文物局发布的相关文件精神指导下，不少大中城市逐步开展了针对工业遗产的调查、评估和保护规划工作，并在工业遗产地区的更新方面也有一些实践探索。相对比较成功的项目大多集中在工业建筑单体的再利用改造上，其他还有部分城市的创意产业园区的做法也得到较多的肯定，但整个工业地区和工矿生产地带在遗产保护、生态修复、经济复兴和适宜人居等诸多方面实现综合效益的情况还不多见。工业遗产的保护复兴和工业遗产地区的更新、改造和再生，应充分考虑包括产业工人在内的地区居民的生活诉求，维护地区的生态环境和工业空间文化的多样性，积极发现工业遗产地区中最基本和稳定的特征以保护地区的场地特色和场所精神。显然，如果在促进城市转型发展的政策中缺乏应有的制度安排，在城市总体规划和地区再开发规划中没有统筹考虑的话，则很难做到实现工业遗产地区和历史城区真正的全面复兴。

3. 需要寻找更有效的保护管理工具

西方国家历史城市保护的成功经验告诉我们，从单体文物建筑保护发展到历史地区的成片保护，需要从着重于简单的控制性保护规定转变为注重历史街区功能的振兴发展的综合性策略，并与未来的土地利用规划、城市交通系统、地区人口及社会结构等统筹协调。通过制定更有针对性的、地方性的保护政策，更加注重提高城市管理水平来振兴城市的历史文化街区。保护工作的重点放在促进投资和推动地方经济的发展方面，从而为历史街区的保护和改善提供所需的经济和财政支持。当然，任何城市的历史街区振兴都需要审慎地考虑城市文脉与历史环境，必须处理好无法阻挡的经济发展需求与必须切实展开的历史景观保护之间的矛盾。

近年来，在国际文化遗产保护领域，“历史性城市景观”（Historic Urban Landscape，HUL）成为联合国教科文组织（UNESCO）关注的重要方向。历史性城市景观最初用于专门讨论历史城市面临的高层建筑等开发压力问题，2005年5月通过的《维也纳备忘录》，倡导在城市保护与现代城市建设和发展之间建立全面、和谐的关系。之后在世界遗产中心的组织下，全球范围内对历史性城市景观保护展开讨论。历史性城市景观理念拓展了传统城市遗产保护的概念、范畴和涉及领域。2011年11月，联合国教科文组织通过了一份关于城市保护的国际新建议——《关于历史性城市景观的建议》，建议中提出的历史性城市景观方法不只是针对世界遗产城市，也适用于一般历史城市。历史城市是人与自然长时间相互作用、人类社会不断发展的结果，同时仍然处于动态变化中，如何干预和管理历史城市的发展变化，使其能够符合遗产保护的价值标准是城市规划和遗产管理的重点所在。

总之，在城市进入转型发展的关键时期，我们需要反思过去30年中一些不可持续的开发理念和建设方式，在城市可持续发展的大架构下，以科学发展观为引领探索历史名城保护的有效途径，认识到历史名城保护对于城市转型发展、创新发展的积极作用。国际上历史性城市景观保护理念，有助于我们在历史文化名城整体性保护、城市特色风貌维护塑造等方面，积极探索城市规划设计和城镇景观管理制度的完善与整合，推动历史文化名城保护迈向更加积极和更为全面有效的历史时期。

参考文献

[1] 国务院 . 关于进一步做好旅游等开发建设活动中文物保护工作的意见（国发 [2012] 63 号文）[Z].2012 年 12 月 19 日 .

[2] 仇保兴 . 中国历史文化名城保护形势、问题及对策 [J]. 中国名城，2012（12）.

[3] 魏士整理 .2012：文化遗产的那些伤逝 [N]. 中国文物报，2013-01-25.

[4] 张松 . 土地财政，致文化遗产遭到“建设性破坏”[N]. 中国文化报，2013-02-21.

[5] 张松 . 历史文化名城保护的制度特征与现实挑战 [J]. 城市发展研究，2012（9）.

[6] 史蒂文·蒂耶斯德尔，蒂姆·希思著 . 城市历史街区的复兴 [M]. 张玫英，董卫译 . 北京：中国建筑工业出版社，2006.

（撰稿人：张松，同济大学城市规划系教授，上海同济城市规划设计研究院轮值总规划师）

实例篇

编者按：本篇章主要通过具体实例介绍城乡规划工作领域的重点技术创新、实践活动的新进展等。今年案例的选择主要考虑对全国城乡工作具有较好示范作用的项目。“十八大”提出了建设“美丽中国”的发展目标,规划建设“美丽乡村”也成为当代城乡规划工作者的历史责任。上海世博会的成功获得了国际社会的高度好评，世博园区的会后发展如何成为上海城市的“新引擎”再次受到社会的广泛关注。本篇章通过介绍江苏省的“美丽乡村”和上海世博园区的会后发展方面的规划建设实践，希望给大家以启示。

“美丽乡村”的江苏规划建设探索

引言

城镇化的两头联系着城镇与乡村，但是城市规划专业从产生起就聚焦于城镇，旨在引导城镇化、工业化进程中的城镇理性规划建设，而对乡村关注不够。虽然中国是个传统的农耕文明国家，但是中国的城市规划同样对孕育了中华农耕文明的乡村研究不够。受中国城乡二元结构的深刻影响，中国城镇和乡村的规划建设存在着巨大的差异。

“十八大”提出了建设“美丽中国”的发展目标，并明确指出城乡发展一体化是解决三农问题的根本途径，如何按照国家部署探索推进城乡发展一体化，规划建设“美丽乡村”是当代城乡规划工作者的历史责任。

江苏作为经济社会先发地区，近年来，围绕城乡统筹规划、乡村规划建设和乡村人居环境改善等方面，作了一些积极的探索。但是相对于乡村这个广泛而深厚的领域，相对于建设“美丽乡村”的历史重任，我们的工作仅仅是起步的努力。正因如此，我们将有限的探索整理出来，旨在抛砖引玉，引发全国同行对乡村的更多关注，共同探索适合中国乡村特点、反映当代农民需要的乡村规划建设模式。

一、2005~2008 年“城乡规划全覆盖”的率先探索

基于对城乡规划引领作用的高度重视，江苏省于 2005 年起在全国率先推进“城乡规划全覆盖”行动，旨在使江苏省内城与乡的“每一块土地都有规划可依，不留下空白，每一个项目都可以按照规划实施，不盲目建设”。随后，全省各地加大力度推进各类城乡规划编制工作，通过三年左右的持续努力，现已基本建立了全省从区域到城市、从城镇到农村、从总体到专项，层次分明、互相衔接的城乡规划体系。

江苏省“城乡规划全覆盖”行动深刻地影响了城乡发展机制，提高了全社会对城乡规划意义和作用的认识，推动了全省城乡规划编制和管理水平的提高，并首次建立了全域覆盖的城乡规划体系，将规划范围系统延伸至乡村，以乡镇为单位编制完成了覆盖全省的镇村布局规划，并在此基础上系统组织、编制，完成

了规划布点、村庄平面布局规划和“三类村庄”（规模较大、历史文化遗存丰厚、地形地貌复杂）的村庄规划。

（一）镇村布局规划

镇村布局规划是江苏省引导农民集中居住、设施集约配置、土地节约利用、村庄环境综合整治等建设社会主义新农村的基础性工作。针对江苏省村庄布局分散、规模小、数量多（2005 年在全省 10.24 万 km^2 的土地上，自然村数量高达 25 万个）、基本公共服务难以配置、村庄人均建设用地普遍较高、部分地区村庄空心化现象严重等问题，2005 年全省统一部署，各乡镇同步开展镇村布局规划编制工作（图 1）。

规划以“协调推进城市化、基本公共服务均等化、城乡特色差异化、村庄发展多样化”为基本理念，规划抓住快速城市化阶段农民不断减少的机遇，优先引导和促进长期稳定从事二、三产业的农村劳动力向城镇有序转移，合理引导城—镇—村布局结构的优化（图 2）。在此基础上，综合考虑各自然村的现状规模、人口流向、发展基础、发展潜力、耕作半径、基本公共服务配置等因素，在 25 万个自然村中优选出 4 万多个规划布点村庄，通过城乡规划的引导，加快城镇道

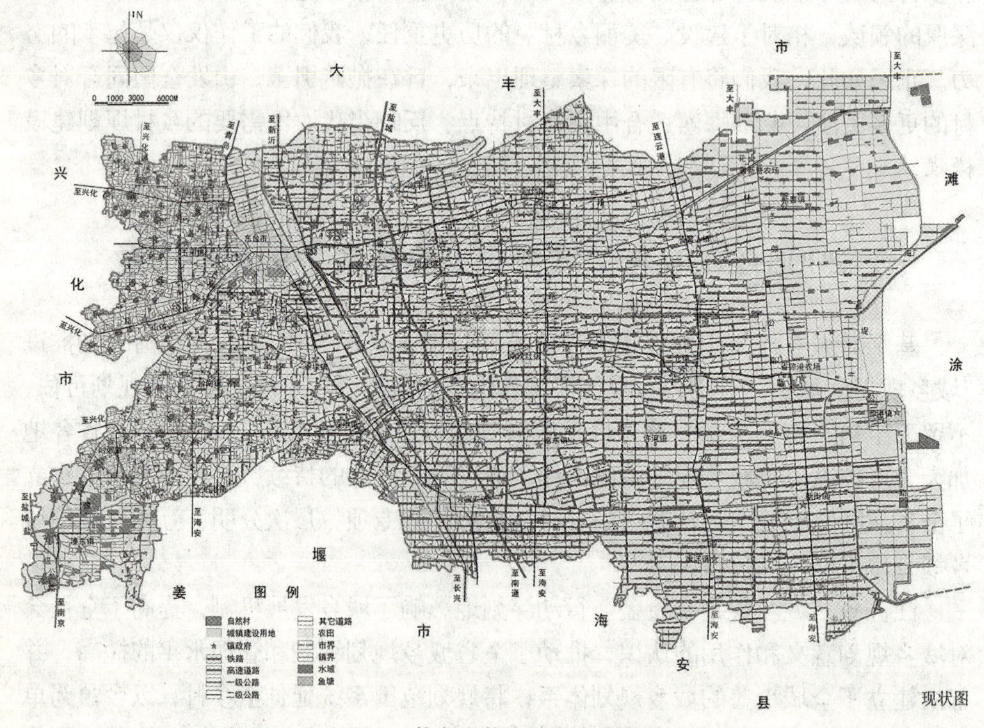

图 1 某市现状自然村分布图

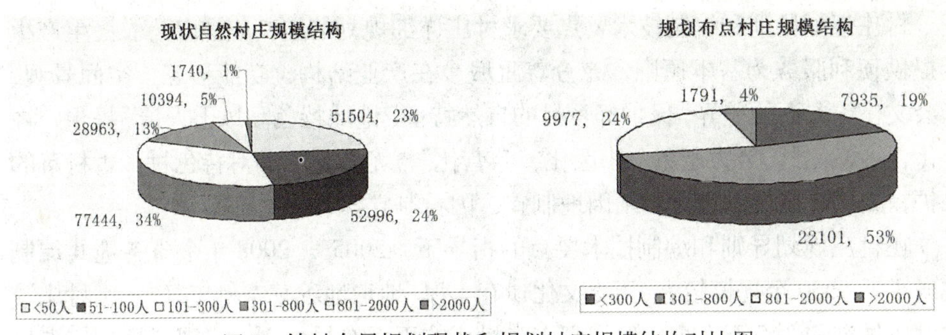

图 2　镇村布局规划现状和规划村庄规模结构对比图

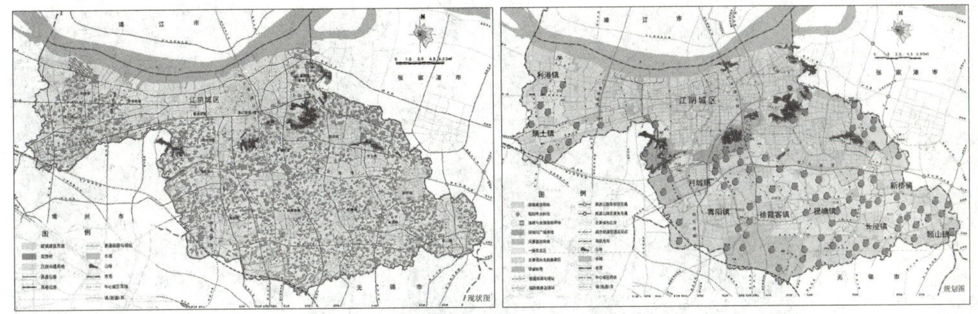

图 3　江阴市镇村布局规划现状图和规划布点村庄分布图

路公交、区域供水、污水处理、垃圾收运等基础设施向规划布点村庄的延伸，加快基本公共服务设施向农村的覆盖，吸引农民自愿将新建翻建农房建在规划布点村庄，通过规划引导统筹城乡基础设施和公共服务设施改善，让更多的农民享受到与城市市民基本均等的公共服务（图 3）。

规划注重可操作性，要求各地在规划编制过程中，走领导、专家、村民“自上而下”与“自下而上”相结合的编制道路。组织专家和技术人员开展大量的调查研究工作，充分听取基层和群众意见，经过上下结合，努力使镇村布局规划兼具前瞻性和可操作性。

（二）村庄详细规划

为指导各地在镇村布局规划的基础上编制村庄详细规划，江苏省建设厅制定了《江苏省村庄规划导则》和《江苏省村庄平面布局规划编制技术要点（试行）》，明确村庄规划的基本任务是在乡镇总体规划、镇村布局规划的指导下，具体确定村庄规模、范围和界线，综合部署生产生活服务设施、公益事业等各项建设，确定对耕地等自然资源和历史文化遗产保护、防灾减灾等的具体安排，为村庄居民提供切合当地特点，并与当地经济社会发展水平相适应的人居环境。

村庄规划导则和编制技术要点要求村庄详细规划的编制应该以为农民生产生活提供便利服务为基本原则，充分尊重城乡在产业结构、功能形态、空间景观、社会文化等方面的差异，保护好乡村的自然特征、地域特色和风土人情，提倡“乡土化、多样化”，努力避免“小区化、兵营化”，尤其是强调对特色村、古村落的保护，强调村庄规划设计必须因地制宜、因村制宜。

在村庄规划导则和编制技术要点的指导下，2005 ～ 2008 年全省各地共编制完成了近 5000 个规模较大、历史文化遗存丰厚、地形地貌复杂村庄（“三类村庄”）的村庄规划和 3.5 万多个一般规划布点村庄的平面布局规划，实现了规划布点村庄的规划全覆盖（图 4 ～图 6）。

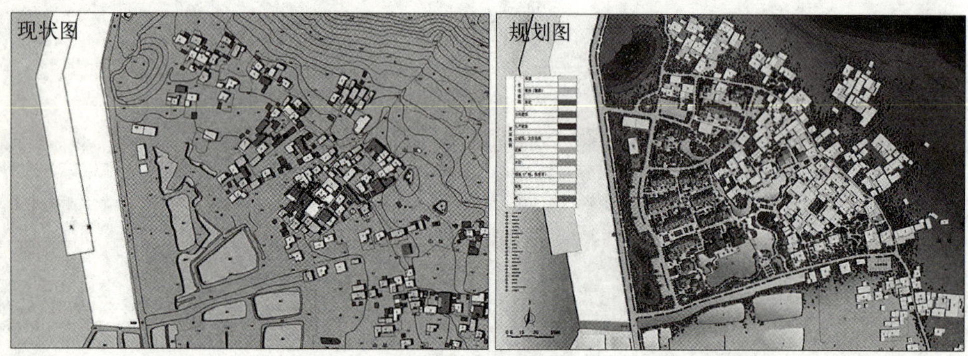

图 4　苏州市东山镇陆巷村村庄规划

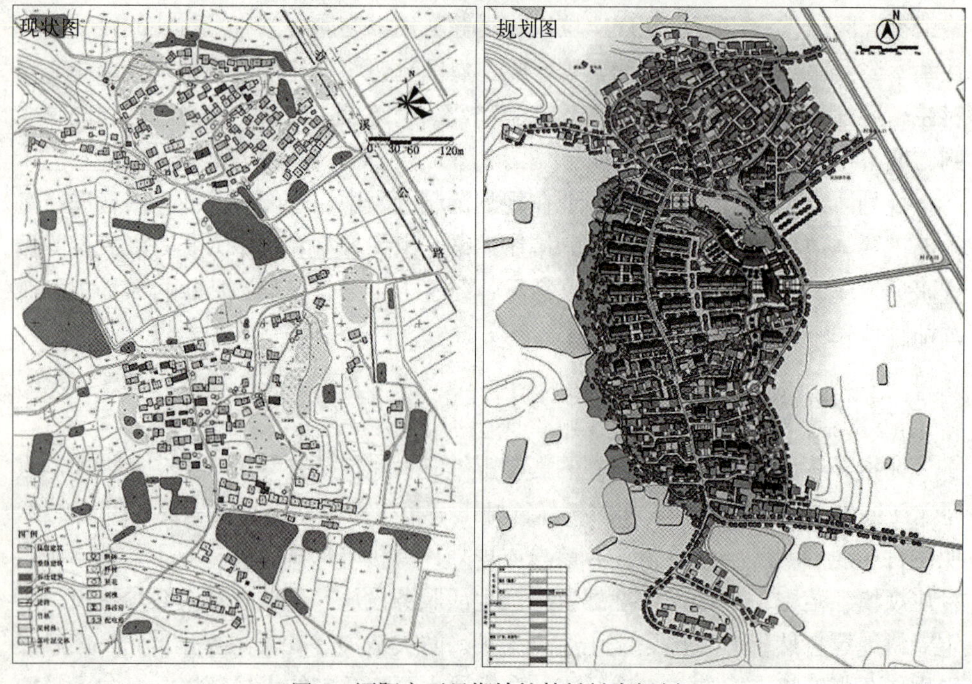

图 5　溧阳市天目湖镇桂林村村庄规划

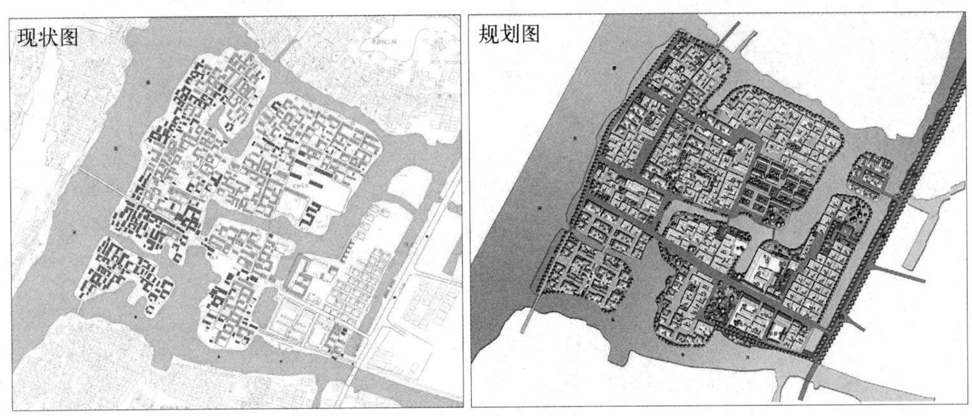

图 6　东台市溱东镇草舍村村庄规划

二、2011~2012 年乡村人居环境现状的系统调查

2011 年江苏省委省政府召开全省城乡建设大会，明确“十二五”时期全省推进“美好城乡建设行动”，其中重要内容之一是“通过 3 ~ 5 年的努力，普遍改善乡村人居环境”。

乡村规划建设和人居环境的改善，必须从了解乡村现状、了解农民意愿做起，为此，江苏省住房和城乡建设厅组织了全省 13 个高校和规划设计研究机构为牵头单位，在全省 13 个省辖市开展了“乡村人居环境改善农民意愿调查”。通过系统的乡村调查，了解乡村现状，了解农民的真实意愿，提出有针对性的改善策略和行动建议。

（一）工作组织

调查选取了江苏省 13 个省辖市 283 个地域文化、地形条件、发展水平、产业结构、区位条件等要素各异的样本村庄，每个村庄选择 20 户左右不同家庭结构和收入水平的农民家庭展开“一对一、面对面”的深度调查和访谈。样本村庄涵盖了不同地形条件、发展水平、城乡关系、规划属性、整治基础、风貌特色的各类村庄，兼顾体现流域、地域和多元文化特质。

本次调查由省、市、县联动开展，省统一策划、统一组织、统一保障，采取了以政府组织、专家领衔、基层支撑、科研院校为实施主体的工作组织模式，在总体统一的技术路线指导下，聘请在宁院士为顾问，由江苏省设计大师和知名专家为项目负责人，以 13 所著名高校和知名规划设计研究单位为主体，参与团队 18 个，参与人员 305 人，在全省范围内展开调查。调查历时 15 个月，行程 54617km，覆盖全省 13 个省辖市、49 个县市、254 个乡镇的 283 个村庄，绘制

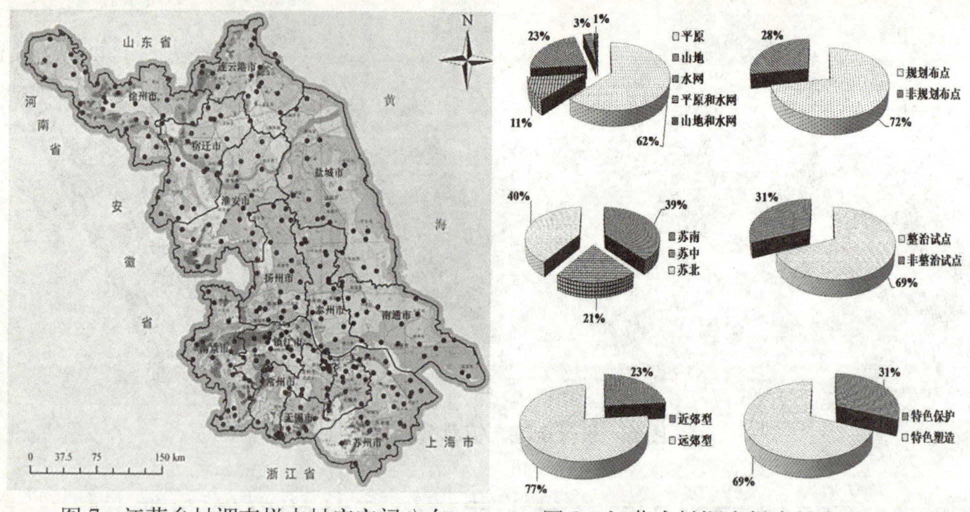

图 7 江苏乡村调查样本村庄空间分布　　图 8 江苏乡村调查样本村庄类型分布

图件及拍摄图片 5500 余件，调查有效村庄问卷 278 份，受访者 6411 人，有效村民问卷 5423 份，有效录音 5428 份（图 7、图 8）。

（二）调查内容与成果

本次调查以村庄空间环境分析为核心、以农民意愿调查为重点、以乡村经济社会发展现状调查为基础。调查通过基础资料收集、座谈访谈、问卷填写、图纸绘制等方式进行。农民意愿调查问卷共分五个部分，即个人及家庭情况、住房情况、设施及环境情况、村民愿景、生活愿景，调查者在和农民交流、填写问卷的同时同步录音，力求真实有效，听取农民的第一手意见与建议；空间环境调查包括村庄与环境、布局形态、建筑特征和空间特色等；社会经济调查包括村庄历史沿革、人口情况、产业情况、土地利用、基础设施、公共服务、农房建设、村庄规划、环境整治等方面内容。

研究成果包括 1 份省域总报告、13 份省辖市研究报告和 283 份村庄研究报告。省域总报告系统、真实地呈现全省乡村人居环境现状和存在的问题，在剖析农民意愿的基础上，提出村庄环境整治的针对性策略，并对长远的村庄规划建设和农村基本公共服务改善提出公共政策建议。省辖市的研究报告包括研究背景与方法架构、市域辖区概况、市域乡村人居环境调查与解析、样本案例调研实录、市域乡村人居环境改善策略建议等内容，并根据各自研究重点与地域特色，进行相关拓展研究。村庄层面研究报告基于问卷调查和实地踏勘，原真性地反映不同类型村庄的经济社会发展、空间形态特征以及农民意愿，并结合村庄实际，提出村庄人居环境改善的具体建议。

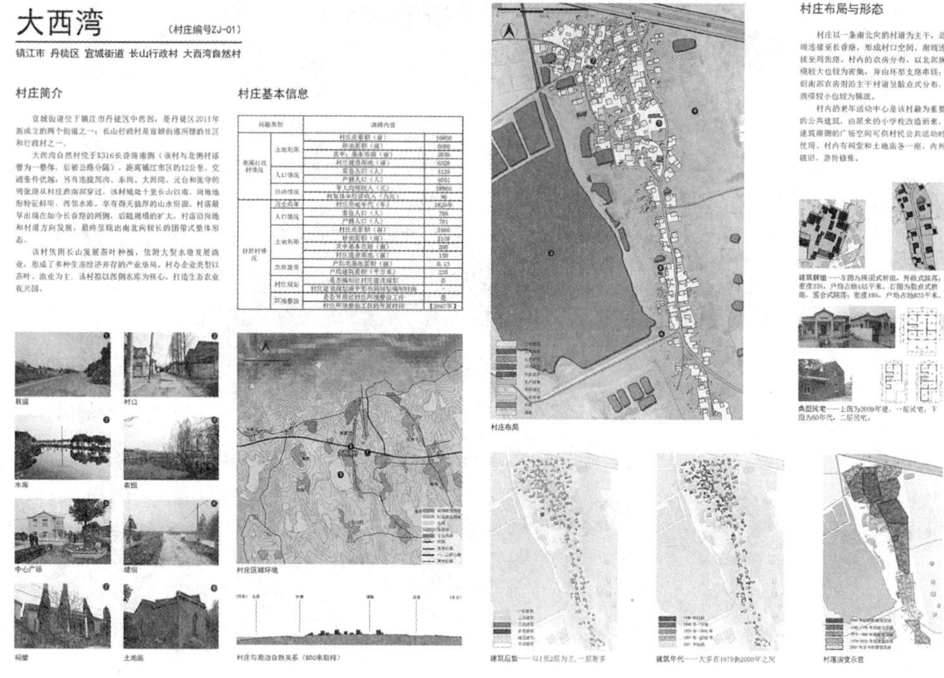

图 9　村庄基本情况概览　　　　图 10　村庄布局与相关分析

案例：镇江市丹徒区宣城街道长山行政村大西湾自然村调研成果（图 9、图 10）

（三）调查结论

通过这次系统的调查，基本摸清了江苏乡村的真实现状，了解了当代农民的真实意愿（图 11、图 12）。调查显示：

1. 乡村仍是对江苏当代农民有独特吸引力的人居类型

65.51%的受访村民表示，如果居住环境得到改善，仍然愿意留在农村生活居住。村民对乡村的认同主要在于空气好、环境好、绿化好、人情味浓（图 13）。

2. 未来乡村人居环境改善的需求重点在于村庄环境建设和公共服务

江苏省 90%以上的农房是 1979 年以后建造的，1949 年以前和 1949 ~ 1978 年间建造的住宅样本仅分别占比 0.78%和 5.98%，这一比例在苏南地区更高（图 14）。因此，江苏农民对人居环境的改善需求并非聚焦于农房，而是和村庄环境密切相关的河塘清洁、公共活动场地增设、交通改善、垃圾清理、公共服务设施提供等（图 15）。

3. 村民普遍对全省推进的“村庄环境整治”具有较高期待

村民对村庄环境整治可能带来的改善和成效持积极的态度，认为村庄环境整治可以使“居住条件改善”（23.35%）、“公共服务更便利”（16.98%）、“村庄更有特色”（13.78%）、“生活方式更文明”（12.83%）（图 16）。

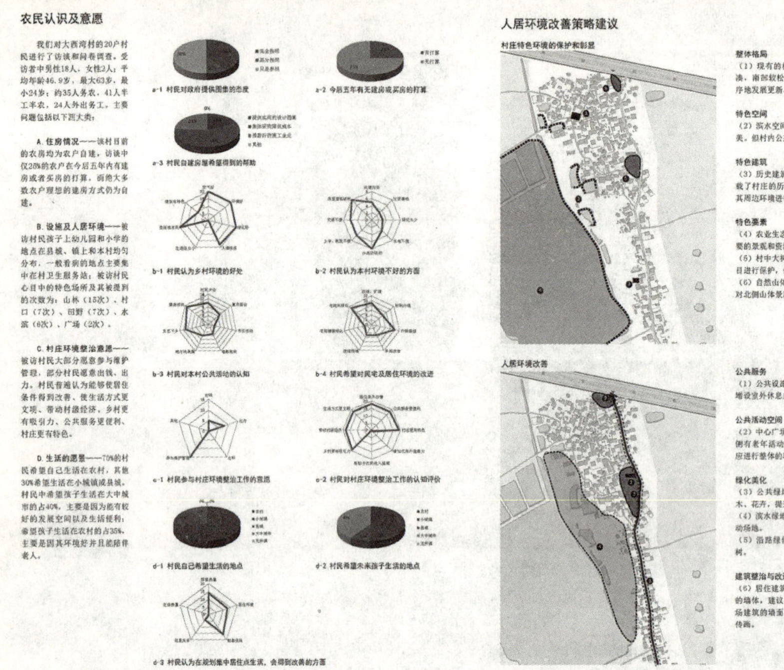

图 11　村民认知及意愿　　图 12　人居环境改善策略建议

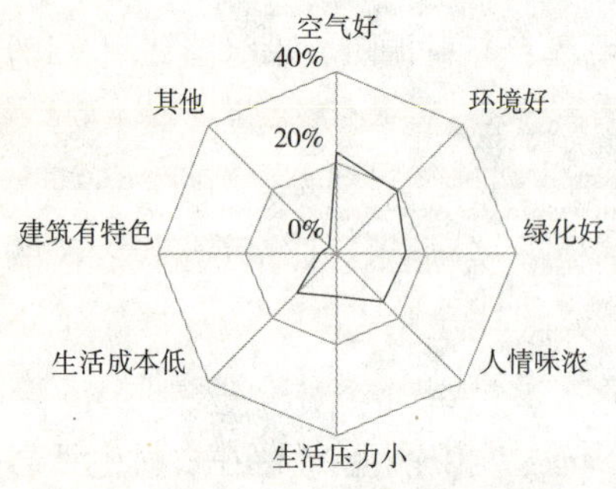

图 13　村民对村庄环境优势的认知

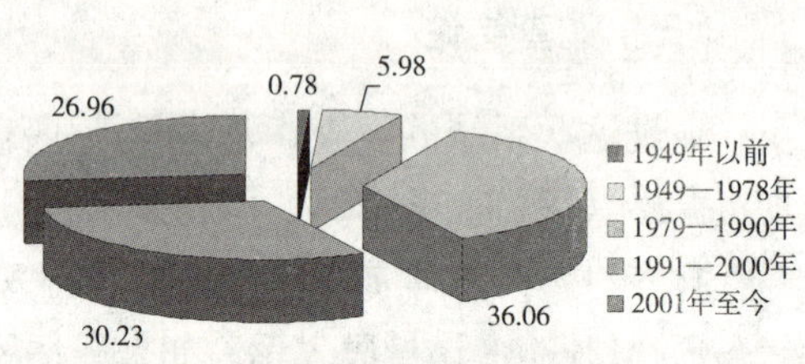

图 14　江苏农民住宅建造年代分析

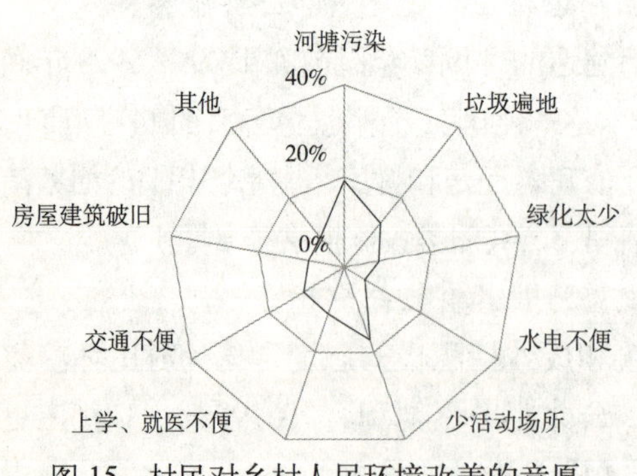

图 15　村民对乡村人居环境改善的意愿

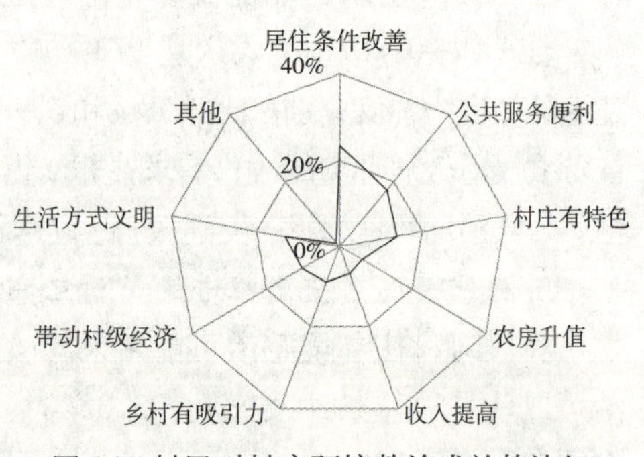

图 16　村民对村庄环境整治成效的认知

4. 江苏农民对参与村庄环境整治具有较强的主体意识

农民主动参与的愿望比原定的预期要高，受访村民中选择“愿意出力”的占比多达 37.98%，愿意“参与维护管理”的多达 35.80%，选择“愿意出钱”的也占一定比例，侧面反映出农民对乡村人居环境改善的迫切需求（图 17）。

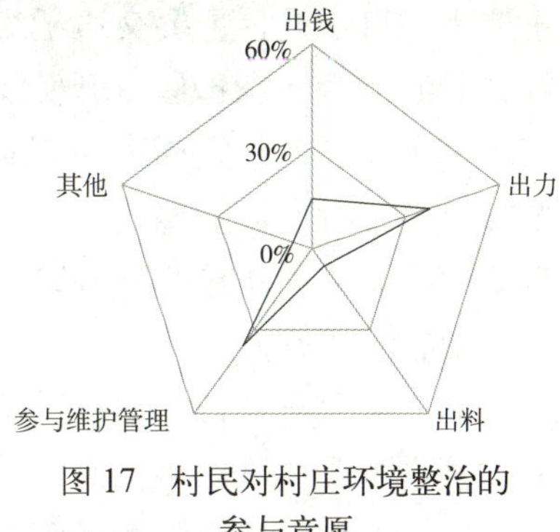

图 17　村民对村庄环境整治的参与意愿

三、2011~2015 年村庄环境整治的全面实践

作为“十二五”时期江苏省“美好城乡建设行动”的重要内容，江苏省“村庄环境整治”的目标是“用 3 ～ 5 年时间全面完成全省近 20 万个自然村庄的环境整治任务”，普遍改善农民人居环境质量，并以此为切入点，推动城乡统筹建设和城乡发展一体化，缩小城乡差距，建设“美丽乡村”。

（一）村庄环境整治行动规划

江苏省的村庄环境整治坚持以规划为引领，工作伊始，即组织编制了《村庄环境整治五年行动规划》。行动规划充分考虑了城市化进程中农民不断减少的客观现状，以镇村布局规划为依据，提出了规划布点村庄和非规划布点村庄两种不同的整治标准。其中，规划布点村庄实现“六整治、六提升”（即重点整治生活垃圾、生活污水、乱堆乱放、工业污染、农业废弃物、河道沟塘，着力提升公共配套、绿化美化、饮用水安全保障、道路通达、建筑风格特色化及村庄环境管理水平）；非规划布点村庄实现“三整治、一保障”（即生活垃圾、乱堆乱放、河道沟塘等环境卫生整治，保障农民群众基本生活需求）。

规划目标是通过村庄环境整治，使全省村庄村容村貌更加整洁，生活垃圾、生活污水等得到有效治理，乱堆乱放得到全面清理；使生态环境更加优良，自然资源得到合理保护和集约利用，绿化美化水平显著提高，河塘环境得到明显改善；使乡村特色更加鲜明，山水田林自然风貌得到保护，历史文化得到弘扬，建筑特色得到彰显；使公共服务更加配套，道路环卫、给水排水、供电通信等基础设施达村到户，村庄公共管理、科技教育、文化体育、社会服务等设施齐全、功能完善。

考虑到全省各地区经济水平、村庄分布及现状建设基础等情况的差异，按照整体推进与突出重点相结合的原则，全省村庄环境整治分为两个阶段推进（图 18）。

第一阶段（2011 ～ 2012 年）：全省 30%以上村庄实施环境整治，完成城镇主要出入口附近，主要交通干线沿线、城镇、重点工业园区（开发区）、省级以上风景名胜区周边和其他重要窗口地带村庄环境整治，苏南等有条件的地区力争完成 50%以上村庄环境整治任务。

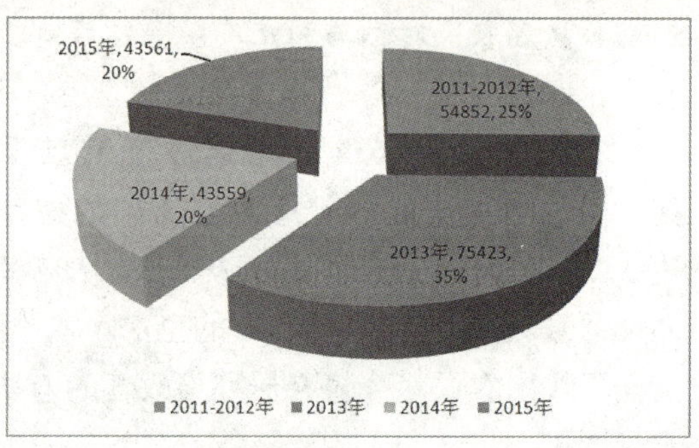

图 18　全省村庄环境整治工作分期推进示意图

第二阶段（2013 ~ 2015 年）：全面推进村庄环境整治，实现环境整治目标，村庄环境面貌得到普遍改善，建立健全长效管理机制。苏南等有条件的地区在 2013 年底提前完成村庄环境整治任务（图 19）。

按照村庄环境整治的总体技术要求，重点村庄编制村庄环境整治详细规划指导具体实践。村庄的环境整治详细规划强调因村制宜、不大拆大建，要求整治方案的制定充分听取村民意见，按照农民意愿，针对村庄突出的人居环境现状问题，指导实施村容村貌改善和道路、供水、排水、供电、垃圾收集、污水处理等设施建设，在改善人居环境的同时努力保护和彰显村庄特色与乡土风情。

案例：常州市武进区嘉泽镇观庄村村庄环境整治规划（图 20 ~图 25）

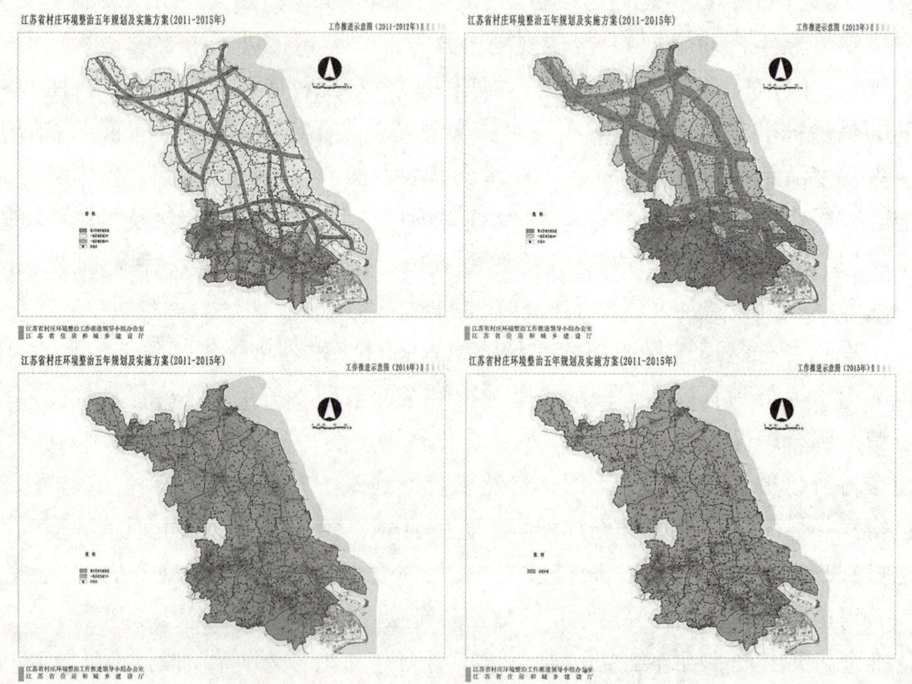

图 19　江苏省村庄环境整治工作推进图

图 20　村庄环境整治规划总平面图

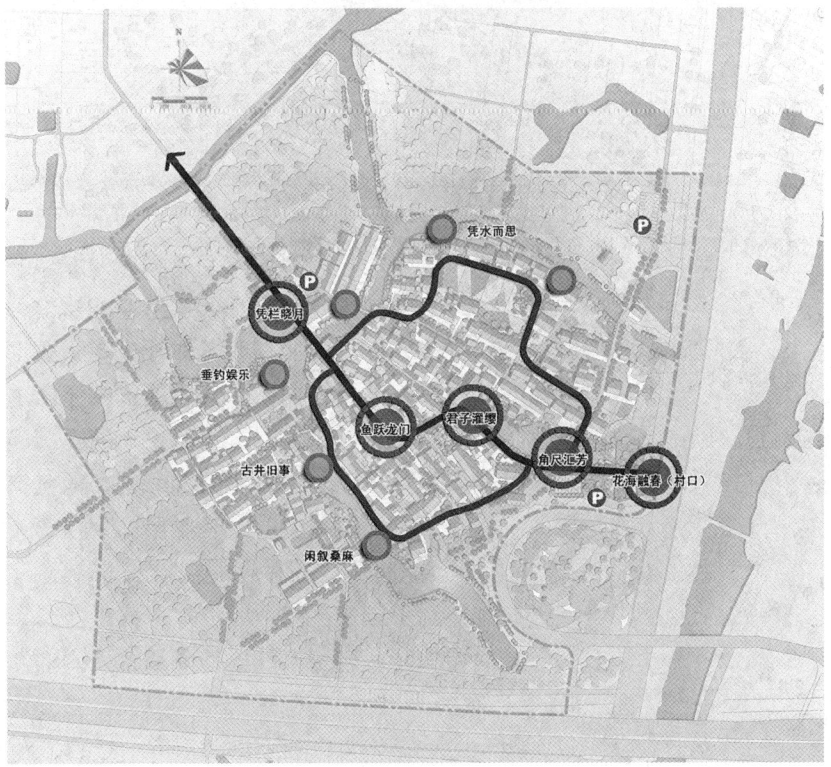

图 21　游览线路组织图

图 22　道路整治规划图

图 23　驳岸整治规划图

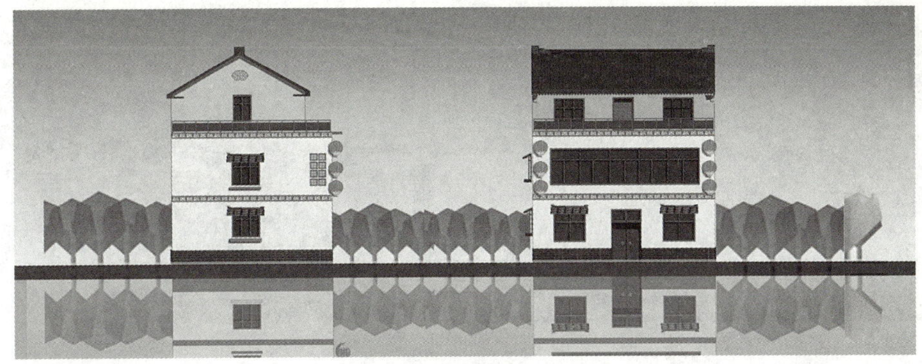

图 24　特色建筑整治效果图

图 25　中心广场整治规划图

观庄村位于常州市武进区嘉泽镇。村庄东临滆水，西近姬山，北距嘉泽镇约1km。村庄整治规划按照“六整治、六提升”的要求，新建了中心广场、健身场地等公共服务设施，完善了给水和污水管网等基础设施，配备了生活垃圾桶、环卫车辆，完善了村内环卫设施，对住宅外立面进行了出新整治，实施了村内绿化建设。在规划的针对性策略引导下，观庄村的环境整治取得了良好的效果，赢得了农民的支持和拥护（图 26、图 27）。

图 26　观庄村整治前后对比图

山村风貌

水乡风韵

平原风光

图 27　江苏乡村的多元风貌

（二）村庄环境整治工作特点

1. 实施全域整治，不留一块空白

江苏村庄环境整治的目标是全域整治，不留空白，普惠农民。为完成这项涉及省、市、县、镇、村多级的艰巨任务，省政府成立了由 18 个部门组成的省村庄环境整治推进工作领导小组，办公室设在建设厅，制定了《江苏省村庄环境整治考核标准》、《村庄环境整治考核评分办法》、《村庄环境整治工作考核标准和考核办法》等文件，指导和规范全省村庄环境整治工作，开发了“全省村庄环境整治管理信息系统”，动态填报整治工作进展，实现网上信息化管理。

2. 尊重农民意愿，不搞大拆大建

工作初期，江苏在全省组织了“江苏乡村人居环境改善农民意愿调查”，深入了解农村居民对于乡村人居环境的现状认知和未来愿望，将人民群众的幸福感和满意度作为工作的出发点。工作重点的确定充分尊重农民意愿，每一个村庄整治方案广泛征求村民意见，整治工作深入发动村民主动参与。

3. 强化分类指导，不搞一刀切

确定了环境整洁村（一般自然村）和康居乡村（规划布点村庄）两个考核标准体系，组织开展了“江苏乡村调查和村庄特色塑造策略”研究，在此基础上提出“古村保护型、人文特色型、自然生态型、现代社区型、整治改善型”等不同类型村庄的分类整治策略，着力保护传统村落，弘扬历史文化，彰显建筑特色，使平原地区更具田园风光、丘陵山区更具山村风貌、水网地区更具水乡风韵，使江苏乡村呈现多姿多彩的“千村万貌”。

4. 农民得以受惠，不搞形式主义

坚持把改善农村生产、生活、生态条件作为村庄环境整治的基本任务。把村庄环境整治工作与乡村旅游、特色产业发展有机融合起来，发展乡村旅游，提升乡村活力，促进农民增收致富。将具备旅游资源的康居乡村串联成“江苏康居乡村特色游”线路，努力实现农村生态环境良好和经济发展繁荣的良性互动。

5. 着力整合资源，不增加农民负担

注重有效整合各级各方面资源，促进上下联动、部门协同，构建齐抓共管、合力推进的工作格局。在充分发挥各级党委政府组织推进作用的同时，引导村民主动投工投劳，参与家园整治与维护管理，整治资金不向农民摊派，不增加农民负担。

6. 注重长效管理，不搞一阵风

及时建立设施维护、道路修护、河道管护、绿化养护、卫生保洁等村庄环境长效管理制度，制定农民自主管理的村规民约，通过公共财政补助、村级公益事业“一事一议”、村集体经济收入等途径筹措长效管理经费，做到有长效制度、有管护队伍、有资金保障，确保整治一处、管好一处，实现“治管并重、即治即管”。

（三）村庄环境整治取得成效

截至 2012 年底，江苏已完成 6.4 万个自然村的整治任务，占全省自然村总数的 34.36%，已实施整治的村庄环境面貌明显改善，规划布点村庄的基本公共服务水平稳步提升，得到基层干部和农民群众的广泛欢迎，在江苏省 2012 年公共服务满意度民意调查中，村庄环境整治满意率位居第一，达到 87.3%。

通过村庄环境整治，全省各地涌现出了一大批“布局合理，道路通畅、设施配套、环境宜居、特色鲜明”的康居乡村，成为深受农民群众欢迎的民生工程、民心工程。随着农村环境的显著改善和基本公共服务水平的逐步提高，江苏农民的凝聚力、向心力、归属感和卫生意识、文明意识、集体意识不断增强，村庄环境整治的过程成为了促进农村社会和谐的过程，为整合农村基层社会管理与服务资源、增强村级综合管理服务能力创造了良好条件。联合国人居署官员到江苏省实地考察城乡统筹发展情况时，对江苏省通过村庄环境整治改善农村人居环境做出的努力和成效表示了高度赞赏。国家最高科学技术奖获得者、两院院士吴良镛先生将江苏省的村庄环境整治工作作为“美好环境与和谐社会共同缔造”的典型案例给予了关注和指导，认为江苏省的村庄环境整治是中国经济社会发达地区推进城乡发展一体化的有益实践，体现了“空间优化、功能提升、文化复兴、集约发展”的有机结合（图 28）。

图 28　江苏村庄环境整治前后成效对比

四、延伸的城乡规划思考

相对于研究和实践丰富的城市规划，乡村规划建设的研究相对缺乏（图

29)，对此，吴良镛先生指出："现在我们对城市的研究已经较为深入，但对乡村的研究却显欠缺。"在我们推进村庄环境整治的过程中，乡村的基础研究、规划方法、技术支撑、建设标准、管理模式凸显不足，揭示出加强乡村规划建设管理研究的必要性，有一些基本问题亟待问答，诸如：

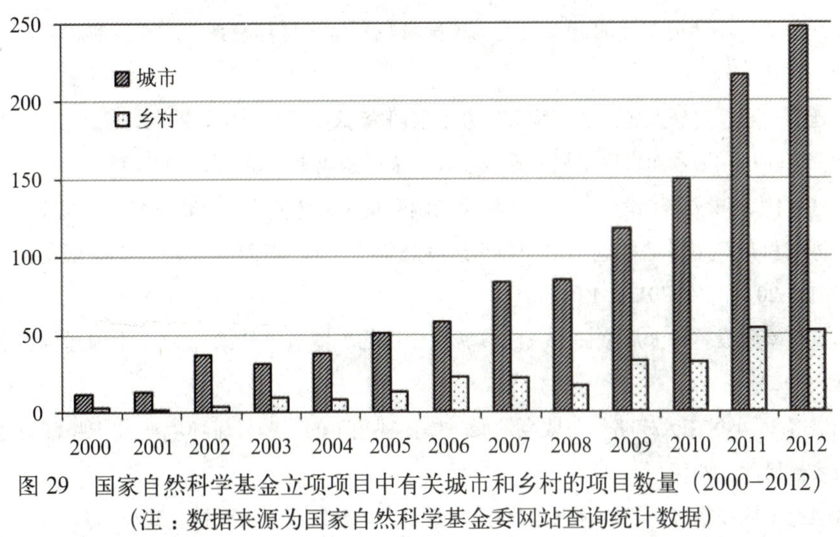

图 29　国家自然科学基金立项项目中有关城市和乡村的项目数量（2000–2012）
（注：数据来源为国家自然科学基金委网站查询统计数据）

（1）相对绿水绕村、青石街巷、稻麦如茵的中国传统乡村意象，现代中国乡村的认知意象是什么？未来乡村的发展前景又如何？

（2）对"城不像城，村不像村"的现象，社会各界抨击多年，但真正差异化的乡村空间特色是什么，规划建设如何具体引导？

（3）乡村建设的政府推动、市场提供和村民自建的模式和机制如何完善？

（4）如何在控制成本的前提下引导农民建设更节能、更抗震、更省地的农宅？

（5）如何提供经济适用的乡村污水处理技术和模式？

（6）在快速城市化进程中，如何引导城乡要素资源的合理流动，使乡村在空间结构重组中不是仅成为人才、资源流失的一方，而是真正实现城乡发展的"双赢"？

……

中国乡村的发展和城乡发展一体化的推进需要彻底转变过去重城轻乡的传统思维，从深入乡村基层、深入了解农民做起，适合中国乡村特点、反映当代农民需求的乡村规划建设模式的建立，需要更多同行的共同努力，本文的目的在于抛砖引玉，希望引发同行的关注，共同为改变中国城乡二元结构、建设"美丽乡村"做出我们行业的贡献。

参考文献

[1] 费孝通．江村经济—中国农民的生活 [M]. 北京：商务印书馆文库出版社，2001.

[2] 仇保兴．生态文明时代的村镇规划与建设 [J]. 中国名城，2010（6）.

[3] 陆学艺．中国农村——农村现代化道路研究 [M]. 南宁：广西人民出版社，1998.

[4] 王红扬．村庄环境整治的意义与建构中国特色新型人居环境系统的江苏实践 [J]. 江苏建设，2012（3）.

[5] 武廷海．建设美好人居的江苏统筹城乡发展研究 [R]. 清华大学，2012.

[6] 江苏省住房和城乡建设厅．江苏省城乡规划全覆盖成果选编 [Z].2009，12.

[7] 江苏省住房和城乡建设厅．江苏乡村现状调查及人居环境改善策略研究 [Z].2012，12.

[8] 江苏省村庄环境整治推进工作领导小组办公室．江苏村庄环境整治五年规划及实施方案（2011–2015）[Z].2012，12.

[9] 周岚等．建设美好人居家园——江苏城乡建设的不懈追求 [M]. 北京：中国建筑工业出版社，2012.

[10] 周岚等． 小村庄大战略——城乡发展一体化视角下的江苏村庄环境整治 [R]. 江苏省住房城乡建设厅，2012.

[11] 张泉等．城乡统筹下的乡村重构 [M]. 北京：中国建筑工业出版社，2006，9.

[12] 张泉等．村庄规划 [M]. 北京：中国建筑工业出版社 .2009，2.

（撰稿人：周岚，江苏省住房和城乡建设厅厅长，博士，研究员级高级城市规划师；梅耀林，江苏省建房和城乡建设厅城市规划技术咨询中心副主任，研究员级高级城市规划师）

上海世博会地区会后发展规划

成功、精彩、难忘的2010年上海世博会获得了国际社会的广泛好评。世博园区的会后发展如何成为上海城市发展的"新引擎"，无疑也是备受世人关注的。

2010年上海世博会的选址是黄浦江两岸再开发的重要组成部分。在世博园区的规划之初就同步开展了会后发展的规划研究工作，坚持以后续利用为先导，在园区的空间布局、功能配置和设施建设等方面超前谋划和统筹安排，为城市可持续发展预留了战略性资源。

世界经验表明，国际大都市具有六个主要属性：跨国公司的全球或区域总部的集聚地、全球或区域的金融中心、高度发达的生产性服务业、科技创新和文化创意基地、国际性的旅游和会展目的地、通信和交通枢纽。新一轮的大伦敦空间发展战略提出：中央活动区（Central Activity Zone）取代传统的中央商务区（Central Business District），形成全球城市的功能核心，包含金融、商务、科技、文化、旅游、会展等综合功能。

上海正处于建设"四个中心"和国际大都市的关键时期。上海市"十二五"规划明确，现代服务业是上海建设国际大都市的主导产业，以黄浦江为南北发展走廊，以延安路—世纪大道为东西发展走廊，形成现代服务业的空间集聚格局。世博会地区拥有优越的区位条件、充沛的土地资源、深厚的历史底蕴、完善的基础设施、良好的生态景观、独特的品牌效应，将会成为上海城市中央活动区的重要组成部分，为国际大都市的功能提升提供新的战略空间。

世博会地区会后发展规划遵循三个方面的指导原则：其一是符合上海迈向国际大都市的发展需求，充分发挥世博效应；其二是体现公共利益主导，合理确定未来发展定位；其三是贯彻可持续发展理念，落实低碳节能措施。

世博会地区会后发展规划包括三个层面。第一个层面是整个世博园区的结构规划，第二个层面是各个功能片区的控制性详细规划，第三个层面是近期实施街区的城市设计或修建性详细规划。本文介绍的会展及其商务区的A片区和B片区、城市最佳实践区是首批实施的三个街区。

一、世博会地区结构规划

世博会地区结构规划范围为世博园区的红线范围，总用地面积为5.28km^2，

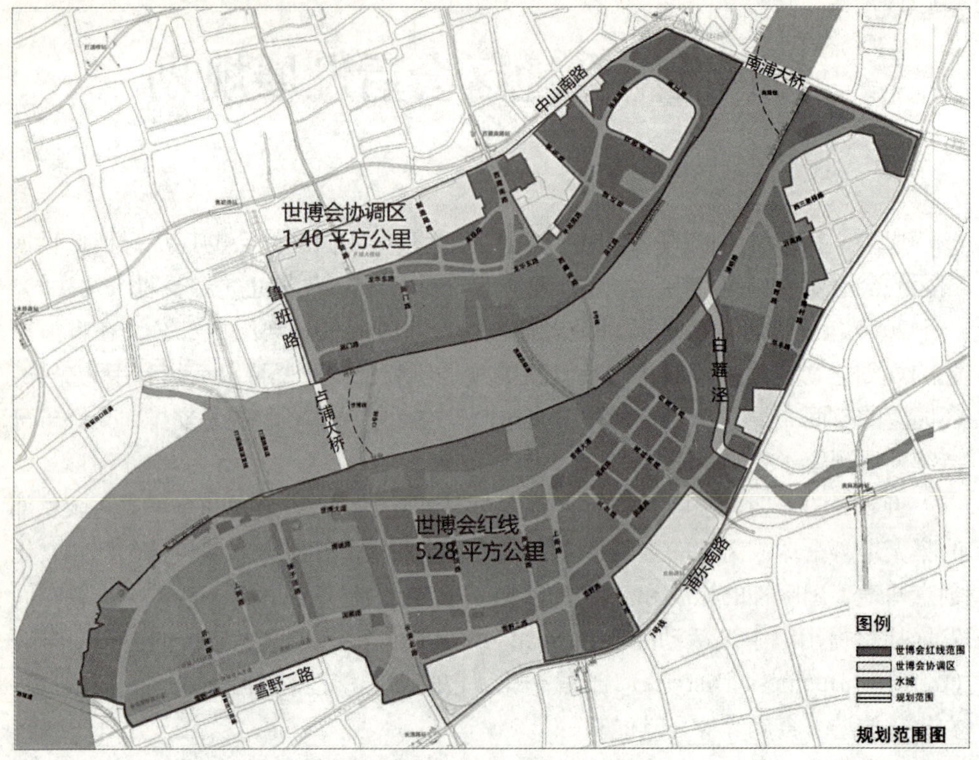

图 1　世博会地区规划范围图

包括浦东地区 3.93km^2 和浦西地区 1.35km^2（图 1）。

（一）发展目标

作为上海市级公共活动中心，世博会地区的会后发展应当强化商务办公、文化创意、国际交流、旅游会展、生态休闲等功能，最大程度地发挥世博效应，成为上海建设“四个中心”和国际大都市的重要载体。

(1) 突出公共性特征，围绕顶级国际交流核心功能，形成文化博览创意、总部商务、高端会展、旅游休闲和生态人居为一体的上海 21 世纪标志性市级公共活动中心。

(2) 成为功能多元、空间独特、环境宜人、交通便捷、绿色低碳、富有活力和吸引力的世界级新地标。

(3) 成为提升城市服务功能、增强城市文化和社会功能、优化城市生态功能的战略空间，成为“创新驱动、发展转型”的先行示范区，成为引领和带动上海新一轮发展的战略增长极。

（二）功能布局

世博会地区结构规划形成“五区一带”的功能结构（图 2）。“五区”包括浦东地区的会展及其商务区、国际社区、后滩拓展区和浦西地区的文化博览区、城市最佳实践区；“一带”就是黄浦江两侧的滨江生态休闲景观带。

会展及其商务区：结合“一轴四馆”改造利用，以中国馆为核心，完善会展配套服务及商务功能，形成以会展及其商务为核心功能的综合性城市公共活动区。

国际社区：延续世博村功能，发展生态居住，完善各项生活与工作配套，打造具有多元文化内涵和生活方式的国际社区。

后滩拓展区：为城市可持续发展预留战略空间。远期结合已建成的滨江湿地公园，形成融生态、商务、居住、文化等功能为一体的公共活动区；近期充分利用现有场馆的过渡使用，保持地区的持续人气和活力。

文化博览区：结合江南造船厂的工业文化遗产保护，形成能够引领全市文化发展、国内顶尖和世界一流的文化博览集聚区。

城市最佳实践区：结合街区空间和建筑保留，传承城市最佳实践精神，塑造

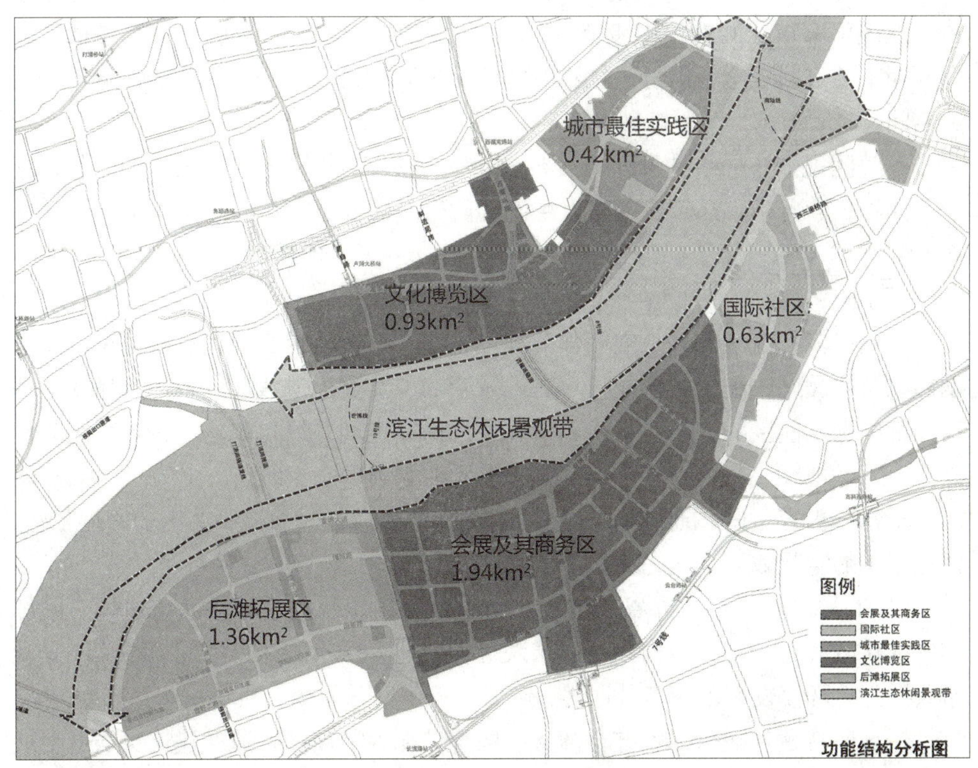

图 2　世博会地区功能结构图

集创意设计、交流展示、产品体验等为一体，具有世博特征和上海特色的文化创意街区。

二、会展及其商务区 A 片区会后发展规划

会展及其商务区 A 片区（以下简称 A 片区）位于世博浦东地区的“一轴四馆”核心区的东侧，世博会期间曾是亚洲国家馆展区。[1]

（一）发展目标

A 片区的发展目标是成为具有世界影响力的国际知名企业总部社区，营造以高端商务、会展文化为核心功能，以商业、文化、休闲功能为配套的复合商务社区，延续世博文脉和彰显地区空间格局，创造生态和谐的特色空间，容纳多样性的公共活动。

（二）布局结构

规划方案有个特别的名字——“世博绿谷”。该概念源自世博会期间那条穿梭于亚洲国家馆之间的空中步道，它是当时公共活动的纽带，“绿谷”尝试延续以人为本的空间理念，以舒适优雅的空间品质和绿色低碳的空间环境营造户外商务空间。

A 片区规划布局结构可以概括为“以绿为核、三带环绕”，“一核”为绿谷，“三带”为综合商务带、总部商务带、生态功能带（图 3）。

（三）空间形态

方案以步行流线和开放空间作为规划主线，结合轨道交通、有轨电车、公交站点以及轮渡站的配置，形成贯通基地东西的主要交通轴线和联系滨水岸线与基地内部纵深功能区的多条步行通廊，并通过街道空间、绿化广场、特色片区等要素，以“世博绿谷”为核心形成复合、多元的空间形态系统。

活动—街道空间。通过建筑退界、沿街高度和道路断面控制突出“街道”感，营造紧凑的空间效果。

序列—绿地广场。“绿谷”延续了中国馆屋顶绿化的设计手法，通过不同标高的绿化景观设计，自西向东，层层跌落，塑造多层次的绿色空间，与滨江景观带共同打造环境友好的商务片区。

区域—特色片区。绿谷综合商务区围绕“绿谷”展开，通过建筑层层退台展示空间形象。总部商务带通过地标建筑、高层错位、裙房内院等手法创造出滨水

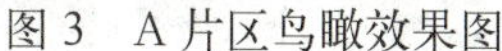

图3 A片区鸟瞰效果图

图4 A片区规划引导控制图示

办公区、地标总部区和花园办公区三个各具特色的商务办公环境。

（四）控制引导

从公共空间的基本要素出发，通过地块空间形态、功能业态、地下空间等方面的深入研究，编制附加图则以达到规划引导控制的目的（图4、图5）。

在A片区公共空间的塑造中，街道的尺度尤为重要。为了让道路突出“街道”感，建筑采用“零退界”的办法，尽可能地缩小街廓，以求达到紧凑的空间和舒适的尺度。同时，为塑造“绿谷”的空间形象，除控制其最小宽度以外，通过“绿谷”最小面积要求保证了绿谷控制线形的灵活多样，并将塔楼和裙房的比例和空

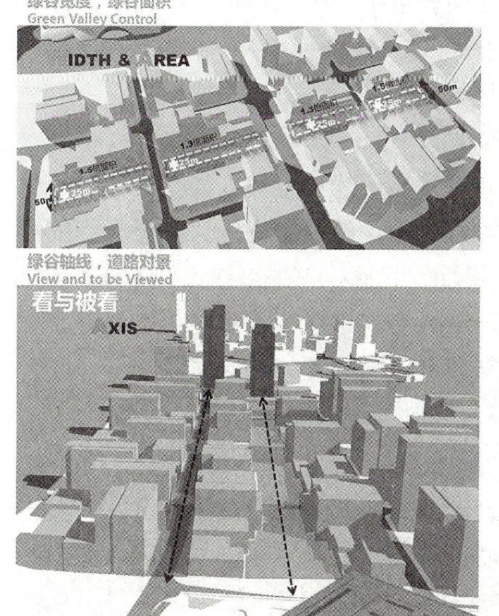

图5 A片区规划引导控制图示

间关系量化。

功能业态方面，再次明确“绿谷”的商务社区功能。“绿谷”街坊一层布置商业服务功能，二层局部布置服务功能，其余都用于商务办公用途。沿滨江道路两侧底层可布置少量商业服务功能，通过商业流线组织与滨江活动的联系。于是，功能布局和空间塑造在这里找到了契合点。

“绿谷”所在街坊地下空间整体开发，采用“统一规划、统一设计、统一建设、统一管理”的开发理念和“带地下基础和地面设计”的新型土地出让模式。地下空间以商务区的综合配套功能为主，包括地下停车、区域能源站、地下通道、民防设施等。

（五）实施进展

A 片区会后发展的各项工作正在有序推进之中。已有众多境内外金融企业前来洽谈，期望在 A 片区内设立地区总部。2012 年 9 月，A 片区已开工建设，预计 2016 年初步建成。2013 年底，总部商务地块完成土地出让，2014 年初将逐步开工建设。

三、会展及其商务区 B 片区会后发展规划

会展及其商务区 B 片区（以下简称 B 片区）位于世博浦东地区的“一轴四馆”核心区的西侧和卢浦大桥东侧，在世博会期间曾是国际组织馆、东南亚和大洋洲国家馆展区。

（一）发展目标

B 片区具备了建设顶级商务区的潜质，将发展成为环境宜人、交通便捷、低碳环保，具有活力的知名企业总部聚集区和国际一流的商务街区。遵循如下的规划设计理念：①强化功能多元，打造 24 小时活力街区；②强化以人为本，创造步行友好的环境；③强化地区形象，打造国际性标志地区；④强化生态环保，促进地区可持续发展；⑤强化控制引导，提高城市设计管理绩效。

（二）功能布局

B 片区将成为一个较为纯粹的商务办公园区，但也强调完善的商务配套设施，同时还考虑了商业、餐饮、休闲、健身等功能的适度混合，以满足各类人群的生活需求。

在片区地下空间布置了商业步行街，一方面丰富了片区的商业配套内容，另

一方面，连通了片区西侧的地铁车站、东侧的世博轴商业带和北侧的滨江绿地公园。

（三）空间形态

从人性化空间的整体营造入手，采用高密度、紧凑型街坊空间设计手法，强调街道界面连续，以方格网的道路格局体现完整的街道空间，提供丰富的城市肌理和多样化的活动空间，鼓励建筑物的公共开放，构建立体的公共活动空间，创造适宜步行的连续环境。

通过建筑体量的变化，营造丰富的空间层次。片区建筑高度分为三个层次，最高的是核心区域的两栋 120m 超高层建筑，其次是其周围的 70m 高度的建筑，最后是主要沿黄浦江地块的 30 ~ 50m 高建筑（图 6）。

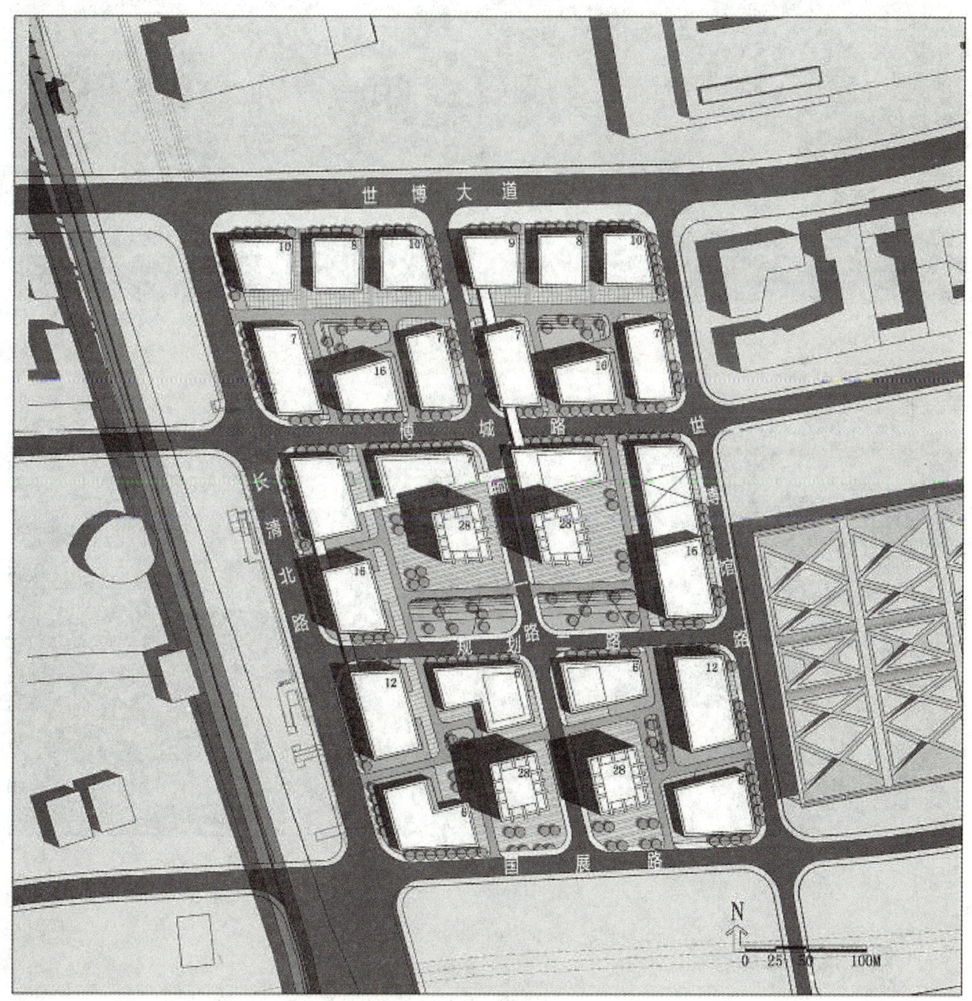

图 6　B 片区规划总平面图

规划强调延续世博会的空间意向，包括已经形成的轴线、广场、绿廊，凸显中国馆的标志性地位，形成整体协调的空间体系（图 7、图 8）。通过设计导则对区域内的使用功能及建筑风貌等进行控制与引导，此外还包括城市开放空间、交通及地下空间（如地下一层空间系统、二层步廊系统、绿化空间系统、广场系统、街坊公共通道系统、重要建筑界面、建筑高宽比、建筑高度及天际线等）的设计引导等。

图 7　B 片区鸟瞰效果图

图 8　商务会展区鸟瞰效果图（左侧为 A 片区、右侧为 B 片区）

（四）低碳生态

体现公交导向和步行友好的空间布局，倡导低碳交通模式。

提倡低高度、大进深的节能建筑，推广绿色建筑技术，降低建筑能耗。按照《绿色建筑评价标准》GB/T 50378–2006 中的相关规定，本片区建筑要求达到 3 星标准。

延续世博会节能环保系统的应用，包括分布式供能系统、垃圾气力输送系统、杂用水处理及雨水收集系统以及推广新能源应用等。

（五）实施进展

B 片区的地块建设工作正在不断推进之中，地下空间建设已经全面开工，2013 年底，部分企业地块将完成地下空间建设，整个片区建设预计将在五年内基本形成面貌。

四、城市最佳实践区会后发展规划

城市最佳实践区是上海世博会的一个创举[2]，位于世博浦西地区。国际展览局秘书长洛塞泰斯先生亲笔题词，赞誉城市最佳实践区为“上海世博会的灵魂”和“未来世博会的范本”。

然而，城市最佳实践区的历史使命尚未完全实现。它不仅是“世博亮点展区”，还应当成为“街区改造范例”。世博会降下帷幕之际，城市最佳实践区作为街区改造范例的实践过程也悄然开始，继续演绎“城市，让生活更美好”的世博主题，将成为“后世博发展”的新标杆。[3]

（一）发展目标

文化创意产业的独特集聚区：城市最佳实践区的会后发展不只是文化创意产业的办公场所，而且包含文化创意产业所依赖的商务洽谈、产品展示、社会交往、文化休闲等相关设施，形成具有协同效应的综合体。

世博文化遗产的重要承载区：城市最佳实践区无疑是世博文化遗产的重要承载区。一方面，要基本保存街区的建筑组群、空间肌理和形态格局，形成世博历史记忆的独特片段；另一方面，要传承“尊重市民、尊重自然、尊重历史、尊重科技”的城市最佳实践精神。

低碳生态发展的最佳实践区：无论是“世博亮点展区”还是“街区改造范例”，低碳生态发展都是主要领域之一，应当在建筑、开放空间、基础设施、慢行交通等方面，继续体现街区层面上的低碳生态理念。

充满活力的复合街坊：复合功能街坊能够满足文化创意产业需要的集聚效应，强化城市空间的活力，并为低碳交通方式提供条件。城市最佳实践区的会后发展应当在各个空间层面形成多种关联功能的高度复合，成为 24 小时的活力街区。

彰显魅力的城市客厅：第三场所是创意城市的基本环境特质，各类开放空间形成连续体系，将会成为各类人群的聚会处、创意梦想的激发地、城市信息的发布点。在面向黄浦江的突出位置，形成形态独特的主题广场，塑造最具标志性的滨水开放空间，如同被誉为“欧洲最美的城市客厅”的威尼斯圣马可广场。

（二）功能布局

城市最佳实践区会后发展的功能定位采取“一业为主、多业融合、魅力元素嵌入”的原则，以文化创意产业为主题，将商务办公、文化艺术、会议展览、商业餐饮、休闲娱乐、酒店公寓、开放空间融为一体，将艺术展厅、时尚秀场、环境设施等魅力元素嵌入，形成具有协同效应的综合体。

在功能分布上，北街坊以商务办公为主、商业服务和文化休闲为辅，南街坊以商业服务和文化休闲为主、商务办公为辅，形成复合互补、动静相宜的功能格局。在建筑构成上，商务办公建筑面积占 40%～50%，商业服务建筑面积占 25%～30%，文化休闲建筑面积占 25%～30%。

（三）空间形态

街区的形态结构可以归纳为“一轴线、两核心、九组团”：一条步行轴线贯通南北街坊，串联开放空间核心和建筑组团；广场和绿地分别形成南北街坊的两个开放空间核心；九个建筑组团围绕开放空间核心，形成复合功能布局（图 9）。

街区的空间形态以开放空间为核心，新老建筑形成紧凑组合，有效地界定和围合开放空间。基于开放空间和建筑组群之间的有机关系，形成具有鲜明特色的街区空间形态格局（图 10、图 11）。

连续的开放空间体系：城市最佳实践区的开放空间包括主题广场、街区绿地、林荫步道、建筑院落、街角空间、步行巷道，形成功能有别、规模不等、形态各异、错落有致、收放相间的连续体系。

多样的建筑组群特征：基于开放空间网络，形成各具特征的九个建筑组群，在高度（低层、多层、高层）、体量（大体量、中体量、小体量）、肌理（团块、行列、围合）方面都有所差异，体现各自的可识别性。

有机的空间形态格局：开放空间和建筑组群之间形成彼此关联的共轭关系和相互渗透的图底关系。一方面，开放空间体系不仅串联各个建筑组群，而且渗透到建筑组群的内部；另一方面，各个建筑组群有效地界定和围合开放空间，使之具有丰富的层次性和有趣的序列感。

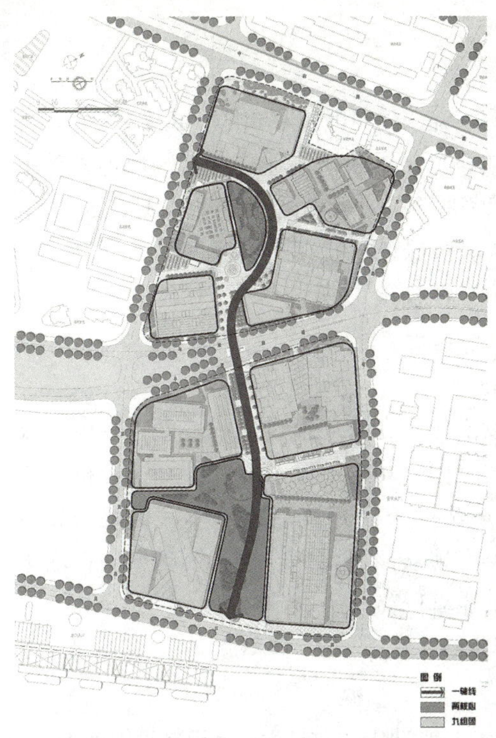

图 9　城市最佳实践区规划结构图

图 10　城市最佳实践区总平面图

图 11　城市最佳实践区鸟瞰效果图

（四）低碳生态

依据城市最佳实践区会后发展的低碳生态规划和建设导则，重点关注能源、建筑、交通、场地、绿化、环保基础设施等主要领域，每项控制指标都可以量化和进行绩效审核，并建立对低碳生态建设进行有效管理的体制和机制。2013 年 4 月，城市最佳实践区会后发展规划获得美国绿色建筑理事会颁发的 LEED-ND（LEED for Neighborhood Development）铂金预认证。

（五）建设进展

城市最佳实践区会后发展的各项建设工作正在有序推进之中。南市发电厂改造成为当代艺术博物馆，已经开业，一些跨国公司的地区总部和规划设计机构陆续进驻。2013 年底，已经完成改造的区域将向公众开放；2016 年底，全面完成街区改造工作。届时，城市最佳实践区将实现从“世博亮点展区”到“城市活力街区”的成功转型，肯定会再给世人一个惊喜！

参考文献

[1] 苏功洲，郑科．人性化商务环境的塑造——世博会地区会展商务区 A 片区城市设计．上海城市规划，2012，2.

[2] 唐子来，冯立，奚慧．2010 年上海世博会城市最佳实践区：在街区改造实践中演绎“城市”主题．城市规划学刊，2010，3.

[3] 唐子来，金鑫．从“世博亮点展区”到“街区改造范例”：城市最佳实践区会后发展修建性详细规划．上海城市规划，2012，1.

（撰稿人：唐子来，同济大学建筑与城市规划学院，教授；郑科，上海市城市规划设计研究院，高级规划师；郑轶楠，上海市城市规划设计研究院，规划师；何宽，上海市城市规划设计研究院，规划师）

动态篇

编者按：本篇章主要反映城乡规划行业的年度工作信息，包括住房和城乡建设部城乡规划行政主管部门的年度工作动态，中国城市科学研究会、中国城市规划协会、中国城市规划学会的年度开展活动情况以及城市规划教育的发展、城乡规划督察工作和城乡规划标准规范工作的年度进展情况。

2012年城乡规划管理工作动态

2012年是我国“十二五”期间承前启后的关键一年，面对严峻复杂的国际经济形势和国内改革发展稳定的繁重任务，在党和国家的坚强领导下，以科学发展观为指导，全面落实中央经济工作会议确定的“稳中求进”的指导方针，解放思想、凝聚力量，抓住创新和发展这条主线，着力推进城乡规划管理工作。

一、城乡规划管理工作的基本情况

（一）研究提出新时期城乡规划建设工作的指导思想和基本方向

经历了30多年的高速发展，城乡建设发展机制发生了深刻变化，在获得巨大财富的同时，快速城镇化对保护自然人文资源和生态环境、节约资源能源、维护社会公平、保障公共安全等方面提出了新的挑战和问题。当前城乡规划建设中仍存在规划不科学、不落实或没有规划、城市布局不合理或割裂历史文化、公共设施投入不足或不均衡、城镇化发展与生态环境不和谐、防灾减灾能力较低和地下空间管理薄弱等问题。

为了全面贯彻落实科学发展观，在城镇化发展的关键时期，提出新形势下对城乡规划建设工作的要求，加强近期城乡规划建设中暴露出的薄弱环节十分必要。按照国务院领导批示精神，住房和城乡建设部先后赴广东、广西、安徽、江苏四省进行了专题调研，分别开展东、中、西片区调研及多种方式的座谈会，多次向吴良镛、周干峙、张锦秋等11位院士征求意见，在结合近年来工作实践和多方共识的基础上，提出了现阶段我国城乡规划建设工作的指导思想、基本原则。新时期城乡规划建设的指导思想应该以邓小平理论、“三个代表”重要思想、科学发展观为指导，全面贯彻党的十八大精神，认真实施《城乡规划法》，充分发挥规划的先导和统筹作用，合理配置空间资源，树立以人为本、绿色生态的规划建设理念，全面提高城乡规划水平和建设质量，促进城乡统筹和大中小城市、小城镇协调发展，保障城镇化科学、合理、有序推进。同时还提出当前城乡规划建设应坚持先规划、后建设，坚持循序渐进，坚持以人为本，坚持集约和包容发展，坚持改革创新的基本原则。

针对面临的新形势和遇到的问题，提出了当前城乡规划和城乡建设的主要任务，如优化城镇体系布局，促进城乡区域协调发展，合理配置空间资源，注重基础设施建设，推进基本公共服务均等。结合主要任务提出了一些政策措施和制度设想，如研究设立城市总体规划师制度，推进城乡规划公众参与，加强技术创新，推进智慧城市和绿色生态城市（镇）关键技术创新等。

这些内容的提出，既有利于解决当前问题，又为我国城乡规划建设工作的长远发展打下良好基础，对于促进城乡规划管理工作更好地把握宏观政策，深化管理体制改革，更好地发挥统筹和调控作用具有重要意义。

（二）以优化空间资源配置为抓手，推进城镇化健康发展

2012 年中央和省级规划管理部门着力在推进多元、多极、网络化的城镇空间结构，促进区域协调发展，引导生产要素合理流动和防止无序扩张等方面积极开展工作。各城市规划管理部门在提升城市活力、改善人居环境等方面作了很多探索。

1. 引导新时期城镇发展模式的转变

住房和城乡建设部加强了对跨区域城镇体系发展和省域城镇体系规划的推动工作。通过开展“新农村建设和城镇化问题”研究，参与国家发改委牵头组织的“促进城镇化健康发展规划”编制和牵头编制《新疆生产建设兵团城镇化发展规划》等，强化对城镇发展布局的引导，使人口分布、城镇布局和资源环境承载力相协调。通过组织对河南、广东、吉林、西藏、新疆、安徽、江西和贵州等省（自治区）域城镇体系规划的审查和报送国务院工作，着力推进城镇密集地区的协调发展，促进大中小城市和小城镇合理分工、功能互补、集约发展，引导城镇间的分工协作，协调区域基础设施和公共服务设施的建设。一些省也通过加强省域城镇体系规划的实施工作，开展跨市域城镇体系规划，建立由省域城镇体系规划、跨市域城镇体系规划、城市总体规划组成的区域规划管理体系。安徽省按照省域城镇体系规划要求，于 2012 年 5 月印发了《关于印发安徽省新型城镇化“11221”工程实施方案的通知》，重点实施“提升中心城市承载力改善中心城市人居环境”、“发展县级中等城市”、“培育 200 个特色镇”、“实施‘万村整治’”4 项行动计划，在全省推进了“县级中等城市”申报工作。这些工作有效地推动了省域城镇体系规划的实施，成为全省推进新型城镇化的有力措施。

2. 加强对城乡人居环境的改善

2012 年，住房和城乡建设部加大协调力度，加快推进总体规划审查审批进度，组织召开了 4 次城市总体规划部际联席会议，审议了 13 个城市的总体规划，将 5 个城市总体规划上报国务院审批，报请国务院批复了 8 个城市的总体规划。这些城市总体规划以保障和改善民生为重点，着力于全面了解城乡的现状和特点，

深刻认识发展面临的机遇和挑战，提高规划的科学性和前瞻性；着力于促进城乡统筹发展，推动城乡基本公共服务均等化，协调县（市）域城乡建设和布局；着力于改善人居环境，提高城乡人民生活质量；着力于引导城镇集中和紧凑布局，提高土地集约利用水平，减少开发行为对自然环境的干扰和破坏。

深圳市通过制定和实施城市更新单元规划，比较顺利地开展了350多个旧城更新项目，有效增加了旧城的活力，改善了旧城的环境和功能。大连市近期建设规划首先保障公益性项目的空间落实，把保障房、文体设施、教育医疗设施和公园绿地等重大公益性项目作为重点内容之一，为提高城市人居环境和营造幸福城市提供保障；调整财政资金的支出结构，优先保障重点地区和重大设施的建设；计划部门的立项审批要根据近期建设规划的内容和项目库严格审查，资金安排优先保证近期重点地区和重点项目。

3. 多角度推动生态文明建设

为防止城市空间无序扩张，抑制“摊大饼”和“大城市病”等问题，强化城市空间扩张的管理，保护自然和历史文化遗产，住房和城乡建设部进一步加强对“三区”、“四线”的管理，要求划定城市增长边界，开展了对《城市蓝线管理办法》的修订工作，提出在蓝线外要划定保护控制范围。组织开展对中新天津生态城等5个城市的现场考核并下发加强和改进生态城市规划建设的督促函；对7个绿色生态城区进行初审，对26个绿色生态城区的申报材料进行规划审查；继续协调各部委研究国家有关中新天津生态城的支持政策，推进资源节约型、环境友好型社会建设，提高可持续发展能力。

武汉市依照“大发展+大生态”的思路，明确划定城市增长边界、生态底线以及集中发展区、弹性过渡区、生态底线区等，并提出相应分区发展指引和生态管控政策。城市增长边界内是“大发展”区域，适当提高建设聚集程度，实现资源节约；城市增长边界外是“大生态”区域，通过将生态保护功能化、法定化、项目化和同步化，实现环境友好。南京市推行了将生态城区建设方面的控制指标写入出让土地的规划要点的做法。

4. 加强对历史文化遗产的保护

历史文化名城、名镇、名村是我国文化遗产的重要组成部分。从1982年国务院公布第一批历史文化名城至今，国家历史文化名城已经达到120个，中国历史文化名镇181个，中国历史文化名村169个。在历史文化名城保护工作30年之际，住房和城乡建设部会同国家文物局对31个省（自治区、直辖市）的历史文化名城、名镇、名村保护工作进行检查，并将检查结果报国务院，对8个保护不力的名城进行了通报批评，责令组织整改；住房和城乡建设部会同国家文物局印发了《历史文化名城名镇名村保护规划编制要求》，组织起草了《历史文化名城名镇名村保护规划编制审批办法》。

南京市委市政府专门出台了《关于进一步彰显古都风貌、提升老城品质的若干规定》，从体量、高度、色彩等方面，限制老城的开发强度。

（三）以创新规划管理机制为途径，有效发挥规划调控作用

随着我国城市发展由单纯的政府推动向政府与市场共同推动转型，城乡规划作为政府调控城乡公共资源、引导城乡建设发展的手段，其职能与地位不断提升。然而，从实际效果来看，由于城乡建设主体较多，项目计划、空间规划、土地利用、投融资和设施建设等往往是各自为政，缺乏协调机制，没有很好地发挥城乡建设的综合效应。因此，2012 年各级规划管理部门在创新规划管理机制，有效发挥规划的综合调控作用方面作了积极的探索。

1. 完善规划体系，提高规划的科学性和可实施性

2012 年 8 月，住房和城乡建设部城乡规划司会同济南市城市规划局在济南市召开了第一届全国副省级城市规划局长会议，会议以“如何增强控规指标的科学性、全面性和可实施性，提高规划管理水平；如何在控规组织编制中加强控规与上位规划和专项规划的衔接；如何加强城市年度建设规划编制工作”等内容为中心议题开展讨论和交流。通过这次交流可以看到，15 个副省级城市在《城乡规划法》、《控制性详细规划编制审批办法》确定的规划体系和管理要求的基础上，进一步完善了本地的规划体系，在近期建设规划、单元控规、城市设计、地块控规、年度建设规划的编制内容和方法等方面进行了积极的尝试。

南京市建立了“城市总体规划—次区域规划（区县总体规划）、专项规划—控制性详细规划—景观特色意图区城市设计”的规划体系。西安市控制性详细规划通过构建“宏观—中观—微观”三级分层控制系统，实现规划管理刚性与弹性有机结合，建立强度分区与城市设计的分级控制体系，增强控规的可实施性与可操作性。武汉市构建了“二段六层次、主干加专项”的规划编制体系：二段即“导控型规划+实施型规划”，也就是主干规划体系；六层次即导控型规划的三个层次，即“城市总体规划、分区规划、控规导则”及实施型规划的三个层次，即近期建设规划、重点功能区规划、年度实施计划。其中，实施型规划是依据城市总体规划、土地利用总体规划和国民经济与社会发展规划，以城市规划为平台，统筹协调全市城乡建设、土地储备和投融资等计划，以重大建设项目为抓手，构建“近期建设规划—重点功能区规划—年度实施计划”的实施型规划体系。

青岛市以近期建设规划和控规衔接为突破口，逐步建立动静结合的规划编制体系，具体方法为：在总规指导下，同时编制近期建设规划和单元控规，规划范围为整个规划区；在近期建设规划指导下，与重点项目、政府投资计划、土地供

应计划充分结合，每年编制完成下一年度计划；以年度计划和单元控规为依据编制地块控规，规划范围为年度建设重点地区，以保障重点项目实施；在年度计划的指导下，根据地块控规，结合具体项目，编制完成修建性详细规划。

2. 规范决策程序，促进规划的多方参与和共同实施

近年来，住房和城乡建设部通过对规划管理制度的修订、重构甚至废止，逐步推进规划管理体制由单方整合向多元管理转变，在制度实施和程序履行的过程中，促进城乡规划工作由专家、公众、各相关部门多方共同参与，防止规划管理的不切实际和权力滥用，体现城乡规划的综合性、权威性。2012 年住房和城乡建设部在多次调研和征求多方意见的基础上，出台了《建设用地容积率管理办法》，明确了城市、镇规划区内国有土地使用权划拨或出让前、后建设用地容积率调整的条件、流程及公众参与等要求，细化了调整容积率的程序要求，规定了规划主管部门采取公示、听证等方式征求利害关系人意见等。通过规范容积率管理，有效地减少了国有土地使用权划拨或出让后暗箱操作、随意调整容积率的现象，维护了社会公平。在调研和总结各地做法的基础上，住房和城乡建设部开始组织起草《关于城乡规划公开公示的规定》，强调社会公众对城乡规划的知情权、参与权，推进公众的有效参与和有效监督，使城乡规划工作不再局限在行政与专业之内，最大限度地取得公众的认可，减少城乡建设中的失误。

广州市人民政府出台了《广州市城乡规划程序规定》，明确了规划编制管理程序，强调了控规与上位规划和专项规划的关系，要求在拟定控制性详细规划编制任务书时，落实总体规划对本区的定位，落实发展单位单元的控制要求，延续总体规划的要求，保障总体规划在控制性详细规划层面的分解、落实，实现不同规划层次一盘棋的目标；在开展专项规划编制时，各职能部门均强化了与发改、规划、国土部门的协调，并对具体涉及空间布局和建设需求的事项，与规划部门不断沟通，进一步纳入到控制性详细规划中，保障了项目的落地。

宁波市开展了“三阶段”活动，更为广泛地征求社会公众的意见。一是在规划编制阶段，开展“规划进社区、进农村、进企业、进工地”主题实践活动，主动听取各方意见，促进公众关注和支持规划编制工作；二是在规划审查阶段，及早征求各部门、相关单位意见，借助区政府、街道以及各级行业部门的力量，强化部门会审的工作力度，及时了解地方政府在旧城旧村改造、住房保障、民生工程建设等方面的工作要求，不断修改和完善规划内容，提高规划的合理性和可行性；三是在规划报批阶段，坚持批前公告和批后公布，最大限度地公开规划内容，畅通公众参与的途径，增强规划决策的科学性。

深圳市在城市更新单元规划制定中，有效地引入企业、业主参与，明确规定企业、业主的权益、今后的利益分配、改造的持续、履行的义务等，确保城市、业主、

企业的权利并存和利益分享。

3. 加强实施监督，维护规划的严肃性和权威性

针对一些地方政府和规划管理工作人员违法行政，甚至利用职权谋取私利的问题，监察部、人力资源和社会保障部和住房和城乡建设部共同制定了《城乡规划违法违纪行为处分办法》，旨在建立惩处机制，有效预防领导干部违法插手干预规划、不依法实施管理等现象，使经批准的城乡规划得到有效落实。该办法按照规划的编制审批、实施管理、监督检查的顺序，对行政机关公务员、企事业单位中由行政机关任命的人员等 4 类纪律责任的承担主体明确了违法违纪处分规定，涵盖了违反城乡规划行为的各个方面。

针对各地违法建设量多、蔓延快，查处违法建设中自由裁量权范围过大，政府及有关部门监管不力等问题，住房和城乡建设部法规司与城乡规划司共同开展了城乡规划行政处罚裁量权的研究，并于 2012 年 6 月以部文件形式下发了《关于规范城乡规划行政处罚裁量权的指导意见》，细化了违法建设种类及各类违法建设的处罚幅度，限定了行政处罚自由裁量权的空间，促进了依法行政。

2012 年，住房和城乡建设部加强了利用卫星遥感辅助城乡规划实施监督工作，重点核查卫星遥感图斑 185 个，督察员向派驻城市发出督察文书 74 份，纠正了 295 起违规侵占公共绿地、风景区和历史文化保护区搞商业开发的倾向性问题，维护了城乡规划的严肃性和权威性。

各地在严格实施城乡规划、预防和制止违法建设方面也做了大量工作。2012 年以来，哈尔滨市加大了对违法建设的查处力度，建立了拆违信息制度，设立专项举报电话，实施有奖举报，出台了《关于实施违法建设长效管理指导意见》，明确街道、乡（镇）的责任，对新增违建的街道、乡（镇），属地主要负责人一律先行免职，再追究责任；提出拆违要“一把尺子量到底”，绝不能“拆小不拆大、拆民不拆官、拆软不拆硬、拆明不拆暗”，对违法建设“零容忍”、“零补偿”；对“蜗居”违建中的困难群众“管到底”，全市统筹安排优质房源，为部分困难群众解决了住房问题，为一些有就业需求的困难户提供了公益性岗位，出台了《关于在国有土地房屋征收中拆除违法建筑及实施困难救助的指导意见》。通过斩断违建利益链条、帮扶“蜗居”违建困难群众、建立杜绝违建长效机制等措施，“零补偿”拆除了 400 万 m^2 违章建筑，赢得了群众信任，也为其他城市开展拆违工作提供了有益经验。

4. 建设信息平台，提高规划服务效能和精准度

城乡规划管理工作具有技术密集、业务涵盖面广的特点，加快信息化建设对于深入推进城乡规划管理创新，促进全过程精准管理，提高规划服务效能具有重要意义。全国各个城市规划管理部门在建立规划信息平台、推进管理工作的协同

方面都作出了积极努力。

武汉市确立了“1个中心、3项工程、5类系统、6项支撑”的信息化工作架构，指导信息化建设。1个中心即信息资源管理中心，由覆盖全市国土资源和规划系统数据库、数据库运行环境和相应的运行管理机制组成，为决策指挥提供信息支撑，与上级政府、同级政府及相关部门实现数据交换。3项工程即“数字国土”、“数字规划”和“数字城市”工程，其中，“数字国土”和“数字规划”工程是信息化服务于国土资源和规划管理，“数字城市”工程是信息化面向全市的外延领域。5类系统即资源调查与数据采集系统、空间规划与城市设计系统、信息集成与协同办公系统、动态监管与决策支持系统、数字城市与公共服务系统，是信息化在各个层面、各专业领域的应用。6项支撑是指信息化组织机构、规章制度、技术、人才、经费和标准。

北京市规委与市监察局联网，建立了行政审批电子监察工作机制，实行网上监察。同时，将政府网络作为公众参与城市规划的重要平台，设立了“公众参与”栏目，主要包括“专项调查、控规调整、历史文化保护区保护与更新、地名公示、在线解答、在线访谈”等栏目。

广州、深圳、宁波、大连等大中城市先后开展了城市规划“一张图”管理体系研究，制定技术规程，建立规划成果信息库、基础信息库和规划管理信息库等，开展“一张图”规划整合工作，并利用GIS技术，建立整合平台，实施动态维护。规划整合工作是“一张图”建设的核心，旨在以法定图则为基础，梳理各类型不同的规划成果，按照整合问题处理的原则和程序，解决规划成果之间的出现矛盾的问题。

（四）以加强行业队伍建设为基础，提高规划管理水平

1. 开展规划行业管理人员的廉政风险防控工作

2012年，住房和城乡建设部、监察部对已经开展了三年的房地产领域违规变更规划、调整容积率问题专项治理工作进行总结，将城乡规划违法违纪问题纳入常态化管理。通过专项治理，遏制了房地产开发领域违规变更规划、调整容积率的行为，规划管理部门依法行政意识和水平有所提高。为进一步加强对城乡规划行业廉政风险防控的指导，在开展容积率专项治理和对规划系统腐败案件深入剖析的基础上，住房和城乡建设部开展了城乡规划管理廉政风险防控研究，赴北京、重庆、哈尔滨、昆山等地进行调研，多次召开座谈会听取地方规划管理部门和规划管理相关人士的意见，深入查找城乡规划管理中社会关注度高、群众反映强烈的重点环节、重点岗位，发现存在的廉政风险。通过细化分解工作流程，逐一排查廉政风险点，针对规划管理重点环节所涉及的15项工作，制定17个分项

流程图，共排查出风险点 193 个，提出 222 个防控措施，制定下发了《城乡规划管理廉政风险防控手册》，在全国规划管理系统推广应用。防控手册力求通过“找、防、控”三个环节，从规划编制审批，到建设项目规划管理，再到规划修改、评估、监督等重点阶段，以领导岗位、处室为单元，明确责任主体，根据廉政风险类型，从管理、权力、环境、人员等方面进行综合分析，查找出廉政风险的内容和来源，有针对性地制定防控措施，充分体现了关口前移、超前防范的监管理念。通过下发指导手册，有效地指导了地方规划管理部门开展廉政风险防控工作，推动了地方规范城乡规划管理和制度建设。

2. 加强对城乡规划编制单位的资质管理

2012 年，城乡规划编制和研究队伍不断壮大，已有城乡规划编制与科研机构近 2700 家，具备甲级城乡规划编制资质证书的单位 296 家，乙级 700 多家，丙级 1500 多家，注册规划师 13000 余名，有力地保障了城乡规划工作健康发展。

为了提高城乡规划编制队伍素质，加强对城乡规划编制单位的资质管理，住房和城乡建设部对原资质管理办法进行了修订，出台了《城乡规划编制单位资质管理规定》。修订的主要任务是：根据《城乡规划法》、《行政许可法》的要求，修改规划编制资质审批和管理的有关规定。此次修订的核心内容就是在城乡规划编制资质许可条件中，规定不同规划资质等级的单位应配备注册规划师的数量。将注册规划师数量列为城乡规划编制资质许可条件的实质是增设了一个准入条件。规划编制单位必须具有规定数量的注册规划师，才能获得相应的规划编制资质等级。《城乡规划编制单位资质管理规定》出台后，不仅适用于新申请升级的规划编制单位，原有资质的规划编制单位也需按新标准重新就位。因此，拟订注册规划师最低配置数量要求的思路是，既要保证贯彻《城乡规划法》，使城乡规划行业总体技术水平在现有条件下不断提高，又要顾及已经取得相应资质的规划编制单位目前实际情况；既要使大多数的规划编制单位经过一定的努力，能达到新标准，保持现有的资质等级，也要依据新标准对少数经营管理不善、技术力量明显不足的编制单位重新定级或予以淘汰。

二、城乡规划管理工作的主要特点

回顾 2012 年城乡规划管理工作，主要以深化规划管理体制改革为核心，着力处理好政府和市场的关系，发挥城乡规划的调控作用，呈现出以下特点：

一是更加关注社会的公平公正。随着公民自主意识的觉醒和社会发展不均衡现象的凸显，社会的公平公正已经成为各级党和政府以及人民群众高度关注的问题。城乡规划作为公共政策，也越来越注重综合和统筹多方利益，注重实现公共服务的均等化，注重保护公民的合法权益。多数城市编制了涉及政策性住房、教育医疗卫生、公共服务设施等的一批专项规划，通过改善城市功能、优化城市结构、提升城市品质，努力提高城乡居民的幸福感和满意度，使人人享受改革发展的成果。

二是更加关注发展方式的转变。当前，规划工作面临的一个最重要的矛盾，是城市蔓延扩张的需求与规划控制之间的矛盾，这需要城乡规划更加关注发展方式的转变。促进经济增长由主要依靠增加物质资源消耗向创新驱动、内生增长、绿色发展转变，因此，在规划工作中要落到打造城市功能更加完善、城市品质更加优良、人居环境更加改善、空间布局更加合理、土地利用更加集约、要素集聚更加明显、历史文化更加彰显的具体举措上来。

三是更加关注历史文化的塑造。2012 年是历史文化名城管理工作开展 30 周年，住房和城乡建设部开展系列活动，并首次对历史文化名城管理工作开展了全国性检查，出台了有关规范性文件，显示了对历史文化遗产保护的决心。各地也通过疏散老城、减轻老城的压力，彰显老城的特色品质，对历史文化资源采用多元化的保护等方法，保留历史的记忆，塑造有特色的城市文化。

四是更加关注宜居城市的打造。城市化是一把“双刃剑”，城市化推动了社会的进步，同时也产生了环境污染、生态破坏和一系列的“城市病”，这些发达国家在工业化和城市化中的失误，值得我们吸取教训，不能走他们的老路子。住房和城乡建设部及时开展了生态城、绿色城区的示范工作，各地也注重调整工业布局，保护生态环境，减少交通流量，推进职住平衡和有机更新，突出“绿色、人文、智慧、集约”的规划理念，有效地指导了宜居城市建设。

五是更加关注规划质量的提升。长期以来，规划工作偏重于对空间布局、结构体系、政策措施的定性分析和对规划阶段性成果的定量分析，忽略对规划实施的评估，从而对规划编制的质量缺乏科学的判断。近年来，规划行业对如何加强对规划实施效果的评估，让科学的评估制度引领城市规划的发展，规划编制成果如何更好地指导建设行为，如何通过近期建设规划来引导年度建设任务的制定，开展了很多积极而有意义的探索和尝试。

三、2013 年工作展望

2012 年召开了中国共产党第十八次代表大会，实现了中央领导集体的新老交替。大会提出了全面建成小康社会的奋斗目标，将经济建设、政治建设、文化建设、社会建设、生态建设作为今后的主要任务，为城乡规划工作提供了新的发展空间并对城乡规划工作提出新的要求。城乡规划工作如何适应新型城镇化进程的需要，抓住转型期城市经济社会发展的特征，引导城乡发展建设模式的转变，提升城镇化发展质量，是规划管理部门面临的巨大挑战。结合贯彻落实十八大和中央经济工作会议精神，2013 年重点开展以下工作：

(一) 加强城镇体系规划工作

通过加强城镇体系规划工作，加强对城镇化发展的分类指导，积极推进省域城镇体系规划的制定实施，统筹城乡各项建设，统筹安排各类区域性重大基础设施，配合国家城镇化战略，研究开展重点区域城镇群协调发展规划，推动省域城镇体系规划实施评估工作，研究落实省域城镇体系规划的实施机制。

(二) 推进城乡规划法制化、公开化

创新城乡规划管理方式，研究建立“城市总规划师制度试点”、“国家城乡规划督察制度”；结合地方开展违法建设预防及查处机制实践活动，推动违法建设预防和处理的联动机制；积极完善《城乡规划法》配套法规体系，推进地方配套法规的制定；切实落实十八大提出的在决策和执行过程中“凡是涉及群众切身利益的决策都要充分听取群众意见，凡是损害群众利益的做法都要坚决防止和纠正”的原则，完善城乡规划政务公开和公众参与制度，研究下发《关于城乡规划公开公示的规定》，保障社会公众对城乡规划的知情权、参与权，维护群众合法权益。

(三) 加强规划制定指导和实施监管

一是要加大督促协调力度，加快总体规划审查审批进度，提高规划的时效性，对部分城市总体规划纲要编制周期过长问题进行重点督办；加大对相关阶段上报规划成果的审核把关，并逐步建立国务院审批城市总体规划成果的归档和电子化的规划成果信息库；做好《城市总体规划编制审批办法》(建议稿) 起草工作。

二是继续加强与有关司局、稽查办的工作协调，强化总规实施的监督工作，围绕实施监督的难点问题，主动协商、明确职责、共同推进。

三是把推动低碳生态城市规划建设作为转变城镇发展方式的重要抓手，切实做好绿色生态示范城区工作。在现有规划编制技术标准体系的基础上，研究绿色生态城区规划编制的技术要求，完善和优化绿色生态城区的规划指标体系，并会同相关司局继续开展对各地申报绿色生态城区的实地考核，加强对已批准的绿色生态城区（试点）定期复核与指导。继续做好中新天津生态城的有关工作。

(四) 做好名城、名镇、名村保护工作

继续推进历史文化名城、名镇、名村保护相关法规标准的编制，抓好《历史

文化名城保护规划规范》、《历史文化名镇名村保护规划规范》的修编和《历史文化名城名镇名村保护规划编制审批办法》的审批；切实加强对地方名城、名镇、名村保护工作的指导；继续做好保护规划编制指导，开展第六批中国历史文化名镇、名村评选；针对名城、名镇、名村检查发现的问题，研究以多种方式加强对各地保护工作的有效监督，督促地方做好保护规划实施和国家专项保护资金的有效利用。

（五）提高规划管理部门廉政风险防控能力

按照今年全国建设工作会议和住房和城乡建设部党风廉政建设工作会议的要求，一是要深入贯彻《城乡规划管理廉政风险防控手册》和《城乡规划违法违纪行为处分办法》，加强宣传和调研，及时发现贯彻实施中的问题，及时督促整改；二是要按照住房和城乡建设部廉政风险防控的要求，规范城乡规划管理化，在规划审核、规划设计单位资质管理等工作中，明确责任和程序，加强监督。

（六）及时开展城镇化、城乡规划重要问题的调查研究

结合住房和城乡建设部中心工作，对当前城镇化、城乡规划工作的重点问题开展研究，如在新型城镇化发展、城镇体系规划实施机制、城市总体规划编制审批及实施监督机制改革创新、低碳生态城市规划建设等方面，组织开展基础性、前瞻性研究，为政策措施的制定提供依据。

（撰稿人：孙安军，住房与城乡建设部规划司司长）

2012 年中国城市科学研究会工作动态

2012 年是深入贯彻学习中国科协“八大”精神，深化学会改革的一年，中国城市科学研究会围绕学会中心工作，坚持“三服务一加强”的工作定位，全面推进组织建设、学术交流、学科建设、决策咨询等各项工作，切实承担好沟通、联系科技工作者的桥梁和纽带职责，广泛凝聚力量，夯实组织基础，提升服务能力。

一、组织建设工作

（一）组织召开形式多样的工作会议，做好会员的联系交往和服务工作

根据学会组织建设工作的要点，2012 年召开三次组织工作会议，明确年度工作计划、重点方向，交流工作经验：

（1）召开分支机构、研究中心工作座谈会。结合会员日活动，召开分支机构与研究中心工作座谈会，通过对于工作经验的交流与探讨，互相借鉴，吸收经验，创新与拓展思维模式。

（2）召开理事暨分支机构、团体会员单位代表工作会议。6 月，结合 2012 年城市发展与规划论坛的契机，在桂林组织召开了五届六次理事暨分支机构、团体会员单位代表工作会议（图 1）。会议汇报总结一年来主要工作进展，交流工作经验，展望今后工作的重点及目标。会议审议并通过了《关于增补理事、常务理事人员名单的建议》，增补常务理事 2 名，增补理事 5 名；颁发了《城市发展

图 1　五届六次理事暨分支机构、团体会员单位代表工作会议

研究》（2010-2011 年）优秀论文奖，二等奖 3 个、三等奖 4 个（一等奖空缺），并进行了向中国科协推荐全国优秀科技工作者候选人的票选工作。

（二）启动换届筹备工作

组织推荐本次会员代表大会代表。学会经广泛征求意见，提出了第六次会员代表大会代表及理事会人选分配方案，根据学会换届程序的相关要求，报送中国科协及住房和城乡建设部，并开始向各省辖市、相关高校、科研机构进行有关理事人选的推选及确认。

研究修改学会章程。在学会第五届理事会任期五年中，党中央提出了新的理论和要求，形势的发展也对学会工作提出了新的要求，第五次会员代表大会通过的《学会章程》部分条款需要及时地充实和修改，目前已着手进行有关章程文本的修改与完善工作，并第一时间向常务理事征集有关意见。

组织起草工作报告。成立换届筹备工作组，负责代拟《第五届理事会工作报告》，待报告完成，拟进一步征求对报告的修改意见。

二、学术研究

（一）打造权威系列年度报告

2012 年共编制完成六本年度报告：

（1）《绿色建筑 2012》：由绿色建筑与节能专业委员会组织编撰，报告在延续以往风格的基础上，增加了我国绿色建筑政策与标准，“十一五”项目、课题科研成果的介绍，旨在全面系统地总结我国绿色建筑的研究成果与实践经验，指导我国绿色建筑的规划、设计、建设、评价、使用及维护，在更大范围内推动绿色建筑的发展与实践。

（2）中国城市规划发展报告（2011-2012）：梳理了 2011 年度城乡规划领域的重点话题，从若干方面以综述的方式进行了总结，并对 2011 ～ 2012 年度城乡规划的重要事件、行业发展概况、学术动态进行了述评。

（3）中国低碳生态城市发展报告 2012：由生态城市研究专业委员会组织编写，吸纳了国内相关领域研众多学者的最新研究成果，在沿袭原主题框架［最新进展、认识与思考、方法与技术、实践与探索、城市生态宜居发展指数（优地指数，即 UD 指数）］的基础上，将 2011 年低碳生态城市研究和实践方面的新发展与重建微循环体系相融合；尝试更关注低碳生态城市建设的实效与定量化。

（4）中国数字城市年度发展报告 2011-2012：由数字城市专业委员会组织编

写，及时反映国内外数字（智慧）城市的发展现状和趋势，总结年度各地数字（智慧）城市建设的最新进展、成功案例和存在问题，为行业和地方城市政府及相关企事业单位提供具有决策和借鉴价值的信息。

(5) 中国城市交通规划发展报告 2010：由我会和同济大学建筑与城市规划学院等单位共同组织编写，总结我国各城市在交通规划方面的丰富经验，内容包括中国城市交通规划的发展、城市交通与空间布局、高速铁路与城际铁路、公共交通规划、城市非机动交通规划、交通需求管理与交通信息化、大型活动的交通规划、教育和科研与社会参与等。

(6) 中国小城镇和村庄建设发展报告 2011：系统展示、回顾和总结 2011 年全国小城镇和村庄的建设情况和经验，涵盖了村镇规划、农村住房建设、小城镇建设、农村人居环境建设、特色景观旅游名镇（村）、村镇建设节能减排和可再生能源利用等主要内容。

（二）配合住房和城乡建设部中心工作，完成有关司局专项科研项目

组织承担完成建筑节能与科技司专项课题研究："绿色商业建筑评价技术研究与评估工具开发"、"太阳能光电建筑应用系统认证体系研究"、"绿色低碳生态城市规划指南及指标体系研究"等课题，计划承担专项"既有建筑绿色改造评价标准"、"绿色生态城区评价标准"、"绿色建筑效果后评估与调研"、"绿色建筑检测技术标准"、"绿色建筑运行管理规范"、"绿色校园评价技术细则"七项课题研究工作。

组织完成城乡规划司"中国城市增长指数"课题研究工作。梳理了我国城市人口、用地和经济发展的时空特征，对中国 287 个地级以上城市进行排名，提出城市紧凑增长的建议与意见。

组织完成村镇司有关课题：完成《中国小城镇和村庄建设发展报告》，系统总结一年来小城镇和村庄发展的情况和存在的问题，综合分析小城镇竞争力，展望未来主要发展趋势；完成《支持村庄规划试点工作的实施意见》报告研究，探讨村庄规划试点的主要内容和方法，总结典型村庄规划的编制及实施经验，提出指导意见；完成"传统村落评价认定办法与管理制度研究"课题，提出传统村落评价和管理办法，对全国传统村落管理信息系统的基础数据进行分析；完成"传统村落特征分析"研究课题，研究传统村落的分布规律、存续现状、构成类型、地域特征、村落选址和规划布局等要素，为保护的内容及方法提供理论支撑。开展传统村落评价认定指南编制、评审及培训工作。

完成标准定额司相关技术标准的起草与制定：继续完成城市照明节能评价标准研究工作，承担城市照明自动控制系统技术标准规范的研究起草工作，重点解决控制系统的兼容性问题，研究开放的通信接口和协议，实现单灯节能技术与集中节能技术的统一。

配合部低碳生态城市领导小组工作，参与两批共十个低碳生态试点城镇调研，对天津、唐山、无锡、深圳、重庆、长沙、池州、贵阳、昆明九个城市的十个试点城（镇）区进行了现场考察，并完成有关调研报告的撰写；牵头相关单位组织修订《绿色生态城区评价标准》。

配合住房和城乡建设部城市建设司完成“国家生态园林城市指标体系”修订与考核工作。

（三）组织开展有关决策咨询项目研究

组织完成中国科协 2011 年度政策研究类课题“适合中国国情的人居环境评价机制研究”。在调研国内外人居环境评价理论方法的基础上，结合实证分析与规范分析，研究国内外人居环境评估评价的理论与方法，提出符合中国城乡建设实际、导向科学合理的人居环境评价办法与指标体系，针对目前人居环境建设中的薄弱环节和主要问题进行深入剖析，提出改善中国人居环境的对策建议，完成了中国人居环境指数（HEI）的编制工作，提炼 3 篇专报。

组织开展中国科协“科技与社会 2049 展望”系列研究——“城市科学与未来城市”项目的研究工作。以情景模拟作为基本分析方法，具体开展了城市科学理论的系统梳理和学科体系框架的构建、城市科学对未来城市发展的贡献研究、未来城市生活图景研究等工作。

组织开展国家科技重大专项“城镇供水安全保障管理支撑体系研究”子课题“饮用水流域的管理体制、运行机制与保障体系研究”，深入研究国内饮用水流域管理体制、运行机制与保障体系实施的实际效果，提出与业务模型相匹配的饮用水流域管理、治理信息系统模型，促进饮用水流域管理治理水平的提高。

组织开展国家科技支撑计划“绿色建筑评价体系与标准规范技术研发”子课题“绿色建筑评价标准与绿色商场建筑评价标准研究”，调研总结现行标准的实施效果及我国绿色建筑评价工作的现状，完成有关标准的制定与完善；组织开展国家科技支撑计划“绿色建筑评价体系与标准规范技术研发”子课题“绿色建筑标识项目评价指标性能研究”，提出对于绿色建筑用地、用能、用水、用材指标的标准化计算方法，运用研究成果中的计算方法和模拟技术进行实际操作，提出合理化建议。

组织开展国家科技支撑计划“智慧城市管理公共信息平台关键技术研究与应用示范”子课题“智慧城市管理公共信息平台研究开发及规模应用示范”，丰富、创新建设智慧城市的管理理论、方法及关键技术，实现城市海量公共信息的时空化承载与服务，实现不同管理部门异构系统的信息资源共享和业务协同，探索形成城镇建设与运行管理信息高度集成、高效运行的管理体系。

（四）开展为地方政府提供服务的咨询研究工作

在学术研究过程中，注重理论研究的前沿性与导向性，注重理论研究成果与实践的接轨，面向城市政府，为城市的生态城市规划、建设、管理与可持续发展提供思路与政策指引：

完成“河北省生态宜居城市建设研究”项目。为河北省确立生态宜居城市发展目标提供理论基础、技术支持与示范指导，结合河北省现状摸底，提出可操作、可实施、可执行的生态宜居建设发展指南，从战略目标体系、建设技术体系、政策体系与示范应用体系四个方面进行有关研究工作，相关成果已由中国建筑工业出版社正式出版。

组织开展“湖南株洲云龙示范区生态城市规划体系创新研究”项目，在对株洲市云龙示范区近年来在生态城市规划体系进行的创新实践进行深入研究的基础上，充分借鉴实践经验，分析总结适应我国生态城市建设与发展的生态城市规划体系的创新点与关键点；同步开展“湖南株洲云龙示范区生态控制体系构建与示范应用”的课题研究，对云龙示范区已有的“水资源、土地利用、生态保护、能源利用、综合交通、城乡统筹”等六大领域的专题研究／专项规划予以梳理整合，依据生态城市发展要求和云龙实际情况，对规划要点及关键技术进行提炼与融合，构建面向管理需求的“云龙示范区生态建设控制体系”。

开展“‘肇庆新区总体规划及专题研究’项目监管”项目研究，完成基础调研及评估报告初稿，积极配合总规及专题的修改进行评估报告的完善。

编制《康定全域发展战略规划》，针对藏区特色的城镇发展、产业定位、空间布局、社会管理等内容开展深入研究，四次赴四川康定开展实地调研和汇报课题成果。目前项目在最终完善阶段，准备项目评审。

编制《河北省邯郸冀南新区发展战略规划》，探索邯郸冀南新区的发展定位、产业方向、空间布局和城镇化发展方向。已进行两次实地调研。

组织开展《河北省廊坊市三河燕郊低碳生态社区专项规划》研究，根据国家的相关标准，制定燕郊低碳生态社区的发展目标、指标体系、发展路径与措施。

与武汉大学合作编制《武穴市总体规划》，负责的四个专题“城镇化与人口发展”、“资源与环境保护”、“产业发展”以及“空间发展”研究的撰写已经完成。

参与《海南省城镇化发展战略规划》课题研究工作，完成第一阶段有关新型城镇化发展政策建议的研究工作，已形成“海南省关于加快推进新型城镇化建设的决定”和“海南省加快推进新型城镇化建设行动纲要或实施方案”文本，积极协助第二阶段“概念规划”的编制研究工作。

签订《四川光华学院绿色校园专项规划》合同，目前已完成现状调研和规划提纲，正在进行初稿撰写。

完成“深圳低碳生态城指标体系研究”和“深圳低碳生态城国外经验借鉴”项目，进行后续课题“深圳低碳生态示范市建设评级指引”项目招投标申请。

（五）积极开展国际科技合作项目

完善 GIZ《中国低碳生态城市发展指南》的编制工作。结合指南的编制，与科技司一同赴天津、深圳、成都调研，听取地方对《指南》的完善与回馈意见，并于 3 月底结题。

组织参与中美清洁能源联合研究中心相关课题项目。绿色建筑专业委员会完成“西方各国绿色建筑激励机制与政策比较研究及对中国的启示”、“绿色建筑标识体系的推广机制研究”两项课题，低碳照明中心承担“新型照明系统设计及控制方法研究”项目。

完成“促进生态城市政策在主流实践中的实施”项目。项目是中、英两国就生态城市、绿色建筑、低碳技术等领域展开的国际合作项目，开展了中英生态城市的案例城市考察，分别考察了安吉、武汉、株洲等案例城市，同时赴英考察了伦敦、剑桥、米尔顿凯恩等城市的生态化建设，完成了项目考察报告。

与 UTC（联合技术公司）合作，继续开展“生态城市指标体系构建与生态城市示范评价”项目研究工作，进一步完善低碳生态城市指标体系，出版了《兼顾理想与现实》；编制并公开发布了《中国城市低碳生态度》，引起了强烈的社会反响；同时，开展控规层面的低碳生态城市指标体系编制工作，形成了低碳生态城市控规指标初步成果；生态城市的案例研究今年继续深入执行，继续深入对天津、曹妃甸、深圳的追踪调研，同时新增了株洲云龙生态城与无锡太湖新城的案例研究工作。

由 EF 资助，对唐山市曹妃甸新区、昆明市呈贡新城等的生态城市规划和建设进行探索和跟踪研究。在新城的规划编制和生态指针建设阶段，协助组织国内外专家在新城规划编制、实施的不同阶段参加咨询和研讨会等活动，发挥专家作用，促进新城规划建设，对上述地区城市规划中的减碳措施进行跟踪，使唐山市曹妃甸新区、昆明市呈贡新城等的规划建设更符合生态城市的要求，为控制性详细规划和修建性详细规划提供支持。

完成 GEF 项目“促进低碳生态城市的政策建议”、“中国城市低碳发展规划纲要和指南”、“城市低碳发展培训”三项子课题的前期立项和项目建议书。

完成“中英繁荣基金（SPF）”2013年的项目申请，围绕低碳绿色发展的主旨，申报“快速城镇化进程中的低碳转型路径探索——以深圳为例”，探索深圳市如何建立以低碳排放为特征的城市空间结构、绿色建筑、交通、新能源等的低碳转型路径，实现可持续发展。

完成亚行项目“基于低碳生态发展的城乡规划技术方法”的项目建议书的撰写。

积极筹备欧盟EC-Link项目的申请，和多家国内外著名咨询公司、非政府组织和科研机构协作，完成全部申请材料并提交申请。

三、学术交流

（一）精品项目：积极组织承办国际学术大会

主办第八届国际绿色建筑与建筑节能大会暨新技术与产品博览会：3月28～30日，由我会主办的第八届国际绿色建筑与建筑节能大会暨新技术与产品博览会在北京国际会议中心召开（图2）。大会紧紧围绕“推广绿色建筑，营造低碳宜居环境”的主题，向全世界展示了绿色建筑与建筑节能领域的最新成果、发展趋势和成功案例。根据目前国内、国际建筑节能与绿色建筑工作实际，围绕大会主题安排了1个综合论坛和25个分论坛。有来自国内外的近200名政府官员、专家学者和企业界人士围绕绿色建筑设计理论、技术和实践、绿色建筑智慧化与数字技术、既有建筑节能改造技术及工程实践、太阳能在建筑中的应用等题目发表了演讲。在为期3天的博览会上，来自国内外的上百家知名企业向全世界展示了国内外绿色建筑与建筑节能领域的最新成果、发展趋势和成功案例以及建筑行业节能减排、低碳生态环保方面的最新技术、产品以及应用发展。

图2　第八届绿色建筑与建筑节能大会

主办2012年城市发展与规划大会：6月12～13日，由我会主办的2012年城市发展与规划大会在广西桂林市召开（图3）。围绕“宜居、低碳与可持续发展”的主题，与会代表交流我国各地在城市规划研究、规划管理、规划设计和规划教育等领域的最新成就，探讨当前城市规划建设管理工作中面临的一系列热点、难点问题。大会举办了绿色建筑、低碳生态城市的规划与设计、绿色交通规划和公交优先策略、历史文化名城保护30周年、城市生态化改造和可持续发展、低碳生态城市——现状与未来、中外生态城市理论与范例、城市生态细胞——立体城市模式探索、城市低碳经济与产业发展、低碳生态城市的规划与实践等13个分论坛。

图3　2012城市发展与规划大会

主办2012年中国城镇水务发展国际研讨会与新技术设备博览会。由我会与中国城镇供水排水协会联合举办的2012年中国城镇水务发展大会与新技术设备博览会在浙江宁波召开（图4）。本届大会的主题是“治理水污染、保障水安全”。围绕国内外水务发展现状、目标、相关政策及实施问题和国家重大科技专项——水体污染处理技术最新进展等进行深入和全方位的探讨，分析存在的突出问题及面临的新挑战，探寻解决问题的策略、途径和方法。同期举办的博览会集中展示业内最先进的技术和设备。共有上百家知名企业展示国内外先进、实用的水处理技术设备、给水排水管网技术设备、膜与分离技术设备、净水器材；水专项展览展示“城市水污染控制”和“饮用水安全保障”两个主题部分项目（课题）实施的最新进展。

主办第十九届海峡两岸城市发展研讨会。2012年9月1～7日由我会副理事长李兵弟任团长，一行21人赴台湾地区参加了“第十九届海峡两岸城市发展研讨会”暨学术考察活动（图5）。本届研讨会由台湾都市计划学会、中国城市科学研究会和台湾新竹县政府联合主办，台湾中华大学具体承办。研讨会的主题

图 4 2012 中国城镇水务发展国际研讨会

图 5 第十九届海峡两岸城市发展研讨会

为“智能城市 & 精明增长”，赴台的各项活动紧紧围绕这一主题展开，主要包括三个板块：一是 2012 年海峡两岸学者圆桌交流会议，围绕两岸城镇化发展、城乡关系与空间规划理论实践改革等广泛议题进行简短交流；二是全天四个单元主题的学术交流活动，围绕城镇精明成长、智慧城市策略、宏观城镇转型、智慧城市规划四个方面展开学术交流与研讨；三是 9 月 3 ~ 7 日的县(市)学术考察活动。对各县（市）智慧城市建设的战略思路、重点内容、实施进展以及相关的城市规划及管理情况进行了实地考察，并就有关问题进行了质询、答疑和讨论。与台湾交通大学智慧生活科技中心、威达云瑞电讯公司等有关单位和企业进行了交流。

（二）特色学术活动：高端学术沙龙与生态城市中国行活动

1. 生态城市中国行活动——花桥站活动

7 月 5 日，由我会主办，生态城市研究专业委员会承办的“生态城市中国行”活动走进第四站昆山花桥，江苏省 13 个市、19 个示范区的约 400 名专家和从业人员汇聚昆山花桥国际商务城，就“绿色让城市更幸福”的主题进行交流（图 6）。住房和城乡建设部副部长、中国城科会理事长仇保兴出席并作主题演讲，住房和城乡建设部科技发展促进中心副主任梁俊强先生，中国城市科学研究会秘书长李

图 6 “生态城市中国行”活动现场

图 7 “面向世界城市低碳发展高级研讨会”场景

迅先生，中国城科会生态委秘书长叶青女士，昆山市住房和城乡建设局副局长沈长根先生，花桥国际商务城规划建筑设计有限公司董事长张伟先生出席论坛并进行了简短的对话交流活动，与会专家表示，生态城市建设不仅需要政策的引导、科学技术的应用，还应该努力成为改变人们行为意识的尝试。

2. 面向世界城市低碳发展高级研讨会

12 月 6 日，由中国科协学术交流项目专项资助，我会主办，北京城市系统工程研究中心、北京大学首都发展研究院等单位承办的“面向世界城市低碳发展高级研讨会”召开（图 7）。学会秘书长李迅、北京大学政府管理学院副院长李国平教授、清华大学建筑学院顾朝林教授、北京城市规划设计研究院何永博士分别作了主旨发言。在沙龙自由讨论中，生态城市专业委员会秘书长叶青引领专家们围绕北京低碳生态城市建设问题及未来发展方向展开了热烈讨论。专家们围绕北京建设世界城市的目标、规划展开了对话交流活动，提出应在低碳城市规划的过程中，分析减排目标的实现对城市经济社会发展的影响，应依据本地区的经济技术水平加以分析，针对规划指标在实际建设过程中难以协调的问题，认为统筹考虑整体的城市节能问题比控制一个地块的节能指标更有效率。

中国科协学会技术部副部长刘兴平对会议给予高度评价，认为研讨会命题及时、必要，具有小型、高端、前沿的特点，研讨会搭建了学术交流、经验探讨、开放探索的平台，发挥首都城市发展的智囊团和思想库作用，推进学会、科研院所、高校、行业企业、地方政府的沟通，为推动首都北京以及中国城市的低碳发展提供了智力支持。

（三）专业学术活动：以国际论坛为载体，积极组织承办有关分论坛交流活动

利用国际论坛举办的契机，围绕城市发展中的热点话题，承办有关专业分论坛交流活动，组织专家进行现场交锋、评析，引导科学理性思维。

1. 承办绿色建筑与节能大会专业学术交流分论坛——“低碳社区与绿色建筑——中国特色的绿色建筑、生态城市发展之路”

由生态城市研究专业委员会、深圳建筑科学研究院共同承办（图 8）。在分论坛的上半场交流中，与会嘉宾主要围绕绿色建筑的中国之路进行发言，探讨绿色建筑理念、规划和设计阶段的主要问题，探索绿色建筑在设计、建设、运营全生命周期内的实效评价以及未来的发展趋势。论坛的下半场演讲中，嘉宾们的演讲并不仅仅局限于宏观上的低碳生态城市理念、城市规划，而更侧重于低碳生态城市建设的解决方案。论坛对绿色建筑和生态城市建设的探索与实践进行了全面深入的交流，在论坛上发言的不仅有专家学者，还有推动低碳生态城市建设实践的企业代表，他们的深刻思考及实践经验让参会者受益匪浅。

2. 承办 2011 城市发展与规划大会专业学术交流分论坛

主要承办的分论坛活动有：

“低碳生态城市——现状与未来”分论坛。由学术交流部承办，邀请国内外低碳生态城市领域知名的专家学者以及政府官员、企业代表等围绕当前国内外低碳生态城市的最新发展现状及未来发展趋势进行了深入探讨和交流。中国城市科学研究会学术交流部首席研究员、英国卡迪夫大学规划研究国际中心主任于立、英中生态城市和绿色建筑工作组联合主席 Alan Kell、英国建筑研究中心主任

图 8 “低碳社区与绿色建筑——中国特色的绿色建筑、生态城市发展之路”论坛

Jaya Skandamorrthy、深圳规划和国土资源委员会副总规划师张一成、万科建筑研究中心建筑物理研究员兼万科北京绿色建筑公园技术负责人黄成在论坛上分别作了精彩演讲。中国城市科学研究会博士、助理研究员李爱民还代表项目组进行了中国低碳生态城市评估信息的发布。

“低碳生态城市的规划与实践”分论坛：围绕中外低碳生态城市规划特征比较、低碳城市规划的数据核算与关键策略、生态规划与城市生态修复、城市边缘区绿色空间生态规划进行理论探讨与交流，以英国生态城镇规划内容体系与特征分析、上海生态城区低碳专项规划研究、GE 综合市政管理平台——西安高新技术开发区示范项目、北京科技商务区巩华城国际科技金融岛城市设计等项目为切入点，探讨低碳生态实践过程中的问题（图 9）。

图 9 “低碳生态城市的规划与实践”分论坛

3. 承办 2012 中国城镇水务发展国际研讨会学术交流分论坛

城市水环境与水生态技术专业论坛：围绕可持续水环境目标，就未来城市的水环境系统和污水处理技术的发展方向、城市水环境修复与卫生学的关系及其协调、两岸人工湿地研究与应用举例、城市分散式源分离排水技术、生活污水源分离、再生利用与废物资源化等议题，邀请 9 位国内外演讲嘉宾进行了主题演讲与对话活动，特邀德国生态协会主席 Guenter Geller 对城市复合水系统进行了主旨演讲（图 10）。

4. 承办第三届中国（天津滨海）国际生态城市论坛平行论坛交流活动

9 月 22 日，由中国城市科学研究会承办的第三届国际生态城市论坛平行论坛“国内、外低碳生态城市发展现状分析及展望”在天津滨海新区举办（图 11）。

中国城市科学研究会学术交流部首席研究员、英国卡迪夫大学规划研究国际中心主任于立为论坛的主持人。德国弗赖堡市经济—旅游—会展促进

图 10 “城市水环境与水生态技术”专业论坛

图 11 “国内外低碳生态城市发展现状分析及展望”论坛场景

署署长、德国城市联盟经济促进委员会主席、德国弗赖堡德中交流协会主席贝恩特·达勒曼博士，沙特阿拉伯 Alfaisal 大学副校长、教授、《国际人居》（Habitat International）主编 Charles Choguill，瑞典尤默奥大学教授 Katarina Eckerberg，英国建筑研究中心主任 Jaya Skandamorrthy，沙特阿拉伯 Alfaisal 大学教授、《国际人居》(Habitat International) 编辑 Marisa Choguill，奥雅纳（中国）规划发展总监，香港规划师学会原会长叶祖达，巴顿－威尔莫国际首席执行官 Nick Sweet 在论坛中作了主题演讲。

四、宣传、科普与期刊编辑

（一）《城市发展研究》期刊编辑、出版工作

1. 期刊正常按时保质出版

所有来稿做到登记分类管理，每月来稿量 300 余篇。责任编辑基本按时间要求送审稿件，严格执行三审制，及时处理反馈，执行核红稿审核制度。本年度正常出刊 12 期，出版增刊 2 期。组织秘书处同志圆满完成了绿建大会和规划大会

的增刊编辑出版工作。

本年度在选稿上对传统栏目（城镇化、城乡统筹、城市规划、城市经济、土地利用、区域研究等）继续保持高度关注的同时，抓住城市科学研究的重点和热点问题，特别关注“中国特色的城镇化问题”、“城镇与区域协调发展”、“城乡统筹”、“转变城市发展模式”、“城市安全”、“低碳生态城市”、“城市交通”、“城市文化”等问题。在工作中，责任编辑善于发现和把握新的学术发展方向，如城市微循环、乡村规划、城市空间的社会分异等问题都有最新的成果发表。尝试以各种方式开设不同类型的专栏，取得了较好的效果。对城市规划和建设行业的一些老专家和老领导进行专访，根据专业方向和实际情况，对刘太格先生、阮仪三先生、朱自煊先生、胡序威先生、周干峙部长进行了专访。

鼓励所有编辑参加各类学术活动并撰写综述性文章。我会每年一度的绿色建筑大会和城市规划与发展大会、城镇水务大会的综述根据会议的不同特点，组织了专家视点形式的综述和重点问题分析的综述。

2. 搭建学术平台

本年度在做好纸质出版物的出版发行工作的同时，为扩大期刊的学术影响力，挖掘期刊平台的潜在价值，在城科会秘书处和主编的支持下，以编辑部作为主要力量，联合地方城科会和社会力量搭建新型学术平台，组织了“低碳建筑领军者沙龙”（2 次）和“中国古村落住区环境保护研讨”沙龙。

3. 期刊影响力

在规划大会开始前做好杂志两年一次的论文评奖工作，评选出 5 篇获奖论文并进行奖励。由编辑部推荐的 1 篇文章获得了金经昌论文奖三等奖。

期刊的学术影响力不断扩大，在中国学术期刊评价委员会发布的学术期刊排行榜上在土木建筑工程中（146 种）排名 21，期刊影响因子不断提高。

积极申报中国科协精品期刊项目，但由于学会期刊的综合性特征，在分组上不占优势，通过申报，对发展历程和现状进行了系统梳理，有利于今后打开办刊思路。

4. 发行与宣传工作

与邮局合作，及时做好每期的发行工作；收集邮局 2012 年各期订数和销售册数；在《中国报刊订阅指南》上做好征订宣传；及时缴送各种样刊；对因各种原因未能按期收到刊物的单位及时处理；在我刊杂志第 11 期刊登刊物介绍和征订单；更新交流杂志名录，为 2013 年发行工作做好准备。

（二）《低碳生态城市》杂志

全年共编辑出刊 3 期，发行及赠送共计 5000 余册。有关刊号申请因杂志社转制问题待商榷，有关材料准备工作待续。

（三）网站建设

2012 年，实现了官方网站的改版上线运行，改版后的网站立足于建立高端网络信息平台，实现高效的数字化管理与办公，网站设立机构概况、会员服务、专家资源、分支机构、表彰奖励、国际会议、项目咨询、教育培训、编辑出版、业界新闻、人才招聘等栏目，并设立日常办公、采编、邮箱等 OA 办公服务核心系统。

2012年中国城市规划协会工作动态

2012年，中国城市规划协会按照党的“十七大”、“十八大”精神，围绕国家“十二五”规划纲要，结合住房和城乡建设部的中心工作和协会年初制定的工作要点，扎实工作，开拓进取，通过组织开展多种多样的行业活动提高协会影响力和行业凝聚力，充分发挥了协会的积极作用，有力地推动了规划行业的发展进步，为加强城乡规划行业管理和促进行业发展方面做了大量的工作，各项工作都取得了很大进展。

一、精心打造协会优势品牌活动，全面提升行业影响

注重品牌打造是协会开展行业活动的首要任务。一个发展良好、深入人心的知名品牌活动，是协会最为宝贵的无形资产。“全国优秀城乡规划设计奖”每两年组织开展一届，其前身为原建设部“部级优秀规划设计奖”，自1998年原建设部将该奖转由协会负责评选活动以来，近20年，协会已圆满完成了八届。评选工作逐步规范化、制度化和透明化，在行业及社会上得到了广泛认可，并产生了很大影响。两年一届的会员代表大会也使协会不断建立、巩固了与会员单位之间的关系，在行业内影响力、凝聚力不断增强。

（一）顺利完成“2011年度全国优秀城乡规划设计奖”评选工作

“2011年度全国优秀城乡规划设计奖”评选活动于2011年7月开始布置，至2012年6月结束，历时一年完成。本届评优工作按照《全国优秀城乡规划设计奖评选管理办法》的有关规定以及第二届全国优秀城乡规划设计奖评选组织委员会（以下简称“组委会”）的要求，经各二级专业委员会及省、市规划协会近半年的评选，共推选出项目1266项，分为城市规划类、村镇规划类、城市勘测类、规划信息类、风景名胜区类评选，评选出获奖项目501项。本届评优活动参评项目数创历届之最，充分反映了行业的整体素质及评优工作在行业中的影响力（表1）。

城市规划类共收到申报项目600项，评出获奖项目241项（一等奖20项，二等奖57项，三等奖106项，表扬奖58项）；村镇规划类共收到申报项目201项，评出获奖项目67项（一等奖6项，二等奖22项，三等奖39项）；城市勘测类共

历届全国优秀城乡规划设计奖（城市规划类）评奖情况一览表　　　表 1

数量＼年度	1998 年	2000 年	2001 年	2003 年	2005 年	2007 年	2009 年	2011 年
申报项目数	134	159	198	295	344	400	496	600
获奖项目数	46	56	81	100	110	174	248	241

收到申报项目 383 项，评出获奖项目 160 项（一等奖 13 项，二等奖 39 项，三等奖 77 项，表扬奖 31 项）；规划信息类共收到申报项目 40 项，评出获奖项目 20 项（一等奖 2 项，二等奖 6 项，三等奖 12 项）；风景名胜区类共收到申报项目 42 项，评出获奖项目 13 项（一等奖 1 项，二等奖 4 项，三等奖 8 项）。

本届评优加强了组委会的审查力度。组委会共召开四次工作会议，对每个评审阶段的工作方案及进展情况进行了汇报，体现了组委会的权威性和评优过程的“公开、公正、公平”原则。在评优方式上采取了更加优化的分类方式。如将城市规划类按法定规划与非法定规划分类评审，体现评审工作的创新性，另外建立“评优申报系统”并试运行成功，提高了评优工作效率及其科学性（图 1）。

图 1　第二届全国优秀城乡规划设计奖评选组织委员会会议现场

为表彰在本次评优工作中作出突出贡献的部门及个人，提高各省市评优工作的积极性，经各省、自治区、直辖市城市规划相关部门积极申报和推荐，共有 37 个单位评为“最佳组织奖”，34 名同志获得“最佳组织奖先进个人”荣誉称号。

（二）组织召开“转型　创新　发展——2012 年中国城市规划协会会员代表大会”

2012 年 9 月 10 ~ 11 日，协会与西安市人民政府主办，西安市规划局、西安市城市规划设计研究院承办的“转型 创新 发展——2012 年中国城市规划协会会员代表大会”在西安隆重举行。住房和城乡建设部副部长仇保兴发来贺信。中国城市规划协会会长赵宝江主持大会，部城乡规划司、人事司、村镇建设司有关领导出席了会议。大会得到了来自北京、天津、上海、哈尔滨、广州、深圳等规划院及高校单位等 14 家单位的高度重视与积极支持。大会还邀请到香

图 2 “转型 创新 发展——2012 年中国城市规划协会会员代表大会”开幕式

港规划师学会、澳门运输工务司领导出席会议，澳门城市规划学会发来了贺信（图 2）。

会议围绕“转型 创新 发展”这一主题，邀请到国务院发展研究中心原党组书记、副主任陈清泰，故宫博物院院长单霁翔，中国科学院院士、中国工程院院士李德仁，中国工程院院士、西北建筑设计研究院总建筑师张锦秋以及中国工程院院士、中国城市规划设计研究院学术顾问邹德慈等知名专家院士分别从经济、文化、建筑、历史、智慧城市等角度为大家作了主旨报告（图 3）。会议还结合协会的七个二级专业委员会的职能分工，设置了“城市规划管理创新”、“规划院改革与发展”、“转型发展背景下的规划师责任”、“智慧城市与城市安全”等分论坛。来自中国城市规划设计研究院、北京、上海、天津、武汉、广州等省市的规划局局长、规划院院长作为特邀嘉宾分别围绕大会主题及各地规划现状进行了专题发言。发言内容理论结合实际，学术观点鲜明精湛，与会学者和听众对大会报告表现出较强的参与感，会场气氛活跃。论坛总结和分享了城市规划管理和规划

图 3 陈清泰主任、单霁翔院长、李德仁院士、张锦秋院士、邹德慈院士作主旨报告

图 4　2011 年度全国优秀城乡规划设计奖获奖项目颁奖

图 5　2011 年度全国优秀城乡规划设计奖部分获奖项目作品展

图 6　"我和我的城市"第三届城市规划行业摄影作品获奖作品展

编制等方面的实践经验和优秀成果，搭建了规划单位交流合作平台，有效提高了城市规划行业队伍的规划质量水平、科技进步和社会责任感。

会议期间对 2011 年度全国优秀城乡规划设计奖获奖项目进行颁奖与点评，同时开展了"我和我的城市"第三届城市规划行业摄影作品展等活动（图 4 ~图 6）。会议期间还召开了协会第三届五次常务理事会，原则通过了协会工作报告，以及第三届理事会常务理事人员变动情况报告和财务报告。

本次大会在全国迎接党的"十八大"会议召开之际顺利举办，以"转型、创新、发展"为主题，邀请国内规划届专家作报告、开展"全国优秀城乡规划设计奖"颁奖点评活动，总结协会工作经验，就行业共同关注的问题进行深入研究和探讨，充分展示了规划行业改革与发展的丰硕成就，促进了会员单位之间的广泛交流，增强了广大规划工作者的使命感和责任感，在行业内产生了深远影响。

二、集中行业力量，较好地完成了住房和城乡建设部委托交办的各项任务

（一）完成《国家职业分类大典》修订工作

受住房和城乡建设部人事司委托，协会在2011年承担了《国家职业分类大典》住房和城乡建设行业中关于“城乡规划专业技术人员”（编码2-02-21-01）的修订工作。2011年9月下旬完成了全部职业信息收集工作。2012年5月召开了“《国家职业分类大典》城乡规划职业信息修订会议”，与会专家就职业名称、定义、主要工作内容等事项形成了统一意见；新增了规划相关专业技术人员等8类职业所含工种（城乡规划设计专业技术人员、区域与城镇体系规划专业技术人员、建筑设计规划专业技术人员、环境工程规划专业技术人员、城市交通规划专业技术人员、市政工程规划专业技术人员、园林绿化规划专业技术人员、历史文化保护规划专业技术人员），并针对各工种的岗位名称、定义等内容进行了讨论，形成了修订意见。

（二）完成住房和城乡建设部批准的外事计划

协会严格按照住房和城乡建设部批准的外事计划，认真学习国家外事政策法规，规范对外交流活动，建立健全外事管理制度。2012年10月下旬，完成了赴希腊、土耳其进行的“历史文化遗产及其环境保护”的考察活动，期间考察了雅典卫城、以弗所古城等世界著名文化古迹（图7）。并与联合国教科文组织驻希腊办事处、土耳其多姆绿色建筑设计集团等国际同行就两国在历史文化遗产保护等方面的经验与成就进行了交流和探讨。考察报告已上报至住房和城乡建设部外事司。

图7 “历史文化遗产及其环境保护”考察

三、履行协会职能，搭建行业内外交流平台

（一）反映会员单位诉求，积极支持地方活动

1. 参加“2012年全国省规划院联席会”

2012年7月，“2012年全国省规划院联席会”在贵阳召开。会议以“聚焦转型，

共谋发展”为主题，与会代表围绕“省规划院的转型与发展”、“新型工业化与西部地区的城镇化”等行业热点问题展开交流。会议通过了《全国省规划院联席会倡议书》，并确定了下一届联席会承办单位（图 8）。

图 8 “2012 年全国省规划院联席会”

2. 参加“第七届泛珠三角区域城市规划院院长论坛”

2012 年 8 月，协会派员参加了“第七届泛珠三角区域城市规划院院长论坛”。会议在城市规划设计及管理方面取得了共识，起到了加强区域交流与合作的效果。

3. 参加“优质生活圈视角下的澳珠协调发展交流会”

2012 年 8 月下旬，应澳门运输工务司和广东省住房和城乡建设厅的邀请，协会派员赴澳门参加了“优质生活圈视角下的澳珠协调发展交流会”。与会嘉宾作了“共建优质生活圈与澳珠协同发展的关系”、“澳珠协同发展——交通与基建对接”等专题报告，通过交流讨论及参观考察形式，共同探讨粤澳合作发展契机。

4. 参加“第 22 届华东地区规划院联席会”

2012 年 9 月下旬，协会派员参加了“第 22 届华东地区规划院联席会”。华东地区六省一市规划院代表围绕规划设计创新与发展、规划设计改革，结合本单位在规划设计、研究和管理上的创新做法和成功经验，改革发展过程中遇到的问题，进行深入交流。

5. 参加“2012 年西南地区规划院联谊会”

2012 年 9 月下旬，协会派员参加了“2012 年西南地区规划院联谊会”。规划院院长们畅谈了西南地区城镇化的特殊性与各规划院人才需求的具体情况，探讨今后城乡规划事业的发展问题。

（二）组织开展“转型发展创新——城乡规划编制研讨班”

协会围绕“十二五”规划纲要和“十八大”会议精神，结合“2011 年度全国优秀城乡规划设计奖”评优工作成果及特点，与地方协会合作组织开展了两期“转型发展创新——城乡规划编制研讨班”。

2012 年 10 月至 2013 年 12 月，研讨班分别在深圳、上海举办，共邀请到 12 名专家进行授课，共计 533 名学员参加了学习。其中，深圳研讨班以城市总体规划和绿地系统规划为主题，上海研讨班以详细规划和城市综合交通规划为主题进行了研讨（图 9、图 10）。这次系列研讨班针对当前发展态势和需要，选取了一

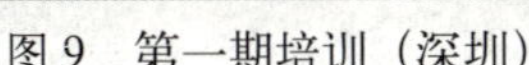

图 9　第一期培训（深圳）

图 10　第二期培训（上海）

些在城市转型期作出积极探索和创新的规划项目，并将研讨与参观考察相结合，与大家进行交流，分享经验，切实把握城乡规划应发挥的作用。同时，互动答疑环节着重解答了实际工作中遇到的一些问题，为学员开阔了视野和拓宽了思路。受到学员一致好评。协会将继续围绕城乡规划建设领域中心工作，举办此类规划研讨活动，为大家搭建互相交流学习的平台。

四、关注舆论宣传，提高协会影响力

（一）完成《中国城市规划年度发展报告（2011—2012 年）》、《中国数字城市规划专业领域 2011 年度发展报告》以及《中国城市交通规划年报》

（1）2012 年 3 月协会与中国城市科学研究会、中国城市规划学会、中国城市规划设计研究院联合编写了《中国城市规划年度发展报告（2011—2012 年）》。协会主要负责“动态篇”的撰写。

（2）协会信息管理工作委员会编辑出版了《中国数字城市规划专业领域 2011 年度发展报告》。该报告概述并分析了 2011 年度国内外数字规划专业领域的发展动态、现状，介绍了各地开展探索与实践的情况，为促进同行交流、研讨和促进数字城市规划的健康发展提供了可供参考的信息内容和分析观点。

（3）完成了住房和城乡建设部组织编纂的《中国建设年鉴 2011》的编写工作。

（4）2012 年 12 月，协会参与了中国城市科学研究会编辑的《中国城市交通规划年报》，主要负责对获得 2011 年度全国优秀城乡规划设计奖交通类的项目进行案例介绍。

（二）完成《全国优秀城市规划获奖作品集（2007—2012 年）》的光盘编辑

为了对“全国优秀城乡规划设计奖”获奖项目进行广泛宣传，协会编辑了作品光盘。光盘收集了 2007 ~ 2008 年度和 2009 ~ 2010 年度“全国优秀城乡规划设计奖”中获一、二等奖的项目，并对《全国优秀城市规划获奖作品集（2011—2012 年）》进行了介绍。在协会会员代表大会及“转型发展创新——城乡规划学习研讨班”系列活动中为参会代表提供了此光盘（图 11）。

图 11　光盘封面图片

（三）编辑《全国优秀城市规划获奖作品集（2011—2012 年）》

“2011 年度全国优秀城乡规划设计奖”评优工作结束后，协会将获奖项目汇编成册，编辑出版《全国优秀城市规划获奖作品集（2011—2012 年）》。为提高编书质量，协会邀请到行业内专家召开了编辑座谈会，在征求意见的基础上，将作品集按项目规划类别分为三册编辑，上册主要包括：区域规划、城镇体系规划、城市总体规划和近期建设规划及其相关研究等；中册包括：控制性详细规划、修建性详细规划、城市设计及其相关研究等；下册以专项规划为主，包括：交通规划、市政公共设施规划、历史文化保护规划、绿地系统规划及其相关研究等。该书已经出版。

（四）指导杂志建设

根据国家新闻总署关于推进新闻出版体制改革的指导要求，协会加强改制《城市勘测》、《地下管线管理》杂志，积极指导和管理好《城市规划信息化》等刊物，并加强与《规划师》杂志、中国城市规划行业信息网、《城市规划通讯》、《建设报》和其他媒体的合作、联系，更好地为会员单位服务，加强协会内各专业委员会刊物和资料的交流。

（五）进行协会网站全方位改版

协会网站由于建设时间较长，目前存在页面风格陈旧、栏目结构与网站功能单一问题，已不能很好地满足协会提升网络信息服务水平的要求，协会专门聘请顾问进行网络改版设计，目前改版工作正在进行中。

五、按照协会章程，召开各项工作会议

（一）组织召开“2012年会长工作会议暨第二届全国优秀城乡规划设计奖评选组织委员会在京委员会议”

2012年1月，“2012年会长工作会议暨第二届全国优秀城乡规划设计奖评选组织委员会在京委员会议”在北京召开。会议原则通过了协会2011年工作情况及2012年工作计划；秘书处对“全国优秀城乡规划设计奖”申报、评审系统建设情况作了汇报；研究讨论并通过了将有关奖项纳入“全国优秀城乡规划设计奖”实行分类评选等事宜。为顺利开展“2011年度全国优秀城乡规划设计奖”评选活动拓宽思路、明确办法、建立制度、提高效率，打下了良好基础。

（二）组织召开“全国城市规划协会秘书长联席会议”

2012年5月，协会在广西南宁组织召开每年一届的全国城市规划协会秘书长联席会议。会议听取了中国城市规划协会及其各个专业委员会的工作报告以及各省、市地方协会的工作交流报告，与会代表就各自工作开展情况和存在问题进行了经验交流和热烈讨论。会议还介绍了“2011年度全国优秀城乡规划设计奖”评选的初步情况，代表们就提升申报项目质量和做好省一级评优组织工作进行了交流和探讨，并对优化规划评优工作提出了很好的意见和建议（图12）。

（三）组织召开“中国城市规划协会专、兼职秘书长工作会议”

2012年12月，协会在合肥召开了专、兼职秘书长工作会议。会议总结了2012年协会工作，研究讨论了2013年协会工作要点，与会代表就2013年协会工作要点提出了有建设性的意见和建议，秘书处根据修改意见将上报协会会长工作会议讨论（图13）。

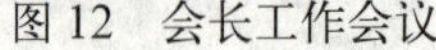
图 12　会长工作会议

图 13　中国城市规划协会专、兼职秘书长工作会议

六、充分发挥专业委员会作用，提高协会整体工作效能

各专业委员会围绕各自专业发展方向，认真履行工作职责，积极开展各类学术活动，为推动规划行业的顺利进行发挥了积极作用。

（一）规划管理专业委员会

规划管理专业委员会于 2012 年 10 月下旬在南宁召开了“管理专业委员会三届四次年会暨大城市规划局长座谈会”，会议以“提升城市活力，创新规划管理”为主题，围绕城镇化转型时期，城市规划与管理面临的问题与挑战等方面进行了研讨。2012 年 5 月，在马鞍山市组织召开了规划管理专业委员会专业组工作会议；7 月，在海南三亚组织召开了规划管理技术专业组第十五次会议；11 月，组织召开了法制组研讨会议；10 月下旬，在四川省泸州市举办了“2012 年中国城市规划信息化年会”。

（二）规划设计专业委员会

规划设计专业委员会于 2012 年 5 月在武汉成功组织召开了“第二届全国副省级城市规划院联席会”，7 月，组织并支持召开了“2012 年全国省规划院联席会议”，启动了“新形势下全国城市规划编制机构问题”调研工作，目前，课题工作正在进行中。

（三）城市勘测专业委员会

城市勘测专业委员会完成了“2011 年度全国优秀城乡规划设计奖——城市勘测类”评优活动。2012 年 2 月，在哈尔滨主办了全国第二届测绘单位雪地徒

图 14　管理专业委员会三届四次年会暨大城市市规划局长座谈会

图 15　女规划师委员会第三届二次年会

步定向比赛；3 月，在三亚市召开了城市勘测专业委员会四届二次常务理事（扩大）会议;5 月，在广西桂林召开了“全国优秀城市勘测工程评优工作交流大会”；8 月,在大同市召开了城市勘测专业委员会四届三次常务理事（扩大）会议暨“中国城市勘测行业发展课题研究”签字仪式。城市勘测专业委员会组织行业力量编写的《城市测量规范》已经住房和城乡建设部批准发布，7 月，在黑龙江省伊春市举办了《规范》培训班。

（四）地下管线专业委员会

地下管线专业委员会于 2012 年 6 月在京举办了“2012 地下管线行业发展论坛”，论坛以“地下管线与城市安全”为主题进行技术研讨和经验交流；10 月，召开了二届二次秘书长会议，组织了两期地下管线技术培训班，完成了《城市地下管线探测技术与工程项目管理》培训教材的出版、发行，完成了《城镇供水管网漏水探测技术手册》的编写。

（五）女规划师工作委员会

女规划师工作委员会积极参加全国妇联组织的各项活动，同时开展城乡规划义务咨询活动，2012 年 4 月，赴安徽合肥召开了“2012 环巢湖规划与发展研讨会”，对合肥市未来空间发展战略进行了咨询讨论。11 月在桂林召开了第三届二次年会，会上进行了学术交流活动。

（六）信息管理工作委员会

信息管理工作委员会初步建立了规划管理信息化专家库，为开展信息咨询、决策支持、评优评奖等活动奠定了基础，配合协会秘书处研发“全国优秀城乡规划设计奖”的申报、评审系统，该系统现已投入使用，完成“全国优秀城乡规划设计奖——规划信息类”评选工作，编辑《中国数字城市规划专业领域 2011 年度发展报告》，出版刊物《城市规划信息化》。

（七）规划展示专业委员会

规划展示专业委员会于 2012 年 7 月组织了全国第一期讲解员培训班，共有 20 个城市规划展览馆的 29 名讲解员参加培训，培训提高了规划展示行业员工的整体素质，9 月，在西安召开了第二届第二次规划展示年会，会议以“城市文化发展与城市规划展示”为主题交流了各省市规划展览馆的发展状况、成功经验以及未来发展方向，对我国规划展示事业的发展起到了促进作用。

2012年中国城市规划学会工作动态

2012年，中国城市规划学会全年共举办国内学术会议30次（90场），国际学术会议14次，总参加人数达8740人，共发表会议论文2040篇，编辑论文集9套7650册，派往国外的团组共10个54人次，进行技术咨询9项，年总发行期刊503600册。

一、学会能力建设

学会年度内召开了四届七次常务理事会扩大会议、四届八次常务理事会扩大会议，交流总结学会工作，商讨推进学会的创新发展（图1）；召开了2012年全国城市规划学会工作会议（图2），统筹安排学会工作，交流学会工作经验；学会二级组织建设逐步推进和完善，完成了城市规划历史与理论学术委员会报批和登记事宜，完成了编辑出版工作委员会、城市设计学术委员会、风景环境规划设计学术委员会、城市交通规划学术委员会的组织换届工作；酝酿成立城市总体规划学术委员会、城市规划实施学术委员会、城市影像学术委员会。

2012年10月低碳生态城市学术研讨会上，学会与七所大学（清华大学、同济大学、西安建筑科技大学、重庆大学、深圳大学、山东大学、哈尔滨工业大学）正式签订《低碳生态城市大学联盟合作备忘录》，大学联盟正式成立。

图1　四届八次常务理事会扩大会议场景

图 2　全国城市规划学会工作会议场景

学会获得了中国科协优秀社团奖励，成为住建部惟一获此殊荣的社团，中央财政连续三年每年拨款资助，专项用于学会能力建设；学会参加了民政部组织的社团评估，申报星级社团；学会历史文化名城规划学术委员会主任王景慧获中国科协“全国优秀科技工作者”称号，学会副理事长兼秘书长石楠获得了新闻出版署“全国新闻出版领军人物”称号（图 3）。

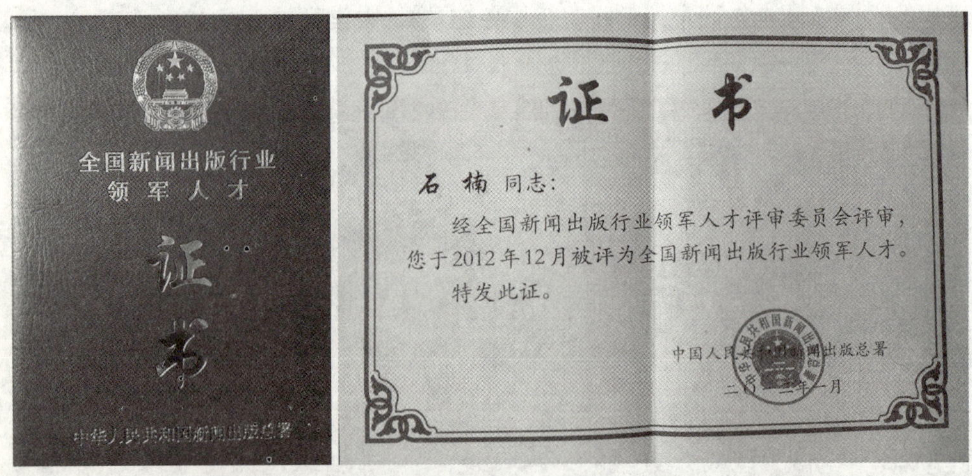

图 3　学会副理事长兼秘书长石楠获得新闻出版署“全国新闻出版领军人物”称号

二、学术活动

2012年，学会继续贯彻以年会为龙头、专题会议为特色的学术会议体系，做到每月有会议，重大选题不漏项。围绕学科建设，坚持为政府决策服务、为学科建设服务、为会员服务和为行业发展服务的目标，注重在内容质量、组织形式、活动方式等方面适应发展需要，从专业角度发出学术声音，营造良好的学术氛围，发挥学术交流主渠道的作用。

（一）2012年中国城市规划年会

由中国城市规划学会、昆明市人民政府共同主办，云南省住房和城乡建设厅协办，昆明市规划局承办的2012中国城市规划年会于10月17日至19日在云南省昆明市滇池边的云南海埂会堂成功举办，来自全国各地规划建设主管部门、规划编制单位、大专院校以及联合国人居署、国际城市与区域规划师学会、韩国大韩国土·规划学会、新加坡李光耀世界城市奖秘书处、港澳地区的专家学者等共4200名代表参加了会议（图4、图5）。

昆明市人民政府张祖林市长、中国科学技术协会刘兴平副部长和国际城市与区域规划师学会前主席伊斯梅尔·梅霍（Ismael Fernandez Mejia）在开幕式上致辞。学会向获得第二届“全国优秀城市规划科技工作者奖”的代表、中国城市规划学会2012年度“杰出学会工作者奖”代表、第五届“中国城市规划学会求是理论论文奖”的代表颁奖，并向为年会作出杰出贡献的单位和个人颁发了中国城市规划年会建议奖和优秀组织奖。

全国人大环境与资源保护委员会主任委员汪光焘，住房和城乡建设部副部长、

图4 住房和城乡建设部仇保兴副部长在2012年中国城市规划年会上作主题发言

图5 2012年中国城市规划年会会场场景

中国城市规划学会理事长仇保兴，国家开发银行规划总监郭明社，昆明市人民政府副市长陈勇，学会名誉理事长、中国工程院院士邹德慈，学会副理事长王静霞、张泉、朱嘉广、李晓江、吴志强、尹稚、樊杰、石楠，云南省建设厅厅长罗应光，总规划师刘学等出席了会议。石楠、吴志强、张泉和尹稚分别主持了17日的全体大会（图6）。

图6　学会副理事长兼秘书长石楠主持会议

年会以“多元与包容”作为会议的主题，既反映了我国的经济多元化、社会多元化的现实，以及各地在城镇化方面采取的多样化策略，也反映了在城市规划工作中如何因应发展需求，在理论和实践中不断开拓进取的新局面。

来自资源环境、规划建筑、社会经济、遗址保护等方面的著名专家、学者、院士为大会带来了精彩的跨学科高端学术报告。会议专家层次之高、内容范围涉及之广，在中国城市规划领域首屈一指（图7）。

汪光焘，仇保兴，中国工程院院士、清华大学教授江亿，中国工程院院士、中国科学院生态环境研究中心研究员王如松，中国城市规划学会副理事长、中国城市规划设计研究院院长李晓江，中国城市规划学会荣誉理事、加拿大女王大学城市与区域规划学院院长梁鹤年，国际古迹遗址理事会副会长、中国古迹遗址保护协会副主席兼秘书长郭旃，北京天则经济研究所所长、山东大学经济研究院教授盛洪，中国人口学会常务副会长、中国人民大学社会与人口学院院长翟振武，中国城市规划学会理事、厦门市规划局局长赵燕菁分别作题为“以法律引领和推进生态城（镇）建设”，“我国低碳生态城市建设的形势与任务”，“我国建筑节能状况和实现建筑节能的途径”，“城市复合生态与生态基础设施”，“宽容与谅解：

图7　年会各分会场场景

关注城市非正规现象”，“旧概念与新环境：普世价值”，“从世界遗产看中外文化差异和交融”，“用市场化的方法实现城市化”，“中国流动人口与城市化”和“城市化若干基本问题”的大会主旨报告。这些跨学科、跨领域的高端学术报告再次体现了年会最具权威性的特点，也从不同侧面阐释和回应了大会主题。

年会期间，学会与美国能源基金会、德国墨卡托基金会等联合举办了低碳生态城市发展学术交流研讨会暨“低碳生态城市大学联盟”启动仪式，由中国城市规划学会、同济大学、清华大学、山东大学、西安建筑科技大学、哈尔滨工业大学、重庆大学、深圳大学等联合签署了合作备忘录，从2013年起，将以共享和协同为主要宗旨，在低碳生态城市领域开展学术研究、学术交流和教育培训工作，搭建一个新的国际学术平台。

本届年会不仅是一场思想盛宴和学术大餐，举办过程中更汇聚了各方力量参与其中，是规划同仁、学界机构、业界组织共同筹备举办的一场年度盛会。

以学会学术工作委员会为主，来自全国各地学界专家组成专门的年会策划团队，对年会主题、论坛选题和会议组织等进行了精心周密的策划、安排和准备，反复讨论并选择当前中国最具前沿性的学术方向——“多元与包容”作为本次年会的主题，发掘和挑选“技术进步：从CAD到微博”等当下最热门话题作为自由论坛的主题（图8）。

在开门办会原则下，围绕会议的议题，年会在筹备期间展开了公开征集意见并公开评议的活动，最终共有4项建议获优秀建议奖。开门办会的目的，就是希望更多规划同行参与到年会的组织举办中来，鼓励激发主人翁意识，使年会成为大家共同的学术盛会。开幕式上，学会向优秀建议奖作者颁发了奖励证书，对获奖者的会议注册、会议期间住宿实行免费。

本届年会进一步向社会开放承办权，更多的规划部门机构参与到本次年会的组织举办中来。会前筹备阶段，经过严格挑选，中国城市规划设计研究院、昆明市规划局、北京清华同衡规划设计研究院、深圳蕾奥城市规划设计咨询公司、广

图8　年会各分会场场景

图 9　年会各分会场场景

东省城乡规划设计研究院、同济大学建筑与城市规划学院、中国人民大学公共管理学院、国家发改委城市和小城镇改革发展中心等一批具有较强技术实力的规划管理、编制和教学单位获得本届规划年会自由论坛和专题会议的主办资格，与学会联合组织举办年会中一系列专题会议和自由论坛（图 9）。

学会区域规划与城市经济学术委员会、居住区规划学术委员会、历史文化名城规划设计学术委员会、小城镇规划学术委员会、城市设计学术委员会、青年工作委员会、风景环境规划设计学术委员会、城市生态规划学术委员会、工程规划学术委员会、城市安全与防灾学术委员会、城市交通规划学术委员会、城市规划历史与理论学术委员会等学会二级组织承担了本次年会具体专题会议的组织承办工作（图 10）。

本次年会创新性地开通了年会官方微博，第一时间发布年会组织、筹备、内容等信息，成为了未能到会的同行了解会议内容、参与会议讨论的平台。在年会的微博平台上，围绕年会大大小小的话题，规划同行们展开实时交流和讨论，大量有益的意见、建议和共识在微博回复与评论中涌现，这些意见、建议和共识在很大程度上保证了大会的顺利召开。

图 10　年会颁奖仪式现场

会上还举办了 2012 年“影城相间”摄影巡展和摄影作品义卖活动，拍卖了王伟强、陶滔等规划师、建筑师的摄影佳作，全部拍卖所得捐献给中国城市规划学会，专款用于“规划西部行”公益活动。

会议期间举行了学会四届八次常务理事会扩大会议，审议通过了学会秘书处所作的2011年9月至2012年9月工作报告，批准增补李春梅为学会第四届理事会理事，批准了新技术应用学术委员会新一届领导班子名单，同意酝酿成立中国城市规划学会城市影像学术委员会，批准了2012年中国城市规划年会优秀组织奖名单、中国城市规划学会2012年度“杰出学会工作者奖”名单，确定了，2013年中国城市规划年会将在美丽的海滨城市山东青岛举行。第二届《城市规划》英文版编辑委员会会议、城市总体规划学术委员会筹备会和城市规划实施学术委员会筹备会等三个工作会议也顺利召开。

在全体大会上，还举办了2013年中国城市规划年会承办权交接仪式，昆明市人民政府副秘书长陈伟和青岛市人民政府副秘书长李海涛出席了交接仪式。

（二）专题学术会议

1. 第四届规划理论年聚

2012年2月17日至19日，由加拿大著名规划教育家、原加拿大女王大学城市与区域规划学院院长梁鹤年教授发起，中国城市规划学会和中国城市规划设计研究院主办的第四届规划理论年聚在京举行。为期三天的年聚，秉承了往届理论年聚的精神，旨在利用其他学科的理论及研究方法，打开跨界思维，激发理论联想，建立城市规划学科的理论思维（图11）。

年聚共有30余人参加，依然由梁鹤年教授亲自主持。2月17日，邀请到了中国工程院院士、清华大学化工系教授金涌从空气动力学的角度出发谈生态城市

图11　“第四届规划理论年聚”现场

构建与低碳发展模式；18 日，邀请到中央美术学院造型学院雕塑系教授秦璞谈综合材料—材料与空间构成。紧随讲座之后进行的分组头脑风暴式自由讨论中，与会的学者、专家以及学生分别从外专业的思维启发中谈起，逐步转化思维，通过隐喻、比拟和联想的方式，与讲者以及梁鹤年教授进行了热烈的讨论与交流。

年聚最终虽然没有明确地得出具体的精华理论研究方向，但围绕着城市的本质、城市的发展过程、城市的特色、艺术与城市规划以及户籍制度等多个问题进行了深入的思考和探讨。参会代表均表示受到很大的启发，长此以往，相信规划理论年聚这样的学术行为能够最终以他山之石为中国的城市规划理论打出新路。

2. 第三届山地人居科学国际论坛

5 月 11 ～ 13 日，第三届山地人居科学国际论坛在重庆大学召开。本次会议由重庆大学建筑城规学院、中科院成都山地灾害与环境研究所、中国城市规划学会、中国城市规划协会共同主办。来自英、美、法、日等国家和我国的 200 位专家参加了会议（图 12）。国家最高科学技术奖的获得者吴良镛院士在书面发言中指出，快速城镇化进程中，山地人居环境建设暴露出生态、资源、文化等多方面的问题，面临严峻的挑战；与此同时，山地人居环境建设又因地形起伏、气候多变、生态敏感、文化差异、工程技术复杂等综合因素而具备很强的特殊性。他提出了未来山地人居环境建设的三个基本观点：顺应时代与借鉴历史，创造“三位一体”的山地人居环境特色，开展多学科融贯研究。美国宾夕法尼亚大学教授盖里 · 海克、东南大学建筑学院教授王建国、重庆大学建筑城规学院教授赵万民等 50 余位专家学者分别作了精彩的大会报告。中国城市规划学会副秘书长曲长虹代表学会出席了会议并在开幕式致辞。

图 12 “山地人居科学国际论坛”现场

3. 第一届金经昌中国青年规划师创新论坛

5月19日，第一届金经昌中国青年规划师创新论坛在上海市举行。论坛由金经昌城市规划教育基金会、同济大学建筑与城市规划学院、上海同济城市规划设计研究院、《城市规划学刊》编辑部、中国城市规划学会学术工作委员会、中国城市规划学会青年工作委员会联合主办。同济大学副校长伍江、吴志强，学会副秘书长耿宏兵，同济大学建筑与城市规划学院党委书记彭震伟分别在开幕式上致辞，300余人参加了论坛。论坛以搭建规划实践的交流平台、彰显青年规划师的社会责任、倡导规划创新的前沿探索为宗旨。

4. 第一届泛珠三角省（区）规划院院长论坛

6月8～9日，第一届泛珠三角省（区）规划院院长论坛在广州召开（图13）。本次论坛由中国城市规划学会主办，广东省城乡规划设计研究院承办。来自中国城市规划学会、广东省住房和城乡建设厅，福建、江西、广西、湖南、广东、广西、海南、贵州、云南及香港、澳门11个省区的规划院院长和规划学会会长、理事长出席了论坛。中国城市规划学会、泛珠三角9省（区）规划院和香港规划师学会、澳门城市规划学会代表共同签署了《泛珠三角省（区）规划院院长论坛章程》，约定每年举办一届院长论坛。本次论坛的主题是“加强规划合作，促进区域协调”。论坛确定海南省建设项目规划院为下一届承办单位。与会各单

图13 “第一届泛珠三角省（区）规划院院长论坛”场景

位领导还共同考察了广东增城绿道建设和广东增城名镇名村建设成果。

5. 中国城市规划学会 2012 年城市规划理论务虚会暨 2012 年会总体方案研讨会

7 月 1 日，中国城市规划学会 2012 年城市规划理论务虚会暨 2012 年会总体方案研讨会在上海同济城市规划设计研究院举行。会议由学会副理事长兼秘书长石楠主持，学会学术工作委员会的部分成员、特邀代表孙施文、俞滨洋、王富海、邹兵、袁奇峰、王世福、黄建中、黄亚平、张松、邹军、顾浩、郑德高、王新哲参加了会议。会议就当前我国城市规划领域的热点、焦点话题进行了讨论，围绕“多元与包容”的会议主题，研究确定了 2012 年中国城市规划年会的特邀大会报告人选、自由论坛的选题策划，对“开门办年会”活动中征集来的自由论坛方案、合作伙伴方案进行了评选。

6. 山地城市规划与坡地发展研讨会

8 月 4 日，由中国城市规划学会主办、中规院深圳分院协办的“山地城市规划与坡地发展研讨会”在深圳市召开（图 14）。会议邀请香港方面的有关专家作学术报告，系统介绍香港在山地城市规划和坡地发展方面的经验教训，为有关山地城市规划建设的研究课题提供具体的案例支撑。香港规划师学会理事邓兆星博士介绍了香港山地发展的总体脉络、香港地质地形的总体情况和香港土地储备的总体方略。香港规划师学会副会长麦凯蔷在报告中重点介绍了位于香港筲箕湾山麓、赤柱马坑和沙田水泉澳的 3 个山地公共房屋发展的案例。香港奥雅纳工程顾问规划师梁锦诚在研讨会上介绍了香港安达臣石矿场、前南丫石矿场及蓝地矿场转化为宜居小区的规划经验。香港土力工程处地质师冼燕雯、总工程师钟伟强介绍了香港山地发展与滑坡管理经验。

7.“规划，让城市更安全”专题研讨会

10 月 28 日，由学会和中国灾害防御协会风险分析专业委员会联合举办的“规

图 14 “山地城市规划与坡地发展研讨会”场景

划，让城市更安全”专题研讨会在南京大学成功召开。本次研讨会安排了10个报告，分别介绍了化工园区布局、城市应急避难、城市灾害风险评估、灾后临时住区安全管理、城市防灾规划等领域各自的最新研究成果，30多位专家参加了热烈而深入的交流和讨论。与会者一致认为，参加专题研讨会收获很大，学会间的合作与交流对于城市规划学科的理论和实践水平的提高具有积极的推动作用，建议多举行类似的活动。

8. 山地城镇可持续发展专家论坛

11月28～29日，由中国科协、重庆市人民政府联合主办，中国城市规划学会承办，中国地质学会等8家全国学会共同协办的山地城镇可持续发展专家论坛在重庆市召开，汪光焘、凌月明、邹德慈、樊杰、王凯、彭沛来、殷跃平、扈万泰等分别作主旨报告。来自全国各地的400余位山地城镇发展相关领域的专家、学者参加论坛（图15）。本次论坛在全国范围内征集论文百余篇，优选了其中59篇论文汇编出版了《山地城镇可持续发展论文集》。分会场分四个专题进行，分别为“山地城镇可持续发展宏观战略指引”、“山地城镇灾害防治与城市安全”、“山地城镇可持续发展与建设的工程探索”、“山地城镇可持续发展的地方实践”，14位专家作报告。同时，平行召开了专家座谈会，专题讨论山地城镇可持续发展问题的政策建议，参会专家客观全面地对我国山地城镇可持续发展问题现状进行了梳理，交流了各地的经验，为下一步国家有关主管部门制定政策、开展更加深入的研究提供了很好的平台。大家认为，山地城镇可持续发展是我国当前城镇化发展当中一个十分迫切的话题，涉及产业发展、生态保护、环境治理、城市安全、规划建设、历史文化传承等多个方面。专家们强调，山地城镇与平原城镇具有较

图15 “山地城镇可持续发展专家论坛”演讲专家

大差异，在开发的尺度、强度、密度等方面必须贯彻因地制宜，因势利导的理念，应当遵循科学规律，安全第一。

（三）二级委员会学术活动

1. 风景环境规划设计学术委员会

1 月 20 日，风景环境规划设计学术委员会在北京参加了风景名胜区工作座谈会。会议由住房和城乡建设部城建司副司长李如生主持，参加人员包括城建司左小平、李振鹏、安超，北京大学谢凝高，城市建设研究院王磐岩、李金路，中国城市规划设计研究院贾建中、唐进群、束晨阳、邓武功，北京公园管理中心李炜民。会上，风景环境规划委员会的专家对 2011 年风景名胜区工作中存在的问题和有益经验进行了总结，对 2012 年的工作从风景名胜区申报、管理、规划、宣传和学科研究五方面提出了重要建议。本次工作座谈会的召开，加强了风景名胜区规划专家与住建部领导的沟通，加强了风景区规划管理与行政管理的衔接，充分发挥了风景环境规划设计学术委员会在风景名胜资源保护方面的公益服务职能。

2 月 23 日，由中国城市规划学会风景环境规划设计学术委员会主办、城市建设研究院承办的“新疆荒漠绿化对策”专题研讨会在北京德胜凯旋大厦召开。城市建设研究院的郭倩工程师和新疆建筑科学研究院的刘文翰先生分别介绍了新疆克拉玛依森林公园绿化方案和新疆戈壁生态绿化工作的一些经验。会议认为掌握新疆本地自然界的运行机理是新疆荒漠绿化的前提，方案设计必须特别加强前期的科研准备和后期的管理维护，遵循“据水定绿”原则，注重实用性、经济性和可操作性，在施工时可尝试模块组合方法，实现以少量植物种类营造最丰富的景观效果。本次研讨会不仅具有学术理论研讨层面的意义，其中讨论的重要原则和对策更是直接应用于城市建设研究院新疆克拉玛依中心城森林公园的实际施工，并且取得了非常好的效果，实现了实践中总结理论模式、理论模式最终又服务于实践的良性循环。

6 月 27 ~ 29 日，中国城市规划学会风景环境规划设计学术委员会年会在青海省西宁市湟源县召开。参会的有主任委员和副主任委员谢凝高、朱观海、贾建中、王磐岩、李炜民、刘彦，秘书长李金路，委员吴承照、陈耀华、易桂秀、孙平、李翅、凌铿、孟鸿雁、郭竹梅等。来自北京、上海、云南、广东、广西、江西、四川、青海等省市的 60 余位会员参加了会议。西宁市副市长韩建华、青海省住建厅巡视员李群和中国城市规划学会副秘书长曲长虹分别致辞。会议以“我国高原城乡风景环境特色探讨”为主题，共征集到论文 24 篇，来自北京大学、中规院、城市建设研究院、同济大学等单位的 10 余位代表进行了演讲。与会代表认为，高寒地区是我国重要生态屏障区，为万山之宗、万水之源，生态十分敏感，一旦损害，难以恢复，因此要实行最严格的保护。不可过分人工干预，不可过分修建游览设施，严禁破坏和污染。这些地区普遍风景尺度大、景观连续性强，所以保护独立的景点景群没有意义，应以保护整体景观（山体、水体流域等）为主。游赏方式应以徒步、骑行为主，减少对生态的破坏。配套设施建设应设在海拔低点，重功能，少奢华，体量宜小；布局宜远离景点，规模宜小。专家们还对西宁市的风景旅游和青海湖的保护与开发提出了具体建议。

2. 历史文化名城规划学术委员会

4 月 21 ~ 22 日，中国城市规划学会历史文化名城规划学术委员会参与主办了“周庄—同里中国名镇名村论坛暨 2012 中英文化遗产保护研讨会”，张兵、赵中枢主持会议，阮仪三、周俭、付殿起、曹昌智、郑路、张广汉、邵勇等参加了会议，阮仪三、张广汉、曹昌智应邀发言。

7 月 12 日，历史文化名城学术委员会在北京召开“我国历史文化名城保护若干理论问题座谈会”。参加会议的有主任委员王景慧，副主任委员阮仪三、汪志明、朱嘉广、周俭、张杰、赵中枢，委员郭旃、付殿起、张松、郝之颖，秘书长张兵，副秘书长张广汉，住房城乡建设部城乡规划司的领导冯忠华副司长参加了会议。会议围绕目前存在的文物重建、历史文化街区造假等问题进行了理论学术上的热烈讨论。

8 月 26 ~ 28 日，中国城市规划学会历史文化名城规划学术委员会 2012 年年会在浙江嘉兴隆重召开。学委会委员、全国各省住房城乡建设厅和历史文化名城的高级管理人员等 250 余人到会，围绕“名城保护制度三十年总结与创新”这一主题进行了学术交流。大会开幕式由学委会秘书长张兵主持，学委会主任委员王景慧教授、嘉兴市人民政府副市长张仁贵、浙江省住房和城乡建设厅总规划师周日良、中国城市规划学会副理事长石楠到会致辞。住房和城乡建设部城乡规划司冯忠华副司长和学委会副主任委员阮仪三教授分别作了重要报告。随后的学术交流中，共有 12 位学委会委员和参会者分别作了题为“我国历史文化名城保护的问题及对策”、“反假创新”、“北京中轴线申遗”、“新形势下文化遗产保护与旅游开发问题的思考”、“历史文化名城保护理论建设的几点思考”、“历史文化名城保护的制度特征与完善路径”、“历史文化街区保护的再探索”、“非名城地区保护体系探索”、“历史文化街区管理办法中的几个关键问题的探讨”、“嘉兴历史文化名城保护”、“‘活态’文化遗产保护的规划思路”、“作为城市历史景观的街区价值属性识别方法”的学术报告。

3. 城市工程规划学术委员会和城市安全与防灾规划学术委员会

5 月 22 ~ 23 日，“2012 年全国城市安全防灾与工程规划年会”在厦门召开。

本届年会以解决城市规划与建设中的安全减灾和基础设施问题为重点，系统交流了近年来我国城市安全与工程领域的最新研究成果，探讨了当前面临的一系列热点和难点问题，具有鲜明的多学科性以及相互交叉和渗透的特点。会议由中国城市规划学会城市工程规划学术委员会、中国城市规划学会城市安全与防灾规划学术委员会和中国勘测设计协会抗震防灾分会主办，厦门市城市规划设计研究院承办。会议从全国各地共征集论文 71 篇，出版论文集《安全减灾与工程规划的新发展》。来自全国各地相关领域的近百名专家、学者、科研人员和工程技术人员参加了本次会议。本次会议主题为“强化基础设施规划、提高城市防灾能力”，北京工业大学苏经宇教授、同济大学戴慎志教授、北京工业大学郭晓东、吉林省规划院张晓艳副院长、北京市城市规划设计研究院张晓昕所长、天津市城市规划设计研究院刘星、重庆市规划设计研究院罗翔副院长等作大会报告，重点围绕城市防灾、资源能源、环境市政三个方面的规划理论、内容、方法、对策开展了研讨。年会期间还组织了城市安全防灾规划和城市工程规划 2 个专题研讨会议，共有 13 个报告进行了专题研讨。会议代表还实地考察了厦门市以及金门岛的城市规划建设情况。

4. 小城镇规划学术委员会

5 月 27 日，中国城市规划学会小城镇规划学术委员会召开了“中心镇培育工程的路径与对策研究”、“小城镇和村庄住宅建设的地域化特色研究”和“城乡资源要素优化配置与流动机制研究”三个课题的专家评审会。会议由小城镇规划学术委员会主任王士兰教授主持，由住房和城乡建设部村镇司原司长李兵弟任组长的专家组充分肯定了三个课题选题前沿，切中中国城镇化进程中当前小城镇发展的需求和趋势，具有重要的理论和实践价值。“中心镇培育工程的路径与对策研究”选择了我国具有代表性的省市进行中心镇培育研究，理清了中心镇培育中存在的问题，分析其根源，对中心镇培育的政策建设有一定的创新性，对当前“强镇扩权”和政策制定有一定的启示和借鉴。“小城镇和村庄住宅建设的地域化特色研究”针对我国快速城镇化进程中小城镇和村庄的地域特色面临消减的危机，通过对安徽、四川、广东、哈尔滨四地的调研，进行小城镇和村庄住宅建设中的地域化研究，具有一定的现实指导意义。“城乡资源要素优化配置与流动机制研究”以广东省为实证，较系统地研究了我国当前城乡资源配置的特征和问题、原则和目标、优化配置的空间路径以及资源优化配置的保障机制等。

11 月 24 ~ 25 日，中国城市规划学会小城镇规划学术委员会 2012 年年会暨“两型”（资源节约型、环境友好型）小城镇可持续发展与规划专题研讨会在湖北省大冶市召开。参加会议的有学委会委员及全国各地的专家 80 余人。会议由小城镇规划学术委员会主任王士兰主持，乔润令、耿宏兵、张学锋、荣绪俭分别致辞。乔润令、李兵弟、白明华分别作了“小城镇发展面临的新挑战和新机遇”、“城乡统筹，官意民举，破解小城镇发展之殇”、“低碳生态城乡规划概论”的主题报告。七篇论文的作者在大会上进行了交流。会议代表们考察了大冶市陈贵镇、灵乡镇的特色城镇建设。学委会编印出版了年会论文集，召开了工作会议。

5. 区域规划与城市经济学术委员会

7 月 3 ～ 5 日，中国城市规划学会区域规划与城市经济学术委员会联合南京大学、江苏省城乡规划设计研究院联合举办了题为“迈向‘城市中国’的希望与挑战——转变发展方式背景下的城镇化发展路径探索”的学术研讨会（图 16）。本次会议分为主旨报告会议和自由论坛两大部分。受中国城市规划学会秘书长石楠的委托，中国城市规划学会副理事长、江苏省住房和城乡建设厅副厅长张泉到会致辞，他提出在江苏迎来社会经济转型发展关键时期召开本次会议，对于进一步探讨我国城镇化发展的路径和模式，推动江苏走健康城镇化道路具有重要意义。学委会委员、江苏省城乡规划设计研究院院长邹军代表本次会议的主办方和承办方欢迎各位嘉宾、委员和参会者到场，繁荣学术交流。

6. 城市生态规划学术委员会

7 月 12 ～ 13 日，中国城市规划学会城市生态规划学术委员会在长沙市召开了 2012 年年会。会议由长沙市城乡规划局、长沙市规划勘测设计研究院承办。住建部总规划师、学会副理事长唐凯，学会副理事长、城市生态规划学术委员会主任委员张泉，城市生态规划学术委员会副主任委员许重光、沈清基，英国伦敦大学巴特雷特学院教授吴缚龙等来自国内外的城市生态规划专家和学者以及长沙

图 16 “迈向‘城市中国’的希望与挑战——转变发展方式背景下的城镇化发展路径探索”研讨会发言专家

规划编制单位的代表 200 多人参加了会议，唐凯、张泉、吴缚龙和日本立命馆大学教授李燕、长沙市城乡规划局总工程师王慧芳等五位专家了主题报告，孔彦鸿、饶戎、张一成、何永、马向明、张辉、金刚、李浩、段宁等九位专家学者作了专题报告。专家们的报告涉及城市生态规划、生态城市规划建设、温室气体排放、规划环评、生态规划关键技术与方法、碳排放核算模型等内容。

7. 编辑出版工作委员会

8 月 16 日，中国城市规划学会编辑出版工作委员会 2012 年年会在甘肃敦煌召开，来自全国 20 家杂志的 40 余位代表参加了会议。住建部办公厅宣传处处长毕建玲出席会议并作报告。中国城市规划学会副理事长兼秘书长石楠代表学会致辞。会议围绕主题“转型期城市规划行业期刊的机遇与挑战”，在数字网络出版发行、各期刊联合行动与共同发展等方面形成了重要的共识。会议期间，与会代表共同签署了抵制学术不端行为的联合声明，圆满完成了编辑出版工作委员会改选换届工作。《城市规划》执行主编石楠、《城市规划学刊》副主编沈清基和《规划师》副主编毛蒋兴分别主持了会议。年会就期刊数字网络化和期刊共同发展进行了研讨。《城市规划》杂志执行主编石楠作题为“数字出版与网络发行”的报告，全面阐述期刊数字出版的形势和任务，明确指出数字网络化出版发行是期刊发展的趋势以及目前期刊在网络发行方面面临的严峻挑战，呼吁委员会各期刊重视数字出版问题，增强维权意识，采取共同的一致行动，维护期刊与作者的权益。年会一致通过“关于共同抵制学术不端行为的声明”。年会选举产生了新一届编辑出版工作委员会领导班子。《城市规划》杂志当选新一届即第五届委员会主任委员，副主任委员单位分别由《城市规划学刊》、《北京规划建设》、《规划师》、《上海城市规划》、《凤凰周刊 · 城市》5 家期刊担任。会议决定坚持委员会的开放性，并把促进成员的共同发展作为新一届委员会工作的主要目标。

8. 青年工作委员会

8 月 20 ~ 22 日，由中国城市规划学会青年工作委员会主办，辽宁省城乡建设规划设计院和沈阳市规划设计研究院承办的 2012 年中国城市规划学会青年工作委员会年会在沈阳市召开。来自政府部门、科研机构、高等院校的青年规划学者 40 多人出席了会议。会议开幕式由辽宁省规划院邢铭院长主持，辽宁省住建厅王俊禄处长，沈阳市规土局严文复副局长在开幕式致辞。其后举行的主题为“反思：工业社会和后工业社会”的学术报告研讨，由洪再生主持，郑德高、邢铭、邹兵、罗小龙、梁伟、黄鹤等 6 名委员代表作了精彩的主题演讲，内容涉及工业、再工业、后工业、去工业、城镇化、工业遗址规划实践、文化创意经济等方面。张菁、袁锦富、段德罡、王学海和郑声轩等 6 位委员分别给予了点评并与发言者展开了深入探讨。本次年会还举办了中国城市规划学会第一届青年规划师演讲比赛。

9. 居住区规划学术委员会

9 月 25 日和 11 月 6 日，中国城市规划学会居住区规划学术委员会在北京召开了两次“中国老年宜居住区试点工程”研讨会，与会的委员有主任委员王静霞，副主任委员涂英时、陶滔、周燕珉，秘书长王庆，委员赵文凯、张播、蔡震等。会议主要讨论了《中国老年宜居住区试点项目管理办法》初稿，并对老年宜居住区在规划设计方面的学术前景进行了研讨。《中国老年宜居住区试点项目管理办法》初稿由朱文俊起草、朱中一会长修改，于 2012 年 9 月完成，“十一”前分别送呈中国老龄产业协会会长曾琦和中国城市规划学会居住区规划学术委员会主任王静霞初步审阅。

随着中国逐渐进入老龄社会，老年住宅和社区养老成为学术界关注的热点。11 月 23 ～ 24 日，中国城市规划学会居住区规划学术委员会参与组织了 2012 年老年住区典型项目交流会，委员会的两位委员作为嘉宾主持会场并发表了研究成果。

10. 新技术应用学术委员会

10 月 23 日，由中国城市规划学会、中国城市规划协会、泸州市人民政府和广州市规划局主办，中国城市规划学会新技术应用学术委员会、中国城市规划协会规划管理专业委员会及泸州市住房和建设规划局共同承办的“2012 年中国城市规划信息化年会”在泸州隆重召开。年会开幕式上，住房和城乡建设部城乡规划司规划管理处处长门小莹女士宣读了副部长仇保兴博士的贺信，泸州市市委书记刘国强、住房和城乡建设部信息中心副主任倪江波、四川省纪委驻住房建设厅纪检组组长毕志彪致辞。中国城市规划协会副会长任致远、泸州市市长刘强等领导，和来自全国 57 个城市和地区的规划局、规划信息中心、规划院、高等院校的 300 余名代表参加了会议。此次信息化年会旨在探讨城乡规划信息化的发展对“智慧城市”建设的作用和地位，集研讨和展示于一体，是城市规划信息行业的盛会，年会广泛邀请了国内知名专家学者、企业家和政府部门代表参与。中国城市规划学会名誉理事长、中国科学院院士、中国工程院院士周干峙先生，广州市规划局副局长周鹤龙，中国 GIS 研究所所长李成名分别作了“城市规划信息化”、“利用信息技术助力广州城乡规划、推进广州新型城市化发展”和“智慧城市时空信息云平台建设”的主题报告。21 位专家、学者作了论坛主题交流，不仅广泛交流各地城市规划行业在信息整合、信息要素标准化、信息管理制度化，各种高新技术在规划编制、规划设计、规划管理等方面的先进经验，还对城市三维建设、在三维平台下进行电子报批和三维 GIS 在数字规划信息化平台建设中的作用进行探讨。

11. 国外城市规划学术委员会

11 月 2 ～ 4 日，中国城市规划学会国外城市规划学术委员会与《国际城市规划》杂志在杭州共同举办了题为“城市规划与生活质量”的年会。学术委员会与杭州市规划局组织了题为“全球化背景下的杭州城市功能完善和品质提升”的研讨会，为地方政府决策提供咨询意见。全体大会上，学委会主任委员李晓江和加拿大 UBC 大学荣誉教授约翰 · 弗里德曼分别以“规划构筑品质生活”和“中国邻里生活质量规划”为题作主旨报告，朱云夫以“迈向东方品质之城——以杭州大运河地区转型发展为例”，冯宜萱以“可持续规划营造公共住房生活品质——香港房屋署的经验”，王凯以“人居环境城市建设的指标体系”为题作学术报告。下午的两个分会场主题分别为“城市社区与生活质量”和“行为空间与生活质量”。克里斯 · 韦伯斯特、范军、荆锋、崔翀、赵倩、袁媛、柴彦威、肖作鹏、朱玮、张建召、闫晓璐等分别作了报告。11 月 4 日上午召开了题为“城市文化与生活质量”、“城市治理与生活质量”的分会场，镇雪锋、袁园、刘声、胡天新、翁锦程、冷炳荣、费凯、耿慧志、杨宇振、陈晓键、王郁等作了报告。

12. 城市设计学术委员会

11 月 7 ～ 9 日，中国城市规划学会城市设计学术委员会 2012 年会在苏州召开。学委会委员、内地和港澳城市设计专家近百人到会，围绕“城市特色空间的设计研究”的主题进行了实地考察体验和学术交流。会议由学委会秘书长朱子瑜主持，顾海东和张泉分别致辞，张泉就“江苏省城乡规划工作中的城市设计应用”作主旨发言，相秉军为大会作“苏州市城市设计工作谱系简介”的报告。会议期间，与会者认真考察体验中国历史文化名街平江路和山塘街、中国特色商业街李公堤以及环城绿地系统、苏州工业园区圆融时代广场等具有城市特色的地段，听取由苏州市规划局、苏州市城市规划设计研究院和中规院城市设计研究室专为此次会议而作的“苏州三条特色商业街——平江路、山塘街与李公堤的调研情况”的报告，北京大学、清华大学、东南大学和中规院深圳分院的专家与委员们分享了“北京南锣鼓巷可持续再生的城市设计实践”、“向传统城市学习——以创造城市生活为主旨的城市设计方法研究”、“南京明城墙特色空间思考”和“深圳湾华侨城‘欢乐海岸’项目介绍”等的经验和体会。与会委员和专家学者就城市发展转型背景下，如何发挥城市特色空间在城市文化、城市特色、历史保护、空间品质及城市生态文明等方面的作用等发表了各自的观点和看法。

13. 城市交通规划学术委员会

11 月 8 日，中国城市交通规划 2012 年年会暨第 26 次学术研讨会在福州市西湖宾馆成功召开。本次会议由中国城市规划学会城市交通规划学术委员会和福州市人民政府共同举办，福州市城乡规划局和福州市规划设计研究院具体承办，参会人数约600人。会议开幕式由学委会副主任杨东援主持，学委会主任王静霞致开幕词。汪光焘、翁玉耀、林瑞良等出席了会议。大会围绕“公交优先与缓堵对策”的主题，邀请汪光焘、林瑞良、边颜东和张学孔分别就城市可持续发展的交通问题、福州市交通整治对策、我国城市轨道交通规划及相关政策、公共交通城市之挑战等作主题演讲。另有12位专家学者为大会作了精彩的学术报告，内容涉及交通拥堵治理与交通需求管理策略、公交优先发展的制度设计、轨道交通服务层级构建、交通模型和智能交通系统等技术研究成果以及枢纽研究和绿色交通系统规划建设等。学委会副主任全永从交通规划与土地使用、交通政策及法律保障、城市群与中小城市综合交通规划、智能交通系统建设与发展方向等方面为大会作了总结与点评。本次年会经学委会组织专家评阅,共有282篇论文入选《中国城市交通规划2012年年会暨第26次学术研讨会论文集》，其中19篇论文被评为优秀论文，开幕式上，向这19篇优秀论文作者颁发了证书。大会期间，进行了城市交通规划学术委员会的换届工作，全国各地150余名学委会委员出席了第四届城市交通规划学术委员会成立会议。会议由第三届学委会秘书长赵杰主持，学委会主任王静霞作了第三届学委会工作报告，副秘书长马林作了换届筹备工作汇报。会议通过了第四届学委会组织机构设置方案以及常务委员、主任、副主任、秘书长建议人选。

14. 城市规划历史与理论学术委员会

11月16～18日，中国城市规划学会城市规划历史与理论学术委员会成立仪式暨学术研讨会在东南大学成功举行（图17）。本次会议由中国城市规划学会、

图17　城市规划历史与理论学术委员会成立仪式暨学术研讨会参加成员合影

东南大学建筑学院主办，南京市城市规划设计研究院有限责任公司、东南大学城市规划设计研究院协办。会议举行了中国城市规划学会城市规划历史与理论学术委员会第一次工作会议、成立仪式并围绕“探究城市规划历史、构建城市规划理论”的核心主题进行了专题学术研讨。17 日上午，学术委员会成立仪式在东南大学逸夫科技馆报告厅隆重举行。郭广银、齐康、邹德慈、周岚、曲长虹、王建国、陈小卉等出席成立仪式并致辞，董鉴泓教授发来视频祝贺。学会副秘书长曲长虹代表学会宣读了学会常务理事会批准学委会成立的文件，并宣布了挂靠东南大学建筑学院的决定和学委会组成人员名单，随后进行了学委会委员聘任仪式和揭牌仪式，中国城市规划学会向主任委员董卫教授和副主任委员李百浩、李锦生、王鲁民、赵万民、张兵、张松以及秘书长李百浩、副秘书长王兴平教授颁发了聘书，学会名誉理事长邹德慈院士向东南大学建筑学院和学委会领导颁授了学委会牌匾并揭牌，董卫对学委会的发展思路进行了汇报。成立仪式之后举行的三场、五个环节的学术研讨会分别由董卫、王鲁民、张松、张玉坤和李锦生主持，来自东南大学、清华大学、北京大学、同济大学、天津大学、重庆大学、中国人民大学、武汉理工大学、日本东京大学等高校和深圳市市政设计研究院等设计单位的 19 位专家学者作了学术报告，来自国内外的近 100 名专家学者参加会议。会议期间还召开了学委会工作会议。

三、咨询研究

2012 年学会组织开展了一系列的学术研究项目，为有关部门提供决策咨询和政策建议，包括典型城市工业遗产保护与科普开发调研（中国科学技术协会项目）、面向可再生能源利用的城市规划方法与技术研究（美国能源基金会项目）、城市规划基本术语标准全面修订（住房和城乡建设部标准研究项目）、新中国城市规划发展史（1949 ~ 2009）（国家自然科学基金项目子课题）、城市总体规划编制办法改革与创新课题（住建部规划司委托课题）、中国特色城镇化道路研究（中国工程院咨询项目之子课题）、山地城市地质灾害防治与规划建设标准研究（住建部规划司委托课题）、新区控制性详细规划低碳指标研究（美国能源基金会项目）、国土规划－城镇化发展战略、中心镇培育工程的路径与对策研究、小城镇和村庄住宅建设的地域化特色研究、城乡资源要素优化配置与流动机制研究等。

组织开展和参与了有关规划咨询、规划设计和规划研究项目，包括澳门新城区总体规划、舟山群岛新区小干岛商务区城市设计方案征集、江阴低碳发展研究课题、江阴 山湾低碳控规研究、宁波杭州湾新区低碳发展研究系列课题、国开行莫桑比克规划咨询、江西城镇体系规划、赣州大城市总体规划、左云城市总体规划等。

四、国际合作

加强国际合作是学会的重要工作职责，随着与国际组织和社会团体合作交流日益频繁，学会日益重视国际合作与交流的层次和水平，强化国际交流合作能力。学会已经成为境外规划组织和同行对华合作的首选机构。

（一）国际交往

国际城市与区域规划师学会（ISOCARP）2012年度冬季主席团会议于1月27～28日在德国多特蒙德召开，学会副理事长兼秘书长、国际规划学会副主席石楠通过Skype网络电话的方式，向与会者报告了其负责的出版领域的工作进展情况，并提出了《国际学会规划评论》第八辑的初步构想。

联合国人居署城市规划与设计部主任拉斐尔·塔兹先生（Rafael Tuts）一行三人于3月2日拜访学会，双方分别介绍了各自组织机构的基本情况和目前正在开展的工作，并就如何与中国城市规划学会建立长期合作关系交换了意见。

国际城市与区域规划师学会主席伊斯梅尔·梅霍（Ismael Fernandez Mejia）于4月5～10日访问北京，参加了“二十一世纪科技促进绿色经济和可持续发展”高层学术论坛，并与石楠秘书长进行了工作会谈，双方一致认为，要在两个学会2007年签署的合作备忘录的基础上，进一步加强多种形式的合作与交流。

国际城市与区域规划师学会主席团2012年夏季会议于5月13～15日在奥地利施韦夏特召开，国际规划学会主席费南德斯和各位副主席出席了会议，学会副理事长兼秘书长石楠以国际规划学会副主席的身份出席了会议，同时参加了第十七届城市规划、区域发展与信息社会国际大会并代表学会致辞。

联合国人居署城市规划与设计局区域和大都会规划处处长艾金·瓦拉斯克斯（Elkin Valasques）等联合国人居署官员于6月26日拜会了学会，与学会秘书长石楠等共同商谈了加强合作事宜，双方共同商定了在2012中国城市规划年会联合举办论坛。

国际城市与区域规划师学会负责技术咨询与服务的副主席马丁·德柏林（Mattin Dubbling）于6月下旬访问中国并拜访学会，与学会副理事长兼秘书长石楠进行了工作磋商，双方就开展合作的话题进行了坦率的商谈。

世界城市峰会于7月1日在新加坡金莎国际会展中心开幕，中国城市规划学会作为本次会议惟一中方专业支持单位为会议的成功召开提供了重要智力资源，副秘书长耿宏兵代表学会参加了会议。

应爱尔兰政府首席科学顾问帕特里克 · 坎宁安邀请，中国城市规划学会副理事长兼秘书长石楠于 2012 年 7 月 12 ~ 15 日赴爱尔兰参加第五届欧洲科学开放论坛，并在该论坛的“中欧未来城市发展研讨会”上发表演讲，介绍中国的城市化问题。他全面介绍了我国城镇化的发展趋势，所面临的资源环境、机动化、社会融合、人口老化、空间分异等方面的压力，在呼吁加强国际学术交流和技术领域合作的同时，强调指出，对超大人口规模、高速度增长和极度复杂的中国城市化而言，没有现成的国际答案。他同时指出，城镇化数量的增长只是城市化的一个方面，更重要的是品质的提升，在跨入城市社会的时候，不仅要重视城市化带来的经济需求，更要研究伴随着城市化进程可能出现的社会问题。

2012 年，学会与联合国人居署、国际规划学会、《凤凰周刊》、香港规划师学会、澳门规划学会等分别联合主办了大都市区规划与社会包容、国际趋势与经验、城市文化与城市活力、凤凰城市论坛等特别论坛。

学会与澳门运输工务司联合举办了澳门新城区总体规划专家论证会等。与世界银行学院、国家行政学院联合开发了可持续城市土地利用规划的网络课程，该课程于 11 月 5 日至 12 月 3 日进行试验性教学。

（二）国际学术考察

7 月 18 ~ 27 日，中国城市规划学会组织的考察团一行 6 人赴美国和加拿大的华盛顿、纽约、渥太华、金士顿、多伦多等城市，考察了当地的城市规划与建设，访问了华盛顿大都市区交通管理委员会、加拿大女皇大学城市与区域规划学院等机构。考察团成员来自浙江省规划院、江阴市规划局、武汉市江夏区规划局、马鞍山市规划局和中国城市规划学会。访问期间，团员就大都市区如何解决交通拥堵、土地利用不合理等问题与美国专家进行了交流，美国专家提出采用城市紧凑布局、提高地区交通可达性、鼓励多种交通方式并存、倡导远程办公、采取分路段时段收费等多种方法综合应对，给考察团成员很大启发。在女皇大学，考察团拜访了梁鹤年教授，深入探讨了中西方对于公众利益与公共利益的不同理解等问题。

（三）国际学术会议

1. 汉诺威工业博览会“聚焦中国”研讨会

4 月 23 ~ 28 日，应汉诺威展览公司邀请，以副秘书长曲长虹为团长的中国城市规划学会代表团一行 6 人参加了汉诺威工业博览会，4 月 25 日下午，在博

图 18　汉诺威工业博览会“聚焦中国”研讨会现场

览会的“大都市区解决方案”展区举办了“聚焦中国”研讨会，研讨会由国际城市与区域规划师学会和中国城市规划学会共同主办，交流了中国在高铁建设、生态城建设、低碳城市、废弃物循环利用等方面的实践和经验，并对中德城市建设方面的合作进行了探讨（图 18）。

2. 2012 年内地与香港建筑业论坛

2012 年内地与香港建筑业论坛于 6 月 18 日在重庆市召开，住建部总工程师陈重、重庆市副市长凌月明、香港特区政府发展局常任秘书长韦志成和来自内地与香港的 300 多名代表出席了会议（图 19）。重庆市市长黄奇帆会见了出席论坛的部分嘉宾。内地与香港建筑业论坛举办 10 多年来，对推动两地相关领域的专业交流与合作发挥了积极作用。学会作为协办单位负责推荐内地专家到会演讲。本次会议的主题是“可持续城市形态：城市土地利用与城市规划”，学会推荐的林坚、俞斯佳、刘奇志、徐忠平四位专家作了精彩的报告，得到与会代表的欢迎。

3. 第六届国际中国规划学会年会

由学会和国际中国规划学会、武汉大学、武汉市国土资源与规划局联合主办的第六届国际中国规划学会年会于 6 月 18 ~ 19 日在武汉大学城市设计学院举行。来自国内和世界各地的 200 余名专家学者，围绕“转型中的中国城市化：挑战和机遇”的主题，交流了包括城市规划理论基础与历史研究、城市经济学、住房和社区

图 19　2012 年内地与香港建筑业论坛现场

发展、环境规划、土地使用政策、交通规划、城市设计、国际经验和创新、城市研究的分析方法以及区域发展问题等。湖北省住建厅副厅长占世良和国际中国规划学会理事会主席陈雪明教授分别在开幕式上致辞。中国城市规划学会耿宏兵副秘书长在闭幕式上作专题演讲。美国加州大学伯克利校区罗伯特·瑟维罗(Robert Cervero)教授、美国弗吉尼亚大学尼拉·魏玛(Niraj Verma)教授、英国卡迪夫大学克里斯·韦伯斯特(Chris Webster)教授、美国芝加哥伊利诺伊大学张庭伟教授、武汉规划局吴之凌副局长分别作大会主题报告。

4. 第 48 届国际城市规划大会

国际城市与区域规划师学会第 48 届国际城市规划大会于 9 月 10 ~ 13 日在俄罗斯彼尔姆召开，本届大会的主题是“快速发展条件下的规划”，学会副理事长兼秘书长石楠以国际学会副主席的身份主持了全体大会，出席了主席团会议和理事会并与国际学会的主席和秘书长等进行了工作商谈（图 20）。

学会副理事长、中国城市规划设计研究院院长李晓江在全体大会上作学术报告，学会区域规划委员会秘书长、中国城市规划设计研究院副院长王凯主持了分会场，学会生态规划学术委员会秘书长、江苏省城市规划设计研究院副总规划师陈小卉参加了科学委员会的会议。来自国内的 30 多位同行出席了会议，在会议上发表了 20 多篇论文。

由石楠副主席主编的国际学会规划评论年刊“Fast Forward：City Planning in a Hyper Dynamic Age”中包括了来自我国的毛其智、梁焯辉、韩佩思等撰写

图 20　第 48 届国际城市规划大会现场

的文章。中国城市规划设计研究院等编制的《北川总体规划》和南京大学规划院等编制的《汕头战略规划》荣获国际规划学会杰出规划成果奖。

5. 2012 大都市解决方案研讨会

11 月 7 日，中国城市规划学会、国际城市与区域规划师学会与汉诺威博览会“大都市解决方案”项目部联合在上海举办了“2012 大都市解决方案研讨会”。研讨会围绕“精明城市持续稳定的供水、废水和污水处理”、“精明城市高效的交通管理和机动化理念”两个主要议题展开。研讨会由国际城市与区域规划师学会的饶士凡先生和中国城市规划学会城市规划历史与理论委员会主任委员董卫教授主持，十位分别来自研究机构、高校和企业的专家在研讨会上发言。与会专家对未来基础设施的发展就基础设施的规模优化、智能基础设施的发展、基础设施投资的优化、城市管理部门等方面提出了自己的观点。

五、两岸交流

中国城市规划学会与台湾交通部门运输研究所、财团法人政策研究基金会和开南大学共同主办的“两岸主要城市运输发展趋势论坛”于 2012 年 8 月 13 日在台北市交通部门运输研究所国际会议厅召开，以王静霞副理事长为团长的中国城市规划学会代表团一行 16 人参加了论坛（图 21）。

在论坛开幕式上，财团法人政策研究基金会永续发展组召集人陈世圯先生、中国城市规划学会副理事长王静霞女士分别致辞，表达了加强两岸学术交流、共同推动城市交通发展的期望。论坛中，陈世圯先生就“亚洲主要都市运输发展趋

图 21 “两岸主要城市运输发展趋势论坛”现场

势”发表了专题演讲，他提出两岸同文同种，未来应追求合作互补、共创双赢。王静霞副理事长在“走向可持续的大城市交通”专题演讲中，从6个方面总结了近10年大陆城市所采取的发展策略和行动，指出科学配置交通资源、落实优先发展公共交通的战略、重视交通与土地利用的协调、加强需求管理、降低汽车尾气排放、推进交通信息化等是缓解交通拥堵的重要对策，也是城市和城市交通持久、可持续发展的必然选择。

代表团中来自北京、上海、重庆、广州、武汉、深圳、厦门的团员分别介绍了本城市交通发展趋势、对策以及采取的行动，来自交通运输部代表团的代表介绍了大陆公交都市的发展思路和建设情况。台北市、高雄市、新北市、台中市、台南市、桃园县的交通局局长介绍了各城市的基本情况以及城市交通运输的发展目标和采取的具体措施。台湾交通大学冯正民教授对论坛交流进行了总结。

8月14日，代表团前往“财团法人政策研究基金会”，拜会了基金会董事长连战先生（图22）。连战先生对大陆代表团赴台就两岸都市交通问题进行交流表示热烈欢迎。他回顾了两岸直航给两岸交往带来的显著效果，谈到了大陆高速铁路的发展，对大陆的交通建设和发展给予了高度的评价。他希望两岸交通同行共同努力，围绕节省能源、减少污染、提高效率的目标，加强交流，深化两岸合作的基础。王静霞副理事长非常感谢连战先生在百忙之中会见代表团成员，对连先生在两岸合作交流中的杰出贡献表示钦佩。她概要地介绍了大陆城镇化、机动化发展背景以及城市交通所面临的突出问题，对台湾在城市交通方面取得的成就表示赞赏（图23）。

图22 代表团团长王静霞副理事长与连战先生合影

在台湾期间，代表团还到台北、南投、嘉义、高雄、花莲等城市考察参观，各城市的交通状况、文化传统、城市面貌给代表团留下了深刻的印象。

这次论坛是第一次两岸城市交通主管部门为主的交流，大家在交通发展的许多方面取得了共识，希望继续加强城市规划、城市交通部门间交流与沟通，在适当时机，组织开展两岸间的城市交通合作研究。

图 23　与会人员合影

六、知识传播

学会积极开展宣传和科普活动，通过期刊、网络、书刊和培训等多种方式，搭建多渠道的知识传播平台，为推动城市规划学科建设和技术交流成果服务。

（一）学术期刊

8 月 16 日，中国城市规划学会编辑出版工作委员会 2012 年年会在甘肃省敦煌市召开，来自 20 家期刊的代表参会。会议围绕“转型期城市规划行业期刊的机遇与挑战”的主题，在数字网络出版发行、各期刊联合行动与共同发展等方面达成了共识。与会代表共同签署了抵制学术不端行为的联合声明。本次年会完成了编辑出版工作委员会改选换届工作。

2012 年学会共编辑出版 12 期《城市规划》杂志、4 期《城市规划》（英文版）、12 期《凤凰城市周刊》。《城市规划》杂志作为学会会刊连续多年荣获国家中文核心期刊、中国科技核心期刊、中国人文社会科学期刊等称号，保持了较高的学术质量和影响力，较好地反映了城市规划学术领域的研究成果，具有较强的学术敏感性，是我国规划届重要的学术交流载体。《城市规划》（英文版）作为目前中国城市规划建设领域惟一面向全球发行的英文期刊，承担着国际化窗口的媒介作用，是国际同行研究中国城市化、城市问题、城市规划的最重要的参考文献和信息来源。《凤凰城市周刊》是学会与香港凤凰集团合作共同主办的科普性期刊，读者对象群体主要包括城市领导、企业负责人等，是一本专为决策者、高层人士提供城市规划建设的专业知识的读物。此外还包括学会城市交通规划学术委员会的会刊《城市交通》、学会历史文化名城保护规划学术委员会参与编写的《历史文化名城名镇名村保护工作通讯》等。

（二）组织编写专业图书

2012 年组织参与编辑出版《中国城市规划发展报告》、《中国城市发展报告》、《中国城市状况报告》、《遗珠拾粹》、国际规划师学会《规划评论》、《中国城市规划学会大事记（2011）》等，各类书刊累计发行 30 多万册。

（三）网络传播

学会官方网站和官方微博日益成为学会传播知识和规划信息的主要途径之一。

中国城市规划学会官方网站（www.planning.org.cn）是学会重要的窗口，学会充分利用中国城市规划学会网站，将各种学术活动的通知文件、活动报道等及时地在网上公布，大大地提高了学会的工作效率，现网站点击量逐步上升，影响力逐步扩大，2012 年总浏览人次达 54 万人次。

中国城市规划年会官方网站（www.planning.cn）是中国城市规划年会的专用网站，提供年会信息，筹备进展，会议设施介绍以及会议征文等服务，并提供网上会议注册。目前，该网站已成为中国城市规划年会最主要的信息发布和沟通渠道，大部分参会代表均通过该网站提交会议论文，进行会议注册。

中国城乡规划行业网（www.china-up.com）是中国城市规划学会与其他机构共同主办、中国城市规划设计研究院承办的城市规划领域的门户网站，也是城市规划领域最热门的网站。指定该网站作为学会学术活动的合作网络媒体，通过该网站发布学会的有关信息，传播学会活动的内容，播放学会各种会议的相关视频，创办在线学术沙龙。

城市交通网（www.chinautc.com）是学会城市交通规划学术委员会与住建部城市交通工程技术中心共同举办的，学术委员会各项活动信息在网站上公开发布，每次年会活动后，均在网站上发布学术演讲的视频。网站访问量已突破 1025 万人次。

除网站建设外，中国城市规划学会还开通了官方微博及子微博（规划年会、《城市规划》杂志、《城市规划》英文版），粉丝数达 17000 多人，成为学会与年轻规划师沟通的重要渠道。

（四）科普活动

组织两次《城市用地分类与规划建设用地标准》培训（2 月，武汉、重庆），完成“可持续的土地利用”课程建设及上线使用，参与 2012 年度高等学校城市规划专业评估、城市规划教育专业指导委员会工作、2012 年度注册城市规划师考试命题与评审，市长研修学院对市长进行规划知识培训，组建了低碳生态规划高校联盟。

七、规划公益

学会自有公益品牌“规划西部行”活动是落实中央西部大开发战略的具体举措和学会的重点工作之一，“规划西部行”旨在发挥学会在人才、智力、技术和组织资源方面得天独厚的优势，动员全国特别是发达地区的规划技术力量，为西部地区城镇提供技术服务、人才培训，解决当地的具体技术问题。同时也在城市规划行业内提倡深入基层、公益服务的理念，希望通过“规划西部行”，为全国规划师搭建平台，投身西部大开发的火热事业，贡献自己的专业才智，为缩小东西部地区的区域差异、推进西部地区健康城镇化出力。

“规划西部行”项目于 2009 年 7 月在重庆市正式启动，此后一直持续活动，并不断拓展活动内容。目前，“规划西部行”品牌已形成专家咨询、义务设计、本土人才和西部学子四个主要支撑活动。

2012 年 3 月，学会规划西部行活动在广西贵港举行（图 24）。作为广西重要的内陆港口城市及重要交通枢纽，贵港的定位与发展对整个广西的发展有着重要意义。专家们通过了解背景资料、座谈、现场踏勘、专家内部交流等方式，从战略高度系统梳理了贵港目前的机遇和挑战，全面系统地分析了贵港自身的优势，在客观评价贵港目前的发展水平和阶段的基础上，指出了贵港城市规划建设中存

图 24　专家交流现场

在的问题。本次活动得到了中国科协的指导和支持，科协学术部副巡视员赵小敏、副处长李芳等为促成此次活动作出了突出贡献，贵港市委、市政府领导表示，希望加强与学会以及各参与单位的联系，建立起长期的战略合作关系。

为落实《国务院关于进一步促进贵州经济社会又好又快发展的若干意见》，在中国科协的统筹下，4 月中国城市规划学会等全国学会与贵州省科协签署了《全国学会助推贵州产业发展合作框架协议书》，在人才、智力、技术和项目等方面支持贵州省相关工作。学会副秘书长曲长虹代表中国城市规划学会签字。

应贵州省住房和城乡建设厅和黔东南州人民政府邀请，2012 年 12 月，规划西部行的专家队伍开进了贵州黔东南州，进行了为期 5 天的义务咨询调研活动。贵州省住房和城乡建设厅、黔东南州人民政府和州规划局对这次活动给予了高度重视，他们带领专家们重点调研了凯里市、凯里经济开发区、炉碧经济开发区、麻江县等地。专家组主要围绕四个方面议题进行了义务咨询，一是落实国发[2012]2 号文件中关于实施凯里—麻江同城化发展的精神，如何从完善城市功能、推进产业融合的角度，制定合理的发展目标和发展策略；二是《推进凯里—麻江同城化发展综合研究报告》对空间发展和设施建设提出系类建议；三是如何借鉴国内外同城化发展，尤其是东部发达地区的经验教训，对凯里—麻江同城化的时序安排，提出具体的意见和建议，并就具体的实施措施进行研讨；四是对凯里—麻江同城化在管理体制、事权设置、政策导向等方面提出意见和建议。

2012年城市规划教育工作动态

2011年3月8日，国务院学位委员会、教育部公布了新版《学位授予和人才培养学科目录》。据此，完成了中国城市规划教育的两个历史性的发展：

1. 城乡规划学正式提升为一级学科，学科代码为0833，不再是建筑学一级学科下的一个二级学科，而成为与建筑学并行的一个兄弟学科。

2. 使用了几十年的学科名称"城市规划"，正式更名为"城乡规划学"。就此，规划学科在研究对象上正式恢复了原本就应该坚持的"城市与乡村人类生活空间"，而在"城乡规划"后加上了一个"学"字，强调了学科建设的知识系统性。

2012年，中国的城市规划教育在此历史性发展背景下，发生了许多新的发展动向。以下分别就城市规划院校整体发展、各个院校的个案调研情况和城市规划专业指导委员会工作动态，记录2012年城乡规划院校的设置发展、全国高等学校城市规划专业指导委员会的调研分析以及2012年全国高等学校城市规划专业指导委员会发展动态。

一、2012年城乡规划学专业院校

（一）院校数量

1952年全国高校院系调整时，同济大学创办了我国第一个城市规划本科专业，时称专业"城市建设与经营"。1956年，该专业分为"城市规划专业"和"城市建设与经营专业"。同时，国内其他几所建筑院系也开始了建筑学的城市规划专门化。1977年"文革"结束恢复高考时，全国仅同济大学设置城市规划专业。随着改革开放和城市建设需求的增加，城市规划专业的院校设置开始增加。1990年开办城市规划专业的院校发展到17所，并维持到1993年。1994～1997年，城市规划院校数量快速增加，至1997年开办城市规划专业的院校达28所，并开始呈现出地域分布不均的现象。1998～2012年，中国高等教育开始进入高速增长期，高等院校的城乡规划专业设置年均增加约10所。至2012年底，全国开办城乡规划专业的本科院校达190所，硕士研究生点77个，博士研究生点28个（图1）。

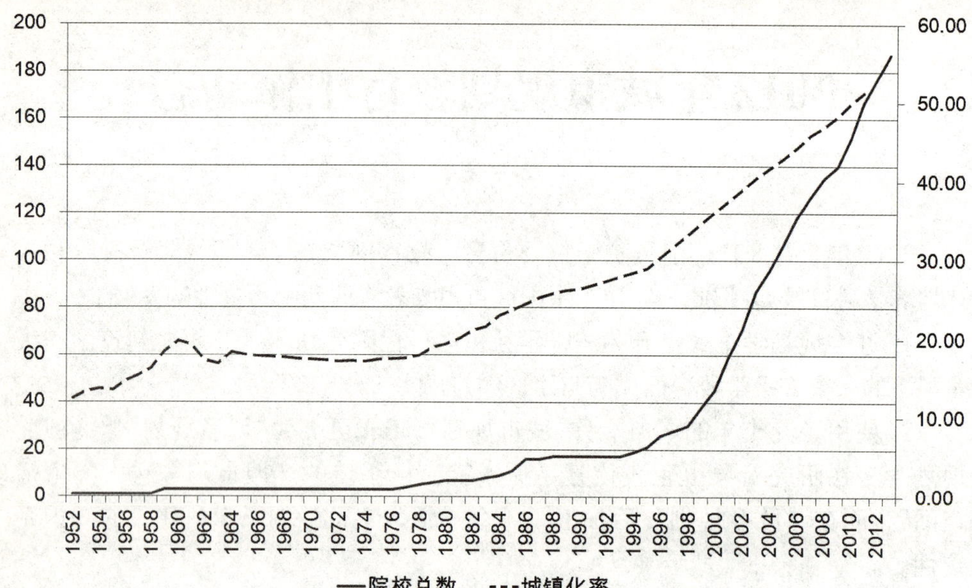

图 1　中国城镇化进程与规划院校增长

数据来源：教育部（国家教委）历年公布的高等学校本科专业名单；检阅特定院校网站共同整理得到的数据；《2012 中国统计年鉴》。

2012 年，全国新增开设城乡规划专业的院校 10 所，包括河南大学、贵州民族大学、江苏师范大学、攀枝花学院、吕梁学院、厦门大学嘉庚学院、兰州交通大学博文学院、桂林理工大学博文管理学院、山西农业大学信息学院和云南大学滇池学院。

（二）院校地理分布

1998 年开始，我国城乡规划专业院校数量快速增长，城乡规划院校地理分布已从空间集中逐步扩大到全国。至 2005 年，全国所有的省市自治区包括西藏在内，均已设置城市规划专业。

与世界规划院校的空间发布一样，中国的城乡规划教育专业在地理分布并不均衡。城乡规划本科院校的分布总体仍以东中部地区为主，呈现出沿长江和京广线地区集中的格局（图 2）。武汉、北京和杭州是城乡规划专业院校最为集中的城市，在河南、湖南等省份，院校分布较为分散（表 1）。虽然从数量上看，城乡规划专业院校已经实现了大部分区域的覆盖，但在质量上却参差不齐，高水平的院校仍然主要分布在大城市。

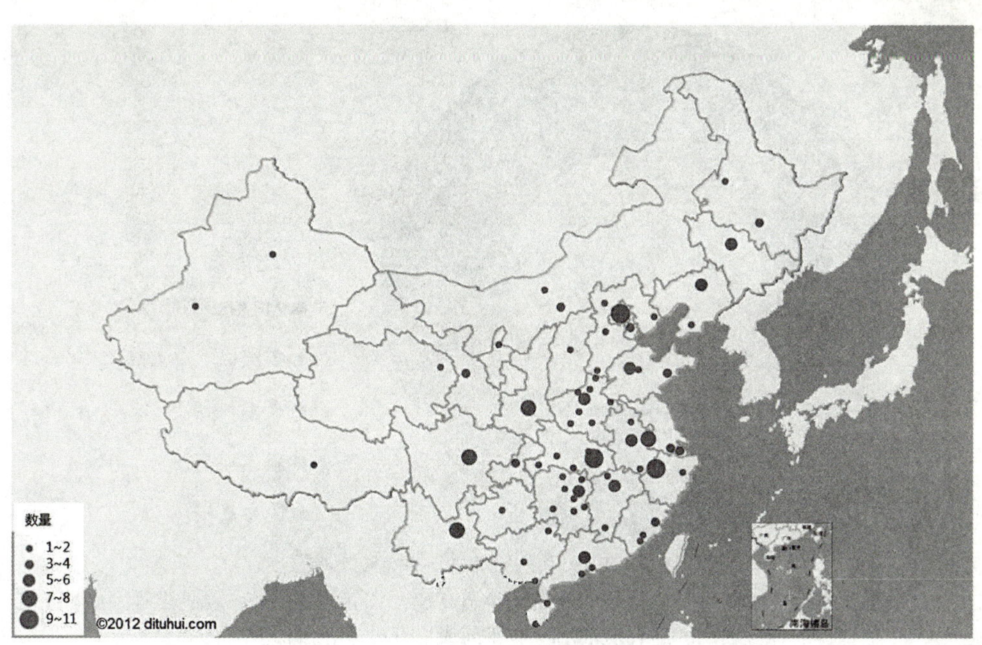

图 2　全国规划院校分布图

数据来源：教育部（国家教委）历年公布的高等学校本科专业名单以及检阅特定院校网站共同整理得到的数据。

规划院校最集中的城市　　表 1

城市	数量	城市	数量	城市	数量
武汉	10（2）	成都	7	郑州	5
杭州	9	昆明	7	长沙	5
北京	7（8）	广州	6	长春	5
南京	7（1）	南昌	6	沈阳	5
西安	7（1）	合肥	5	济南	5

注：括号前数字为开办城乡规划专业本科教育的高校数量，括号中数字为开办城乡规划专业研究生教育，但无本科教育的高校和科研机构。

（三）学校类型

如果按照列入国家不同类型计划、办校时间长短和办学性质，城乡规划院校可分为 211/985 高校、省级以上重点高校、老本科高校、新本科高校。其中，省级以上重点含中西部计划高校、政府奖学金高校、省部共建高校、卓越工程师高校；老本科高校和新本科高校以 1999 年前或后开办本科学历教育为界（图 3）。

随着高等教育的多元化发展和高校自主权的扩大，很多学校基于人才市场需

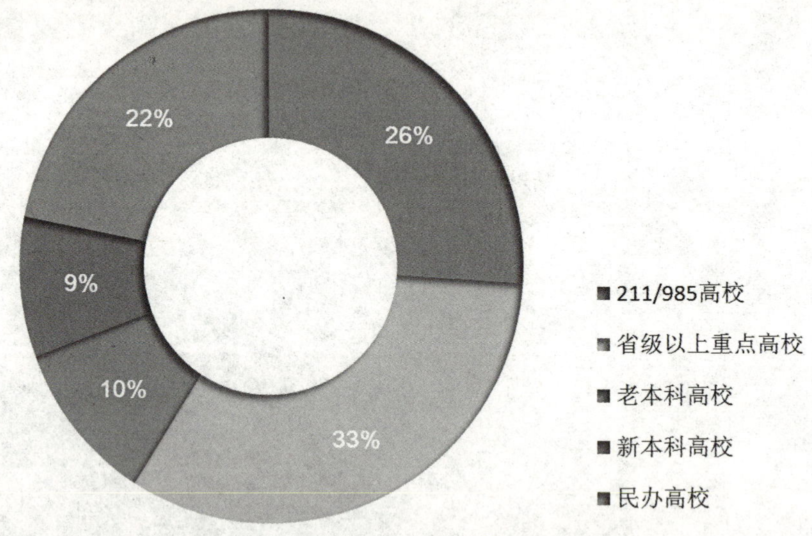

图 3　开设城市规划专业的高校类型

注：省级以上重点含中西部计划高校、政府奖学金高校、省部共建高校、卓越工程师高校；老本科高校和新本科高校以 1999 年前或后开办本科学历教育为界。

求新增设了城乡规划专业，这些学校包括很多列入 211/985 的综合实力较强的高校，也包括大量自身历史很短暂的新成立高校和民办高校。从城乡规划专业在这些院校的分布结构来看，近 60%为列入 211/985 计划或省部共建以及卓越工程师等计划的高校，但仍有 33%的高校成立时间不长。由于这种过快增长也导致很多高校在师资力量、教学条件和历史积淀等方面较为不足，诸多 1999 年高等学校扩容之后升级的高校和大量民办高校在这方面的问题显得尤为突出。

二、2012 年高等学校城市规划专业指导委员会调研

（一）调研内容

高等学校城市规划专业指导委员会在 2012 年年会上再一次发起了对城乡规划专业院校基本信息的调研，反馈了有效问卷 58 份，占全部规划院校的 30.5%。调查内容包括了招生规模、全职教师人数、核心课程等信息。同时每个院校提供了负责人和联系人的信息，为进一步收集信息和开展工作提供了基础。

（二）师资情况

调查结果显示，2012 年参与调研的高校城乡规划专业本科当年招生总数为 2671 人，在校本科生合计 12765 人。各高校城乡规划专业当年招收本科生

12 ～ 120 人不等，全部在校城乡规划专业本科生 12 ～ 480 人。在 58 所参与调研的高校中，仅有 9 所高校每年度招生 3 ～ 4 个班，其他均维持在 1 ～ 2 个班以内。

根据全国高等学校城市规划专业指导委员会编制的《高等学校城乡规划本科指导性专业规范（送审稿）》，城乡规划专业的专职教师应不少于 8 人，其中高级职称不少于 2 人。在接受调研的高校中，大多数高校的专任专业技术数量能够达到这一最低要求，但是还有 12%的高校专业专职教师不足 8 人，41%的高校城乡规划专职专业教师数量在 8 ～ 14 人之间，教师队伍最多的学校专业教师数量达到了 71 名（图 4，图 5）。

由于城乡规划专业教学自身的特点，师生比为本专业教学的重要指标，《高等学校城乡规划本科指导性专业规范》要求城乡规划专业师生比不低于 1 ∶ 9，

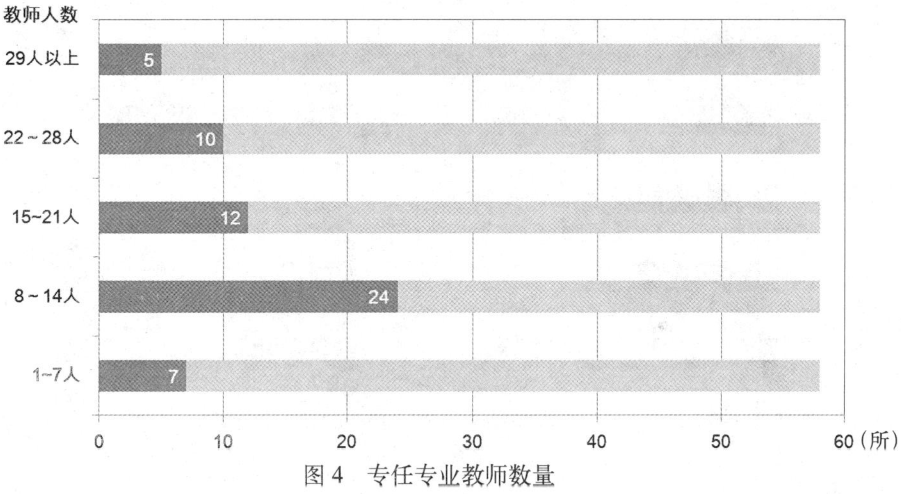

图 4　专任专业教师数量

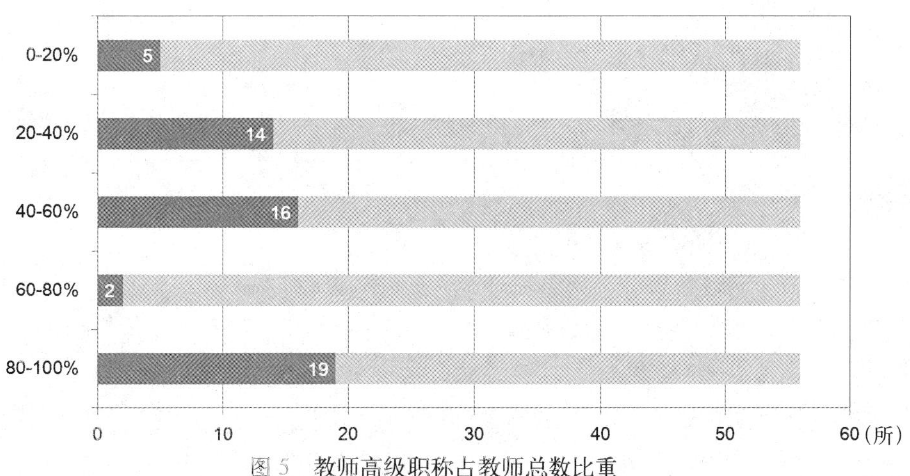

图 5　教师高级职称占教师总数比重

兼职教师人数不得超过专任教师人数的 20%。调研结果显示，58 所高校仅有 10 所师生比达到相关要求，所占比例仅 17%。大多数高校师资与招生规模明显不成比例，部分高校师生比甚至高达 1 ∶ 40，难以保障学生得到有效的专业指导（图 6）。由于专业教师的严重不足，一些学校大量聘用外部兼职教授，很多学校外聘教师与专任教师的比例达到 40%以上，也远远超过《高等学校城乡规划本科指导性专业规范》所要求的不超过 20%的标准。

从不同类型的高校来看，城乡规划专业的开办历史和学校综合实力都与师资力量有着一定的关联性（图 7，图 8）。创办时间超过 20 年的高校师生比均不超过 1 ∶ 20；创办专业历史在 10 ~ 20 年之间的高校情况比较分化，师生比大多数在 1 ∶ 20 以内；创办专业历史不足 10 年的高校师资力量最为薄弱，部分

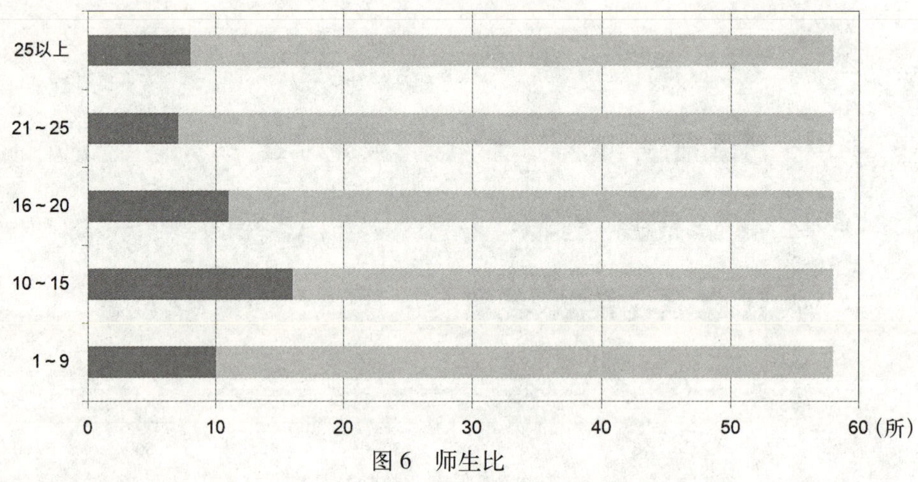

图 6 师生比

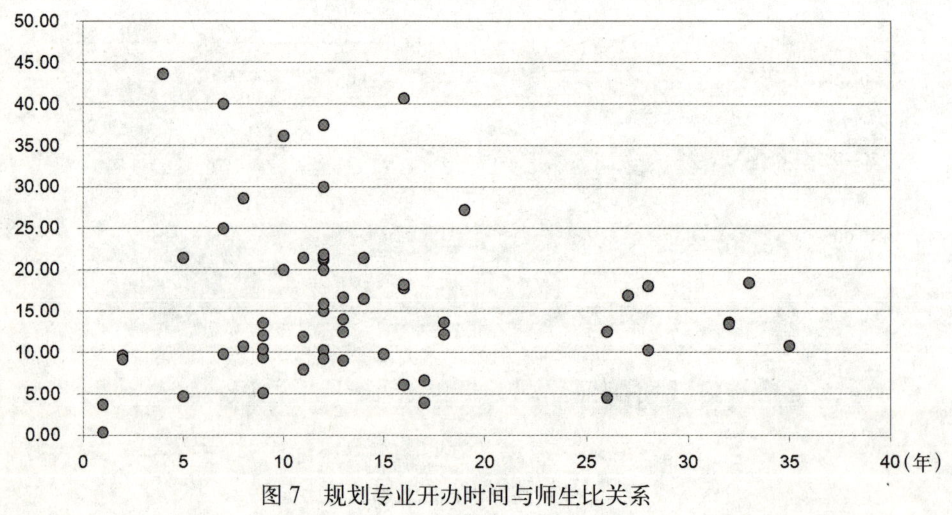

图 7 规划专业开办时间与师生比关系

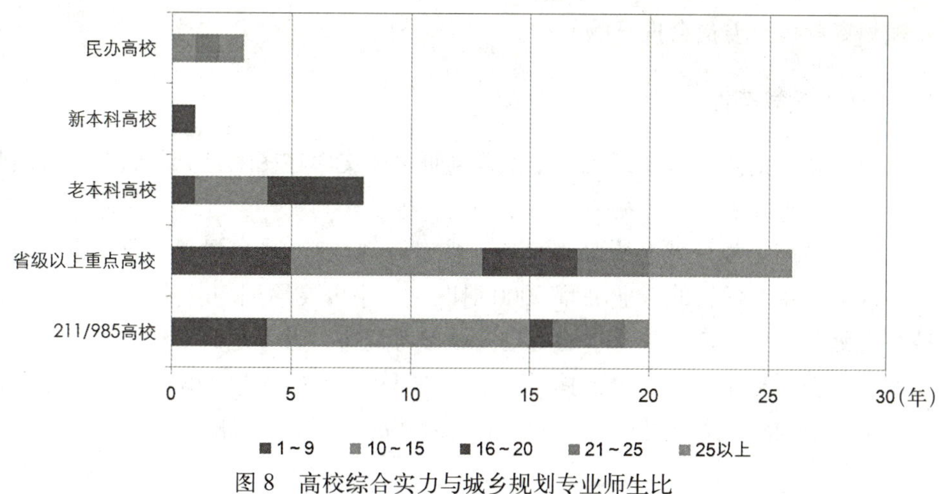

图 8　高校综合实力与城乡规划专业师生比

211/985 高校由于扩张过快，也出现了比其他实力较弱的高校严峻的师资不足问题。这一点尤其应当引起整个规划教育界的关注。

（三）课程设置

针对《高等学校城乡规划本科指导性专业规范》提出的十门核心课程，专指委对城乡规划专业院校的课程设置进行了调研。结果表明，高校基本设置这十门核心课程，对于城乡规划的传统核心内容，如城乡规划原理、城市总体规划、道路交通和法规等，各校都十分重视；而对于规划分析能力培养、生态环境规划、基础设施等课程则重视度欠缺（图 9）。除一所高校以外，所有学校都使用了城

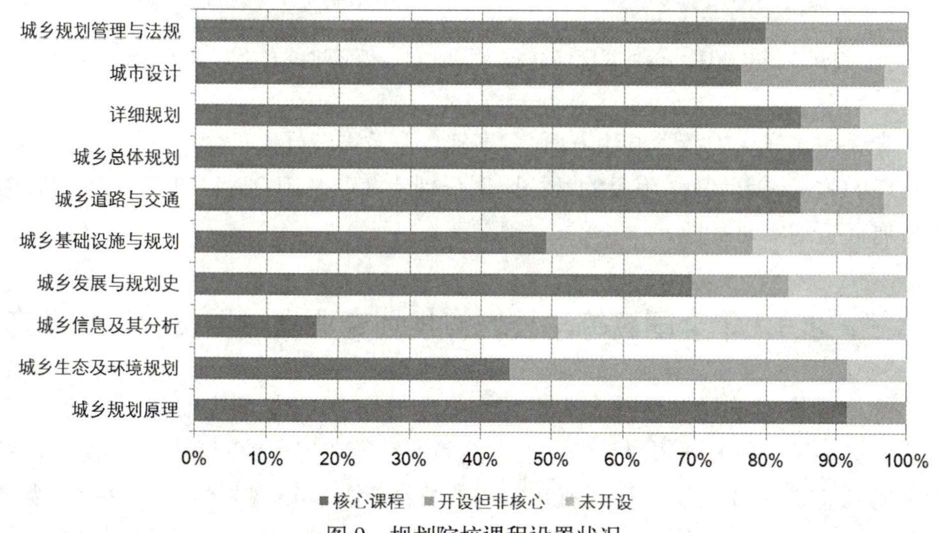

图 9　规划院校课程设置状况

乡规划专业指导委员会推荐的教材。

（四）教学条件

对于教学条件的考察，本次专指委调研主要集中在图书期刊等资源以及教学方式的供给情况上。

按照《高等学校城乡规划本科指导性专业规范》，城乡规划专业的高校应有城乡规划及相关学科的专业书籍 5000 册以上，中外文期刊 30 种以上，有齐全的城乡规划法规文件资料及基本的规划设计参考资料，有一定数量的教学音像资料和数字化资源和相应的检索工具（图 10，图 11）。在本次接受调研的高校中，这一状况并不理想，尤其是中外文期刊的订阅情况，符合要求的不足 1/3。

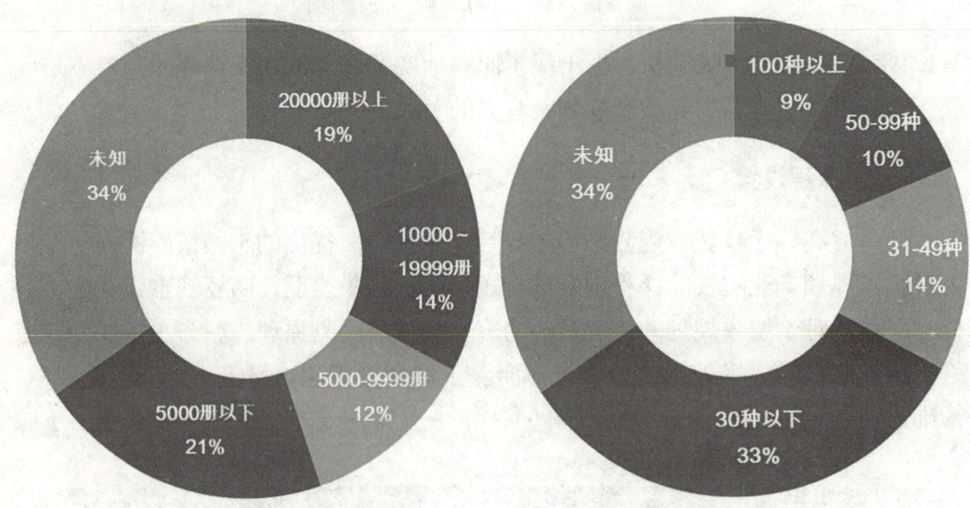

图 10　规划院校专业图书藏书量区间分布　　图 11　规划院校专业期刊订阅种类区间分布

在采用多样化的教学方法方面，各高校普遍做得较好。教学中使用实物模型、CAD 和 GIS 等辅助教学手段的学校比例分别为 83%、100%和 79%，有 83%的院校有固定的实习基地。

三、2012 年全国高等学校城市规划专业指导委员会工作动态

高等学校城市规划学科专业指导委员会根据 2011 年制定的 2012 年度工作计划，开展了学科发展研讨、专指委年会筹办、专业规范编写和讨论和院系信息收集等工作。在各位委员及其所在院校的支持下，城市规划学科专业指导委员会圆满完成了 2012 年的工作，编制完成中国首版《高等学校城乡规划本科指导

性专业规范》；成功举办了专指委2012年会和全国城市规划院校联席大会；系统地收集调研了院系资料，更新了全国城市规划院校的资料，把握最新的发展动态；召开了针对城乡规划专业和城乡规划学一级学科的专题研讨会；全面完成了“十二五”规划教材的年度计划；开展了住房和城乡建设部土建类高等教育教学改革项目“运用卫片的城乡规划原理课程开发”等。

（一）召开针对城乡规划学一级学科发展的专题研讨会

为应对学科发展的新需求，专指委于2012年1月11日下午，在中国人民大学召开了二级学科方向的专题研讨会。研讨会针对城乡规划管理方向的教学和研究进行了探讨。高等学校城乡规划专业指导委员会主任委员吴志强教授、副主任委员毛其智教授、石楠秘书长和石铁矛教授，武汉大学周婕教授、南京大学徐建刚教授等出席；出席研讨会的还有中国人民大学公共管理学院院长董克用教授、专指委委员叶裕民教授、中国建筑工业出版社杨虹编辑以及中国人民大学公共管理学院城市规划管理系教师。专指委教授听取人民大学城市规划管理专业建设情况汇报，并就人大城乡规划学科建设提出意见和未来发展方向的建议。

（二）召开《高等学校城乡规划本科指导性专业规范》的工作会议

2012年6月30日，召开了《高等学校城乡规划本科指导性专业规范》工作会议。住房和城乡建设部人事司人员作了“本科专业规范编制工作介绍”的报告。土木工程专业指导委员会李国强教授（同济大学）介绍了土木工程制定专业规范的经验和做法。专业评估委员会主任赵民教授、清华大学边兰春教授、重庆大学李和平教授、同济大学杨贵庆教授参与《专业规范》（第7稿）讨论，共同形成《专业规范》（第8稿），并发送文件进一步征求意见。

（三）召开2012年度城乡规划专业指导委员会年会

2012年9月20～21日，全国高等学校城乡规划专业指导委员会2012年年会在武汉大学举行。来自全国近百所高校的300余名专家学者围绕“人文规划，创意转型”的主题进行了研讨。

本次年会分为主题报告、分论坛报告、竞赛颁奖等环节。多特蒙德大学Klaus R. Kunzmann教授、加州大学洛杉矶分校Randall Crane教授、英国剑桥大学Robinson学院研究主任Ying Jin教授、澳门城市规划学会理事长韩佩诗女士作年会主题报告。分论坛由来自全国近百所高校的城市规划专业的教师开展学科建设、教学方法、理论教学、实践教学四个方面的讨论与交流。

2014年计划申办年会的学校进行了申办演讲，包括西安建筑大学、湖南大学、香港大学、西南交通大学等。经过委员投票和唱票，城市规划专业指导委员会主任吴志强教授宣布全国高等学校城市规划专业指导委员会 2014 年年会将在香港大学举办。香港大学规划系系主任叶嘉安教授发表获得申办权的感言，欢迎各院系师生前往香港，并承诺一定办好年会。

年会开展了本科生城市设计、综合社会调研 A 和 B 单元以及教师教研论文的评选工作。其中，社会综合实践调研报告课程作业 A 单元的参选作品共 382 份，参选学校 83 个，获奖作品 137 份，获奖学校 63 个。社会综合实践调研报告课程作业 B 单元的参加院校共 33 所，参赛作品 85 份，总获奖数：34 份。教师教学研究论文共收到全国 31 所高校 69 篇论文，入选论文集 65 篇，获优秀奖论文 26 篇，占入选论文总数 40%。在闭幕式及颁奖仪式中，各专指委委员总结学生竞赛评选情况，对城市设计作业、社会调研报告、教研论文的获奖院校进行了颁奖。

（四）进行学生作业和教师教研论文评选网络平台建设

筹备、探索建立学生作业和教师教研论文评选的网络平台。在 2012 年年会上，武汉大学介绍了评选网络平台的建设和使用方法。在 2013 年在哈尔滨举办的年会将采用网络初选和现场评奖结合的方式。哈工大和专指委将组成作业评选小组，邀请外部专家，进行网络初选和现场评奖。网络评选将通过给定账户和密码的方式，请专家在网络上进行学生作业和教师教研论文的初选工作，在确定初选入围作品后，哈工大和专指委作业评选小组将在年会之前召开专门的评选会议，现场评选出具体奖项，并将最终结果提交专指委，进而在专指委年会上进行颁奖。

（五）组织学校申请加入亚洲规划院校

在 2012 年会上，吴志强主任委员邀请各院校提交资料，申请加入亚洲规划院校联合会（APSA）。目前秘书处已经收到南京大学、华中理工大学和云南大学等多所院校的资料，申请工作正在进行中。

（六）编制完成本科指导性专业规范送审稿

专指委在 6 月工作会议形成的《高等学校城乡规划本科指导性专业规范（送审稿）》（第 8 稿）基础上进一步征求意见和修订，形成了《专业规范》（第 9 稿）；经过 9 月年会工作会议的讨论进一步形成了《专业规范》（第 10 稿）；随后进一步修订，编制完成了《专业规范》（第 11 稿）。2013 年 1 月 12 日在哈工大校史馆礼堂召开了专指委年会筹备会暨“美丽城乡，永续规划”高端研讨会中，针对个别问题进行了讨论和确定，完成了《专业规范》（第 12 稿）。

《专业规范》明确了城乡规划专业本科教育的培养目标和规格，确定了教育内容和知识体系，制定了专业本科教育的办学条件要求，形成了本专业规范的主要参考指标，该规范的制定为城乡规划专业提升为城乡规划一级学科的办学和教育提供了指导意见和评价标准，同时完成的文件还包括《专业规范》编制研究过程和《专业规范条文说明》。编制完成《专指委年会筹备工作清单》，作为专指委为承办学校开展年会筹备工作的指导性文件，同时将编制完成专指委年会学生作业和教师教研论文的评选过程、评委会组成及相关规则，形成正式专指委文件。

（七）召开专指委年会筹备会暨“美丽城乡，永续规划”高端研讨会

2013 年 1 月 12 日在哈工大召开了专指委年会筹备会暨“美丽城乡，永续规划”高端研讨会。主任委员吴志强、副主任委员毛其智、副主任委员石铁矛、委员赵天宇、委员刘博敏、委员徐建刚、委员华晨、委员张军民、委员储金龙、委员王世福、委员毕凌岚、委员袁奇峰、王兰（秘书）、杨虹（中国建筑工业出版社）、冷红（哈尔滨工业大学）、董慰（哈尔滨工业大学）出席会议。

会议确定了 2013 年在哈尔滨工业大学举办全国专指委年会，主题为“美丽城乡，永续规划”。哈工大提出，希望形成“百所参与”、“地域路线”、“智慧年会”、“校级联合”等年会特色。哈工大将在 2013 年会启动试点改革，将年会与作业评审分开进行；年会将进一步发展成为交流教学方法和讨论学科发展的平台；相关颁奖仪式将作为年会闭幕式重要环节。

（八）申请获得并开展住房和城乡建设部土建类高等教育教学改革项目

2012 年 5 月专指委申请获得住房和城乡建设部土建类高等教育教学改革项目，项目名称为“城乡规划学本科教学的卫星教学库建构研究”。目前南京大学、天津大学、武汉大学等学校已申请参加本次教改项目。

（撰稿人：吴志强，高等院校城市规划专业指导委员会主任委员；刘朝晖，同济大学城乡规划学博士生；王兰，高等院校城市规划专业指导委员会秘书）

2012 年城乡规划督察工作动态

为强化城乡规划，实施层级监督，住房和城乡建设部从 2006 年起，陆续选聘了具有长期规划专业工作经历和行政领导经验的老同志，派驻到由国务院审批城市总体规划的城市，对城乡规划的执行情况进行事前、事中监督，及时发现、制止和查处违法违规行为，保证城乡规划的有效实施。督察员通过列席会议、踏勘现场、调阅资料和卫星遥感监测等多种手段对城市生态环境、历史文化遗产和风景名胜等核心资源进行实时监控，在维护城乡规划严肃性和权威性，促进城市健康可持续发展等方面发挥了重要作用。

一、2012 年度城乡规划督察工作取得新进展

（一）完成了第七批督察员的遴选和派遣工作

新增齐齐哈尔、伊春、鸡西、鹤岗、鞍山、抚顺、阜新、威海、温州、台州、汕头、江门、惠州、中山这 14 个城市开展第七批派驻督察员工作，使派驻城市总数达到 103 个，督察员总数扩展到 116 名，基本覆盖了由国务院审批城市总体规划的城市（图 1）。

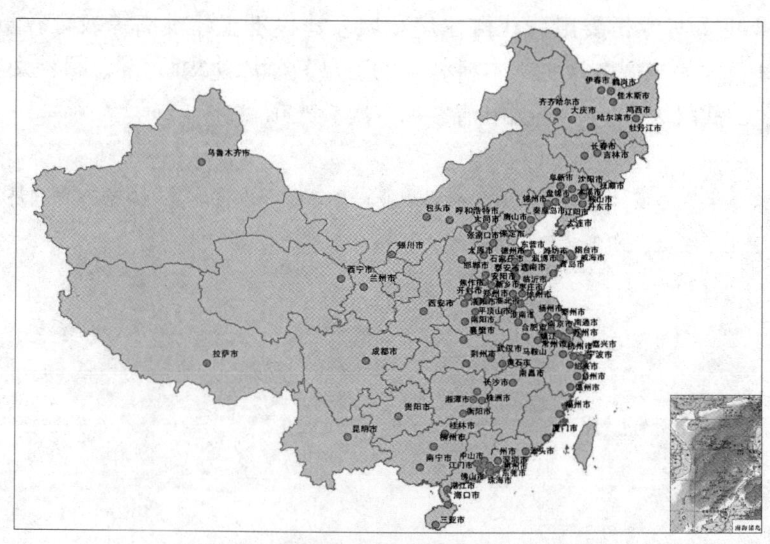

图 1　2012 年督察员派驻城市示意图

（二）扩大了卫星遥感辅助城乡规划督察工作城市范围

卫星遥感技术为城乡规划督察工作拓展了线索来源，是强化规划督察工作效果的重要手段。2012 年，该项工作覆盖城市范围进一步扩大，新增 32 个城市开展卫星遥感监测工作，实现了对 103 个派驻督察员城市的全覆盖。全年共核查涉及督察事项重点图斑 185 个。

（三）进一步推进了省派城乡规划督察工作

省派城乡规划督察工作发展迅速。目前，河北、四川、浙江、安徽、福建、云南、山西、贵州、广东、湖南、云南、新疆、山西、辽宁、黑龙江、海南等省（自治区）已向所辖城市派驻了城乡规划督察员。其中，河北、四川、浙江等省派驻城乡规划督察员已覆盖省内所有地级城市；山东、吉林、河南、江苏、广西、江西、湖北等省将城乡规划督察制度写入了省《城乡规划条例》中，为派驻督察员工作确立了法定地位。太原、成都等城市也积极开展了市派城乡规划督察工作。城乡规划层级监督体系日趋完善。

二、城乡规划督察工作取得了显著成效

2012 年，全体督察员尽职尽责、认真工作，在遏制违法违规苗头、推动城市健康科学发展方面做出了新贡献。督察员全年共列席各类涉及规划督察工作的会议 3023 次，核查涉及督察事项的卫星遥感图斑 185 个，约见市政府及规划部门领导 650 次，向派驻城市政府发出督察文书 74 份，事前事中遏制违法违规苗头 295 起。

（一）避免地方政府规划决策失误，维护城市公共利益

督察员工作中注重监督关口前移，在政府决策过程中及时提出建议，制止了 175 起项目选址方面的错误决策，消除了城市建设中的隐患，保护了生态环境和公众利益。

例如，驻山东某市督察员通过列席市规划局业务会发现，该市拟侵占 26 亩规划公共绿地和应急避难场所建设 4 万 m^2 的宗教建筑。该项目位于该市历版总体规划中预留的区级公共绿地，一旦建成，将会使城市绿地格局遭到破坏，而且影响周边十余万居民休憩和紧急避灾。督察员立即向市政府发出督察建议，促使市政府决定另行选址，维护了城市公共利益（图 2）。

驻广东某市督察员通过媒体报道获悉，一家汽车企业正在国家级风景区内破

坏绿地、迁移树木。经现场踏勘，督察员发现该项目位于东深供水工程用地红线范围、城市水库滞洪区范围内，一旦建成，不仅破坏生态环境，还将影响行洪安全并危及城市供水。督察员针对违规行为发出督察建议，持续跟踪，紧追督办，得到政府认可，及时撤销行政许可的通知，并要求建设单位撤除工地围墙，恢复原貌（图 3）。

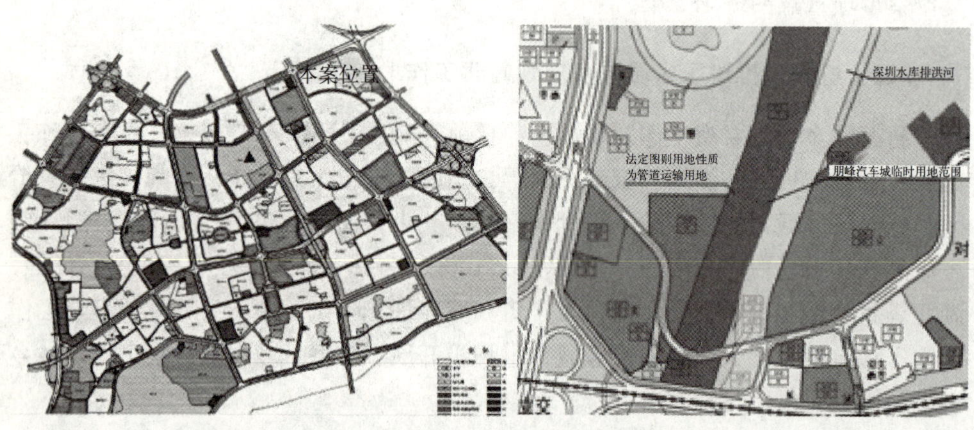

图 2　山东某市拟侵占公共绿地选址建设　　图 3　广东某市拟在水库滞洪区范围内选址建设

驻辽宁某市督察员通过列席市长办公会获悉，某区政府申请的用地调整方案中有四起涉及侵占“绿线”和“黄线”。其中，拟增加的 7 块商业用地，共计侵占绿地面积为 $2.88hm^2$，督察员当场提出反对意见，促使会议否定了四个方案的审批，保护了市民休憩空间和城市生态环境。

驻黑龙江某市督察员通过列席会议发现，该市拟填湖造人工岛进行房地产开发，已编制了控制性详细规划并提交市规划局审查。督察员及时提出强化蓝线管制，取消填湖造岛的方案，该建议得到市政府采纳，从而保护了该区域的生态环境。

驻山东某市督察员在列席市规划局业务审批会议时发现，市国土局拟将 194.25 亩城市储备地出让给某企业用于房地产开发建设，该地块在现行总规中为公共绿地，督察员在会上提出了暂缓审批的建议。会后，督察员实地踏勘现场，向市政府提出口头建议。该建议得到了市政府的采纳，明确表态该出让土地的开发项目将不予审批。在督察员的推动下，该市拟在原地块建设城市公园，并列入当年重点建设项目。

（二）严格监督历史文化保护区内的建设活动，保护历史文化资源

随着城市建设与更新的步伐日益加快，城市历史传统风貌保护也面临着日益

严峻的挑战。督察员高度关注此类问题，及时制止在历史文化保护区范围内的违规审批建设行为，有效保护了这些珍贵资源，维护了城市长远利益。

例如，驻辽宁某市督察员通过群众举报获悉，该市拟占用古城墙遗址保护地带进行回迁开发改造。该城墙遗址是城市历史文化名城保护的重点内容，历史价值极其重要。督察员立即向市政府发出《督察意见书》，要求严格按照城市总体规划实施城市建设，严禁侵占古城墙遗址保护地带进行建设。市政府正式复函表示将对保护地带内的居民异地安置，同时将该地块预留建设遗址公园（图 4）。

驻河南某市督察员列席市政府专题会议获悉，老城区政府申请在重点陵墓保护区内建设科技园项目，总占地 1000 余亩。经查，该项目位于《历史文化名城保护规划》划定的保护区禁建范围内，一旦建设，可能严重损毁埋藏于地下近两千年的历史遗存。督察员及时提出督察建议，要求予以制止。市政府高度重视，要求规划主管部门另行选址，历史遗存得以保留（图 5）。

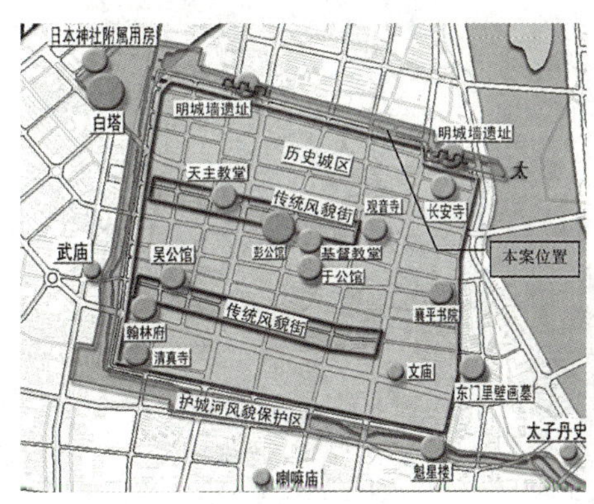

图 4　辽宁某市拟在古城墙遗址保护区内选址建设

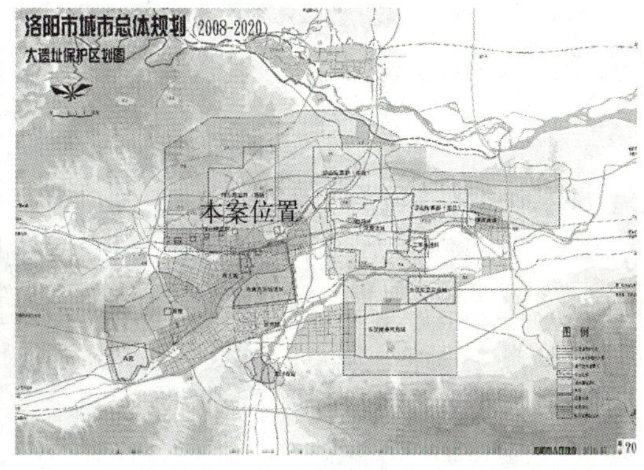

图 5　河南某市拟在“紫线”范围内建设科技园项目

驻福建某市督察员列席项目审批会议发现，拟扩建的百货大楼项目建筑高度 90m，违反了城市总体规划关于严格控制传统中轴线周边高度的规定，一旦建成，将破坏古城区传统风貌，影响古城重要景观节点之间的视觉通廊。督察员多次与市政府交换意见，指出建筑高度不能突破规划控高要求。市政府明确表态严格按规划做好建筑控高。

驻山西某市督察员获悉，该市 20 世纪 50 年代建造的某百货大楼拆迁改造，拟建 50m 高城市综合体，他即在规委会办公会上提出，该建筑是《历史文化名城保护规划》中确定的“应保护的现代建筑”，不应拆除，且该历史街区限高 20m，拟建建筑超出保护区限高要求，建筑风格和历史街区风貌也极不协调。通过努力，市政府放弃了该综合体建设，重要的历史文化资源得到保护。

（三）及时制止风景名胜区内违规建设，保护不可再生资源

随着城镇化快速发展，一些地方在片面追求经济利益的过程中，重开发、轻保护，侵占风景区进行开发建设的现象时有发生。督察员从事前预防的角度，通过监控风景名胜区保护范围内的建设活动，及时发现并制止了一些倾向性问题，有效保护了不可再生资源。

例如，驻辽宁某市督察员获悉，该市在某省级风景区范围内编制了三个项目控规，并拟据此审批出让土地进行开发和建设。督察员立即致函市领导，指出三个拟建项目分别位于风景区的一级、二级和三级保护区内，实施后将对风景区景观及城市生态环境造成较大影响，必须坚决予以制止。经过反复沟通协调，市政府就落实督察建议形成整改意见，并表态将对风景区范围内的所有项目进行逐一梳理，对不符合规划要求的在建项目立即进行整改，对于尚未开发建设的项目全部停止审批（图 6）。

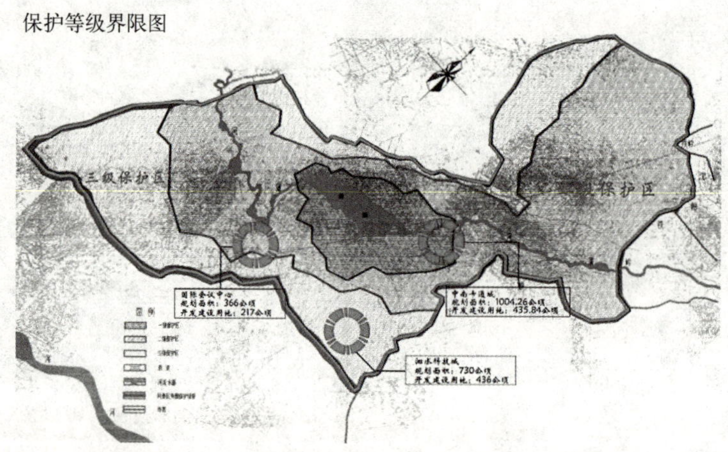

图 6　辽宁某市拟在风景区范围内选址建设三个项目

驻江苏某市督察员通过媒体报道获悉，该省拟在国家级风景名胜区范围内建设大型文化设施项目。督察员快速反应，赴现场核实，当时现场已进行围挡，一些施工机械开始进场。鉴于事态紧急，督察组立即向部作了汇报，在征求部相关司局的意见后向市政府发出督察建议书。此后，督察组又与分管副市长反复沟通，取得了市领导的支持。最终，经多方努力，该项目得以另行选址，风景区整体风貌得以保护。

驻福建某市督察员通过列席规划局业务会议发现，某警备区拟申请在紧邻国家级风景名胜区的公园绿地内选址建设经济适用房。督察员经现场踏勘，认为项

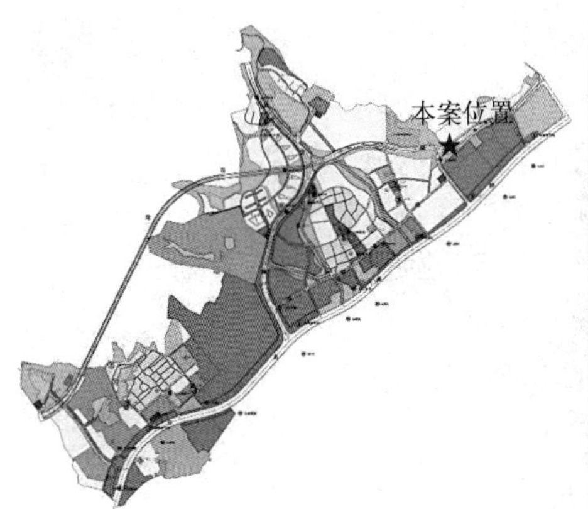

图 7、图 8　福建某市拟在风景区公共绿地内选址建设

目一旦建成将严重影响风景区风貌，并堵塞风景区惟一的对外交通通道，建议另行选址，但部队表示无协商余地，市政府表示难以处理。督察组坚持不懈，反复沟通，最终就重新选址达成共识，风景区整体风貌得以维护（图 7、图 8）。

驻安徽某市督察员列席市规划局业务审批会时发现，区政府拟在某省级风景名胜区范围内建设休闲度假中心。该风景区拥有良好的植被，是城市的“绿肺”，也是重要的市民游憩空间，项目一旦建成将对风景区森林植被造成破坏。督察员向市政府提出关于停止方案审批的建议，得到了市政府的支持，依法保护了风景区。

（四）强化规划执行力，促进地方政府依法行政

在城乡大规模建设过程中，一些违反规划、不履行法定程序进行建设的行为依然存在，规划的严肃性和权威性受到挑战。督察员及时介入，督促相关部门加大查处力度，拆除违法建设，强化了规划的执行力，促进了地方政府的依法行政。

例如，驻安徽某市督察员发现，某工业项目在未获得规划许可的情况下，占用 756 亩城市防护绿地进行建设，违法建设面积为 6.32 万 m^2。督察组长约见市领导，督察员及时发出建议书，建议立即停止违规行为并加快全市控规编制审批进度。市政府高度重视督察建议，正式复函表示对侵占绿地的行为依法查处。该市根据总规要求组织编制并审批了该地块的控规，并着手拆除侵占绿地的部分违法建设。

驻西北某市督察员巡查时发现，该市某区域存在多处占压道路红线的违法建筑物，其中一处六层违法建设更是位于人流车流较大的路边，且存在随时倒塌的安全隐患，于是向市政府发出《督察建议书》，建议尽快拆除存在安全隐患的违

图 9、图 10　安徽某市拟占用河道绿地进行建设

法建筑物，并从源头上杜绝违法建设的蔓延。市政府高度重视督察建议，及时作出部署，提出整改措施。

驻安徽某市督察员通过列席市规划局业务会得知，老干部活动中心项目要求在某河道绿带上进行建设。该绿带是城市总体规划确定的绿地系统重要组成部分之一，兼具防洪、景观功能，应进行严格控制。督察员当即指出该项目违反总规，不能在此选址进行建设。面对建设单位仍坚持要求在原地建设的压力，督察员鼓励规划主管部门坚持原则，妥善解决问题。规划部门高度重视督察建议，表态一定做好建设单位的工作，另行选址（图 9、图 10）。

驻湖北某市督察员针对某农产品交易物流中心项目侵占河流绿化用地的问题发出《督察建议书》，建议市政府查处违规违法行为，收回被侵占的城市公共绿地。市政府复函："督察建议实事求是地指出了当前城市在城市规划建设管理工作中存在的一些问题，并提出了非常有建设性的建议"，并表示将依法严肃查处违法行为，对侵占城市公共绿地的建筑物和构筑物，限时自行拆除，道路和停车场将于建设湿地公园时一并拆除，实施绿化。

（五）帮助地方强化规划管理，建立完善长效机制

督察员在制止违法违规行为的同时，还善于剖析问题产生的根源，从而督促地方理顺规划管理体制，落实规划执法责任，健全规划管理长效机制，在强化地方规划管理工作方面发挥了积极作用。

例如，有的督察员积极督促地方加快城市总体规划的编制报批工作，使各类建设项目审批有法可依、有据可依；有的督察员就城市历史街区保护规划问题与规划部门及时沟通，督促重要历史街区和地段的控制性详细规划的推进；有的督察员通过积极呼吁，促使派驻城市成立了城乡规划局；还有一些督察员在推动派驻城市维护市级规划统一管理方面取得了阶段性成果。

三、2013 年城乡规划督察工作的总体安排

2013 年 2 月，住房和城乡建设部城乡规划督察员 2012 年度工作总结暨培训会议在北京召开，仇保兴副部长到会作了题为“重建城市微循环——城市生态化改造的必由之路”的工作报告。2013 年，城乡规划督察工作将从面的扩张转向质的提高，进入全面提升效能的新阶段。城乡规划督察工作将继续围绕住房城乡建设中心工作，进一步加大工作力度，创新工作方法，为质量型城镇化作出更大的贡献。

（一）完善城乡规划督察制度

修订《城乡规划督察员管理办法》，适时启动督察工作绩效考评，推进督察员管理的规范化和高效化；组织督察员学习《城乡规划违法违纪行为处分办法》、《关于规范城乡规划行政处罚裁量权的指导意见》和《历史文化名城名镇名村保护规划编制要求（试行）》等法规规范，提升督察员业务水平和工作能力。

（二）提升城乡规划督察效能

开展“城乡规划督察工作效能”课题研究，修订《城乡规划督察员工作手册》，指导督察员进一步明确职责、改进方法，提高工作效能；针对督察员发现的具有普遍性的重大倾向性问题和疑难个案，会同业务主管司局开展集体研判，对督察建议落实不到位的情况实行现场督办制度；深化督察工作成果，定期总结分析派驻城市违反城乡规划典型案例。

（三）完善城乡规划层级监督体系

指导省派城乡规划督察工作，进一步探索部省联动督察机制。积极推动各省（自治区、直辖市）向辖区内城市派驻城乡规划督察员，地级以上城市向所辖独立行使规划编制管理权的县城和历史文化名镇派驻城乡规划督察员，逐步建立覆盖全国的部、省、市规划层级监督体系。

（撰稿人：谢晓帆，住房和城乡建设部稽查办副主任；王凌云，部稽查办规划督察员管理处处长）

2012 年城乡规划标准规范工作动态

2012 年是住房和城乡建设部工程技术标准化工作机制转变、加强标准管理制度化建设、大力推动修订标准编制工作进度的一年。

一、住房和城乡建设部城乡规划标委会成立，标准化工作机制转变

按照住房和城乡建设部对工程技术标准化工作制度全面调整的部署与安排，经过近半年的组建与筹备工作，住房和城乡建设部城乡规划标准化技术委员会（简称城乡规划标委会）于 2012 年 4 月 9 日正式成立，并作为住房和城乡建设部城乡规划专业的标准化技术支撑机构，已开始全面协助住房和城乡建设部行政主管部门管理城乡规划行业的标准化技术工作。第一届城乡规划标委会由 51 名委员、11 名顾问委员组成，王静霞任主任，王凯、毛其智、俞斯佳、韩玉斌任副主任，鹿勤任秘书长，汪科、赵辉、万裴、高冰松、卫琳任副秘书长；秘书处设在中国城市规划设计研究院。这意味着将有一个具有较高专业技术水平、较丰富标准化工作经验和组织管理能力的专家团队，直接参与、指导城乡规划工程技术标准相关工作。

标委会工作机制的建立，必将有利于提高标准编制工作的技术管理力度，对保障标准编制的质量和进度、促进标准的信息交流和咨询服务、推进标准化工作健康发展起到积极的作用。

二、充分发挥标委会专家作用，加强制度建设与质量管理

根据《住房和城乡建设部标准编制工作流程（试行）》的要求，为全面推进城乡规划标准技术管理工作，提高标准编制的科学性，城乡规划标委会制定了《城乡规划技术标准编制工作管理试行办法》，目的是对在编标准加大管理力度，进一步明确管理程序，细化管理分工，加强重要编制环节的技术指导，严格技术要求，调动各方面积极性，加强多方沟通与协调，强化标准编制工作面向行业和社会的公开性，拟通过实践逐步建立并完善城乡规划标委会对在编标准的管理方式、方法。

2012年城乡规划标委会根据城乡规划标准编制工作中发现的实际问题，为提高在编标准文件质量，采取的主要技术措施如下：

（1）建立了项目工作组制度，由主任委员、副主任委员或秘书长、副秘书长担任组长，每组3～5人，有针对性地重点跟踪管理在编标准，并分阶段对编制组进行相应的技术指导，充分发挥标委会委员的专家作用，强化标准编制工作全过程技术文件的质量管理，同时由秘书处负责项目进度的管理以及编制工作各环节程序及技术文件的指导。

（2）加强在编标准编制工作大纲、征求意见稿、送审稿等重要技术环节的专家咨询、研讨与审查，对重要技术问题进行研讨，有效地帮助编制组进一步修改完善技术文件，大大提高了文件质量。

（3）加强了相关标准横向间的协调，尽量减少矛盾、避免冲突，加强了编制组与业务主管部门及专家间的沟通，强化了标准编制工作过程中业务主管部门的指导，强化了专家对标准编制工作重点、难点问题的指导，有助于编制组开拓思路、少走弯路。

三、城乡规划标准规范编制工作进度大步提速

（一）3项新编标准获批颁布，城乡规划现行标准将达到30项

城乡规划专业又有3项国家标准获得住房和城乡建设部批准颁布并将陆续实施，即江苏省城市规划设计研究院主编的国家标准《城市规划基础资料搜集规范》GB 50831-2012、中国建筑标准设计研究院主编的国家标准《城市居住区人民防空工程规划规范》GB 50808-2013和中国城市规划设计研究院与深圳市规划设计研究院有限公司联合主编的国家标准《城市通信工程规划规范》GB/T 50853-2013。至此，我国城乡规划专业已颁布实施的工程建设技术标准达30项，其中，国家标准22项，行业标准8项。城乡规划专业已颁布实施的工程建设技术标准详见表1，其中有9项标准已启动修订工作。

城乡规划专业已颁布实施的工程建设技术标准 表1

序号	技术标准名称	标准代号	实施日期
1	城市用地分类与规划建设用地标准（国标）	GB 50137-2011	2012-01-01
2	城市居住区规划设计规范（国标）	GB 50180-93（2002版）	2002-04-01
3	城市道路交通规划设计规范（国标）	GB 50220-95	1995-05-01
4	城市规划基本术语标准（国标）	GB/T 50280-98	1999-02-01 修订中

续表

序号	技术标准名称	标准代号	实施日期
5	城市给水工程规划规范（国标）	GB 50282-98	1999-02-01 修订中
6	城市工程管线综合规划规范（国标）	GB 50289-98	1999-05-01 修订中
7	城市电力规划规范（国标）	GB 50293-1999	1999-01-01 修订中
8	风景名胜区规划规范（国标）	GB 50298-1999	2000-01-01 修订中
9	城市排水工程规划规范（国标）	GB 50318-2000	2001-06-01 修订中
10	城市环境卫生设施规划规范（国标）	GB 50337-2003	2003-12-01 修订中
11	历史文化名城保护规划规范（国标）	GB 50357-2005	2005-10-01 修订中
12	镇规划标准（国标）	GB 50188-2007	2007-05-01 修订中
13	城镇老年人设施规划规范（国标）	GB 50437-2007	2008-06-01
14	城市公共设施规划规范（国标）	GB 50442-2008	2008-07-01
15	村庄整治技术规范（国标）	GB 50445-2008	2008-08-01
16	城市水系规划规范（国标）	GB 50513-2009	2009-12-01
17	城市轨道交通线网规划编制标准（国际）	GB/T 50546-2009	2010-04-01
18	城市道路交叉口规划规范（国标）	GB 50647-2011	2012-01-01
19	城市规划基础资料搜集规范（国标）	GB 50831-2012	2012-12-01
20	城市居住区人民防空工程规划规范（国标）	GB 50808-2013	2013-05-01
21	城市通信工程规划规范（国标）	GB 50853-2013	2013-09-01
22	城市道路绿化规划与设计规范（行标）	CJJ 75-97	1998-05-01
23	城市用地竖向规划规范（行标）	CJJ 83-99	1999-10-01
24	乡村集贸设施规划设计规范（行标）	CJJ/T 87-2000	2000-06-01
25	城市规划制图标准（行标）	CJJ/T 97-2003 J277-2003	2003-12-01
26	镇（乡）村给水工程规划规范（行标）	CJJ 123-2008	2008-10-01
27	镇（乡）村排水工程规划规范（行标）	CJJ 124-2008	2008-10-01
28	城乡用地评定标准（行标）	CJJ 123-2009	2009-09-01
29	建设项目交通影响评估技术标准（行标）	CJJ/T 141-2010	2010-09-01

（二）标委会分工再次明确，城乡规划标委会负责管理的在编标准共计 40 项

住房和城乡建设部标准定额司《关于工程建设标准编制工作分工的函》（建标标函 [2012]38 号）明确了 20 个标准化委员会的分工，城乡规划标委会负责分工管理的在编标准共计 40 项，其中，国家标准 32 项、行业标准 8 项，制定标准

29 项、修订标准 11 项，共有 41 个主编单位、132 个参编单位，约 600 人直接参与了城乡规划标准的编制工作。

（三）按照住房和城乡建设部要求，城乡规划在编标准清理工作基本完成

住房和城乡建设部早在 2010 年 4 月 6 日下发了《关于加快在编工程建设标准编制工作的通知》（建标标函【2010】23 号），明确提出了加快在编标准编制工作的要求，2012 年 5 月 2 日下发《关于再次督促完成在编标准的函》，并明确提出了 2012 年底前应完成批准发布的标准名单。据此，城乡规划标委会对分工管理的城乡规划在编标准全面展开清理工作：40 项标准中，20 项应在 2012 年 6 月底之前完成报批，8 项应在 2012 年 12 月底之前完成报批。显而易见，城乡规划在编标准编制工作总体进度滞后，有些标准编制工作已超过 8 年或 10 年仍未完成报批。

对此，城乡规划标委会秘书处全面联系了在编标准的主编单位，了解项目进展情况，解决编制过程中需要协调的问题与难题，并主动联系主管部门、相关业务管理部门等帮助解决有关问题，积极推进在编标准编制进度。2012 年，城乡标委会在推进标准编制工作中共组织召开了 9 个项目的开题会、8 个项目的专家审查会、2 个项目的送审稿专家审定会、1 个项目的征求意见稿专家研讨会、若干个项目编制工作协调会和项目组编制工作会议。经过努力，城乡规划在编标准编制工作进度明显加快。截至 2012 年底，城乡规划在编标准基本情况详见表 2。

城乡规划在编标准进度情况 表 2

序号	标准名称	性质	计划下达年度	2011 年进度	当前进展
1	城市规划基础资料搜集规范（制订）	国标	2008 年	报批稿	已批复
2	城市居住区人民防空工程规划规范（制订）	国标	2006 年	报批稿	已批复
3	城市通信工程规划规范（制订）	国标	2004 年	送审稿	已批复
4	城市防洪规划规范（制订）	国标	2004 年	报批稿	已上报
5	城市对外交通规划规范（制订）	国标	2002 年	报批稿	已上报
6	城市照明规划规范（制订）	国标	2005 年	报批稿	已上报
7	城市绿地规划规范（制订）	国标	2006 年	报批稿	已上报
8	城市停车设施规划规范（制订）	国标	2005 年	报批稿	已上报
9	建筑日照计算参数标准（制订）	国标	2007 年	送审稿	已上报
10	镇（乡）村防灾规划规范（制订）	国标	2004 年	报批稿	已上报
11	镇（乡）村环境设施规划规范（制订）	国标	2004 年	报批稿	已上报

续表

序号	标准名称	性质	计划下达年度	2011 年进度	当前进展
12	镇(乡)村规划基础资料搜集规程(制订)	行标	2004 年	报批稿	已上报
13	镇（乡）村仓储用地规划规范（制订）	行标	2006 年	报批稿	已上报
14	城市消防设施规划规范（制订）	国标	2002 年	报批稿	修改报批稿
15	城市环境规划规范（制订）	国标	2005 年	报批稿	更名并调整编制内容
16	城市供热规划规范（制订）	国标	2005 年	送审稿	修改报批稿
17	城市抗震防灾规划标准（修订）	国标	2008 年	送审稿	修改报批稿
18	镇域镇村体系规划规范（制订）	行标	2006 年	送审稿	修改报批稿
19	镇（乡）村居住用地规划规范（制订）	行标	2006 年	送审稿	修改报批稿
20	镇（乡）村农业生产设施用地规划规范（制订）	行标	2006 年	送审稿	修改报批稿
21	城镇燃气规划规范（制订）	国标	2007 年	送审稿	修改送审稿
22	村规划标准（制订）	国标	2007 年	征求意见稿	完成送审稿
23	镇（乡）规划标准（修订）	国标	2007 年	征求意见稿	完成送审稿
24	城市电力规划规范（修订）	国标	2009 年	准备	形成送审稿
25	城市工程管线综合规划规范（修订）	国标	2009 年	征求意见稿	征求意见中
26	城乡规划基本术语标准（修订）	国标	2006 年	征求意见稿	完成征求意见稿
27	城市给水工程规划规范（修订）	国标	2009 年	征求意见稿	形成征求意见稿
28	城市排水工程规划规范（修订）	国标	2012 年	2012 年 2 月下达计划	调研并形成初稿
29	风景名胜区详细规划规范（制订）	国标	2008 年	征求意见稿	调研并形成初稿
30	城市防地质灾害规划规范（制订）	国标	2004 年	征求意见稿	调研并形成初稿
31	历史文化名镇名村保护规划规范（制订）	国标	2011 年	准备	调研并形成初稿
32	城乡建设用地竖向规划规范（修订）	行标	2009 年	准备	调研并形成初稿
33	城乡规划制图标准（制订）	国标	2012 年	2012 年 2 月下达计划	启动并开始调研
34	风景名胜区规划规范（修订）	国标	2008 年	准备	启动并开始调研
35	城市环境卫生设施规划规范（修订）	国标	2012 年	2012 年 2 月下达计划	启动并开始调研
36	城市地下空间规划规范（制订）	国标	2004 年	准备	启动并开始调研
37	历史文化名城保护规划规范（修订）	国标	2010 年	准备	启动并开始调研
38	城市人口规模预测规程（制订）	行标	2005 年	暂停	意见搜集中

续表

序号	标准名称	性质	计划下达年度	2011 年进度	当前进展
39	镇（乡）村绿地规划规范（制订）	行标	2004 年	准备、未启动	已建议暂停
40	村镇基础设施规划标准（制订）	不清	1999 年	不清	查不到任何管理信息

（四）城乡规划现行标准强制性条文清理工作顺利完成

根据住房和城乡建设部《关于开展工程建设标准强制性条文（城乡规划、城镇建设部分）清理工作的函》的要求，城乡规划标委会秘书处配合住房和城乡建设部强制性条文协调委员会完成了工程建设标准强制性条文（城乡规划、城镇建设部分）的清理和标注工作。

（五）城乡规划标准编制工作存在的突出问题

1. 编制工作调研不到位，影响了标准的技术含量

有些标准缺少调研或调研覆盖面不全，因此缺少必要的技术经济指标或数据支撑，甚至有些数据明显缺少适用性，不够科学、合理。主要原因：①调研不足，编制组未作广泛深入的调查研究或调研力度不够，未收集到相关数据；②调研方案设计不合理，无法兼顾地区差异。我国幅员辽阔、地区差异大，因此，调研取样设计是否合理直接关系到筛选数据的合理性，影响着标准技术经济指标确定的科学性。希望标准的主要参编单位进一步加强调查与基础研究工作，强化标准应有的技术含量和配套研究等技术支撑工作。

2. 标准的用词用语不规范，成果文件达不到标准规范的文件要求

标准化经验不足是主要原因。因此，城乡规划标委会在今后的工作中，还应加强对标准编制方法以及主要研究内容的指导，重视标准编制队伍的选择以及标准编制人才的发现与培养。

四、转变工作方式，城乡规划标准预研究工作拉开帷幕

为了使城乡规划标准编制工作更有针对性、前瞻性和可操作性，使编制的标准更具适用性，根据《城乡规划标准体系》（2011 年版）设计的标准框架，2012 年城乡规划标委会首先推动了有关城市交通类标准的前期配套研究工作。该研究是在我国城市交通发展巨变以及《城市道路交通规划设计规范》GB 50220-95 已实施 18 年的背景下，针对城乡规划标准体系中的 2 个交通类待编标准［《交通

设施用地标准》（通用标准）及《城市综合交通规划规范》（专用标准）］提供的前期研究项目，落脚点是待编标准中重要的技术问题，针对性非常强。研究的结论将为今后标准的正式启动做好技术储备和支撑。该研究项目由中国城市规划设计研究院承担。

这种先开展研究再启动标准修订工作的标准编制工作的组织方式，将会成为城市规划标委会标准管理的主要工作模式，试图通过这种工作方式，明确是否可以启动标准编制工作，何时启动，哪些成熟的技术和经验可以列入标准，推广执行，并尽可能对这些技术内容加以提炼，哪些技术仍在实践与探索中，尚不成熟，不可纳入标准，以免阻碍或影响行业发展与技术创新等问题，使标准编制工作目的明确，时机成熟，主导技术内容具备足够的研究基础支撑。

（撰稿人：鹿勤，中国城市规划设计研究院，教授级高级城市规划师）

附 录

2012年度中国城市发展大事记

2012年1月2日，国土资源部总规划师在总结国土资源部等八部委公布的城乡建设用地增减挂钩试点和农村土地整治清理检查情况时强调，坚持农民自主决策，做到农民知情、农民自愿、农民参与、农民满意，防止违背农民意愿大拆大建，凡农民不同意的，一律不得强行开展。要按照有利生产、方便生活的要求，做好拆迁、农民安置小区和住房建设，禁止在农村地区盲目建高楼，强迫农民住高楼。

2012年1月2日，据水利部长江水利委员会组织的第三次长江源区考察结果显示，自2000年至今，长江源区水土流失面积呈递增趋势，出现了冻土及冻土环境退化、植被退化、冻融侵蚀和土地荒漠化等四大生态环境问题。

2012年1月4日至5日，中国城市科学研究会历史文化名城委员会在北京召开第六次全体委员会议。住房和城乡建设部副部长仇保兴，国家文物局局长单霁翔，北京市副市长陈刚，两院院士周干峙，著名文物保护专家谢辰生、罗哲文等专家以及117座国家历史文化名城及350个名镇、名村的代表参加会议。

2012年1月5日，商务部部长陈德铭在全国商务工作会议上透露：2011年我国城乡居民消费继续保持较快增长，预计全年达到18万亿元，增长17%左右。

2012年1月7日，住房和城乡建设部官网发布信息，将继续加快个人住房信息系统建设，保证在2012年6月末前实现40个主要城市的联网。

2012年1月7日，国土资源工作会议召开，会议指出今年我国用地需求刚性上升，土地需求矛盾突出。国土资源部将立足服务稳增长、调结构，加强土地调控，重点保障“三农”、保障性住房、社会事业等的用地需求。同时，对今年700万套保障性住房用地应保尽保。

2012年1月8日，据财政部门初步统计，2011年中央财政对“三农”的实际投入首次突破1万亿元大关，达到10408.6亿元，同比增长21.3%。

2012年1月9日，国务院总理温家宝主持召开国务院西部地区开发领导小组会议和国务院振兴东北地区等老工业基地领导小组会议，讨论通过了《西部大开发“十二五”规划》和《东北振兴“十二五”规划》。

2012年1月10日，国家统计局发布的公告显示，经最终核实，我国2010年国内生产总值（GDP）同比增长10.4%。

2012 年 1 月 12 日，西部大开发重点区域和行业发展战略环境评价启动会议在北京召开。

2012 年 1 月 18 日，国家统计局发布报告指出，2011 年，全国人户分离的人口为 2.71 亿，比上年增加 977 万人。

2012 年 1 月 18 日，国家统计局公布了 2011 年 12 月份 70 个大中城市住宅销售价格变动情况，数据显示，在房地产调控的持续作用下，楼市由升转降的拐点已经确立。

2012 年 1 月 21 日，农业部发出通知，正式认定北京市房山区等 101 个市（地）、县（区）、镇为第二批国家现代农业示范区。

2012 年 2 月 1 日，环境保护部表示，在处置重特大突发环境事件时，要同步开展环境污染损害鉴定评估，将评估结果作为提出事件调查处理意见的重要依据，健全环境损害赔偿机制，协调推动环境公益诉讼和法律援助。

2012 年 2 月 2 日，《西藏自治区“十二五”时期住房和城乡建设发展规划》（以下简称《规划》）发布，已经通过自治区政府批准。根据《规划》，2011 ~ 2015 年，西藏将在保障房筹建、公积金覆盖面、城镇基础设施投资等方面加大力度。

2012 年 2 月 6 日至 10 日，国务院总理温家宝在中南海主持召开五次座谈会，听取社会各界人士对《政府工作报告（征求意见稿）》的意见和建议。在谈到房地产调控目标时，温家宝表示，房地产调控目标有两个：一是促使房价合理回归不动摇，二是促进房地产市场长期、稳定、健康发展。

2012 年 2 月 6 日，中共中央政治局常委、国务院副总理李克强主持召开保障性住房公平分配工作座谈会并讲话。他强调，要在确保保障性安居工程按期开工、质量可靠、如期建成的同时，把确保公平分配放在更重要的位置，按照保障基本、公正程序、公开过程的原则，科学确定保障范围，规范和阳光操作，切实保障中低收入住房困难家庭的基本住房需求。

2012 年 2 月 6 日，国土资源部表示，建设用地指标的投放领域已经确定，其中保障性住房是必保内容。国土资源部要求，国务院批准用地城市必须在 2 月底前对保障性住房用地单独组卷申报，审查通过的用地由国土资源部安排计划指标，4 月底前完成用地审批。

2012 年 2 月 6 日，财政部发文明确表示，在保障性安居工程现有资金来源基础上，将增加的地方政府债券收入、个人住房房产税试点地区取得的房产税收入、部分国有资本收益和城市维护建设税收入用于保障房安居工程建设，确保不留资金缺口。

2012 年 2 月 6 日，以住房和城乡建设部规划司司长孙安军为组长的调研组，对开封市新型城镇化建设情况进行了调研。调研组对开封市新型城镇化建设予以充分肯定。调研组要求开封市紧紧抓住建设中原经济区、推进郑汴一体化发展的重大机遇，坚持分类指导、科学规划、就业为本、群众自愿、因地制宜、量力而行的原则，理清思路，突出重点，认真抓好各种现实问题的研究解决，加速推进符合开封实际和具有开封特色的新型城镇化建设，以新型城镇化引领“三化”协调发展，为全省乃至全国的新型城镇化建设摸索路子、提供借鉴。

2012 年 2 月 8 日，新华社受权播发《促进就业规划(2011–2015 年)》，“十二五”时期我国城镇将新增就业 4500 万人，转移农业劳动力 4000 万人，城镇登记失业率控制在 5%以内。

2012 年 2 月 9 日，上海社会科学院城市与区域研究中心发布《国际城市发展报告 2012》，称中国大型城市正步入“城市病”集中爆发期。城市人口快速膨胀，城市基础设施承载力严重不足，带来了交通拥堵、环境污染、秩序紊乱、运营低效、行政区划分割等一系列问题，制约着城市的持续发展。未来一段时期，将是我国各大城市“城市病”的集中爆发期，城市病将成为影响城市和谐稳定的关键隐患，加强城市治理刻不容缓。

2012 年 2 月 9 日，湖北省武汉市委常委会审议并原则通过《武汉市建设人民幸福城市规划》(以下简称《规划》)，这是全国首个建设幸福城市的专项规划。《规划》将“加强生态保护和污染治理”列为重要内容，将环境空气质量优良率、饮用水水质达标率等 9 项环保指标列为建设人民幸福城市主要预期指标。

2012 年 2 月 10 日，全国水利规划计划工作会召开。会议指出，目前，我国“十二五”水利发展规划和有关建设规划已编制完成，5 年估算总投资 1.8 万亿元。

2012 年 2 月 12 日，北京市海淀区政府发布消息称，按照拆迁腾退方案，北京前蚁族聚集地唐家岭的旧村宅基地将用于绿化，建设“中关村森林公园”。

2012 年 2 月 13 日，重庆市渝北区城市规划出炉。渝北区区长黄玉林在渝北第十七届人大一次会议上宣布，正式推动实施“五个十”工程：建成十个城市核心节点、十个支撑性基础设施项目、十个集聚辐射力强的产业基地、十个有品牌影响的旅游项目和十个惠民利民的重大民生工程。

2012 年 2 月 14 日，2011 年度国家科学技术奖励大会在北京人民大会堂隆重举行。中共中央总书记、国家主席、中央军委主席胡锦涛向获得 2011 年度国家最高科学技术奖的中国科学院院士谢家麟和中国科学院院士、中国工程院院士吴良镛颁奖。

2012 年 2 月 14 日，住房和城乡建设部印发《住房和城乡建设部城市建设司 2012 年工作要点》，将城市地下管线综合管理纳入城市建设今年首要工作重点。

2012 年 2 月 14 日，财政部发布的数据显示，2011 年全国税收总收入完成 89720.31 亿元，比上年增加 16509.52 亿元，同比增长 22.6%。

2012 年 2 月 15 日，国务院总理温家宝主持召开国务院常务会议，研究部署 2012 年深化经济体制改革重点工作。会议强调，我国经济体制改革仍处于攻坚克难的关键阶段，要按照科学发展观要求和社会主义市场经济规律，尊重群众的首创精神，大胆探索、勇于实践，通过改革解决制约科学发展的深层次矛盾和体制性问题。会议明确了今年改革的重点工作。

2012 年 2 月 15 日,《国家“十二五”时期文化改革发展规划纲要》(以下简称《纲要》）发布,《纲要》指出，在推进城镇化建设和旧城改造中，要高度重视保护文化遗址，要加强全国重点文物保护单位、大遗址等的保护规划编制，加强国家重大文化遗产地基础设施、安全防护设施建设和环境整治。

2012 年 2 月 15 ~ 16 日，住房和城乡建设部副部长仇保兴在住房和城乡建设部城乡规划督察员座谈会上表示，由于城镇化快速发展过程中面临着资源短缺等突出问题，我国城市要实现可持续发展，应遵循紧凑发展、保持城市多样性和建设低碳城市三大理念。

2012 年 2 月 16 日，国务院新闻办消息：我国现阶段将实行最严格水资源管理制度，根据近日出台的《国务院关于实行最严格水资源管理制度的意见》，到 2030 年全国用水总量控制在 7000 亿立方米以内。目前，我国年用水量已突破 6000 亿立方米。

2012 年 2 月 20 日，中共中央政治局就实施更加积极的就业政策进行第三十二次集体学习。中共中央总书记胡锦涛在主持学习时强调，实施更加积极的就业政策，把促进就业放在经济社会发展的优先位置，努力实现社会就业更加充分，关系亿万人民群众切身利益，关系改革发展稳定大局，对推动科学发展、促进社会和谐具有十分重要的意义。

2012 年 2 月 20 日，交通运输部集中连片特困地区交通扶贫规划工作布置会召开，会议明确，中国将在“十五”期间交通扶贫取得重要进展的基础上，组织编制新十年全交通扶贫规划，着重解决制约贫困地区交通发展的瓶颈制约，力争推动集中连片特困地区交通运输发展接近或达到全国水平。

2012 年 2 月 21 日，国土资源部召开发布会，公布 2011 年房地产用地管理调控等情况。国土部执法监察局巡视员王宗亚表示，今年国土部将联合相关部门，选择“小产权房”问题相对突出的城市，开展“小产权房”的试点清理，试点城市名单和试点方案目前正在研究中。

2012年2月21日，国家电网公司发布《2011年社会责任报告》表示，在2012年，为 9.6 万户超过 40 万无电人口解决用电问题，同时加快建设坚强智能电网，完成电网投资超过 3000 亿元。

2012 年 2 月 22 日，《中华人民共和国 2011 年国民经济和社会发展统计公报》

发布。国家统计局副局长谢鸿光称，公报显示2011年我国保障房建设进度加快。全年新开工建设城镇保障性安居工程住房1043万套（户），基本建成城镇保障性安居工程住房432万套，均比2010年有较大幅度增加。

2012年2月22日，国土资源部下发《关于做好2012年房地产用地管理和调控重点工作的通知》，要求各地要确保保障性安居工程住房用地，严格控制高档住宅用地，不得以任何形式安排别墅类用地。

2012年2月23日，国务院办公厅发布《关于积极稳妥推进户籍管理制度改革的通知》，通知要求，今后出台有关就业、义务教育、技能培训等政策措施，不要与户口性质挂钩。

2012年2月23日，“名城标志性历史建筑恢复工程”和“百项文物保护修缮工程”宣布启动，这将是新中国成立以来北京最大规模的文物修缮工程。

2012年2月27日，上海市政府办公厅下发的《关于进一步严格执行房地产市场调控政策完善本市住房保障体系的通知》要求，严格执行住房限售政策。

2012年2月27日，安徽省城乡规划委员会在合肥审查并原则通过《安徽省城镇体系规划（2012–2030年）》。

2012年2月28日，文化部发布《“十二五”时期文化产业倍增计划》，提出在“十二五”期间，文化部门管理的文化产业增加值年平均现价增长速度要高于20%，2015年比2010年至少翻一番，实现倍增。

2012年2月29日，环保部下发关于实施《环境空气质量标准》GB 3095–2012的通知，通知要求，到2012年，京津冀、长三角、珠三角等重点区域以及直辖市和省会城市将监测PM2.5。

2012年2月29日，国土资源部部长徐绍史在全国国土资源信息化工作会议上表示，中国将进一步加快对国土资源海量信息的二次利用，坚持完善和提高“一张图”和三大平台的建设。

2012年3月3日，根据《中华人民共和国海岛保护法》，国家海洋局对我国海域海岛进行了名称标准化处理。经国务院批准，国家海洋局、民政部公布了钓鱼岛及其部分附属岛屿的标准名称。

2012年3月3日，国务院批准了《全国海洋功能区划（2011–2020年）》（以下简称《区划》）。《区划》基于自然条件和经济社会发展需求，确定了渤海、黄海、东海、南海及台湾以东海域等五大海区的总体管控要求，将我国管辖海域划分为29个重点海域，并确定了重点海域主要功能和开发保护方向。

2012年3月3日，内蒙古自治区住房和城乡建设厅发布消息称，自治区政府已正式批准实施自治区住房和城乡建设厅组织编制的《呼包鄂城市群规划（2010–2020年）》。呼包鄂城市群位于全国城镇体系“京－呼－包－银”城镇发展轴的中段，全国“两横三纵”城市化战略格局包（头）昆（明）通道纵轴北端，是国家呼包鄂榆重点开发区和呼包银经济区的重要组成部分。

2012 年 3 月 4 日，中共中央总书记胡锦涛在参加医药卫生界、社会福利和社会保障界委员联组会时强调，要把保障和改善民生放在更加突出位置，一方面充分发挥政府的主导作用，加大财政投入力度，健全基本公共服务体系，促进社会公平正义，更好地解决人民最关心、最直接、最现实的利益问题；另一方面，充分发挥社会的参与作用，引导和支持社会力量，大力弘扬中华民族扶贫济困、扶弱助残的传统美德，共同创造幸福美好的生活。

2012 年 3 月 5 日，国务院总理温家宝在十一届全国人大五次会议上作政府工作报告时说，我们坚定不移地加强房地产市场调控，确保调控政策落到实处、见到实效。投机、投资性需求得到明显抑制，多数城市房价环比下降，调控效果正在显现。

2012 年 3 月 5 日，全国政协主席贾庆林在参加十一届全国人大五次会议北京代表团全体会议时强调，要坚持统筹城乡发展的方针政策，推动投资重点、建设重点、发展重点向郊区转移，促进高端要素向郊区转移、聚集，加大城乡结合部改造力度，大力发展都市型现代农业，让更多的农民就地城镇化，加快实现城乡一体化新格局。

2012 年 3 月 5 日，国家发改委主任张平表示，中央政府将继续坚持房地产业宏观调控的各项政策不动摇，促进房地产业长期健康稳定发展。

2012 年 3 月 12 日，广东省政府官方网站印发《广东省战略性新兴产业发展“十二五”规划》，重点发展高端新型电子信息、新能源汽车、半导体照明（LED）、生物、高端装备制造、节能环保、新能源和新材料等领域，“十二五”期间广东省财政将投资 220 亿元发展这八大领域，到 2015 年，广东省战略性新兴产业总产值突破 2.5 万亿元，将广东建设成为国家战略性新兴产业发展示范区。

2012 年 3 月 14 日，国务院总理温家宝在十一届全国人大五次会议举行的记者会上表示，房地产市场关系到财政、金融、土地、企业等各项政策，涉及中央和地方的利益关系，特别是地方从土地出让中获取大量的收入，涉及金融企业和房地产企业的利益，改革的阻力相当之大，现在的房价还远远没有回到合理价位，因此，调控不能放松。

2012 年 3 月 15 日，由众多高校和社科院学者参与编写的首部《京津冀蓝皮书》发布。蓝皮书认为，根据区域经济理论，区域经济一体化大体分为四个阶段：贸易一体化、要素一体化、政策一体化和完全一体化。

2012 年 3 月 15 日，国家发展改革委正式发布《平潭综合实验区总体发展规划》（以下简称《规划》）。《规划》同意平潭实施全岛放开，在通关模式、财税支持、投资准入、金融保险、对台合作、土地配套等方面赋予平潭综合实验区比经济特区更加特殊、更加优惠的政策。

2012 年 3 月 16 日，《中国生态城市绿皮书》新闻发布会在京召开。据悉，《中国生态城市绿皮书》是我国第一部关于生态城市建设的发展报告，是针对生态环境日益恶化、“城市病”日益加深蔓延的严峻现实进行深刻反思，围绕生态城市进行创意研究、决策咨询、工程实践的智库型的研究报告，旨在为生态城市建设提供理论指导和决策咨询。

2012 年 3 月 16 日，北京市经济信息化委员会发布《智慧北京行动纲要》（以下简称《纲要》），给北京勾勒出了一幅“智慧图景”。《纲要》表示，截止到 2015 年，北京要实现从“数字北京”向“智慧北京”的全面跃升。

2012 年 3 月 18 日，国务院同意并转发了国家发改委《关于 2012 年深化经济体制改革重点工作的意见》（以下简称《意见》）。《意见》从十个方面提出了 2012 年的改革重点工作：一是加快财税体制改革；二是深化金融体制改革；三是深化资源性产品价格和环保体制改革；四是深化收入分配和社会保障制度改革；五是深化文化体制改革；六是深化教育科技医药卫生等社会体制改革；七是推进行政体制改革；八是完善统筹城乡发展体制机制；九是深化涉外经济体制改革；十是积极推进综合配套改革试点。

2012 年 3 月 18 日，国务院副总理李克强在 2012 年中国发展高层论坛开幕式上致辞时强调，中国加快转变经济发展方式，主攻方向是调整经济结构，战略基点是扩大内需。中国扩大内需，城镇化是最大的潜力。积极稳妥地推进城镇化，推动工业化、城镇化和农业现代化协调发展，拉动经济增长，要把发展服务业放在比扩大内需更加突出的位置，要把扩大内需和改善民生更好地结合起来，注重发展经济和提高居民收入同步。

2012 年 3 月 19 日，环保部部长周生贤主持召开环境保护部常务会议，审议并原则通过《“十二五”危险废物污染防治规划》，着眼于进一步提高危险废物无害化利用处置保障以及危险废物从产生、贮存、转移、利用到处置的监管能力，有效降低危险废物环境风险，提出了“十二五”期间危险废物污染防治工作的指导思想、基本原则和目标指标，明确了主要任务，列出了重点工程，提出了保障措施。

2012 年 3 月 21 日，国务院总理温家宝主持召开国务院常务会议，讨论通过了《“十二五”综合交通运输体系规划》。

2012 年 3 月 21 日，国家发改委宣布，国务院近日批复发展改革委组织编制的《东北振兴“十二五”规划》（以下简称《规划》）。《规划》提出了“十二五”时期东北地区经济、社会、民生、生态等振兴目标：城镇化率将达到 60%，服务业增加值比重达40%，粮食综合生产能力达12640万吨，森林覆盖率达37.5%。民生方面的目标包括：城镇居民人均可支配收入和农村居民人均纯收入增长速度高于经济增长速度，城镇新增就业750万人，城镇登记失业率控制在5%以下，新建保障性住房310万套，全面完成棚户区改造，九年义务教育巩固率达到98.5%。

2012年3月25日，国家发展改革委发布《国家发展改革委关于印发陕甘宁革命老区振兴规划的通知》(以下简称《通知》)。《通知》指出，陕西省、甘肃省、宁夏回族自治区人民政府应切实加强领导和组织协调，明确分工，落实责任，科学制定分解落实方案，完善政策措施，保障《规划》有效实施。国务院有关部门结合各自职能分工，加强对《规划》实施的支持和指导，做好与国家总体规划和相关专项规划的衔接，在政策实施、项目建设、资金投入、体制创新等方面给予积极支持，切实增强陕甘宁革命老区可持续发展能力。

2012年3月26日，中国科学院地理科学与资源研究所发布《2010中国城市群发展报告》(以下简称《报告》)。《报告》指出，目前中国正在形成23个城市群，其中，长江三角洲城市群已跻身于国际公认的六大世界级城市群，我国"城市群"正呈现出迅速发展态势。

2012年3月27日，国土资源部发布关于实施《全国土地整治规划(2011-2015年)》(以下简称《规划》)的通知。《规划》的指导思想是以保障国家粮食安全为首要目标，以推进新农村建设和统筹城乡发展为根本要求，加快农村土地整治复垦，着力加强耕地质量建设，以基本农田整治为重点，在严格保护生态环境的前提下，建设旱涝保收高标准基本农田，积极开展城镇工矿建设用地整治，建立健全长效机制，全面提高土地整治工作水平，以资源可持续利用促进经济社会可持续发展。其基本原则是要坚持促进"三农"发展、统筹城乡发展、维护农民合法权益、土地整治与生态保护相统一和因地制宜、量力而行。

2012年3月28日，国务院常务会议决定设立温州市金融综合改革试验区，批准实施《浙江省温州市金融综合改革试验区总体方案》，引导民间融资规范发展，提升金融服务实体经济能力，为全国金融改革提供经验。这是国家给予浙江的一大支持政策。

2012年3月29日，在第八届绿色建筑与建筑节能暨新产品新技术大会开幕式上，住房和城乡建设部与加拿大联邦政府自然资源部签署了关于生态城市建设技术合作谅解备忘录，双方将在中国北方城市共同感兴趣的领域开展合作。

2012年3月30日，全国农村公路建设与管理养护现场会召开。会议指出，针对农村公路资金短缺等困难，今年中央将进一步加大投入，其中，车购税资金初步计划为460亿元，同比增加20.1%。

2012 年 3 月 31 日，国家发改委国际合作中心在博鳌发布《中国区域对外开放指数研究报告》，首次公布了中国大陆地区 31 个省（直辖市、自治区）对外开放度的得分和排名。根据报告，上海、北京、广东位居排行榜首位，而贵州、青海和西藏则排名垫底。

2012 年 4 月 1 日，世界上首条里程最长、速度最快的高速铁路武（汉）广（州）高铁正式联线运营。

2012 年 4 月 5 日，全国人大常委会文物保护法执法检查组第一次全体会议在北京举行，正式启动首次文物保护法执法检查。中共中央政治局常委、全国人大常委会委员长吴邦国作出重要批示。

2012 年 4 月 7 日，“2012 北京水战略学术交流会”召开。会议指出，今后，北京市将实行最严格的水资源管理制度，继续贯彻“向观念要水、向机制要水、向科技要水”理念，以促进城市的可持续发展。

2012 年 4 月 7 日，第四届“中国历史文化名街”评选推介活动专家评审会举行，包括福建厦门中山路、四川泸州尧坝古街等在内的 15 条街道（区）入围。

2012 年 4 月 9 日，国务院办公厅发布关于批准洛阳市城市总体规划的通知，国务院原则同意修订后的《洛阳市城市总体规划（2011—2020 年）》。批复指出，洛阳市是国家历史文化名城、河南省副中心城市、著名旅游城市，要以科学发展观为指导，遵循城市发展客观规律，坚持经济、社会、人口、环境和资源相协调的可持续发展战略，统筹做好洛阳市城乡规划、建设和管理的各项工作，要按照合理布局、集约发展的原则，推进经济结构调整和发展方式转变，不断增强城市综合实力和可持续发展能力，完善公共服务设施和城市功能，逐步把洛阳市建设成为经济繁荣、社会和谐、生态良好、特色鲜明的现代化城市。

2012 年 4 月 10 日，国务院公布《国家人口发展“十二五”规划》，明确了“十二五”时期国家人口发展的基本思路、发展目标和工作重点。根据规划，我国“十二五”期间将稳定低生育水平，全国总人口控制在 13.9 亿人以内。

2012 年 4 月 10 日，由国家 42 个部委逾百人组成的联合调研组前往赣州，由此拉开了国家部委联合调研赣南苏区振兴发展的序幕。此次调研持续 7 天，调研成果将成为国家支持赣南苏区振兴发展若干意见制定工作的重要参考。

2012 年 4 月 11 日，青海玉树地震灾后重建工作新闻发布会举行，青海官方通报说，经过近两年的时间，新玉树的基本框架初步显现。截至目前，累计开工项目 843 个，占规划项目的 66%，已完工 158 个；累计完成投资 208.9 亿元人民币，占规划总投资的 73.4%。

2012 年 4 月 18 日，科技部印发《高速列车科技发展“十二五”专项规划》，提出继续“提高列车速度”以及实现“高速列车谱系化、智能化”的目标。这是中国高速铁路装备发展的战略需求。

2012年4月19日，国务院办公厅印发《"十二五"全国城镇污水处理及再生利用设施建设规划》（以下简称《规划》）。《规划》提出，进一步研究完善污水处理收费政策，按照保障污水处理运营单位保本微利的原则，逐步提高吨水平均收费标准。规划进一步要求，确保设施建设用地。市、县城市总体规划中要确保建设污水处理设施的用地需求，污水处理及再生利用设施建设用地应纳入土地利用年度计划。

2012年4月19日，国土资源部印发《全国地质灾害防治"十二五"规划》（以下简称《规划》）的通知。《规划》全面分析了中国地质灾害防治现状与需求，提出了"十二五"时期地质灾害防治工作的指导思想、规划原则、规划目标和工作任务。

2012年4月20日，住房和城乡建设部下发《关于进一步加强城市排水监测体系建设工作的通知》，要求各地贯彻落实国家节能减排工作方案及"十二五"有关规划，加快城市排水监测体系建设，强化城市排水监督管理工作。

2012年4月23日，北京郊区的郑各庄村被哈佛大学肯尼迪政府学院艾什民主治理与创新中心列入了城镇化转型的课堂案例，郑各庄村党总支书记、村委会主任黄福水应邀到哈佛与学生现场交流。中国乡村治理与城镇化实践开始吸引世界的目光。

2012年4月24日，财政部、国家税务总局发布《关于支持农村饮水安全工程建设运营税收政策的通知》，出台了农村饮水安全工程建设、运营一揽子税收优惠政策。

2012年4月25日，国务院总理温家宝在瑞典首都斯德哥尔摩发表演讲时指出，中国正在实施经济社会发展第十二个五年规划，这个规划体现了中国政府的坚定决心，那就是：我们绝不靠牺牲生态环境和人民健康来换取经济增长，一定要走出一条生产发展、生活富裕、生态良好的文明发展道路。

2012年4月26日，全国污染防治工作会议在南京召开，环境保护部副部长张力军出席会议并讲话。张力军副部长充分肯定了"十一五"以来全国污染防治工作取得的重要进展，指出全国污染防治在由被动应对向主动防控的战略转变道路上迈出了重要步伐，正在逐步融入经济社会发展综合决策。

2012年4月27日，国家财政部、住房和城乡建设部联合发布《关于加快推动我国绿色建筑发展的实施意见》，明确将通过建立财政激励机制、健全标准规范及评价标识体系、推进相关科技进步和产业发展等多种手段，力争到2020年，绿色建筑占新建建筑比重超过30%。

2012年5月1日，国务院办公厅发布《2012年政府信息公开重点工作安排》，要求推进保障性住房信息、食品安全信息、环境保护信息、招投标信息、生产安全事故信息、征地拆迁信息、价格和收费信息公开。

2012 年 5 月 2 日，国务院总理温家宝主持召开国务院常务会议，讨论通过《社会保障“十二五”规划纲要》。

2012 年 5 月 3 日，国务院副总理李克强在布鲁塞尔皇家剧场举行的中欧城镇化伙伴关系高层会议开幕式上发表了题为“开启中欧城镇化战略合作新进程”的讲话，李克强指出，中欧城镇化处于不同发展阶段，双方各有优势，对合作都有需求。中国的城镇化对于欧洲克服债务危机的影响、推动经济复苏也是机遇。

2012 年 5 月 4 日，国家口岸管理办公室发布《国家口岸发展规划（2011–2015 年）》，全国共有 95 个新开和扩大开放口岸项目列入规划，其中计划新开口岸 39 个。截至目前，我国共有经国务院批准的对外开放口岸 284 个，其中沿海地区 146 个、沿边地区 111 个、内陆地区 27 个。

2012 年 5 月 7 日，住房和城乡建设部发布《关于全国城镇污水处理设施 2012 年第一季度建设和运行情况的通报》。在 657 个设市城市中，已有 639 个城市建有污水处理厂，占设市城市总数的 97.3%。通报指出，截至 2012 年 3 月底，全国设市城市、县累计建成城镇污水处理厂 3198 座，处理能力达到 1.38 亿立方米／日，正在建设的城镇污水处理项目约 1300 个，处理能力约 2700 万立方米／日。

2012 年 5 月 7 日，人力资源社会保障部、财政部宣布：从 7 月 1 日起，在全国范围内启动城乡居民养老保险全覆盖工作，计划于 2012 年年底前完成，包括职工养老、新农保、城镇居民养老在内的养老保险制度的全覆盖，意味着我国基本养老保险制度体系将在今年初步形成，几千年来中国人“老有所养”的愿望初步实现。

2012 年 5 月 7 ～ 8 日，在北京召开的全国水资源工作会议上获悉：当前和今后一个时期我国水资源管理工作将抓紧分解“三条红线”控制指标，着力强化水资源统一调度、水资源监控能力和科技支撑，加强水资源开发利用管理、水资源保护和水生态修复，加快节水防污型社会和江河湖库水系连通工程建设，大力推进水资源管理法制化进程，不断创新水资源管理体制和机制。

2012 年 5 月 8 日，号称中国首个“村级市”的河南省濮阳县庆祖镇“西辛庄市”挂牌成立。濮阳民政局称西辛庄村改市违规，将进行纠正，有关专家认为改名代表农民改变身份标签的意愿，不必较真。

2012 年 5 月 10 日，住房和城乡建设部、文化部、国家文物局、财政部联合召开传统村落调查电视电话会议。住房和城乡建设部副部长仇保兴出席会议并对调查工作提出了 3 点要求：一是要加强组织领导，各地相关部门要各尽其责，密切配合，形成工作合力。二是做好服务保障，切实为入村调查人员提供必要的服务和后勤保障，加强新技术的应用，提高调查效率和科技含量。三是加大宣传推广力度，要充分利用第三次文物普查、非物质文化遗产调查、中国历史文化名村等已有的工作基础。

2012 年 5 月 10 日，住房和城乡建设部与河南省人民政府在京签署《共同推进中原经济区建设合作框架协议》。协议的内容涉及城乡规划、住房保障、建筑市场监管、城市建设、村镇建设、工程质量安全监管、建筑节能与科技、住房公积金监管等方面。协议的签署将为双方进一步加强住房城乡建设领域的合作、共同推进中原经济区建设发挥重要作用。

2012 年 5 月 13 日，哈密南—郑州 ±800 千伏特高压直流输电工程、新疆—西北主网联网 750 千伏第二通道工程开工仪式在新疆巴音郭楞蒙古自治州、哈密和青海格尔木、甘肃沙州、河南郑州等地同时举行。这标志着“疆电外送”工程建设的全面展开。

2012 年 5 月 14 日，国土部发布公告称，2012 年全国住房用地计划供应比去年增加 21.3%。能够落实 2012 年“新开工 700 万套以上”保障性安居工程用地“应保尽保”的目标任务。为确保今年住房供地计划顺利落实，国土资源部要求加强对不同地区住房市场形势研判分析工作，对房价上涨过快、计划实施缓慢的地区要督察指导，加快供应节奏、加大已供住房用地开发利用的督察力度。

2012 年 5 月 16 日，以“共建中三角‘智造’新引擎”为主题的长江中游城市集群发展论坛在湖北经济学院举行，多位经济领域研究专家就实施“中三角”战略展开研讨。

2012 年 5 月 17 日，国务院发布了《关于海口市城市总体规划的批复》，原则同意修订后的《海口市城市总体规划（2011–2020 年)》，并要求海口市重视城乡统筹发展，合理控制城市规模，完善城市基础设施体系，建设资源节约型和环境友好型城市，创造良好的人居环境，重视历史文化和风貌特色保护，逐步把海口市建设成为经济繁荣、社会和谐、生态良好、特色鲜明的现代化城市。

2012 年 5 月 18 日，财政部会同住房和城乡建设部下达了 2012 年中央补助廉租住房保障专项资金 105 亿元。其中：东部地区 5.4 亿元，占 5.1%；中部地区 57.4 亿元，占 54.7%；西部地区 42.2 亿元，占 40.2%。

2012 年 5 月 18 日，铁道部发布《铁道部关于鼓励和引导民间资本投资铁路的实施意见》，明确提出鼓励和引导民间资本依法合规进入铁路领域。规范设置投资准入门槛，创造公平竞争、平等准入的市场环境。市场准入标准和优惠扶持政策要公开透明，对各类投资主体同等对待，对民间资本不单独设置附加条件。

2012 年 5 月 19 日，国务院总理温家宝在主持召开六省经济形势座谈会时指出，稳定房地产市场调控政策，严格实施差别化住房信贷、税收政策和限购政策，采取有效措施增加普通商品房供给，继续推进保障性安居工程建设，促进房地产市场平稳健康发展。

2012 年 5 月 21 日，2012 城市竞争力蓝皮书在京发布，蓝皮书对 2011 年中国 294 个城市竞争力指数进行了排序，位列前 10 名的城市依次是：香港、台北、北京、上海、深圳、广州、天津、杭州、青岛、长沙。

2012 年 5 月 23 日，国务院常务会议召开。会议分析了经济形势，部署了近期工作。会议要求，着力扩大内需，完善促进消费的政策措施。抓紧落实扩大节能产品惠民工程实施范围，支持自给式太阳能等新能源产品进入公共设施和家庭，加快普及光纤入户，加大对保障性住房和农村危房改造的支持力度。稳定和严格实施房地产市场调控政策。

2012 年 5 月 23 日，北京市交通委主任刘小明在首届世界大城市交通发展论坛上透露，未来北京市要建成 7 座铁路客运枢纽，10 条铁路干线等，并以新机场的建设、丰台站等铁路枢纽的建设为契机，发展综合交通体系建设。

2012 年 5 月 23 日，北京科博会的“科技创新与城市管理论坛”上，中国城市科学研究会秘书长李迅指出，由于我国“低碳生态城市”概念提出时间尚短，缺乏一套适合我国国情的低碳生态城市理论体系、技术系统、实践经验以及相关政策作为支撑和指导，因而，在当前的实践探索中不可避免地出现了一些问题，阻碍了低碳生态城市的健康发展。

2012 年 5 月 23 日，国土资源部、国家发展和改革委员会发布实施《限制用地项目目录（2012 年本）》和《禁止用地项目目录（2012 年本）》的通知。与同时废止的 2006 年目录和 2009 年增补目录相比，新的限制、禁止用地项目目录增加了住宅项目容积率不得低于 1.0（含 1.0）的限定。首次列出住宅项目容积率不得低于 1.0 的标准，与国土资源部近两年为规范房地产用地供应管理，对用地容积率控制标准作出的限定保持一致。

2012 年 5 月 25 日，住房和城乡建设部、国家发展改革委联合下发通知，公布了两部委组织编制的《全国城镇供水设施改造与建设“十二五”规划及 2020 年远景目标》（以下简称《规划》）。《规划》明确了“十二五”时期的四项重点任务：一是供水设施改造；二是新建供水设施；三是水质检测与监管能力建设；四是应急能力建设。

2012 年 5 月 25 日，《深圳市土地管理制度改革总体方案》正式公布，拉开深圳又一次“土改”的序幕。此次深圳土改，原农村土地和房屋的权属问题，被纳入土地管理制度改革的整体框架下重点推进。改革的总体思路是将确权与二次开发相结合，以应对利益诉求多元、开发收益预期巨大的实际局面。设计上突出三点：一是明晰土地产权；二是实现土地要素的自由流转；三是创新土地利益的共享机制。

2012 年 5 月 26 日，国务院总理温家宝在湖南吉首市主持召开武陵山片区扶贫攻坚工作座谈会。温家宝强调，要加快推进重大基础设施建设；因地制宜地实施水、电、路、气、房和环境改善“六到农家”工程；大力发展特色优势产业；重视发展社会事业；加强生态环境保护，促进经济发展与生态保护形成良性互动格局。

2012 年 5 月 28 日，中共中央政治局就坚持走中国特色新型工业化道路和推进经济结构战略性调整进行第三十三次集体学习。中共中央总书记胡锦涛在主持学习时强调，要牢牢把握科学发展这个主题，紧紧围绕转变经济发展方式这条主线，遵循工业化客观规律，适应市场需求变化，根据科技进步新趋势，积极发展结构优化、技术先进、清洁安全、附加值高、吸纳就业能力强的现代产业体系，提高工业发展质量和效益，努力从工业大国向工业强国转变，为全面建设小康社会、加快推进社会主义现代化奠定坚实物质基础。

2012 年 5 月 30 日，国务院常务会议讨论通过《“十二五”国家战略性新兴产业发展规划》和《全国游牧民定居工程建设“十二五”规划》。

2012 年 5 月 30 日，中国市长协会在广州发布《中国城市发展报告 2011》。该报告提到，中国城镇人口首次超过农村人口，达到 6.9 亿人，至 2011 年末，中国共有 657 个设市城市，建制镇增加至 19683 个。全国共有 30 个城市常住人口超过 800 万人，其中 13 个城市人口超过 1000 万人。报告中显示，中国在城镇化进程中，还面临着一系列压力与挑战。报告建议，新时期中国城市建设工作要遵循城市建设发展的客观规律，以改善城市人居环境和提高城市综合承载能力为重点，着力解决与民众密切相关的热点难点问题，推动城市发展向低碳、生态、安全放心转变，以此提高城市建设质量。

2012 年 5 月 30 日，第三次全国对口支援新疆工作会议在京举行。会议指出，对口援疆是一项长期而艰巨的任务，重要而紧迫。强基础、建机制不能忽视，要加大科技、教育、人才等智力援疆力度，加大软科学建设力度，不断推动对口援疆工作向纵深发展，结出更新更美、更丰硕的成果。

2012 年 5 月 31 日，国务院常务会议讨论并原则通过《核安全与放射性污染防治“十二五”规划及 2020 年远景目标》。

2012 年 6 月 1 日，在国务院新闻办新闻发布会上，我国发布了《中华人民共和国可持续发展国家报告》，阐述了中国实施可持续发展战略付出的努力和取得的进展，分析了存在的差距和面临的挑战，提出了今后的战略举措，并阐明了对于 6 月下旬举行的联合国可持续发展大会的原则立场。

2012 年 6 月 1 日，《中国可持续发展国家报告》在北京正式发布。国务院新闻办举行新闻发布会，国家发展和改革委员会副主任杜鹰介绍报告情况。杜鹰表示，我们坚持了开发式扶贫的方针，10年来，中国的贫困人口从9422万减少到2688万人，贫困发生率从10.2%下降到2.8%。

2012年6月1日，住房和城乡建设部下发《关于做好2012年住房保障信息公开工作的通知》，要求各地做好2012年住房保障信息公开工作，各地要在每月后10个工作日内公布保障性安居工程的实际开工套数、基本建成套数等信息。

2012年6月1日，国家发展改革委会同国土资源部、环境保护部、住房和城乡建设部、文化部、国家林业局和国家文物局等六部门联合印发了《国家“十二五”文化和自然遗产保护设施建设规划》(以下简称《规划》)。《规划》坚持保护为主、合理利用的方针，以完善保护性基础设施和核心区域环境整治为重点，支持国家文化和自然遗产地、抢救性文物保护、历史文化名城名镇名村保护和非物质文化遗产保护等方面重点项目建设，加强规划、加大投入、科学指导、强化管理，力争通过几年努力，使我国各类重要文化和自然遗产的保护基础设施水平明显改善。

2012年6月5日，国家文物局正式公布，我国历代长城总长度为21196.18千米，分布在全国15个省、自治区和直辖市，国内共有各类长城遗产43721处。

2012年6月8日，中国城市规划设计研究院副院长王凯在国务院新闻办新闻发布厅就“科技在可持续发展中的作用”举行的发布会上指出，中国在城市规划方面需要大量融入“控制城市建设标准”、“构建紧凑的城市布局”、“依靠先进的技术手段、大力发展绿色建筑”等可持续发展的理念。

2012年6月11日，中国科学院第十六次院士大会、中国工程院第十一次院士大会在人民大会堂隆重开幕。中共中央总书记、国家主席、中央军委主席胡锦涛出席会议并发表重要讲话。他强调，两院院士和广大科技工作者要肩负起自己的使命和责任，坚定不移地走中国特色自主创新道路，坚持自主创新、重点跨越、支撑发展、引领未来的方针，把推动科技创新驱动发展作为重要任务，紧紧围绕改革开放和社会主义现代化建设的紧迫需求，抓住新科技革命的战略机遇，大幅提高自主创新能力，大力推动科技惠及民生，推动我国经济社会发展尽快走上创新驱动的轨道。

2012年6月11日，“2012·国际合作社年”主题报告会在北京人民大会堂举行，今年是联合国确定的第一个国际合作社年。中共中央政治局委员、国务院副总理回良玉出席报告会并代表中国政府致辞。他指出，合作社是解放和发展社会生产力、推动经济发展繁荣的重要力量，是促进社会公平正义、实现共同富裕的重要途径，特别是近年来蓬勃发展的农民专业合作社正在带动越来越多的农民从“小生产”走向“大市场”，从一家一户分散经营走向专业合作经营，成为推进中国农业现代化、建设社会主义新农村的重要支撑。要坚持立足中国国情，尊重农民主体地位，坚持改革创新，加大法律保护、制度保障和政策支持力度，不断增强合作社发展活力，形成推动合作社发展的长效机制。

2012 年 6 月 11 日，国务院新闻办公室公布《国家人权行动计划（2012—2015 年）》（以下简称《计划》）。《计划》指出，我国将制定基本住房保障条例，完善保障性住房建设、分配、管理、退出等制度，加快廉租住房、公共租赁住房、经济适用房等保障性住房建设，推进城镇棚户区改造，力争使城镇中等偏下和低收入家庭住房困难问题得到基本解决，新就业职工住房困难得到缓解，外来务工人员居住条件得到明显改善。

2012 年 6 月 12 日，住房和城乡建设部公布《公共租赁住房管理办法》（以下简称《办法》）。《办法》对公共租赁住房的申请条件、运营监管、退出机制等作出明确规定。

2012 年 6 月 12 日，2012 年第七届城市发展与规划大会在桂林举行。大会主题为“宜居、低碳与可持续发展”。本届大会是在住房和城乡建设部的倡导支持下，由桂林市人民政府、中国城市科学研究会、广西壮族自治区住房和城乡建设厅主办，国家开发银行、美国能源基金会等国内外机构协办。《中国城市规划发展报告（2010−2011）》同期发布。

2012 年 6 月 18 日，住房和城乡建设部新闻发言人表示，住房和城乡建设部门将积极配合金融部门，继续严格执行好差别化住房信贷政策。住房和城乡建设部发言人称，人民银行、银监会已经分别澄清了个别媒体关于房地产信贷政策将有所松动的曲解报道，当前各地要坚决按照中央要求，继续坚定不移地抓好房地产市场调控各项政策措施的贯彻落实工作，特别是严格执行差别化住房信贷、税收政策和住房限购等措施，巩固调控成果。

2012 年 6 月 21 日，民政部发布《民政部关于国务院批准设立地级三沙市的公告》（以下简称《公告》）。《公告》指出，撤销海南省西沙群岛、南沙群岛、中沙群岛办事处，设立地级三沙市，管辖西沙群岛、中沙群岛、南沙群岛的岛礁及其海域。三沙市人民政府驻西沙永兴岛。

2012 年 6 月 25 日，北京市东城区发布消息称，经过一年半的施工，北京市首个胡同立体停车场在车辇店胡同完工并投入使用，月租金 280 元。这是北京市解决胡同停车难问题的积极探索，旨在缓和机动车增长与胡同空间有限的矛盾。

2012 年 6 月 25 日，广东省住房和城乡建设厅、香港特别行政区政府环境局及澳门特别行政区政府运输工务司共同发布《共建优质生活圈专项规划》（以下简称《规划》）。《规划》指出，在环境生态、低碳发展、文化民生、优化区域土地利用及绿色交通组织五个主要领域，制定长远合作方向。

2012年6月25日，海南省文物局发布消息称，海南省将在西沙群岛的北礁、华光礁、玉琢礁、永乐礁四大区域划定文化遗产保护区，并通过与公安部合作搭建海上监管平台等现代科技监管形式，配以日常性海上文物保护执法检查，逐渐构建起立体化的南海文物保护监管系统。

2012年6月26日，国家现代测绘基准体系基础设施建设一期工程启动。该工程将历时4年，投入5.17亿元，调集全国31个省、区、市的3000余名技术人员，在全国范围内建成高精度、三维、动态的现代测绘基准体系，为国家工程建设、应对自然灾害等突发事件、开发矿产资源等提供测绘基准服务。

2012年6月26日，玉树灾后重建住房建设现场观摩座谈会在结古镇民主北统规自建区现场召开。青海省灾后重建现场指挥部指挥长、副省长张光荣出席座谈会并讲话。张光荣指出，当前住房建设任务艰巨，各援建单位要在思想上真正引起足够重视，从讲政治、讲大局、讲责任和讲奉献的高度，进一步提高认识；要明确具体责任，领导亲自抓，主要领导要靠前指挥；要采取有力措施，把任务目标真正落实到位，着力解决住房建设中的突出问题。张光荣要求，各援建单位要切实做到“总体目标不松口、面对现实鼓干劲”，进一步整合施工力量，科学配置，强化管理，确保工程质量，实现住房工程“政府满意、组织放心、群众高兴”。

2012年6月26日，环保部副部长张力军在2012年华南地区环境保护督查工作座谈会上强调，今年下半年将启动总量减排核查核算工作，每个省要选择2～3个任务较重、进展较慢的地市进行深入、全面的现场核查。张力军称，今年将以污水处理厂、火电厂、钢铁厂、造纸厂、水泥厂、畜禽养殖场和机动车等“六厂（场）一车”为重点。

2012年6月26日，沈阳市公布《沈阳市城市总体规划(2011−2020年)》草案，描绘了未来发展蓝图，并首次提出建设“国家中心城市”。“新城”、“一主四副”、“区域发展时代”、“生态建设”、“全域城乡统筹规划”等较新的城市发展概念在此次规划中首次出现。

2012年6月27日，发展改革委副主任杜鹰说，我国农村饮用水安全保障面临供水设施较为薄弱、工程建设管理难度大、工程长效运行机制有待完善、水源保护和水质保障相对薄弱、基层管理和技术力量不足这五大挑战。

2012年6月27日，由北京市人民政府主办的“2012年城市可持续发展北京论坛”在国家会议中心正式开幕，24个国外城市市长、副市长或代表参加。论坛首次设立的“城市展览”汇集了10个国际城市的旅游资源和文化遗产。

2012年6月27日，备受关注的上海PM2.5监测数据值开始全面试点发布，10个环境空气质量监测点“立体”发布上海PM2.5的小时浓度和日浓度。

2012 年 6 月 29 日，中共中央政治局常委、国务院副总理李克强在全国保障性安居工程工作会议上强调，要继续推进保障性安居工程建设，实现保质按期竣工，确保分配公开公平公正，使建设成果惠及更多中低收入住房困难群众，更好地发挥保障房建设对改善民生、稳定增长、调整结构的重要作用。

2012 年 6 月 29 日，第 36 届世界遗产委员会会议讨论并通过了将中国元上都遗址列入《世界遗产名录》。至此，我国的世界文化遗产数量达到 30 项，世界遗产总数达到 42 项。

2012 年 7 月 1 日，国土资源部新修订的《闲置土地处置办法》正式实施。新政明确了闲置土地的认定标准，并且强调政府与土地使用权人的平等地位。如果因为政府原因导致土地闲置，经过协商，政府将承担违约赔偿。如果政府有大量闲置土地，未来在新增土地方面会被限制。

2012 年 7 月 3 日，《兰州市城市总体规划（2011—2020）》成果评审会在兰州举行。该《规划》是新中国成立以来编制的第四个指导兰州市城市发展的总体规划，2009 年启动修编工作，就城市规划、城市定位、产业布局、资源环境承载力、城市气象、荒山利用以及兰白一体化发展等十大专题展开了研究。

2012 年 7 月 6 日，中共中央总书记、国家主席、中央军委主席胡锦涛在全国科技创新大会上指出，到 2020 年，我们要达到的目标是：基本建成适应社会主义市场经济体制、符合科技发展规律的中国特色国家创新体系，原始创新能力明显提高，集成创新、引进消化吸收再创新能力大幅增强，关键领域科学研究实现原创性重大突破，战略性高技术领域技术研发实现跨越式发展，若干领域创新成果进入世界前列；创新环境更加优化，创新效益大幅提高，创新人才竞相涌现，全民科学素质普遍提高，科技支撑引领经济社会发展能力大幅提升，进入创新型国家行列。

2012 年 7 月 7 日，国务院总理温家宝在江苏省常州市调研时强调，目前房地产市场调控仍然处在关键时期，调控任务还很艰巨，必须坚定不移地做好调控工作，把抑制房地产投机投资性需求作为一项长期政策，防止变相放松购房政策，防止不实信息炒作误导，对有地方出台或变相放松房地产市场调控政策的，要有针对性地及时制止纠正。同时，抓紧研究推进房地产税收制度改革，加快建立健全房地产市场调控的长效机制和政策体系，要毫不动摇地继续推进房地产市场各项调控工作，促进房价合理回归，绝不能让房价反弹，造成功亏一篑。作为调控的举措之一，要继续稳步推进保障性安居工程建设，尽快形成有效供给。

2012 年 7 月 9 日，住房和城乡建设部发布数据称，截至今年 6 月底，城镇保障性安居工程已开工 470 万套，开工率为 63%，基本建成 260 万套，完成投资 5070 亿元。

2012 年 7 月 11 日，由中国商务部主办的泛北部湾经济合作联合专家组第五次会议在广西南宁成功召开，会议一致认为，由中方专家提交的《泛北部湾经济合作路线图（大纲）》基本涵盖了泛北部湾经济合作路线图的基本要素，具备了很好的基础，同意由中国、东盟 10 国、东盟秘书处和亚洲开发银行尽快派出代表组成专家工作组，共同开展《泛北部湾经济合作路线图》制定工作，并以中方专家提出的《泛北部湾经济合作路线图（大纲）》为基础，进一步修改和完善，制定完成泛北合作路线图。

2012 年 7 月 12 日，国土资源部通报了上半年土地市场的运行情况。今年上半年，房地产用地供应量同比有所回落，地价涨幅逐季收窄，流标流拍宗地数量较大，总体上，市场呈量跌价滞局面，景气度较低，处于盘整下行阶段。

2012 年 7 月 12 日，国家发展和改革委员会地区司副司长邹勇在第七届泛北部湾经济合作论坛上表示，为进一步推动和发展中国－东盟睦邻友好关系，促进国际区域合作和国内的区域协调发展，建议从四方面务实推进泛北部湾经济合作：一是以构建中国－东盟国际大通道为重点，加快推进泛北部湾区域互通互联基础设施建设。二是按照先易后难、各方受惠的原则，务实推进重点领域合作。三是重点加强园区、物流、金融等方面的合作，加快构建泛北合作的支撑体系，以市场为导向，依托边境贸易、进出口加工、商务物流基地和综合保税区的建设，加强区域产业合作，大力培育发展优势特色产业，加强合作金融服务平台建设，多渠道吸引各方资金，参与泛北部湾开发，促进区域产业向高水平、宽领域、纵深化方向发展。四是进一步完善合作机制，形成有效的合作交流通道。

2012 年 7 月 13 ~ 14 日，中共中央政治局常委、国务院副总理李克强在湖北考察时强调，城镇化是内需最大的潜力所在，是经济结构调整的重要依托。城市群对区域发展具有战略引领和支撑作用，要研究制定全国城镇化发展规划，在有条件的地方形成各具优势的城市群，促进大中小城市和小城镇协调发展。推进城镇化，需要有活力的劳动力群体在城市生产生活，这就需要解决好不同收入群众的安居问题。要继续实施保障性安居工程，帮助中低收入住房困难家庭解决基本住房问题，这有利于降低城镇化门槛、促进城镇化持续健康发展，进而发挥城镇化拉动消费、扩大和优化投资、改善民生的多重效应。

2012 年 7 月 13 ~ 15 日，中共中央政治局常委、国务院总理温家宝到四川省成都市就当前经济形势进行调研，并在他主持召开的河南、湖南、广西、四川、陕西五省区经济形势座谈会上指出，目前，我国经济增速仍在年初确定的预期目标区间内，稳增长政策措施正在见到成效，经济运行总体呈现缓中趋稳态势。但是，也要清醒地看到，当前经济还没有形成稳定回升态势，经济困难可能还会持续一段时间。

2012 年 7 月 15 日，湖南省人民政府办公厅印发关于《环长株潭城市群城乡统筹示范工程实施方案》（以下简称《方案》）的通知。《方案》提出，针对制约城乡统筹发展的瓶颈问题，重点推进制度创新，着力解决农村人口向城镇有序转移、集体土地有序流转、农民宅基地有序退出与城镇建设用地规模扩大有效挂钩的问题。

2012 年 7 月 18 日，国家统计局公布“6 月份 70 个大中城市住宅销售价格变动情况”。其中，新房价格环比上涨的城市有 25 个，尤以一、二线城市和限购类城市居多，限购城市涨幅高于非限购城市。

2012 年 7 月 18 日，国家开发银行与北京市基础设施投资公司在京签署《开发性金融合作协议》，该行将提供融资总量 200 亿元支持北京市轨道交通建设，缓解首都交通拥堵，方便首都市民快捷舒适出行。

2012 年 7 月 18 日，国家环境保护部与山西省政府在太原签署了《共同推进山西省国家资源型经济转型综合配套改革试验区建设合作协议》（以下简称《协议》），环境保护部将从六个方面支持全省加强环境保护。根据《协议》，环境保护部提供的六项支持有：支持山西环保领域“先行先试”，建立有利于资源型经济转型的环境保护体制机制；支持山西开展生态省建设试点，以实施矿山生态恢复为重点加强生态环境综合治理；支持山西开展农村环境综合整治示范，加快改善农村生产生活环境；支持山西流域生态环境治理修复，狠抓汾河治理和保护，加强黄河流域和海河流域治理，进一步改善水环境质量；支持山西建立区域联防联控机制，加强燃煤锅炉烟尘治理、机动车尾气治理，改善城市环境空气质量；支持山西加强环境管理能力建设，在各类标准化建设、环保业务用房建设、科研支撑能力建设方面予以倾斜。

2012 年 7 月 19 日，中非合作论坛第五届部长级会议隆重开幕，胡锦涛出席开幕式并发表重要讲话，宣布中国政府支持非洲和平与发展、推进中非新型战略伙伴关系新举措。国家主席胡锦涛及国家主要领导人在大会期间会见了参会的非洲各国领导。

2012 年 7 月 19 日，国土资源部在京召开视频会议，就当前房地产市场形势和国土资源部、住房和城乡建设部联合下发的《关于进一步严格房地产用地管理巩固房地产市场调控成果的紧急通知》（以下简称《通知》）进行了通报，并对下一步房地产市场调控工作进行了部署。《通知》要求，各地要把落实住房用地供应计划作为下半年的重点工作切实抓好，应保尽保保障性安居工程用地，并以提高计划完成率、增加有效供应为首要目标，进一步加大普通商品住房用地的供应力度。

2012 年 7 月 19 日，中国基本公共服务领域首部国家级专项规划——《国家基本公共服务体系“十二五”规划》（以下简称《规划》）正式对外公布。《规划》提出：中国公民有权享受政府提供的基本公共服务项目及其标准；提供基本公共服务是政府的职责。同时，首次明确提出基本公共服务的范围、国家基本标准，提出实施26项保障工程。据介绍，将来基本公共服务要跟户口、户籍地逐步分离，要成为群众的基本权益，争取到2020年基本实现基本公共服务均等化，即不论贫富、性别、地域都可以公平地获得基本公共服务。

2012年7月19日，天津市市长黄兴国主持召开市政府第91次常务会议，研究示范小城镇“三改一化”试点工作，决定在原来3街43村的基础上启动第二批试点，涉及18个街镇97个村的21万农民。会议指出，“三改一化”是农村社会的重大变革，是城乡统筹发展的重要步骤，是继天津市成功探索以宅基地换房建设示范小城镇，实施示范工业园区、农业产业园区、农民居住社区“三区”联动发展之后迈出的加快城镇化进程的关键一步，是推进大城市郊区城乡一体化发展的重要举措，对于系统解决“三农问题”，使广大农民安居乐业有保障，具有十分重要的意义。

2012年7月24日，国务院办公厅决定从7月下旬开始，派出8个督查组赴16个省（市）对房地产市场调控政策措施落实情况开展专项督查。

2012年7月24日，国务院国发〔2012〕37号批转交通运输部等部门制定的《重大节假日免收小型客车通行费实施方案》（以下简称《方案》）。该《方案》分实施范围、工作要求、保障措施三部分。《方案》规定，免费通行时间为春节、清明节、劳动节、国庆节等四个国家法定节假日以及当年国务院办公厅文件确定的上述法定节假日连休日；免费通行车辆为行驶收费公路的7座以下（含7座）载客车辆，包括允许在普通收费公路行驶的摩托车；免费通行的收费公路范围为符合《公路法》和《收费公路管理条例》规定，经依法批准设置的收费公路（含收费桥梁和隧道）。

2012年7月25日，国务院常务会议研究部署进一步实施促进中部地区崛起战略，并讨论通过了《关于大力实施促进中部地区崛起战略的若干意见》。会议明确了七项重点任务：加强粮食生产基地、能源原材料基地和现代装备制造及高技术产业基地建设；全面提升综合交通运输能力；支持重点地区发展；扶持欠发达地区加快发展；保障和改善民生；加强资源节约和环境保护；大力推进改革创新。支持武汉、郑州、长沙等地区加快金融改革和金融创新，稳步推进省直管县改革试点。在政策方面，将加大中央财政转移支付力度。根据此次会议部署，未来在支持重点地区发展方面，将加快构建沿陇海、沿京广、沿京九和沿长江经济带，推动晋中南、皖北、赣南、湘南地区开发开放，培育新的经济增长带，实施中心城市带动战略，全面加强县城和中心镇基础设施和公共服务设施建设，强化对农村的生产生活服务功能。

2012 年 7 月 26 日,住房和城乡建设部与江苏省人民政府在南京市签署了《关于共同推进江苏美好城乡建设战略合作框架协议》(以下简称《协议》)。根据《协议》，住房和城乡建设部和江苏省将按照胡锦涛总书记对江苏工作“六个注重”的要求，大力推进江苏美好城乡建设，具体包括:共同推动江苏省村庄环境整治、加强城乡建设转型发展的规划引领、提升城镇功能品质、推动低碳生态城镇建设、推动建筑节能和绿色建筑发展、加强住房保障体系建设等。

2012 年 7 月 30 日，为贯彻落实全国保障性安居工程座谈会及李克强副总理讲话精神，住房和城乡建设部召开全国保障性安居工程质量和建筑安全生产工作电视电话会议。住房和城乡建设部部长姜伟新主持会议并强调指出，保障性安居工程建设要坚持质量第一，工期服从质量，要把加强质量管理贯穿于保障性安居工程建设的全过程，严把勘察设计、建材采购与核验、施工和竣工验收关；要全面落实质量责任，严格责任追究，严格执行永久性标牌制度，不折不扣地落实工程建设各单位质量责任;要加强安全生产监管，狠抓工作落实，深入扎实开展“打非治违”专项行动，加大监督检查力度，有效防范和遏制各类事故发生。

2012 年 7 月 31 日，中共中央政治局召开会议，分析研究上半年经济形势和下半年经济工作，中共中央总书记胡锦涛主持会议。会议指出，下半年经济工作要以加快转变经济发展方式为主线，坚持稳中求进的工作总基调，把稳增长放在更加重要的位置，以扩大内需为战略基点，以发展实体经济为坚实基础，以加快改革创新为强大动力，以保障和改善民生为根本目的，统筹当前与长远，更加注重拓宽增长空间，更加注重提高增长质量，更加注重激发发展活力，更加注重共享发展成果，着力破解经济社会发展中的难题，促进经济平稳较快发展，保持社会和谐稳定，努力实现经济社会发展预期目标，以优异成绩迎接党的十八大胜利召开。

2012 年 8 月 1 日，甘肃省舟曲灾后重建前方协调指导小组通报了舟曲灾后重建进展情况。截至目前，舟曲灾后重建已完成规划总投资的 80.9%，有 79 个建设项目完成建设内容。舟曲灾后重建规划总投资 50.2 亿元，截至目前，已累计完成投资 40.6 亿元，占总投资的 80.9%；全部的 170 个重建项目中，有 79 个建设项目完成建设内容。

2012 年 8 月 1 日，2012 年（第二届）“中国边疆重镇”高峰论坛在吉林省延边朝鲜族自治州召开。以“文化边疆”为主旨，本届高峰论坛分别就“文化的大繁荣、大发展与中国边疆的可持续发展”、“东北边疆的历史变迁及文化传承”、“延边州民族传统文化的保护与创新”三个议题展开深入讨论。

2012 年 8 月 3 日，住房和城乡建设部住房保障司副司长张学勤首次透露了迄今为止受惠于保障房建设的总人数：约3000万户，将近1亿人。张学勤表示，据初步统计，截至2011年底，全国累计用实物方式解决了2650万户城镇低收入和中等偏下收入家庭的住房困难，实物住房保障受益户数占城镇家庭总户数的比例达到11%。这一部分统计数据包括了廉租房、经济适用房、限价房和公租房，还有一部分棚户区改造计划的受益居民。

2012年8月4日，从甘肃省舟曲县灾后重建办公室了解到，舟曲灾区城乡居民住房安置分配工作已完成，舟曲灾区群众年内将入住新居。

2012年8月5日，由北京城建集团承担的房山区城关镇等8个受灾镇的24个安置房建设点的3626间过渡安置房工程，经过10天的紧张施工，已全面竣工，并通过质量部门的验收，正在移交地方政府办理受灾群众入住事宜。

2012年8月6日，住房和城乡建设部根据"全国城镇污水处理管理信息系统"汇总数据，通报了今年第二季度全国城镇污水处理设施建设运行情况。截至6月底，全国已有21个省（区、市）实现了污水处理设施市（县）级别的全覆盖。根据通报，全国设市城市、县累计建成城镇污水处理厂3243座，日处理能力达到1.39亿立方米。在657个设市城市中，已有640个城市建有污水处理厂，占设市城市总数的97.4%，累计建成污水处理厂1903座，日处理能力达到1.15亿立方米。全国已有1192个县城建成了污水处理厂，约占县城总数的73.3%；县城及部分建制镇累计建成污水处理厂1340座，日处理能力达到2391万立方米。

2012年8月6日，国家人口计生委发布消息称，人口计生委日前发布《中国流动人口发展报告2012》指出，2011年我国流动人口总量已接近2.3亿，达到历史新高，其中农村户籍流动人口约占80%。《报告》预测，我国农村劳动力向城镇转移的步伐未来将逐步趋于平稳，2020年我国城镇化率将达到60%左右。

2012年8月6日，国家发改委网站公布《全国农村经济发展"十二五"规划》。全国农村经济发展"十二五"规划为未来几年我国农村经济发展绘就了一份蓝图。客观地说，随着我国综合实力的增强，"十二五"期间农村经济发展有一些有利条件，但农村经济在发展中依然面临着耕地减少、资源匮乏、农业科技支撑能力不强、农业基础设施薄弱等很多困难，三农发展的基础仍然需要继续夯实。

2012年8月6日，国家能源局组织制定的《可再生能源发展"十二五"规划》（以下简称《规划》）正式发布。《规划》明确指出，"十二五"时期，可再生能源将新增发电装机1.6亿千瓦，其中常规水电6100万千瓦，风电7000万千瓦，太阳能发电2000万千瓦，生物质发电750万千瓦，到2015年可再生能源发电量争取达到总发电量的20%以上。

2012年8月7日，国土资源部副部长胡存智在京表示，近3年以来，国土资源部门实现了保障性安居工程用地应保尽保。去年共落实用地4.36万公顷，今年计划安排供应土地 4.76 万公顷，为年度测算需求的 1.76 倍，目前已落实 2 万多公顷。

2012 年 8 月 7 日，上海市人民政府与中国电信集团公司签署《共建上海智慧城市 2012－2013 年战略合作协议》。根据协议，中国电信两年内将投资 140 亿元，从智慧政府、智慧民生、智慧产业三个领域，推进上海智慧城市建设，提升其总体信息化水平。

2012 年 8 月 8 日，广东省社科院发布《2011 年度珠三角区域推进经济圈建设工作分析研究报告》，具体从八方面总结了 2011 年珠三角区域一体化推进工作的主要成效。一是区域体制机制层面的合作框架逐步完善，重大利益协调机制开始建立；二是建立了有效的工作推进机制；三是交通基础设施一体化率先突破，为区域一体化发展提供了有力的支撑，得到了公众的肯定；四是产业合作八仙过海，各显神通，效果凸显；五是广佛同城化初见成效；六是基本公共服务一体化取得局部性突破；七是城乡规划一体化推进工作成效明显；八是环境保护一体化推进工作中跨界水污染治理成效获得基本肯定。

2012 年 8 月 9 日，第四届东北东部区域合作圆桌会议在黑龙江鹤岗举行。会议提出，将把旅游和生态合作作为打造东北东部经济带的突破口，区域内 14 市州将共同建设东北东部森林生态屏障，整合丹东、集安、临江、长白山等旅游资源，共同打造风光旅游带，并将丹东鸭绿江国际旅游节拓升为长白山—鸭绿江国际旅游节。根据规划，东北地区要整合开发旅游资源，加强旅游基础设施建设，规范市场秩序，加大宣传营销力度，建设国内一流的冰雪、森林、草原、湿地、温泉、海滨、民族、边境、文化旅游胜地，形成一批精品旅游线路。

2012 年 8 月 10 日，住房和城乡建设部在回应公众关于保障房去向的问题时表示，我国大规模实施保障性安居工程，广大城镇中低收入家庭住房困难得到解决。针对近日社会上“我国保障房一半以上恐为福利分房”的说法，住房和城乡建设部指出，近年来，中央加大了城镇保障性安居工程建设力度。2009 ~ 2011 年底，全国共开工建设廉租住房 435 万套，面向城镇低收入住房困难家庭配租；开工建设公共租赁住房 321 万套，面向城镇中等偏下收入住房困难家庭、新就业无房职工和在城镇稳定就业的外来务工人员出租；开工建设各类棚户区改造住房 882 万套，主要用于改善居住在棚户区职工、城镇中低收入家庭的住房条件。

2012 年 8 月 14 日，中国社会科学院在北京发布《城市蓝皮书：中国城市发展报告 NO.5》。蓝皮书表示，中国城镇化率首次突破 50%关口，城镇常住人口超过了农村常住人口。

2012 年 8 月 14 日，环境保护部环境影响评价司在三亚主持召开了《三亚市城市总体规划（2012－2020）》环境影响报告书专家论证会。此环境影响报告书通过评审，对保护三亚市独特的“山、河、海、城”资源生态环境，实现三亚城市可持续发展，保障三亚建设国际热带海滨风景旅游城市目标的实现具有重要意义。

2012 年 8 月 15 日，中国社会科学院城市发展与环境研究所正式发布 2012 年城市蓝皮书《中国城市发展报告（2012)》。蓝皮书公布了 2011 年度城市科学发展指数综合排名，深圳、上海、北京依次占据前三名，此外，西部城市首次进入前十名。

2012 年 8 月 17 日，国务院办公厅发布通知，批准修订后的《保定市城市总体规划（2011−2020 年)》。到 2020 年，保定市中心城区城市人口控制在 205 万人以内，城市建设用地控制在 210 平方公里以内。

2012 年 8 月 17 日，中国综合开发研究院发布第四期中国金融中心指数。该指数显示，在国内外经济金融形势复杂多变的背景下，中国多城市的金融中心建设热潮居高不下。据不完全统计，目前中国已经有 30 多个城市提出了将自身建设为国际性或区域性“金融中心”的设想和目标。有关专家认为，这既显示了中国金融产业发展的积极态势，也引起了社会一定程度的担忧，综合引导各地金融中心建设和金融产业实现分层、有序发展成为当务之急。

2012 年 8 月 18 日，“2012 平江路文化遗产保护志愿者工作营”在苏州平江历史街区正式开营。17 位来自中法两国的文化遗产保护志愿者将跟随苏州的古建筑师傅从事砖雕、木匠、石匠、砌墙等工作，开始为期 12 天的文化遗产保护“实战之旅”。该项目由平江区政府、上海阮仪三城市遗产保护基金会、法国 REMPART 文化遗产保护志愿者工作营联盟共同主办。

2012 年 8 月 21 日，中共中央政治局常委、国务院副总理李克强在北京市考察保障性安居工程建设情况，并召开保障房分配和运行现场会。他强调，要在保质按期完成今年保障房建设任务的同时，严格管理，确保公平分配，完善配套，形成有效供应，创新机制，实现持续运行，切实把保障性住房建设成果转化为惠民成果。

2012 年 8 月 21 日，国土资源部公布数据称，今年上半年，全国国有建设用地供应总量 26.81 万公顷，同比增长 27.5%。从供地结构看，工矿仓储用地、房地产开发用地和基础设施等用地分别供应 8.15 万公顷、5.97 万公顷和 12.69 万公顷，同比分别增长 2.1%、15%和 1.1 倍。

2012 年 8 月 22 日，国家信息中心信息化研究部首席工程师单志广透露，据统计，截止到 2012 年 2 月底，我国提出智慧城市建设的总数量已经达到了 154 个，计划投资规模超过 1.1 万亿元。

2012 年 8 月 25 日，三沙市永兴岛污水处理及管网工程、西沙群岛垃圾收集转运工程正式动工建设，这是该市第一个开工建设的基础设施项目。一年后，三沙市将结束没有污水处理及垃圾收集系统的历史，这也标志着三沙市环境保护工作迈出了坚实的一步。

2012 年 8 月 27 日，国务院发布《国务院关于大力实施促进中部地区崛起战略的若干意见》（以下简称《意见》），《意见》指出，加快构建沿陇海、沿京广、沿京九和沿长江经济带，引导人口和产业集聚发展，促进经济合理布局。重点推进中原经济区、鄱阳湖生态经济区、武汉城市圈、环长株潭城市群等重点区域发展，形成带动中部地区崛起的核心地带和全国重要的经济增长极。

2012 年 8 月 27 日，《武汉智慧城市总体规划与设计》获武汉市政府常务会原则通过。武汉将用 8 年多的时间，基本建成"智慧城市"，其中 2016 年之前为试点示范阶段，2016 ~ 2020 年为全面推广阶段。届时，武汉将建成集应急指挥、行政管理、社会民生、公众服务等综合信息为一体的智能化协同信息系统，智慧基础设施达到全国领先水平，"信息通衢"成为城市新品牌。

2012 年 8 月 28 日，陕西数字博物馆开馆仪式在陕西历史博物馆举行。陕西数字博物馆由陕西省文物局主办，依托该省馆藏文物数据库资料和陕西历史博物馆的相关平台建设，是我国首座省级文物行政管理机构创建、依托陕西省馆藏文物数据库信息和集观赏性、知识性、互动性为一体的大型综合数字博物馆。

2012 年 8 月 29 日，国家发改委主任张平向全国人大常委会报告今年以来国民经济和社会发展计划执行情况时表示，截至 7 月底，全国保障性安居工程基本建成 360 万套，占目标任务的 72%，已开工 580 万套，完成年度计划的 77%。

2012 年 8 月 30 日，国家发改委正式下发《山西省国家资源型经济转型综合配套改革试验总体方案》（以下简称《方案》）。《方案》提出，发改委将山西未来发展设定为两个阶段：第一阶段是在"十二五"期间，山西初步形成"以煤为基、多元发展"的产业体系，资源型产业改造提升取得明显成效；第二阶段，到 2020 年，支撑资源型经济转型的政策体系和体制机制基本建立，产业结构调整取得重大进展，生态环境显著改善，城乡区域发展协调性不断提高。

2012 年 8 月 31 日，国务院总理温家宝在天津考察保障房建设时强调，衡量安居工程进展好坏、水平高低，不能只看开工数，也不能只看竣工数，而要看是否及时投入市场，解决群众的迫切需求，质量和服务群众是否满意。

2012 年 9 月 1 日，苏州市政府召开新闻发布会，宣布将古城区的沧浪、平江、金阊三区合并为姑苏区，县级市吴江市撤县设区。该市市委常委、副市长周伟强表示，此次苏州中心城市行政区划调整优化后，可减少 2 个县级行政建制，尤其是三区合一，有利于减少机构设置，总体上降低管理成本，提升行政效能，苏州将一跃成为苏南城区面积最大的城市。

2012 年 9 月 5 日，国务院副总理李克强在会见孟祥民先进事迹报告团成员时指出，中国正在奋力实现 13 亿人口大国的现代化，发展中碰到的最大的瓶颈制约就是资源环境。人口多、人均资源占有量低，能源资源相对不足，环境承载能力有限是基本国情。要走出一条现代化的新路来，必须破解资源环境瓶颈的约束。李克强表示，破解发展中的资源环境难题，需要通过加强环境保护，形成一种“倒逼机制”，促进经济发展方式加快转变。

2012 年 9 月 5 日，住房和城乡建设部、国家发改委、财政部三部委联合出台《关于加强城市步行和自行车交通系统建设的指导意见》（以下简称《意见》），要求加强城市步行和自行车交通系统建设。《意见》要求，在 2015 年，市区人口在 1000 万以上的城市，步行和自行车出行分担率需达到 45%以上。

2012 年 9 月 5 日，国家发改委批复了全国多个城市的轨道交通建设规划，总投资规模预计超过 8000 亿。其中，广州城市轨道交通近期建设规划调整方案投资最高，预计总投资为 1241 亿元。此次批复的内容涉及全国 19 个城市、2 个地区和 1 条线路。太原、兰州、广州、沈阳、厦门、常州这 6 个城市的轨道交通近期建设规划获批，哈尔滨、上海等城市的近期建设规划调整方案获得批准，另外还有江苏省沿江城市群城际轨交网、内蒙古呼包鄂地区城际铁路规划等区域轨交铁路规划获批。

2012 年 9 月 5 日，全国老龄委办公室副主任朱勇在第二届人口老龄化长寿化国际会研讨会上表示，与发达国家相比，中国在人口老龄化进程中面临着实现经济社会可持续发展和保障亿万老年人福祉的双重压力，在老龄化程度相同的情况下，中国面临的形势更为严峻，问题更复杂，应对老龄化的困难更大。数据显示，截至 2011 年底，中国 60 岁及以上老年人口已达 1.85 亿人，占总人口的 13.7%。预计到 2013 年底，中国老年人口总数将超过 2 亿。

2012 年 9 月 6 日，国务院批准《广州南沙新区发展规划》。这意味着，南沙新区继兰州新区之后升级成为第六个国家级新区。至此，在我国的地域版图上，国家级新区在华南区域的“缺位”已被填补。南沙新区建设初步设想分三个阶段进行：起步阶段至 2012 年，基本完成南沙新区的行政管理架构配置，区划调整，规划和政策体系建立，国家级新区的架构基本形成；第二阶段到 2015 年，南沙新区大框架、大格局趋于完善，完成总体功能构建；再过 10 年，即到 2025 年，实现跨越式发展，一个全新的国家级新区，岭南生态水乡之都初步建成。

2012 年 9 月 7 日，国务院副总理李克强出席省部级领导干部推进城镇化建设研讨班学员座谈会时强调，要按照科学发展观的要求，顺应我国现代化建设的规律，协调推进工业化、城镇化、农业现代化，发挥城镇化综合效应，释放内需巨大潜力，促进经济长期平稳较快发展与社会和谐进步。推进城镇化需要统筹谋划布局，既要遵循经济规律，也要考虑全面推进现代化建设和空间均衡发展的要求，抓紧制定城镇化发展中长期规划，研究实行差别化政策，促进大中小城市和小城镇协调发展，特别是要提高中小城市集聚产业和人口的能力，在促进东部地区提升城镇化质量的同时，对中西部发展条件较好的地方，要研究加快培育新的城市群，形成新的增长极。

2012 年 9 月 7 日，云南省彝良县发生 5.7 级地震，给当地群众生命财产造成了重大损失。财政部、民政部等以及各地各部门纷纷伸出援助之手，帮助受灾地区开展救灾救济和恢复重建工作。

2012 年 9 月 10 日，安徽省马鞍山市举行新闻发布会，宣布根据国务院、安徽省相关批复和通知，马鞍山市部分行政区划调整工作正式启动，这座城市的主城区面积将由此扩大一倍，主城区与江苏省的边境接壤线也增加一倍。

2012 年 9 月 10 日至 9 月 11 日，2012 年中国城市规划协会会员代表大会在桂林召开。本届大会由中国城市规划协会、西安市人民政府主办，西安市规划局、西安市城市规划设计研究院承办。

2012 年 9 月 12 日，住房和城乡建设部发布《关于规范城乡规划行政处罚裁量权的指导意见》，依照指导意见，凡是未取得建设工程规划许可证或未按照建设工程规划许可证的规定进行建设的行为，均属违法建设行为。违法建设行为分两种：尚可采取改正措施与无法采取改正措施消除对规划实施的影响，罚款时要具体区分两种情形。意见强调，行政处罚应当在违反城乡规划事实存续期间和违法行为得到纠正之日起两年内实施。

2012 年 9 月 14 日，广东省政府印发《广东省主体功能区规划》（以下简称《规划》）。作为全国首批印发省级主体功能区规划的省份之一，根据国家战略和广东实际，《规划》以四类区域、五大战略格局布局广东科学发展新版图，将全省 17.98 万平方公里的陆地面积划分为“优化开发、重点开发、生态发展（即限制开发）和禁止开发”四类区域，并提出构建国土开发总体战略格局、城市发展战略格局、农业战略格局、生态安全战略格局和综合交通战略格局五大战略格局。在这个版图上，对人口密集、开发强度偏高、资源环境负荷偏重的珠三角核心区要优化开发。

2012 年 9 月 16 日，外交部表示，中国政府决定向《联合国海洋法公约》设立的大陆架界限委员会提交东海部分海域 200 海里以外大陆架划界案。根据中国政府的一贯主张，中国在东海的大陆架自然延伸到冲绳海槽，从中国领海基线量起超过 200 海里。

2012 年 9 月 16 日，“首届长三角十大古镇”评选结果揭晓，枫泾、乌镇、同里、周庄、宏村、西递、朱家角、西塘、南浔、甪直十大古镇荣登榜单。

2012年9月16日，宁夏回族自治区经济和信息化委员会召开。会议发布信息称，国家能源局近日复函同意宁夏创建国家新能源综合示范区，这是迄今国家批复的第一个新能源综合示范区。

2012年9月17日，《北京市主体功能区规划》(以下简称《规划》)发布。《规划》注重引导各功能区域的差异化发展，将成为北京市国土空间开发的战略性、基础性和约束性规划。这项规划的基准年为2010年，主要目标年为2020年，规划范围为北京市行政辖区，国土面积16410.5平方公里。梳理规划详细内容，对耕地和基本农田实施最严格保护制度、首次设立禁止开发区域、实行更严格的环境政策和水资源政策成为三大亮点。

2012年9月17日，“上海中心”启动建设智慧商务社区，宣告上海首个超高层智慧商务社区的建设帷幕由此拉开。上海中心大厦智慧商务社区的建设，将依托互联网、物联网、移动通信网络“三网融合”的信息通信基础设施，建设内网平台、外网平台、手机平台，通过手机、平板、PC三屏合一的信息输出终端，全方位地为未来生活、工作在大厦内的人群提供多样便捷的信息化服务模式。

2012年9月19日，中国公共经济研究会和国家行政学院经济学部在人民网联合进行了“中国幸福城市评价体系课题”和中国幸福城市排名的发布。在中国幸福城市排名中，合肥、太原和广州名列前三，北京、上海分列第五、第六。计算幸福指数的三项指标分别是基本需求、发展需求和旅游等享受需求，通过三个适应不同收入人群的需求指数，比较分析城市发展满足大多数人需求的状况。最后，对全国33个大城市进行中国幸福城市排名。

2012年9月21日，故宫博物院针对近期北京市政协常委会审议通过的《关于推进北京世界文化遗产保护与完善的建议案》，提出故宫应考虑将“宫”与“院”分离，新建博物馆专门展示馆藏文物及观众超承载量不再售票等建议，向媒体发布了《关于市政协建议案与故宫相关问题的答复》(以下简称《答复》)，文中明确表示，将“宫”“院”彻底分离是对故宫完整性的一种误读，是在泯灭故宫文化遗产的真实性、完整性，最终会使故宫在某种意义上消亡。

2012年9月26日，住房和城乡建设部第7批城乡规划督察员派遣仪式举行。住房和城乡建设部将于近日向鞍山、抚顺、阜新、齐齐哈尔、鸡西、鹤岗、伊春、温州、台州、威海、汕头、江门、惠州、中山14个城市派驻督察员，加强对国务院审批总体规划实施情况的监督。

2012年9月26日，《云南省历史文化名城名镇名村名街保护体系规划》获云南省政府正式批复实施。这是全国首个系统性将省域历史文化名城(镇、村、街)进行统筹布局和分类指导的体系规划。该规划的实施，标志着云南历史文化名城、名镇、名村、名街保护基本形成了较完整的体系。按照《规划》要求，云南将构建形成由不同民族、不同主题、不同文化内涵和类型构成的开放性的名城、名镇、名村、名街聚落集合，统筹指导全省历史文化聚落资源的挖掘列级、可持续保护、管理和利用，逐步构建和完善云南省历史文化聚落遗产的保护体系。

2012 年 9 月 29 日，海南省三沙市举行四个新建项目的规划设计方案编制启动仪式。三沙市官方透露，该市目前在建、将建及规划建设项目共 28 项，总投资近 238 亿元人民币。该四项新建项目规划分别是赵述岛建设、永兴岛道路及供水排水、海南岛至永兴岛及西沙群岛岛际交通和北礁交通码头。

2012 年 10 月 7 日，是两节长假最后一天。刚刚过去的这个黄金周，在高速公路免费通行、多地数百个景区实行优惠价格等措施的带动下，总计约 7.4 亿人次出行，创下同期出行新纪录，旅游异常火爆。

2012 年 10 月 8 日，财政部发布消息称，中央财政追加下达 2012 年中央补助公共租赁住房和城市棚户区改造专项资金 50 亿元，用于公共租赁住房和城市棚户区改造相关配套基础设施建设支出。截至目前，中央财政已累计下达 2012 年公共租赁住房和城市棚户区改造补助资金 987 亿元。中央财政提前下达地方 2013 年城乡最低生活保障转移支付预算指标 696 亿元，其中城市低保 351 亿元，农村低保 345 亿元。

2012 年 10 月 8 日，世界上第一条在高寒地区建设的设计时速为 350 公里的高速铁路——哈大客运专线开始全线试运行。哈大客专作为京哈高铁的组成部分，南起大连，北至哈尔滨，途经长春市、松原市等地，是贯穿东北三省的第一条高速铁路，全线营运里程 921 公里，共设车站 24 个。

2012 年 10 月 9 日，云南昭通彝良“9 · 7”地震灾区恢复重建全面启动。云南省人民政府彝良“9 · 7”地震灾区恢复重建工作会议透露，云南省将在未来 2 年内筹集资金 56 亿元用于彝良地震灾区恢复重建。根据云南省发展和改革委员会牵头编制的《昭通彝良“9 · 7”地震灾后恢复重建规划》，恢复重建规划期为两年，从 2012 年 10 月至 2014 年 9 月，将把彝良建设成为滇东北宜居城乡、滇东北生态安全屏障、昭通市特色优势产业发展的核心区和增长极、生活安康生产发展生态良好的幸福新家园，以体现新彝良的新定位。

2012 年 10 月 9 日，广州“三规合一”动员部署大会召开。会议明确，广州将在目前 5 个区试点的基础上，于 2013 年底完成“一张图”、一个信息平台、一个协调机制、一个审批流程、一个监督体系、一个反馈机制六大工作内容，构建具有广州特色的“三规合一”综合性协调管理决策机制。

2012 年 10 月 10 日，国务院总理温家宝主持召开国务院常务会议，研究部署在城市优先发展公共交通。会议指出，目前，我国城市公共交通发展远远不能适应经济社会发展和人民群众出行需要，多数城市公共交通出行比例偏低。为从根本上缓解交通拥堵、出行不便、环境污染等矛盾，必须树立公共交通优先发展理念，将公共交通放在城市交通发展的首要位置。要按照方便群众、综合衔接、绿色发展、因地制宜的原则，加快构建以公共交通为主，由轨道交通网络、公共汽车、有轨电车等组成的城市机动化出行系统，同时改善步行、自行车出行条件。

2012 年 10 月 12 日、13 日和 15 日，国务院总理温家宝在中南海先后主持召开三场经济形势座谈会。温家宝说，做好下一阶段经济工作，要推进改革，把稳增长的各项政策措施与改革结合起来。温家宝表示，今年还剩一个季度，面临的困难不小。做好下一阶段经济工作：第一，要坚定信心，我们有信心经过努力实现全年的经济社会发展目标。第二，每一个地方、部门、领导干部、企业家都要发挥积极性、能动性和创造性。第三，狠抓落实。

2012 年 10 月 16 日，中国政府网分别公布了国务院关于广西壮族自治区、山东省、福建省、浙江省、江苏省、辽宁省、河北省和天津市 2011 ~ 2020 年海洋功能区划的批复。批复表示，各地区海洋功能区划是合理开发利用海洋资源、有效保护海洋生态环境的法定依据，一经批准，任何单位和个人不得随意修改。编制各类产业规划涉及海域使用的，应当符合区划的要求。批复指出，要认真落实区划提出的各项任务和措施，不断完善海域管理的体制机制，严格执行项目用海预审、审批制度和围填海计划，健全海域使用权市场机制。坚持陆海统筹方针，切实加强海洋环境保护，地方海域使用金收入要支持海域海岸带开展综合整治修复，加大海洋执法监察力度，规范海洋开发利用秩序，加强社会和舆论监督。国家海洋局要加强对区划修改工作的管理，对区划的实施工作予以指导、协调和监督检查。

2012 年 10 月 17 ~ 19 日，由中国城市规划学会、昆明市人民政府主办，云南省住房和城乡建设厅协办，昆明市规划局承办，以“多元与包容”为主题的 2012 中国城市规划年会在云南海埂会堂召开。

2012 年 10 月 18 日，住房和城乡建设部城建司副司长刘贺明在第三届中国（长春）国际轨道交通论坛上表示，中国目前已经建成并开通运营的城市轨道交通为 1700 多公里，在建的有 2000 多公里。国内已经有 34 个城市规划了 4300 多公里的线路，涉及总投资达 2 万亿元，接下来几年将是中国城市轨道交通发展最为迅速的阶段。中国目前的城市化率达 50%左右，已经进入城镇社会，未来还将经历 20 ~ 30 年的快速发展时期，城市轨道交通也必然迎来快速发展期。

2012 年 10 月 18 日，在圆明园罹劫 152 周年之际，数字圆明园在北京正式上线，即日起公众可以通过网络下载圆明园移动导览系统虚拟游览圆明园，也可以到实地体验导览系统的增强现实效果。数字圆明园，即借助虚拟现实及增强现实技术“恢复”圆明园原貌。科技人员用计算机把当年圆明园的场景用数字模型建立起来，再通过光学显示，将这些数字模型叠加到现存的废墟上，真实地再现圆明园原来的场景。

2012 年 10 月 19 日，中国土地勘测规划院城市地价动态监测组发布《2012 年第三季度全国主要城市地价监测报告》。报告显示，2012 年第三季度，全国主要监测城市综合地价环比增长率为 0.78%，地价环比增速略有提升，较上一季度增加了 0.39%，地价水平总体平稳，环比增速微升，同比增速持续放缓。对于后期房地产市场，报告强调，要严格监控各地的房地产调控政策变化，在经济下行压力持续的背景下，避免部分地方政府放弃“调结构”，重新陷入以刺激房地产拉动经济的模式，巩固和强化已取得的房地产调控效果。

2012 年 10 月 22 日，住房和城乡建设部印发《关于加强和完善住房城乡建设统计工作的指导意见》(以下简称《意见》)，要求各地更好地适应新形势下住房城乡建设事业发展的新情况和新要求，尽快建立科学、统一、全面、协调的住房城乡建设行业统计制度和信息管理制度，进一步提高行业统计工作水平。《意见》强调，各级住房和城乡建设部门要按照住房城乡建设系统信息化工作的总体要求，构建与行业管理相结合的统计信息系统；要加强对行业经济运行情况的监测与分析，为政府提供准确、及时的统计信息和政策建议；要切实加强领导，明确目标要求和重点任务，确保统计机构、统计人员、工作经费和信息设备落实到位，支持统计机构和统计人员依法开展统计工作。

2012 年 10 月 23 日至 11 月 1 日，在法国巴黎中国文化中心举办了“中国历史文化名街展”。此次展览是应巴黎中国文化中心的邀请，由巴黎中国文化中心和中国文化传媒集团共同主办的。此次巴黎名街展将在四届“中国历史文化名街”评选推介活动评选出的 40 条历史风貌较好且具有代表性的历史文化名街中选取 15 条街区，以“一街一物一故事”的形式进行展示宣传。

2012 年 10 月 31 日，中国科学院发布了 50 个内地城市的新型城市化水平指数，数据表明，我国内地城市化率突破 50%，达到了 51.3%，这意味着我国城镇人口首次超过农村人口，城市化进入关键发展阶段。该报告由中国科学院可持续发展战略研究组主持，国务院参事、中科院可持续发展战略研究组首席科学家牛文元研究员领衔，多名专家历时 1 年完成。

2012 年 10 月 31 日，国务院近日发出通知，发布第八批国家级风景名胜区名单。通知指出，风景名胜资源是中华民族珍贵的、不可再生的自然文化遗产。地方各级人民政府要处理好保护与开发利用的关系，统一规划和管理风景名胜区，切实做好风景名胜资源的保护和管理工作。第八批国家级风景名胜区共 17 处，分别是：河北省的太行大峡谷风景名胜区、响堂山风景名胜区、娲皇宫风景名胜区；山西省碛口风景名胜区；浙江省大红岩风景名胜区；福建省的灵通山风景名胜区、湄洲岛风景名胜区；江西省的神农源风景名胜区、大茅山风景名胜区；湖南省的凤凰风景名胜区、沩山风景名胜区、炎帝陵风景名胜区、白水洞风景名胜区；重庆市潭獐峡风景名胜区；西藏自治区土林—古格风景名胜区；宁夏回族自治区须弥山石窟风景名胜区；新疆维吾尔自治区罗布人村寨风景名胜区。

2012 年 11 月 1 日，中国指数研究院发布的《2012 年 10 月中国房地产指数系统百城价格指数报告》显示，全国 100 个城市（新建）住宅 10 月平均价格为 8768 元／平方米，环比 9 月上涨 0.17%，这也是 6 月份止跌以来该指数连续第 5 个月环比上涨，涨幅与上月持平，其中 56 个城市环比上涨，42 个城市环比下跌，两个城市持平。

2012 年 11 月 2 日，南京市召开全面提升新市镇规划设计水平动员大会。会议明确，南京将打造 60 个令后人赞叹的新市镇精品，全面构建“1 个主城—3 个副城—8 个新城—60 个新市镇—1300 个新社区”的新型城镇结构体系。目前，南京已陆续建成一批特色鲜明的新市镇典范，城乡统筹规划的引领作用正逐步显现。数据显示，截至 10 月份，南京市已有 3444 户农民搬进新市镇、新社区，全市农民新社区建设已开工 195 万平方米，竣工 60 万平方米，完成投入 29 亿元。

2012 年 11 月 6 日，住房和城乡建设部出台《关于支持大别山片区住房城乡建设事业发展的意见》（以下简称《意见》）。《意见》要求重点完成以下任务：加大农村危房改造和保障性住房建设支持力度，“十二五”末将完成片区 70%的农村存量危房改造；支持和指导城乡规划建设，加快改善片区城乡基础设施和人居环境；支持人力资源开发和建筑业等产业发展，加快提升自我发展能力。

2012 年 11 月 8 日，中共十八大报告公布。报告提出，到 2020 年，实现国内生产总值和城乡居民人均收入比 2010 年翻一番。这是中共首次明确提出居民收入倍增目标。

2012 年 11 月 8 日，国内城市交通规划学术界最高层次的会议——中国城市交通规划 2012 年年会在福州举行，来自全国交通规划领域的专家学者 550 多人参会研讨。会议围绕可持续交通系统规划设计、公交优先的技术对策、城市轨道交通规划与建设、交通拥堵防范与治理、交通信息化技术应用等主题展开研讨。

2012 年 11 月 12 日，住房和城乡建设部部长姜伟新在十八大新闻中心举办第四场记者招待会上透露，房地产调控政策还不放松，明年预计将建设 600 万套保障房。

2012 年 11 月 15 ~ 16 日，《贵州省城镇体系规划（2011−2030 年）》获住房和城乡建设部专家组原则性审查通过（以下简称《规划》）。《规划》明确，贵州城镇发展的总体目标是依托贵阳与遵义，以贵安新区为引擎，重点培育贵州中部地区有区域竞争力的规模化、综合型高等级城市作为省域经济发展极核，带动周边城镇集群发展，力争在规划末期建成我国西南地区重要的城镇化地区。

2012 年 11 月 17 日，全国世界文化遗产工作会议在北京召开。国家文物局公布《中国世界文化遗产预备名单》。相比 2006 年公布的名单，新名单中的预备遗产项目增加到了 45 个。新名单中首次出现“农业遗产”，包括哈尼梯田、普洱景迈山古茶园等。

2012 年 11 月 21 日，海南省三沙市“规划周”启动，将对三沙市建设中的民生、交通、市政、渔村等重点项目展开规划论证。据了解，在此次三沙“规划周”活动期间，将对该市 9 个规划（方案）设计进行初审论证，这 9 个规划主要包括：永兴岛道路工程设计方案、永兴岛重点区域建设规划、永兴岛渔民定居点建设设计方案、赵述岛建设规划以及三沙市的 3 个交通规划等。

2012 年 11 月 26 日，从北京市旅游委了解到，目前全市的 19 个旅游休闲功能区规划已经基本完成。到 2015 年，北京市将建成 3 个以上综合收入超百亿元的旅游功能区。19 个旅游功能区将按照北京的城市功能定位，在首都功能核心区、城市功能拓展区、城市发展新区和生态涵养发展区四大功能区的范围内建立。

2012 年 11 月 28 日，国务院总理温家宝主持召开国务院常务会议，听取农业和农村工作汇报，讨论通过《中华人民共和国土地管理法修正案（草案)》，对农民集体所有土地征收补偿制度作了修改，会议决定将草案提请全国人大常委会审议。

2012 年 11 月 28 日，国务院副总理李克强在中南海紫光阁会见世界银行行长金墉时指出，中国已进入中等收入国家行列，但发展还很不平衡，尤其是城乡差距量大面广，差距就是潜力，未来几十年最大的发展潜力在城镇化上。我们推进城镇化，是要走工业化、信息化、城镇化、农业现代化同步发展的路子，要保证粮食安全，中国的粮食要立足自身，不可能靠世界市场解决，要更加注重绿色发展，加强环保节能，还要深化改革，加强社会建设，推进完善基本公共服务等。

2012 年 11 月 28 日，中国社科院财经战略院发布主题为“新型城市化背景下的住房保障”的财政政策报告，建议应采取多种手段增加保障性住房供给，并以保有环节差异化房产税调节市场化住房价格，逐步将房产税改革推向全国。

2012 年 12 月 1 日，全国 40 万户城乡居民按照国家统一的城乡一体化住户调查制度开始记收支账，城乡一体化住户调查进入正式实施阶段。国家统计局局长马建堂表示，城乡一体化住户调查就是统一城镇和农村居民收入和支出的分类标准、指标名称与口径，按照统一的抽样方法和程序，从全国 4 亿多户城镇和农村家庭中随机抽取 40 万户，按照国家统一要求，将家庭中每个人的每项收入和支出记录在账册上，由此汇总计算出全国和分省（区、市）居民人均可支配收入、支出，消费的水平、结构和增长数据。

2012年12月3日，从舟曲灾后重建前方协调指导小组获悉，预计到今年12月31日，除个别调整、规划外新增项目外，所有建设单位都能够完成省政府确定的基本完成舟曲灾后重建任务的目标。舟曲灾后重建的工作重点将由各援建、自建、代建单位的工程建设逐步转向舟曲县的后续管理、环境整治、配套建设和社会管理，充分发挥重建项目的功能效益。

2012年12月4日，中共中央政治局召开会议，审议中央政治局关于改进工作作风、密切联系群众的八项规定，分析研究2013年的经济工作。会议提出，要保持宏观经济政策的连续性和稳定性，着力提高针对性和有效性，适时适度地进行预调微调，加强政策协调配合；着力扩大国内需求，加快培育一批拉动力强的消费新增长点，促进投资稳定增长和结构优化；扩大营业税改征增值税试点地区和行业范围，健全资源性产品价格形成机制；积极稳妥推进城镇化，增强城镇综合承载能力，提高土地节约集约利用水平。

2012年12月5日，住房和城乡建设部办公厅正式发布关于开展国家智慧城市试点工作的通知，印发《国家智慧城市试点暂行管理办法》和《国家智慧城市（区、镇）试点指标体系（试行)》两个文件，并于当日开始试点城市申报。

2012年12月5日，我国首部《重点区域大气污染防治“十二五”规划》（以下简称《规划》）在京发布。《规划》强调在发展中保护，在保护中发展，积极探索代价小、效益好、排放低、可持续的环保新道路，坚持以人为本，把改善大气环境质量，切实解决人民群众最关心、最直接、最现实的细颗粒物（PM2.5）污染问题作为规划的根本出发点和落脚点，维护人民群众身体健康和环境权益，切实将转方式、调结构、惠民生、促和谐落到实处。

2012年12月5日，中国社会科学院在京发布《经济蓝皮书：2013年中国经济形势分析与预测》。蓝皮书中预估，明年GDP预期增长率为8.2%。社科院专家表示，根据中央政治局会议针对明年宏观经济政策的定调，调控空间还具较大回旋余地，2013年中国经济有望实现平稳温和的增长。蓝皮书透露，在公布明年预期GDP增长率之前，曾根据两个假设条件展开基态预测，一是假设2013年欧元区的情况不再明显恶化，欧元区能够保持统一；二是假设2013年初美国能够妥善应对“财政悬崖”问题。因此，最后预估GDP预期增长率为8.2%左右，将高于今年预估的7.7%的水平。

2012年12月6日，在沪举行的长江沿岸中心城市经济协调会第15届市长联席会议上，长江流域城市群发出最新的合作宣言：不断突破体制障碍和行政区划限制，发挥长江流域城市圈、城市群的辐射和带动作用，放大国家区域发展政策叠加效应，加强城市间的配合和联动。上海、重庆、武汉、南京、合肥等27个长江流域城市联合发出的这份合作宣言说，长江连接中国东部、中部和西部三大区域，是举世闻名的“黄金水道”，对中国区域经济社会发展具有举足轻重的作用。

2012 年 12 月 8 日，全国发展改革系统研究院年会召开。国家发改委宏观经济研究院“城镇化战略研究”课题组称，现行户籍制度严重阻碍了人口市民化进程，户籍制度以及附着在户籍之上的各种福利制度极大地限制了农民工市民化进程。根据国家统计局农民工调查监测报告，外出农民工规模超过 1.59 亿，但由于没有城镇户籍，不能享受相应的基本保障和公共服务。除去这部分“被城镇化”的农民工，我国真实城镇化率不到 40%。

2012 年 12 月 9 日，中共中央总书记、中共中央军委主席习近平在广州主持召开经济工作座谈会，就当前国内外经济形势、推动经济发展广泛听取广东省各方面的意见和建议。习近平强调，科学分析明年我国经济发展的内外部环境，既要正视面临的困难和挑战，又要看到具备的有利条件和积极因素，既要坚定必胜信心，又要增强忧患意识，按照稳中求进的工作总基调，扎实推动我国经济持续健康发展。习近平指出，加快推进经济结构战略性调整是大势所趋，刻不容缓。

2012 年 12 月 12 日，福布斯中文版在长沙发布 2012 中国大陆最佳商业城市排行榜，上海时隔 3 年再次回到榜首，杭州、深圳分列二、三位，长沙则连续三年排名中部城市之首。

2012 年 12 月 13 日，中国社会科学院在京发布了《住房绿皮书：中国住房发展报告（2012–2013）》。绿皮书认为，2013 年，针对市场主体和政策本身，中央的房地产调控面临诸多挑战。这些挑战包括：全球经济持续低迷、国内经济动力不足、地方政府财政吃紧、中国各地情况千差万别、市场“价降量升”组合难形成、调控机制不够健全。绿皮书认为，近期中国住房市场各项指标普遍回转的走势值得警惕。

2012 年 12 月 17 日，国家发展改革委批复《贵阳建设全国生态文明示范城市规划（2012–2020 年）》。批复要求：要着力优化空间开发格局，科学规划高效集约发展区、生态农业发展区、生态修复和环境治理区、优良生态系统保护区。要加快构建生态产业体系，增强工业的核心竞争力和可持续发展能力，打造具有民族和地域文化特色的旅游产业体系，进一步提高服务业的比重和水平，建立现代农业产业体系，做大做强节能环保产业。要切实加强生态建设和环境保护，促进自然生态系统保护与修复，强化资源节约和循环利用，全面推进环境综合治理。要积极建设生态宜居城市，彰显“显山、露水、见林、透气”的城市特色。要加快生态文化建设，牢固树立生态文明理念，促进文化事业繁荣和生态文化产业发展。要着力建设生态文明社会，推进生态城镇和生态乡村建设。要建立健全有效推进生态文明建设的体制机制，逐步把生态文明建设纳入法制化、制度化、规范化轨道，为推进全国城市生态文明建设发挥示范作用。

2012年12月17日，中国第一部年度国际移民报告、国际人才蓝皮书《中国国际移民报告（2012）》在北京正式发布。蓝皮书的分析数据显示，2010年，中国海外华侨华人数量超过4500万，绝对数量居世界第一。2011年，中国对世界几个主要的移民国家永久性移民数量超过15万人，其中，在美国获得永久居留权的人数达87017人，在中国国际移民总数中排名第一，其次是加拿大、澳大利亚和新西兰。

2012年12月18日，国家发改委工作会议举行。国家发改委主任张平强调明年的工作新增加了要积极稳妥推进城镇化的内容，这包括要科学编制规划，优化城市空间布局和规模结构，着力提升城镇化质量和水平，逐步实现城镇基本公共服务常住人口全覆盖，抓紧研究制定有序推进农业转移人口市民化的政策措施，引导和规范新城、新区健康发展。目前，国家发改委已经编制了《促进城镇化健康发展规划》，该规划对于城市群建设，大、中、小城市协调健康发展以及优化城市化布局和形态，加强城镇化管理等进行了说明。该规划将上升到国家层面，并由国务院审批通过。这涉及上百个城市定位以及上万个小城镇的布局。

2012年12月18日，国土部召开新闻发布会，表示将按照中央经济工作会议的有关要求，继续坚持房地产调控政策不动摇，进一步加大分类指导力度，区分不同城市，指导督促采取切实措施，保持土地市场稳定足额供应，平抑土地市场价格的异常波动。

2012年12月18日，人力资源和社会保障部部长尹蔚民在全国人力资源和社会保障工作会议上说，明年就业工作的目标是：城镇新增就业900万人以上，城镇登记失业率控制在4.6%以内。今年以来，面对世界经济复苏明显放缓和国内经济下行压力加大的严峻形势，就业工作进展好于预期。前11个月，城镇新增就业1202万人，失业人员再就业525万人，困难人员实现就业167万人，三季度末城镇登记失业率为4.1%，就业局势保持稳定。

2012年12月19日，国家发展和改革委员会发布消息称，2012年中国新开工西部大开发重点工程22项，投资总规模为578亿元。自中国实施西部大开发战略至今（2000–2012年），西部大开发累计新开工重点工程187项，投资总规模3.68万亿元。

2012年12月20日，住房和城乡建设部、文化部、财政部将北京市房山区南窖乡水峪村等第一批共646个具有重要保护价值的村落列入中国传统村落名录并公示。这是三部委组织开展的全国第一次传统村落摸底调查，在各地初步评价推荐的基础上，经传统村落保护和发展专家委员会评审认定并公示。同时，为指导地方做好相关工作，住房和城乡建设部、文化部、财政部印发了《关于加强传统村落保护发展工作的指导意见》。

2012 年 12 月 20 日，中国社会科学院发布《公共服务蓝皮书》(以下简称《蓝皮书》)。《蓝皮书》指出，市民安全感排名前十的城市是拉萨、上海、厦门、宁波、杭州、南京、长春、重庆、天津和大连。总体上，东部开放港口城市、直辖市市民的安全感好于其他城市。这项调查覆盖全国 38 个城市，有 25000 多份问卷调查。

2012 年 12 月 21 日，中央农村工作会议在京召开。会议认真贯彻党的十八大精神，系统总结 2012 年和过去 10 年农业农村发展成就，深刻分析“三农”工作面临的新形势新挑战，重点研究加快发展现代农业、进一步增强农村发展活力，全面部署当前和今后一个时期的农业农村工作。

2012 年 12 月 24 日，全国审计工作会议召开。会议明确，从今年起，审计署将连续四年组织对全国城镇保障性住房政策的贯彻执行情况进行全面跟踪审计，通过关口前移、提前介入，充分发挥审计的建设性作用，保障人民群众利益。

2012 年 12 月 25 日，全国住房城乡建设工作会议在北京召开。会议全面总结了全国住房城乡建设系统过去 5 年的工作，并对 2013 年的重点工作进行了部署。一是努力完成城镇保障性安居工程建设任务，尤其是要加大配套设施建设力度。二是坚定不移地搞好房地产市场调控。三是加快修订《住房公积金管理条例》，继续做好资金安全和使用管理工作。四是继续抓好城乡规划工作，积极稳妥推进城镇化。五是加快城市市政公用设施建设，加强城镇减排，改善城市人居生态环境。六是完成好农村危房改造任务，推进村镇建设。七是以更大决心和更快步伐推进建筑节能。八是进一步强化建筑市场和工程质量安全监管。九是加强法规标准建设，提高依法行政能力。十是下气力研究住房城乡建设领域的几个重要问题，配合国家发展改革委深入研究我国城镇化问题，配合有关部门加快构建符合我国国情、系统配套、科学有效、稳定可预期的房地产市场调控政策体系，进一步研究完善住房保障制度，加强对住房公积金管理问题的研究。十一是继续深入推进党风廉政建设、队伍建设和精神文明建设。

2012 年 12 月 25 日，《福建海峡蓝色经济试验区发展规划》(以下简称《规划》)发布。该《规划》是继山东、浙江、广东之后，国务院批准的第四个试点省海洋经济发展规划。

2012 年 12 月 25 日，全国文物局长会议在北京召开。国家文物局局长励小捷表示，全面开展第一次全国可移动文物普查，是 2013 年工作的重中之重。此外，2013 年还将开展古村落官式建筑样本工程和文物安全防范典范工程的试点工作，开展山西南部早期建筑及彩塑壁画色彩文物重要石窟寺、重要革命旧址文物保护工作和西藏、新疆重点文物保护工程，完成南水北调工程田野文物考古与保护工作等。

2012 年 12 月 25 日，浙江省发改委主任孙景淼在“浙江省发展和改革工作会议”上指出，要“开展撤镇设市的制度和路径研究”。随后，在第二天该省举办的“小城市培育试点工作现场推进会”上传来消息，浙江初步考虑建立小城市试点镇用地指标单列制度，争取国家在浙江率先开展撤镇设市试点，将条件具备的镇升格为小城市。

2012 年 12 月 26 日，住房和城乡建设部、国家发展改革委员会、财政部、农业部、国家林业局、国务院侨务办公室、中华全国总工会七部门联合下发通知，要求各地全面落实全国资源型城市与独立工矿区可持续发展及棚户区改造工作座谈会部署，扎实推进各类棚户区（危旧房）改造。

2012 年 12 月 26 日，世界上运营里程最长的高速铁路——京广高铁正式全线贯通，北京至广州的时间缩短至 8 小时左右。京广高铁串起环渤海经济圈、中原经济区、武汉城市圈、长株潭城市圈、珠三角经济圈等五大经济圈，对拉动沿线区域经济发展和加快产业转移的作用明显。据有关方面测算，京广高铁每年对全社会经济的拉动作用超过 300 亿元。

2012 年 12 月 28 日，国务院副总理李克强在江西省九江市主持召开长江沿线部分省份及城市负责人参加的区域发展与改革座谈会时指出，逐步缩小城乡区域差距是发展的潜力、富民的动力，保持我国经济持续健康发展，出路在于转方式、调结构，而最大的结构调整就是扩大内需。东部有内需潜力，中西部回旋余地和发展空间更大，沿江地带是重要的战略支点。先沿海兴旺起来，再沿江加快发展，梯度推进，这符合经济发展规律。

2012 年 12 月 29 日，2013 年全国交通运输工作会议召开。会议明确，2012 年全年新增公路通车里程 8.7 万公里，其中高速公路 1.1 万公里，新改建农村公路 19.4 万公里。2012 年全国交通运输基础设施建设平稳推进，编制完成“十二五”综合客运枢纽、公路货运枢纽（物流园区）建设规划和交通运输环境保护发展规划，制定集中连片特困地区交通建设扶贫规划纲要。

2012 年 12 月 29 日，根据甘肃省舟曲灾后重建前方协调指导小组公布的数据，舟曲灾后恢复重建的 170 个项目已完成 169 个，累计完成投资 47.5 亿元，占规划总投资的 97%。除由甘肃省国土资源厅承担的锁儿头滑坡地质灾害治理项目，经国土资源部、国家发改委反复规划论证、计划明年建设完成外，国务院总体规划和甘肃省委省政府确定的建设任务已基本完成。历时两年多的舟曲灾后重建工作已取得决定性胜利，美丽新舟曲已经展现在人们的面前。

2012 年 12 月 30 日，中石油西气东输二线广州—南宁支干线天然气正式到达广西南宁。至此，西气东输二线工程 1 条干线、8 条支干线全部建成投产，实现我国已建、在建 20 条管道连接贯通，形成近 4 万公里天然气管网，基本覆盖我国 28 个省区市和香港特别行政区，数以亿计人口从中受益。

2012 年 12 月 30 日，北京同时开通 4 条地铁线路，北京市轨道交通总里程达 442 公里，跃居中国内地首位。同时，北京地铁日均客流量预计突破千万人次，将成为世界上最繁忙的地铁。

2012 年 12 月 31 日，国家民政部网站发布消息称，国家减灾委员会办公室会同相关部门，综合考虑因灾人员伤亡、直接经济损失和经济社会影响等指标，评选出 2012 年全国十大自然灾害事件。具体如下：① 7 月下旬华北地区洪涝风雹灾害；②“9 · 7”云南彝良 5.7、5.6 级地震；③“5 · 10”甘肃岷县特大冰雹山洪泥石流灾害；④ 8 月上旬“苏拉”、“达维”双台风；⑤ 6 月下旬南方洪涝风雹灾害；⑥ 2011 ~ 2012 年度云南冬春连旱；⑦ 7 月初四川盆地至黄淮地区洪涝灾害；⑧ 8 月末川渝暴雨洪涝灾害；⑨ 7 月中旬南方洪涝灾害；⑩ 6 月初湖南暴雨洪涝灾害。

（撰稿人：郭磊，中国城市规划设计研究院学术信息中心城市规划师；徐超，中国城市规划设计研究院学术信息中心助理工程师）

2012年度城市规划相关政策法规索引

名称	批号（文号）	发布机构	发布日期	实施日期
关于征求“十二五”建筑节能专项规划（征求意见稿）意见的函	建办科函[2012]25号	住房和城乡建设部	2012-01-09	
国务院关于实行最严格水资源管理制度的意见	国发[2012]3号	国务院办公厅	2012-01-12	
国务院办公厅关于批准惠州市城市总体规划的通知	国办函[2012]6号	国务院办公厅	2012-01-12	
关于印发既有居住建筑节能改造指南的通知	建办科函[2012]75号	住房和城乡建设部	2012-01-29	
关于命名2011年国家园林城市、县城和城镇的通报	建城[2012]13号	住房和城乡建设部	2012-02-28	
国务院关于西部大开发“十二五”规划的批复	国函[2012]8号	国务院办公厅	2012-02-13	
关于印发《建设用地容积率管理办法》的通知	建规[2012]22号	住房和城乡建设部	2012-02-17	2012-03-01
国务院办公厅关于批准邯郸市城市总体规划的通知	国办函[2012]61号	国务院办公厅	2012-03-03	
国务院关于东北振兴“十二五”规划的批复	国函[2012]17号	国务院	2012-03-04	
关于做好2012年城镇保障性安居工程工作的通知	建保[2012]38号	住房和城乡建设部	2012-03-14	
国务院关于同意将新疆维吾尔自治区库车县列为国家历史文化名城的批复	国函[2012]22号	国务院办公厅	2012-03-15	
国土资源部关于大力推进节约集约用地制度建设的意见	国土资发[2012]47号	国务院	2012-03-16	
国土资源部关于大力推进节约集约用地制度建设的意见	国土资发[2012]47号	国土资源部	2012-03-16	
国家发展改革委关于印发东北振兴“十二五”规划的通知	发改东北[2012]641号	国家发展改革委	2012-03-18	
国家发展改革委关于印发陕甘宁革命老区振兴规划的通知	发改西部[2012]781号	国家发展改革委	2012-03-25	
关于印发《保发展保红线工程2012年行动方案》的通知	国土资发[2012]58号	国土资源部	2012-03-30	

续表

名称	批号（文号）	发布机构	发布日期	实施日期
关于推进夏热冬冷地区既有居住建筑节能改造的实施意见	建科 [2012]55 号	住房和城乡建设部 财政部	2012-04-01	
国务院办公厅关于批准洛阳市城市总体规划的通知	国办函 [2012]73 号	国务院办公厅	2012-04-09	
关于印发《城市轨道交通工程周边环境调查指南》的通知	建质 [2012]56 号	住房和城乡建设部	2012-04-12	
国务院办公厅关于支持中国图们江区域（珲春）国际合作示范区建设的若干意见	国办发 [2012]19 号	国务院办公厅	2012-04-13	
关于加强城市内涝防治及开展 2012 年城市防汛检查工作的通知	建办城函 [2012] 226 号	住房和城乡建设部	2012-04-13	
住房和城乡建设部 文化部 国家文物局 财政部关于开展传统村落调查的通知	建村 [2012]58 号	住房和城乡建设部等	2012-04-16	
国务院办公厅关于进一步做好减轻农民负担工作的意见	国办发 [2012]22 号	国务院办公厅	2012-04-17	
国务院办公厅关于印发"十二五"全国城镇生活垃圾无害化处理设施建设规划的通知	国办发 [2012]23 号	国务院办公厅	2012-04-19	
国务院办公厅关于印发"十二五"全国城镇污水处理及再生利用设施建设规划的通知	国办发 [2012]24 号	国务院办公厅	2012-04-19	
关于加快推动我国绿色建筑发展的实施意见		财政部 住房和城乡建设部	2012-04-27	
关于印发"十二五"建筑节能专项规划的通知	建科 [2012]72 号	住房和城乡建设部	2012-05-09	
国家发展改革委印发关于西部大开发 2011 年进展情况和 2012 年工作安排的通知	发改西部 [2012] 1542 号	国家发展改革委	2012-05-30	
关于印发国家"十二五"文化和自然遗产保护设施建设规划的通知	发改社会 [2012] 1549 号	国家发展改革委等	2012-06-01	
闲置土地处置办法	国土资源部令第 53 号	国土资源部	2012-06-01	2012-07-01
国务院关于批转社会保障"十二五"规划纲要的通知	国发 [2012]17 号		2012-06-14	
国务院关于印发"十二五"节能环保产业发展规划的通知	国发 [2012]19 号		2012-06-16	

续表

名称	批号（文号）	发布机构	发布日期	实施日期
住房和城乡建设部关于印发全国城镇燃气发展“十二五”规划的通知	建城[2012]100号	住房和城乡建设部	2012-06-27	
国务院关于支持赣南等原中央苏区振兴发展的若干意见	国发[2012]21号	国务院	2012-06-28	
国务院关于同意将新疆维吾尔自治区伊宁市列为国家历史文化名城的批复	国函[2012]64号	国务院	2012-06-28	
关于做好2012年扩大农村危房改造试点工作的通知	建村[2012]87号	住房和城乡建设部	2012-06-29	
国务院关于印发“十二五”国家战略性新兴产业发展规划的通知	国发[2012]28号	国务院	2012-07-09	
国务院关于印发国家基本公共服务体系“十二五”规划的通知	国发[2012]29号	国务院办公厅	2012-07-11	
国家发展改革委 国家体育总局关于印发“十二五”公共体育设施建设规划的通知	发改社会[2012]2377号	国家发展改革委 国家体育总局	2012-07-19	
国务院关于加强道路交通安全工作的意见	国发[2012]30号	国务院	2012-07-22	
国务院关于批转交通运输部等部门重大节假日免收小型客车通行费实施方案的通知	国发[2012]37 号	国务院办公厅	2012-07-24	
国家发展改革委关于印发易地扶贫搬迁“十二五”规划的通知	发改地区[2012]2221号	国家发展改革委	2012-07-25	
国务院办公厅关于加快林下经济发展的意见	国办发[2012]42号	国务院办公厅	2012-07-30	
国务院关于印发节能减排“十二五”规划的通知	国发[2012]40号	国务院办公厅	2012-08-06	
国家发展改革委关于黔中经济区发展规划的批复	发改西部[2012]2446号	国家发展改革委	2012-08-12	
国务院办公厅关于批准保定市城市总体规划的通知	国办函[2012]144号	国务院办公厅	2012-08-17	
国家发展改革委关于印发山西省国家资源型经济转型综合配套改革试验总体方案的通知	发改经体[2012]2558号	国家发展改革委	2012-08-20	
国务院关于大力实施促进中部地区崛起战略的若干意见	国发[2012]43号	国务院	2012-08-27	

续表

名称	批号（文号）	发布机构	发布日期	实施日期
住房城乡建设部 发改委 财政部关于加强城市步行和自行车交通系统建设的指导意见	建城 [2012]133 号	住房和城乡建设部发展和改革委委员会财政部	2012-09-05	
国家发展改革委关于印发广州南沙新区发展规划的通知	发改地区 [2012] 2915 号	国家发展改革委	2012-09-12	
国务院关于开展第一次全国可移动文物普查的通知	国发 [2012]54 号	国务院办公厅	2012-10-01	
国务院关于天津市海洋功能区划（2011—2020 年）的批复	国函 [2012]159 号	国务院	2012-10-10	
国务院关于河北省海洋功能区划（2011—2020 年）的批复	国函 [2012]160 号	国务院	2012-10-10	
国务院关于辽宁省海洋功能区划（2011—2020 年）的批复	国函 [2012]161 号	国务院	2012-10-10	
国务院关于江苏省海洋功能区划（2011—2020 年）的批复	国函 [2012]162 号	国务院	2012-10-10	
国务院关于浙江省海洋功能区划（2011—2020 年）的批复	国函 [2012]163 号	国务院	2012-10-10	
国务院关于福建省海洋功能区划（2011—2020 年）的批复	国函 [2012]164 号	国务院	2012-10-10	
国务院关于山东省海洋功能区划（2011—2020 年）的批复	国函 [2012]165 号	国务院	2012-10-10	
国务院关于广西壮族自治区海洋功能区划（2011—2020 年）的批复	国函 [2012]166 号	国务院	2012-10-10	
国务院关于发布第八批国家级风景名胜区名单的通知	国函 [2012]180 号	国务院办公厅	2012-10-31	
国务院关于上海市海洋功能区划（2011—2020 年）的批复	国函 [2012]183 号	国务院	2012-11-01	
国务院关于广东省海洋功能区划（2011—2020 年）的批复	国函 [2012]182 号	国务院	2012-11-01	
国务院关于海南省海洋功能区划（2011—2020 年）的批复	国函 [2012]181 号	国务院	2012-11-01	
住房和城乡建设部关于公布国家城市湿地公园的通知	建城 [2012]157 号	住房和城乡建设部	2012-11-01	
住房和城乡建设部关于支持大别山片区住房城乡建设事业发展的意见	建村 [2012]159 号	住房和城乡建设部	2012-11-06	
住房城乡建设部关于促进城市园林绿化事业健康发展的指导意见	建城 [2012]166 号	住房和城乡建设部	2012-11-18	

续表

名称	批号（文号）	发布机构	发布日期	实施日期
住房城乡建设部办公厅关于开展国家智慧城市试点工作的通知	建办科[2012]42号	住房和城乡建设部	2012–11–22	
国务院办公厅关于批准绍兴市城市总体规划的通知	国办函[2012]194号	国务院办公厅	2012–11–26	
住房和城乡建设部关于国家级风景名胜区保护管理执法检查结果的通报	建城函[2012]250号	住房和城乡建设部	2012–11–27	
国务院关于南昌市城市总体规划的批复	国函[2012]201号	国务院	2012–12–08	
关于加快推进棚户区（危旧房）改造的通知	建保[2012]190号	住房和城乡建设部等	2012–12–12	
国务院关于进一步做好旅游等开发建设活动中文物保护工作的意见	国发[2012]63号	国务院	2012–12–19	
国务院关于城市优先发展公共交通的指导意见	国发[2012]64号	国务院	2012–12–29	

（郭磊，中国城市规划设计研究院学术信息中心城市规划师；徐超，中国城市规划设计研究院学术信息中心助理工程师）

2012 年度中国人居环境奖获奖名单

中国人居环境奖

江苏省太仓市

山东省泰安市

中国人居环境范例奖

1. 上海市宝山区顾村公园建设项目
2. 上海市浦东新区碧云国际社区建设管理项目
3. 上海市长江口青草沙水源地原水工程项目
4. 重庆市园博园建设项目
5. 重庆市渝中半岛步行与北部新区自行车交通系统示范项目
6. 河北省邢台市七里河水环境治理暨健身绿道建设项目
7. 山西省晋中市污水多用途资源化综合利用项目
8. 山西省侯马市再生能源综合利用项目
9. 内蒙古自治区乌海市乌达区煤矿棚户区搬迁改造爱民佳苑社区项目
10. 内蒙古自治区锡林郭勒盟多伦县多伦诺尔镇古城保护与建设项目
11. 内蒙古自治区呼伦贝尔市阿荣旗那吉镇小城镇建设项目
12. 辽宁省沈阳市蒲河生态廊道建设项目
13. 吉林省通化市暖房子建设工程
14. 江苏省城乡统筹区域供水规划及实施项目
15. 江苏省金坛市宜居工程建设项目
16. 江苏省昆山市巴城镇生态宜居工程建设项目
17. 江苏省宜兴市周铁镇小城镇建设项目
18. 浙江省杭州市老旧住宅区物业管理改善工程
19. 浙江省杭州市天子岭生活垃圾处理优化管理项目
20. 浙江省杭州市数字化城市管理项目
21. 浙江省桐庐县县城滨江区块综合改造项目
22. 安徽省芜湖市老港区环境综合整治暨滨江公园建设项目
23. 安徽省宣城市梅溪河水环境综合治理工程

24. 安徽省潜山县燕窝村村庄环境整治工程

25. 福建省福州市城区内河综合整治工程

26. 福建省龙岩市莲花山栈道项目

27. 山东省农村住房建设与危房改造工程

28. 山东省青岛市保障性住房建设项目

29. 山东省日照市既有居住建筑供热计量及节能改造工程

30. 山东省荣成市乡村环境清洁行动工程

31. 河南省许昌市城市建筑垃圾处理和资源化利用项目

32. 湖南省株洲市城市公共自行车租赁系统建设项目

33. 广西壮族自治区桂林市恭城瑶族自治县改造城区风貌提升人居环境建设项目

34. 四川省成都市锦江区城乡物业管理全覆盖及社区建设项目

35. 云南省昆明市城市再生水利用项目

36. 陕西省西安市莲湖区市容环卫标准化管理项目

37. 青海省西宁市大南山绿色屏障建设工程

38. 新疆维吾尔自治区乌鲁木齐市大容量快速公交系统建设项目

2012 年度中国城乡规划行业网工作总结

中国城乡规划行业网自 2000 年创办以来，历经 2001 年、2003 年、2010 年三次改版，已走过十二个春秋。网站的定位是坚持走学术资源型的行业垂直性网站道路，基于这个定位，我们在不同发展阶段作了不同程度的努力。面对大数据时代的机遇和挑战，我们及时作出了应对，取得了一定的成绩，下面择其要点总结一二。

一、传统网站平台的持续建设

（一）视频频道

China-Up 的“视频”频道是本网传统的热点频道，创办八年来一直坚持传播行业最新学术信息，致力于搭建学术交流平台的宗旨，通过先进的视频转播方式，将学术资源高效率、精准化地播报出来，历来受到大家的一致好评。截至 2012 年 12 月底，共报道了 11 次会议，点击率达到 33241 余次，学者共计 200 余位，其中最高被点击量为 2343 次。

（二）资讯频道

China-Up 的“资讯”频道各个栏目的信息源来自于各大综合性网站，在目前自媒体平台的快速成长所带来的挑战下，仍旧保质保量地完成了信息采集的任务，全年更新量达到 4200 余条，保证了例行完成的行业“大事记”的充足资源储备。

二、Web2.0 模式的进一步实现

（一）“规划微博”栏目

充分运用微博（自媒体）传播迅速便捷、涵盖范围广、体现平等主义等核心特征，自 2010 年改版建立的微博栏目（集结了行业内外 60 余人的新浪微博同步更新资源）实现了以下目标：

1. 对规划热点问题给予及时和充分的关注与热评

重点体现在以下几个方面：

（1）历史文化名城保护：通过和纸媒等机构的进一步合作，不同程度地改变了政府原有意图，使事态向良好方向发展。具体案例如广州大佛寺扩建、广州恩宁路改造、上杭历史街区改造、北京玉河改造工程、广州绿道建设、上海建业里改造、北京南锣鼓巷改造、北京钟鼓楼文化城建设等。

（2）城市安全：城市内涝、路面塌陷、新建桥梁坍塌。

（3）环境保护：大连、厦门、宁波 PX 项目选址。

（4）设计机构管理问题：洋机构进驻中国市场（波士顿设计集团）。

2. 独家专业观点的分享

个人微博利用专长为大家答疑解惑，对最新出台的政策进行评述，推荐行业经典书籍，传递国内外最新理念、相关资讯。

3. 行业重大事件的即时播报

重要会议的同步直播、专家评审会动态。

4. 机构实力的展示

设计方案的展示与探讨、机构学术交流情况的介绍；设计、管理机构官方微博的持续开通。

5. 实地勘察、田野调查

调研途中各地鲜活信息的推送；对规划建设情况进行深入调研、摸底。

6. 对社会热点问题的特别关注体现了规划人的担当

（二）“博文精萃”栏目

采取半人工方式，采集大家在各自博客上发表的文章汇总于此。主要内容倾向于结合专业热点，对时事进行评述。今年更新的近 400 余篇文章中，最高被点击量为 3600 余次。

我们将不断地探讨新的信息整合方式，希望能够更好地满足行业的需求，为城市规划行业的健康发展做出贡献；同时也不辜负行业领导、机构及广大同仁对网站一直以来的关心、鼓励和支持。

各频道数据更新量汇总（2012 年 1 月至 12 月）

频道	栏目名称	更新总量
资讯	新闻	2300 余条
	热点追击	700 余条
	特别专题	1300 余条

续表

频道	栏目名称	更新总量
视频	视频专区	共报道了 11 次会议，点击率达到 33241 余次，学者共计 200 余位，其中最高被点击量为 2343 次
资源	规划成果	33 项
	政策法规	30 余条
	城市案例	3 例
	专家文库	更新 7 位专家的 234 篇文章
	摄影作品	4 位作者的 2000 余张照片
	海外资源	简讯等 300 余条；案例研究近 30 篇
互动	规划微博	栏目成员共 60 余人,其中“规划中国”账号共发 3600 余条微博（总计）
	专栏主笔	6 篇
	博文精萃	增加 4 位作者的 388 篇文章，其中最高被点击量为 3674 次
百科	城乡规划百科	6 个词条
机构	中规院专版	中国城市规划设计研究院专版引介了《城市规划通讯》（中规院专版）24 期内容，容量 1.46G，其中最高被点击量为 6853 次

（注:在此谨向参与“规划微博”等栏目建设的各位老师同仁致以诚挚谢意。）

中国城乡规划行业网

2013 年 1 月

本书编研机构简介

中国城市科学研究会

中国城市科学研究会于1984年正式成立（英文名称为Chinese Society for Urban Studies，缩写为CSUS）是由全国从事城市科学研究的专家、学者、实际工作者和城市社会、经济、文化、环境，城市规划、建设、管理有关部门及科研、教育、开发等单位自愿组成，依法登记成立的全国性、公益性、学术性法人社团，是发展我国城市科学研究科技事业的重要社会力量。

本会的宗旨为适应我国健康城镇化和城市科学发展的需要，组织并推动会员对城市发展的规律，对城市社会、经济、文化、环境和城市规划建设管理中的重大问题进行综合性研究，繁荣和发展城市科学理论，促进城市科学的普及和推广，促进城市科学研究科技人才的成长和提高，促进城市的经济、社会和环境的协调发展。

本会挂靠住房和城乡建设部，接受业务主管单位中国科协和社团登记管理机关民政部的业务指导和监督管理。

本会秘书处下设综合部、组织工作部、学术交流部、咨询宣教部、编辑部、县镇工作部。

目前本会已设立了7个专业委员会，全国省（区、直辖市）、市设有100个地方城市科学研究会，个人会员16000多名。

中国城市规划协会

中国城市规划协会是城市规划行业的全国性社会团体，英文名称China Association of City Planning，缩写为CACP，1993年10月经国家民政部核准登记注册成立。

协会下设包括规划管理、规划设计、城市勘测、地下管线、女规划师、信息管理以及规划展示等7个二级专业委员会机构，现有会员单位近900家。秘书处是协会常设办事机构，下设综合办公室、行业管理部、技术服务部。

协会的宗旨是遵守我国宪法、法律、法规和社会道德规范，贯彻党和国家的方针政策，适应城市规划行业改革和发展的需要，履行行业代表、协调、服务、自律的职能，发挥政府与行业之间的桥梁与纽带作用，促进城市规划、建设、管理事业健康有序发展。

协会以坚持为政府和会员单位服务的方针，依据章程广泛开展行业管理和交流，主要任务有：

近年积极承担了《城市规划服务领域 WTO“后过渡期”应对研究》、《加入 GPA（政府采购）对城市规划服务领域的影响及对策研究》、《城市规划制定与实施管理体制研究报告》、《城市规划编制单位实施注册规划师执业制度研究》、《我国实行注册城市规划师执业资格制度所面临的问题和对策建议》、《城市空间地理信息应用研究》等重大课题；组织开展“全国优秀城乡规划设计奖”评选活动。1998 年以来，协会已独立组织并完成了七届优秀规划设计奖的评选工作，并编辑出版了历届《优秀城市规划获奖作品集》，受到各地规划主管部门和全行业的广泛重视和好评；受政府委托和行业发展需要，组织开展各类城市规划专业论坛、研讨会和展览等活动。其中，“城市规划与城市特色”论坛、“汶川地震灾后启示与思考”论坛、“数字城市规划”论坛、“城市科学与发展研讨会”和“滨水地区城市设计国际博览会”、“中国 · 潍坊生态城市规划建设博览会”等专题活动的开展，对促进行业信息传播和交流起到了积极作用。

协会严格按照住房和城乡建设部批准的培训计划，举办各类城市规划专业培训班，加强人才培训，规划队伍素质建设；依照国家有关规定，建立并管理本会的网站、编辑出版协会的刊物和信息资料，加强规划行业的宣传工作；协会积极开展国际交流合作，先后与美国、加拿大、澳大利亚、法国、德国以及港、澳、台等地区城市规划和相关社团组织建立联系，开展与城市规划相关的考察交流活动与合作。

中国城市规划学会

中国城市规划学会成立于 1956 年，是依法登记的法人学术性社会团体和职业组织，规划领域唯一的国家一级学会，会员遍布全国，包括 9 名院士和一大批教授、研究员、高级规划师、注册城市规划师，汇集了城市规划行业的精英，代表了当今中国城市规划领域的最高学术水平。

中国城市规划学会是我国在国际城市与区域规划师学会的官方代表，也是世界银行注册的咨询机构，与主要国家的规划组织签署了双边合作备忘录，有着密切的业务联系，近期的业务合作单位包括联合国开发计划署、联合国人居署、世界银行等国际机构。

学会每年组织大量学术活动，为政府决策提供技术咨询，出版各种学术书刊。由学会主办的每年一次的中国城市规划年会是我国规划行业规模最大、水平最高的盛会。学会会刊《城市规划》是我国城市规划领域发行量最大、最权威的核心期刊；《China City Planning Review》是我国工程建设领域惟一正式出版的英文期刊，深受海外读者欢迎。学会曾经在城镇化、规划立法、规划管理体制、住宅建设、城市机动化、历史文化遗产保护、规划技术标准、规划决策民主化、城市安全防灾等诸多领域为国家有关部门决策提出重要政策建议和参考意见。学会还是国家认可的注册城市规划师继续教育机构，每年为注册规划师提供继续教育培训活动。

学会下设组织、青年、学术和编辑出版四个工作委员会，区域规划与城市经济、居住区规划、风景环境规划设计、历史文化名城规划、城市规划新技术应用、小城镇规划、国外城市规划、工程规划、城市生态规划、城市设计、城市安全与防灾、城市交通规划十二个专业学术委员会。学会办事机构为秘书处，下设编辑部、咨询部和联络部。

中国城市规划设计研究院

中国城市规划设计研究院（简称中规院）是中华人民共和国住房和城乡建设部的直属科研机构，是全国城市规划研究、设计和学术信息中心。具有城市规划编制、工程设计、工程咨询、旅游规划设计、文物保护工程勘察设计、建设项目水资源论证、建筑工程设计和建筑智能化集成甲级资质；具有承包境外市政工程勘测、咨询、设计和监理项目资质，全国性事业单位组织派遣团组和人员出国（境）培训工作资格证书。对部服务、科研标准规范、规划设计和社会公益服务是中规院的四项主要职能。

中规院是国务院学位委员会批准的城市规划与设计硕士学位授予单位，人力资源和社会保障部批准设置博士后科研工作站；是中国城市规划学会、全国城市规划科技情报网等学术团体的挂靠单位，中国城市规划学会区域规划与城市经济学术委员会、中国城市交通规划学术委员会等十余个二级专业学术委员会挂靠在中规院；是中国国际工程咨询公司的成员单位和国家外专局批准的城市规划境外培训单位；是住房和城乡建设部指定的全国城市规划标准规范技术归口单位、城市轨道交通标准技术归口单位；住房和城乡建设部城市交通工程技术中心、住房和城乡建设部地铁和轻轨研究中心、住房和城乡建设部城市水资源中心以及建设部城市供水水质监测中心（包括水质监测国家实验室）均设在中规院。中规院已同 20 多个国家和地区的有关学术机构建立了联系，是国际住房与城市规划联盟的团体会员，是世界银行的注册咨询机构。

中国城乡规划行业网协办单位简介

江苏省城市规划设计研究院

江苏省城市规划设计研究院成立于1978年，是国内最早成立的省级规划院之一，现已成长为集科研创新与规划实践优势于一体的国内领先规划研究机构、行业首家高新技术企业、城市发展系统服务平台。

全院现有员工近400名，100余名高级工程师（教授级高级工程师35名）、注册专业技术人员。多名国务院特殊津贴专家、住房和城乡建设部专家委员会成员、江苏省中青年突出贡献专家以及江苏省“333工程”中青年科学技术带头人，多人担任著名高校的兼职教授，1人任国际城市与区域规划师学会（ISOCARP）科学委员会委员。

凭借雄厚的技术力量和领先的创新能力，该院取得了一系列令人瞩目的成就。奠定了在区域规划、中小城市总体规划、园区规划、技术标准制定等方面的全国领先地位。在历次全国评奖中，先后获得全国优秀城市规划设计奖50多个，其中一等奖8个。连续多年在中国城市规划年会上论文录用数、宣读数居于同行业前列。先后同南京大学、清华大学、东南大学、澳大利亚莫纳什大学等国内外知名高校、科研机构建立了良好的合作关系，以及获批江苏省博士后创新实践基地，搭建了促进科技创新、人才培养、成果转化的优势平台。

该院是国内第一家以规划设计为核心技术的高新技术企业，掌握了一批国内领先的涉及城市规划、交通规划、市政工程、建筑设计、园林设计等多领域的核心自主知识产权，有力地支撑了全院科技创新与技术进步。以江苏省城乡规划信息系统为代表的信息化成果的广泛应用，构建了完整的城乡规划研究综合信息数据应用系统，为全省规划编制、研究和管理工作提供了有力支撑，为实现城乡规划办公自动化、管理现代化、决策科学化打下了坚实的基础。

作为国内首批规划设计甲级单位之一，该院还先后拥有了甲级建筑工程设计、甲级风景园林工程设计、甲级旅游规划设计、甲级市政（道路工程）设计资质。2008年，江苏省城市交通规划研究中心在院内挂牌，在全国省级规划设计单位中是唯一一家。2011年该院入选首批江苏省决策咨询研究基地，跻身省级决策咨询思想库和智囊团行列。为倡导先进的城市生活方式，推介科学的城市建设理念，该院与香港凤凰周刊、中国城市规划学会联合创办《凤凰周刊·城市》杂志，举办“凤凰城市论坛”及“凤凰城市榜”评选活动，显著提升了规划设计行业在高端大众媒体上的话语权和影响力，对于普及科学的城市规划知识、传播先进的城市管理理念、促进城市健康发展作出了积极贡献。

深圳市城市规划设计研究院有限公司

深圳市城市规划设计研究院有限公司，是一所拥有雄厚技术实力的城市规划咨询研究设计机构。历经市场经济和城市化大潮的洗礼，身处改革开放前沿城市的深规院在长期全方位参与深圳市的宏观政策研究、城市发展研究、规划设计和工程咨询过程中，积累和形成了深厚的学术理论功底、丰富的项目经验和强大的专业攻坚能力，已经成为深圳市城市规划建设的一支重要技术力量，综合技术实力位居全国知名规划院前列。具有国家城乡规划甲级资质、市政道路工程设计甲级资质和建筑工程设计乙级资质。

深规院服务范围包括城市发展战略和管理政策研究、城市总体规划、分区规划、法定图则、控制性详细规划、修建性详细规划、城市设计、各类专项规划、建筑工程设计、市政工程设计、环境影响评估，以及各地城市发展的重大决策和技术咨询等。

深规院自 2000 年起在城市规划行业中率先通过 ISO9001 质量管理体系认证，经过多年运行和持续改进，建立了适合行业运作、符合标准要求、系统完善、运行有效的质量体系，在管理实践中发挥了重要作用，有效地控制和规范了项目运作，为保证成果质量提供了可靠的管理制度。

深规院建院 20 多年，完成了 3000 余个本市和全国各地规划、设计、研究项目，先后有百余项次的项目获国际、国家、部、省、市优秀规划设计或科技进步奖，其中国际级 1 项，国家级 27 项，省级 59 项，市级 98 项。在全国各地的规划招、投标活动中，有百余项目中标，显示了雄厚的技术实力和市场适应能力。在全国性各类刊物上发表数百篇学术论文和专著，其中公开发表学术论文近 500 篇，丰硕的学术成就有效地带动了技术的进步。

在引进人才、培养人才、锻炼专业队伍的工作上，深规院一直不遗余力，并拥有一套独特的方法和体系。全院具有博士、硕士学位人员占 28%，高级职称 40 人，中级职称 62 人，各类注册师 38 人。员工技术专业涵盖城市规划、城市设计、经济地理、建筑设计、风景园林、城市经济、环境保护、交通规划、市政工程等多种学科，具有雄厚的专业人才储备和多学科研究设计能力。与北京大学、南京大学、同济大学、哈工大、中山大学、中科院以及境内外多家咨询公司、著名高校和研究机构建立了合作伙伴关系，拥有由国内外 150 多位著名专家组成的专家库，保证了我院雄厚的智力资源和强大的综合实力。

多年来，深规院专心致力于提供最优秀的规划成果和服务城市建设的规划咨询研究，形成了讲求实效的“务实、创新、优质、诚信”的工作理念。在城市各类型的规划研究及市政工程规划和实践方面积累了丰富的经验。尤其在城市规划制度及发展研究、城市总体规划编制、近期规划研究、控制性详细规划及城市设计等方面居于全国前列，在现代物流业规划研究、城市轨道交通规划研究、城市产业布局规划、水资源规划研究、工程规划设计及各类专项规划研究领域，同样具有丰富的经验和突出的业绩。

沈阳市规划设计研究院

沈阳市规划设计研究院始建于 1960 年 5 月 11 日。拥有城乡规划编制甲级、建筑行业（建筑工程）工程设计甲级、人防工程建设建筑工程甲级、土地规划甲级资质；市政行业（给、排水，道路工程）专业乙级、风景园林工程设计专项乙级、土地复垦方案编制生产建设类乙级、土地复垦方案编制中介服务机构乙级等资质；是辽宁省规划设计协会理事长单位、辽宁省文明单位、全国规划行业应用新技术先进单位和全国 CAD 新技术应用示范企业单位；是率先在全国同行中取得 ISO9001 质量体系认证和国际质量标准认证证书单位。

全院现有职工 282 人，其中专业技术人员 267 人。有规划研究所、规划设计所、道路交通研究所、市政管网研究所、景观与城市设计所五个专业科所，以及浑南分院、沈北分院、沈溪分院、土地分院、建筑分院五个综合分院。能承担区域规划、土地利用规划、城市总体规划、分区规划、控制性详细规划、修建性详细规划、各专业专项规划、风景区规划、环境设计、河湖水系综合治理规划、建筑工程设计、道路工程设计、市政管网工程设计、室内外装修设计、模型制作及科技咨询和可行性研究。

多年来，该院每年都派出百余人次出国考察和到全国各地学习，与清华大学、同济大学、哈尔滨工业大学、美国伊利诺伊大学、美国威尔考特事务所、美国 PTKL 国际有限公司、美国 UID 建筑事务所、美国泛亚易道景观公司、美国 HCCP 建筑事务所、美国阿特金斯公司、日本芝蒲工业大学、日本庆应大学、日本安井建筑设计事务所、日本鹿岛设计、澳大利亚 LAB 建筑事务所、澳大利亚杰克逊设计公司、加拿大 INRO 公司、德国 B-Plan 规划建筑设计公司、德国柏林工业大学等建立了合作伙伴关系，并聘请美国、德国设计师长期来院工作，掌握着世界最先进的设计理念和规划动态，院科研设计工作已经与国际接轨。

在国内各级科研成果评优中，该院先后有百余项科研成果获奖，其中省级以上115项，《沈阳市环城水系及环城绿化规划》、《南湖科技开发区规划》获国家优秀设计银奖、住房和城乡建设部一等奖；《沈阳市交通规划及二环快速道路规划设计》获住房和城乡建设部优秀规划设计一等奖；《沈阳铁西工业区改造发展规划咨询》获全国优秀工程咨询成果三等奖；《沈阳桃仙机场综合交通规划》、《浑南新城总体发展规划》获全国优秀城乡规划设计三等奖。在国内外学术交流会及各种刊物上发表专业技术论文数百篇。由我院主编和参编的"国标"《城市工程管线综合规划规范》和《竖向规划规范》受到建设部的中肯评价，被授予全国城乡规划标准规范工作优秀编制单位。

太原市城市规划设计研究院

太原市城市规划设计研究院成立于1979年9月1日，是具有甲级城市规划设计、甲级工程咨询等资质的综合性规划设计机构。该院连续获"太原市文明单位"和"太原市文明和谐单位标兵"等荣誉，并获得山西省模范单位、山西省知识分子工作先进单位、山西省建设系统先进单位、太原市优秀党组织等光荣称号。

太原市城市规划设计研究院技术力量雄厚，专业门类齐全。现有职工150余人，专业涵盖城市规划、道路桥梁、建筑学、工民建、给水排水、暖通、电气、环艺、园林、环保、经济学等十几个领域。

太原市城市规划设计研究院业务范围涉及城镇体系规划、总体规划、专项控制性详细规划、修建性详细规划、土地利用规划、道路交通规划、道路交通影响评价、市政规划与设计、市政管网综合设计、城市设计、建筑设计、环境设计、工程咨询与可行性研究及课题研究等。建院以来编制完成数千项规划项目，其中200余项获国家、部、省、市级奖。

该院倡导并践行"团结、进取、求实、奉献"的企业精神，运用ISO9001质量管理方法，贯彻"质量第一，服务为本，积极创新，为城乡建设提供科学的规划与设计精品"的方针，努力为政府规划城市、建设城市、管理城市提供优质的技术支撑，以优质的设计和完善的服务为城市规划事业的发展作出积极的贡献。

重庆市规划设计研究院

重庆市规划设计研究院是重庆市规划局的下属事业单位，成立于1984年，具有住房和城乡建设部认证的规划、建筑甲级资质及市政行业、旅游规划、文物保护工程勘察设计乙级资质，并已通过ISO9001质量管理体系认证。

重庆市规划设计研究院拥有严谨务实、科学完善的管理体系；拥有设备精良、以人为本的办公环境；更拥有一支开拓创新、团结合作的专业技术团队。目前，全院员工 242 人，其中专业技术人员 196 人，有博士 5 人，硕士 52 人，享受国务院特殊津贴专家 2 人，教授级高工 10 人，高级工程师 43 人，工程师 53 人。具有国家注册规划师、国家一级注册建筑师、国家一级注册结构师以及其他注册执业资格人员 38 人。

成立 20 多年来，重庆市规划设计研究院以山地城市规划与设计为品牌优势，遵循“求实、创新、秉公、诚信”的质量方针，立足重庆，业务范围辐射周边地区。尤其是随着重庆市的直辖，院先后承担了《重庆市城乡总体规划》、《重庆市渝中半岛城市设计》、《重庆“一小时经济圈”规划》、重庆市“两江四岸”规划部分项目、综合保税区规划、两江新区部分规划等系列重大规划。重庆市规划设计研究院在承接的城市规划设计、区域规划、村镇规划、旅游规划、建筑工程设计以及消防、交通、地下空间等各类专项规划等项目中，有近百个项目获得国家和省（市）部级各类优秀规划设计奖奖项共计 116 次。

励精图治、锐意兴革！重庆市规划设计研究院将一直发挥传统优势，并发挥博士后科研工作站等专业研究机构的作用，以合理的专业配备、雄厚的技术力量、精良的设备保障、丰富的实践经验、严格的管理体系、严谨的工作作风和热情周到的服务为各地政府、部门和社会提供优秀的城乡规划产品。

济南市规划设计研究院

济南市规划设计研究院成立于 1987 年，是原建设部 1993 年批准的首批规划设计甲级资质单位，2002 年 10 月顺利通过 ISO9001：2000 国际质量管理体系认证，是具有规划设计甲级、市政工程设计乙级、建筑设计乙级的综合性规划设计研究单位。院下设五个设计部门，分别为规划一所、规划二所、市政交通所、创作室、建筑分院；现有在职职工 130 人，具有各类专业技术人员 110 人，其中工程技术研究员 10 人，高级工程师 40 人，注册城市规划师、一级注册建筑师、一级注册结构师共 40 人。

建院 26 年来，经过几代人的不懈努力，济南市规划设计研究院不断发展壮大，取得了一系列成绩，先后参与编制完成《济南市城市总体规划》、《济南市历史文化名城保护规划》等重大设计项目 1000 余项，获得优秀规划设计奖 140 余项，其中省部级以上奖项 50 余项。被住房和城乡建设部、山东省、济南市评为“新技术应用”先进单位、“城市规划”先进单位、“文明示范窗口”先进单位、“重点工程建设”先进单位等。为省城规划建设发展作出了积极贡献。

天津市城市规划设计研究院

天津市城市规划设计研究院成立于1989年3月1日，经过20年的发展与进步，已经发展成专业门类齐全、业务范围广泛、规划人才卓越、技术实力领先的综合性大院。目前在院职工500余人。院内设16个生产单位（规划一所、规划二所、规划三所、交通所、工程所、土地所、规划研究中心、城市设计所、招标投标服务中心、环评中心、愿景公司、景观所、厦门分院、滨海分院、建筑分院、技术服务中心）和8个职能部门。专业领域不仅包含规划研究、城乡规划、土地规划、建筑设计，还涵盖了规划环评、景观规划以及交通和市政工程设计等诸多专业。拥有城市规划、土地规划、建筑设计、工程咨询、规划环评五个甲级资质，并通过ISO9001质量认证。

20年光辉历程，天津规划院秉持城市规划最根本的内涵，坚持坚定正确的服务方向，在院的发展建设上，努力突出为政府和社会服务的主线。始终把承担和完成政府下达的指令性任务放在全年工作的首位，将编制法定规划作为全院工作的重心。先后承担了天津历次总体规划、滨海新区总体规划、分区规划、国土规划、土地利用总体规划、基本农田保护规划、综合交通规划以及全市控制性详细规划、城市设计和大型重点规划的编制。20年来获国家级银质奖2项；住房和城乡建设部优秀规划设计奖29项；詹天佑规划设计大奖3项；部级勘察设计奖2项；市级优秀规划设计奖98项；市级工程设计咨询奖10项。

20年难忘岁月，历届院领导班子加强和规范院内部建设，根据发展需要实施现代化的制度建设，不断促进内部机构的优化。自1992年实施技术经济责任制后，带动生产经营、技术科研、行政管理和思想政治建设全面提升。尤其是近几年，适时启动企业文化战略，用企业文化来梳理统领全院工作的大局，凝聚全员的思想、发展理念和价值取向，形成“服务政府，奉献社会”的核心价值观。

20年岁月更迭，天津规划院始终将人才建设作为重中之重，围绕人才开发、培养与使用，努力构建人力资源开发运行新机制。近年来实施“人才强院战略”，大力引进高层次人才，选派技术骨干到国外大学学习深造，启动“人才发展基金、人才培养基金”，大力促进人才的成长和成熟，推出了一批在规划设计领域和规划管理岗位上有实力、有作为的专家型人才，为高质量、高水平完成任务提供了坚强的人才保证。目前，全院拥有国务院特贴专家6人，天津市政府授衔专家3名，局授衔专家8名，博士6名。8人获全国规划行业资深规划工作者贡献奖，2人获全国规划行业优秀工作者荣誉奖。职工队伍中，正高级职称30人，占6%；副高级职称121人，占25%；中级工程技术人员165人，占34%。

市场的磨砺还使天津规划院走出了一条全方位发展与特色发展并重的道路，

天津规划院的业务范围遍及全国 25 个省、市、自治区，凭借天津独特的政治、历史、人文和自然条件，造就了天津院在村镇规划、居住区规划、开发区规划、港口规划、河流规划编制方面独树一帜，无论是思想理念还是发展模式、实施策略、技术手段等方面都走在前面，形成了独有的品质特色。

北京大学城市规划设计中心

北京大学城市规划设计中心成立于 1993 年，并于当年取得了建设部授予的全国高校城市规划设计甲级资质，中国城市规划协会会员单位。现拥有专业人员 45 人，其中高级职称人员 28 人，国家注册城市规划师 12 人，多人拥有国外一流大学学术背景与国外一流规划设计单位的实务经验，并配有建筑学、结构工程、园林、市政工程等专业设计人员，是一个资源雄厚、人才密集、技术设备先进的规划设计研究机构。对外承担：城市与区域发展规划研究、城镇体系规划、城市总体规划、分区规划、控制性详细规划、修建性详细规划、城市设计、城市景观规划、环境设计、园林设计、旅游规划、风景区规划、世界遗产保护规划、社区空间规划、房地产开发策划等规划设计业务。

北京大学城市规划设计中心融北京大学文理工综合的学科优势，以北京大学城市与区域规划系的研究与规划设计力量为依托，自成立以来共完成各类主要规划设计项目 250 余项。近期完成编制的主要规划设计项目包括：长江三峡区域旅游发展规划、山东半岛城市群战略研究、山东半岛城市群总体规划、济南都市圈规划、济南市北跨及北部新城区发展战略研究、德州齐河融入济南都市区战略规划、北京市东城区南锣鼓巷保护与发展规划、安徽省泾县荷花塘地区修建性详细规划等，其中山东半岛城市群总体规划获山东省优秀规划设计一等奖、山东半岛城市群战略研究获山东省科技进步二等奖、河北大厂夏垫镇镇域总体规划获河北省住房和城乡建设厅优秀成果一等奖。

成都市规划设计研究院

成都市规划设计研究院成立于 1983 年，是原建设部批准的第一批甲级城乡规划设计单位，主要承担体系内各层次、各类型、各专业的城乡规划及工程咨询等技术服务和技术咨询，同时还承担有关城市建设的国家规范编制，部、省级课题研究，项目策划等工作，建院理念是“科学发展，服务社会”。2005 年通过 ISO9001 质量管理体系认证。

建院 30 年来，该院先后完成了成都市及省内外部分市、县的城镇体系规划、总体规划、风景区规划、各类专业规划以及城市设计等6000多项任务，近几年来共有一百多项设计成果荣获部、省级奖励，特别是在全国城乡统筹规划、产城一体规划领域树立了良好品牌。其中，按我院编制的《成都市府南河综合整治规划》实施的府南河综合整治工程在1999年荣获联合国颁发的“联合国人居奖”、“联合国最佳范例奖”等五项国际大奖；按我院规划方案实施的沙河综合整治工程在2004年获“中国人居环境范例奖”，2006年荣获“国际舍斯河流奖”;近年编制的《成都平原城市群规划》、《成都市中心城应急避难场所规划》同获住房和城乡建设部2009年度优秀城乡规划一等奖；《四川省成都市彭州龙门山镇灾后重建实施规划》获2009年度全国优秀城乡规划(灾后重建)一等奖、《四川省成都天府新区总体规划（2010−2030年)》、《成都市域历史文化保护和利用体系规划》等7个项目同获2011年度全国优秀城乡规划设计二等奖(含村镇规划设计奖）等。

该院在学术建设方面也取得了可喜成绩，先后在国家重要规划杂志上发表多篇论文,特别是在天府新区规划编制中,国内率先提出规划建设“产城一体单元”。同时，对城乡规划重大问题、热点问题加强基础性和前瞻性研究，包括深化“产城一体”研究、“城乡统筹”研究、“新型城镇化”研究等，不断提升院创新能力、学术研究能力和行业影响力。

该院质量管理体系完善，服务热情周到，社会声誉良好，技术力量雄厚，专业配备齐全、合理，办公设备现代、先进，已建成计算机网络系统的数字化平台，并朝着全面实现数字化的目标努力。该院将继续“规划未来,创造价值”,按照“规划公共政策的研究机构、规划管理的技术支撑、规划建设的人才基地”的战略定位，持续改进，力争早日建设成为“全国领先规划强院”。

西安市城市规划设计研究院

西安市城市规划设计研究院是1990年2月成立的甲级城市规划设计单位。现有职工110人，专业技术人员85人，其中高级工程师16人，工程师41人。院内设有党支部、办公室、总工办、计划经营室、规划一所、二所、三所、四所、五所等十几个部门。

该院技术力量雄厚，技术装备先进，规划设计经验丰富，资料齐全。院计算机中心配备有微机、扫描仪、打印机及各类软件；院内配有大型工程复印机、晒图机、摄录仪、投影仪等先进设备，已实现了全院普及计算机辅助规划设计联网，并藏有大量国内外图书资料和信息。建院以来,已完成了6000余项城市规划设计，独立完成和参与了西安市多项重大城市建设项目，其中《西安环城工程规划》获得 1995 年度建设部优秀设计一等奖、国家第七届优秀工程设计铜奖；《西安市环南路城市公园及环境综合设计》获得 2001 年度建设部优秀设计二等奖；《西安市城市总体规划（1995—2010 年）》、《西安市北院门历史地段保护与更新规划》、《西安市钟鼓楼广场规划》、《西安市明德门小区安居工程修建性详细规划》、《北大街城市设计规划》、《西安市环城南路城市公园及环境综合设计》、《西安南院门——粉巷街景设计》、《敦煌市总体规划》、《长安郭杜镇总体规划》、《西安市近期建设规划》、《西安市城市雕塑体系规划》、《西安市空间发展研究》、《秦俑民俗文化旅游村》等项目获得省（部）级优秀设计奖，在国内外规划界有较高的声誉。通过我们的不断努力，已初步具备了集设计、研究、信息管理为一体的综合规划设计能力。

该院十分重视国内外交流与合作，重视引进高层次的专业技术人才。近年来先后与日本、澳大利亚、德国、法国、挪威等国家的专家进行了多项合作，建立了业务联系，先后多批派出技术人员到国外进修、讲学、参观访问，进行学术交流和技术合作。

该院愿与各建设单位、国内外同仁进行广泛交流合作，本着“团结、求实、奋进”的精神，精益求精，精心设计，以过硬的技术质量和优良的服务态度，为西部大开发各项城市建设、为各建设单位提供高品质的规划设计成果。

哈尔滨工业大学城市规划设计研究院

哈尔滨工业大学城市规划设计研究院成立于 1993 年，依托学校形成了“产、学、研”相结合的发展模式，目前，该院具有城市规划编制甲级及文化遗产保护规划编制乙级资质。

该院承接设计任务的范围涉及城市发展战略研究、区域城镇体系规划、城市总体规划与分区规划、城市设计、历史文化遗产保护规划、绿地系统规划、综合交通规划、控制性详细规划、居住区规划与设计、景观规划与设计、城市建设项目策划与咨询等各类规划和咨询项目。在设计中，该院一直坚持精品意识，对设计成果质量严格把关，在历年黑龙江省城市规划编制单位规划成果检查中，该院一直被评为规划编制优秀单位。

作为哈工大建筑学院城市规划专业即将由二级学科向一级学科迈进的实验室平台之一，哈工大规划院在城市规划专业的学科建设、学生培养、国际交流、科研创新、规划培训、规划新技术新方法研究方面将发挥积极的推动作用。

作为哈工大南北校区互动合作的平台之一，哈工大规划院将坚持“两校区、双基地”的发展战略，同时，充分发挥海峡两岸三地——哈尔滨、深圳、台北的城市规划与城市设计专业优势和人才优势，力争起到桥梁和纽带作用，把台湾中国文化大学、哈工大深圳研究生院及哈工大校本部的城市规划专业的学科建设和实验室建设紧密地结合在一起。

该院将依托哈工大大土木学科优势、建筑学院雄厚的师资力量、哈工大建筑设计院强大的技术支撑、各级政府及社会各界的大力支持，站在更新、更高的起点上良性、健康发展，迅速提高我院城市规划专业品质和社会声誉，成为我校城市规划学科的科技成果转化和海内外交流培训的基地，成为高寒地区城乡规划技术创新的实验平台。

武汉市土地利用和城市空间规划研究中心

武汉市土地利用和城市空间规划研究中心是武汉市国土资源和规划局下属事业单位，是于2009年12月重新组建的研究机构。拥有土地利用规划、城乡规划编制双甲级资质。主要承担全市土地资产经营相关研究、土地集约节约利用和分等定级研究、相关规划实施政策的研究及土地学会的事务性工作、城市设计的编制与修订、建设项目用地规划及空间规划策划、论证和研究工作。

中心现拥有各类专业技术人员117人，90%以上人员具备本科以上学历，其中博士学历2人，硕士学历38人，本科学历67人。60余人具备高、中级职称；7人分别荣获享受国务院特殊津贴专家、湖北省及武汉市突出贡献专家、武汉市政府专项津贴专家和武汉市“十百千”人才专家称号。

中心自成立以来，勇于开拓创新，紧跟时代步伐，全面服务国土规划管理，以建设土地资产经营研究、城市设计、用地和空间论证、政策法规研究“四个平台”为核心，充分发挥“规土融合”的优势，大力开展土地利用研究和城市设计工作，高水平地完成了武汉市土地节约集约利用评价、基准地价更新、法定规划、重点地段城市设计、重点功能区实时性规划、重点招商引资项目规划论证等一大批工作。9项成果获全国优秀城乡规划设计、全国优秀工程咨询奖项，130余项成果获省级优秀城市规划设计、优秀工程咨询奖项，140余项成果获市级优秀城市规划设计、优秀工程咨询奖项，在各类专业刊物上发表论文60余篇。

中心不断强化人才队伍建设、健全内部管理制度、狠抓技术创新，充分发挥“规土融合”和人才优势，以致力于服务武汉市国土规划事业发展为核心使命，以为政府、社会和公众提供土地和规划公益性技术服务为业务方向，全力打造为国内一流的土地利用和空间规划研究机构。

山西省城乡规划设计研究院

山西省城乡规划设计研究院于1980年7月29日经省委同意后开始筹建，成立于1981年1月1日，是隶属于省住房和城乡建设厅的全额事业单位，是具有国家城市规划编制甲级，建筑工程设计甲级，市政公用行业给水、排水和道路工程、风景园林工程设计甲级和工程咨询甲级的综合性设计单位，2005年通过了GB/T 19001-2000国际质量体系认证，2011年经省编办批准，加挂“山西省城镇化与城乡规划监测中心”牌子。

该院现有各类工作人员349人，其中，大学本科以上学历人员占职工总数的96%以上，其中博士生3人，硕士生80人，在职读研人员23人。各类专业技术人员280人，占全院职工总数的80%，其中，具有高级职称的51人（其中教授级高级职称9人），中级职称的77人，国家注册城市规划师38人，其他各类国家注册师38人。

近年来，该院分别获得人力资源和社会保障部与住房和城乡建设部颁发的“全国建设系统先进集体”；住房和城乡建设部授予的“抗震救灾先进单位”、中规协授予的“城市规划行业抗震救灾先进集体”、省委省政府颁发的“山西省援川抗震救灾先进集体”以及省住房和城乡建设厅和人社厅授予的“山西省建设系统抗震救灾先进单位”称号；多次被省直工委和省住房和城乡建设厅党组授予“先进基层党组织”和“党风廉政建设先进集体”；连续六年被评为“省直文明和谐单位”；先后获省直工委和省劳动竞赛委员会颁发的“五一劳动奖状”和“模范单位”，被省勘察设计协会评为“山西省十佳设计院”；获得了中国城市规划学会颁发的“中国城市规划年会优秀组织奖”、“全国优秀城乡规划设计奖评选活动最佳组织”；在创先争优活动中，该院分获省直工委颁发的“创先争优”活动先进基层党组织、党风廉政建设先进集体和省住房和城乡建设厅颁发的“创先争优”活动先进基层党组织。在集体荣誉取得丰收的同时，该院也涌现出了一批先进个人，有70余人分别获“全国建设系统先进个人”、“中国青年科技奖”、“全省创先争优优秀共产党员”、“山西省五一劳动奖章”、“山西省直劳动模范”、“山西青年五四奖章”、“山西青年科技奖”、“山西省科技奉献奖”、“山西省十大科技贡献杰出人物”等各类省级以上奖项。

上海市城市规划设计研究院

上海市城市规划设计研究院创建于1957年，是国内成立最早、规划技术力量最为完善的甲级规划设计和战略咨询单位之一。上海市规划院按照科学规划、以人为本的要求，秉承“精心规划，惠泽千秋”的理念，站在城市学科和规划事业发展的前沿，积极投入到中国改革开放和城市化建设发展的伟大实践与进程，广泛加强与国内外规划机构和社会各界的交流、合作，将“博学、求真、创新、笃实”的精神，寓于为全社会发展提供一流的服务过程中，不断创新规划理念，提升设计水平，力争将上海市规划院打造成国内领先、国际一流的综合性规划研究、咨询、设计机构。

上海市城市规划设计研究院拥有专业技术人员250余人，涵盖规划、市政、道路交通、建筑、景观、信息等专业，研究生学历人数占专业技术人员的56%；高级职称68人，其中教授级高工11人；111人次取得注册城市规划师、咨询工程师（投资）、文物保护工程勘察设计等执业资格。

上海市城市规划设计研究院下设上海市浦东开发规划研究设计院、国土规划设计分院、综合交通规划分院、市政规划设计分院、城市规划一所（总体规划研究中心）、城市规划二所（历史风貌保护研究中心）、城市规划三所（详细规划研究中心）、城市规划四所（城市设计研究中心）、上海设计中心、城市发展研究中心、技术审查中心、信息中心等单位和部门。业务范围包括区域规划及战略研究、总体规划、详细规划、专项规划、交通及市政基础设施规划和工程咨询研究等。上海市规划院已建立了一套完整的ISO9001质量管理体系。

上海市城市规划设计研究院在规划设计、研究及咨询领域获得丰硕成果。2006年至2011年，共有107个项目获得152项奖项，其中，53个项目获得国家级、住房和城乡建设部和市科技进步奖。2012年共获得各类奖项26项，包括“中国建研院CABR杯”华夏建设科学技术奖2项、全国优秀工程勘察设计奖金奖1项、第八届上海市决策咨询研究成果奖2项、全国优秀城乡规划设计奖5项、上海市优秀工程咨询成果奖16项。

上海市城市规划设计研究院按照国家对科学发展、和谐社会建设的总体要求，切实贯彻上海市委、市政府对推动上海“四个中心”和现代化国际大都市建设目标的总体部署，以科学规划、保障发展、保护资源为宗旨，各项工作突出“围绕中心、服务大局、聚焦业务、提升水平、强化管理、完善规程、突出服务、加强保障”的要求，聚焦创新引领领域，突出前瞻性和战略引领，聚焦主体规划领域，突出法定性和规划实施，聚焦延伸服务领域，突出精细化和服务支撑。

内蒙古城市规划市政设计研究院有限公司

内蒙古城市规划市政设计研究院有限公司是具有城市规划、工程设计及工程咨询资质的综合性甲级规划设计研究机构。主要从事城市规划编制，市政工程、建筑工程设计，技术咨询及项目可行性研究等技术服务和研究工作。

内蒙古城市规划市政设计研究院设有规划设计所、市政工程设计所、建筑工程设计所、风景园林设计所、工程咨询所及经济所等 10 多个业务部门。全院现有职工 140 多人，其中专业技术人员占 86%以上。是一支由高素质专业技术人员组成的设计队伍，拥有多位自治区知名专家，在设计领域具有较高的知名度和影响力。

多年来，内蒙古城市规划市政设计研究院承接并完成的城乡规划、工程设计项目遍布内蒙古自治区十二个盟市，且多项规划和设计荣获国家、自治区优秀设计奖，为自治区的经济发展、社会进步及城乡建设作出了贡献。

该院一贯以重信誉、保质量、高效率作为工作宗旨。这为该院在设计领域中保持技术领先提供了可靠的保证，赢得了客户的信任和较好的社会声誉，市场覆盖率和市场份额逐年提高。面对市场经济和全球经济一体化，内蒙古城市规划市政设计研究院将继续坚持“诚实守信，服务一流”的工作作风，以科学发展观为指导，创新工作机制，弘扬地域文化，提升技术水平和服务水平，为区内外政府、企事业单位提供一流的设计服务，为城乡统筹，构建和谐内蒙古作出贡献。

南京市城市规划编制研究中心

南京市城市规划编制研究中心于 2003 年 9 月正式成立。中心隶属南京市规划局，是城市规划、信息集成、城市测绘等多专业融合的新型城市规划研究机构。成立七年来，中心已经逐步成为政府的高级智囊团、主管局的坚强技术后盾，即一方面持续追踪城市的建设发展，关注城市规划的编制和实施效果，超前研究城市发展中的问题，为规划和建设及时提供专业的建议，为城市发展和政府的决策提供依据；另一方面保障规划局各业务系统的正常运转与升级更新，并建立一个信息齐全、运转高效、服务优良的数据中心。

目前，中心的规模已从成立初期的 30 余人发展到今天的 65 人，专业涉及规划、建筑、交通、园林、测绘、GIS、计算机等多个方面，内设架构为“四所一室”，即战略规划所、地区规划所、信息系统所、数据服务所、办公室。主要业务涉及城市发展战略研究、地区开发、城市设计、重点项目的规划服务以及各类城市规划信息系统和城市测绘系统的建立及维护，各类信息采集、管理、GIS 建库动态维护、研发服务、地图编制及其他相关技术性、服务性工作等方向。

自成立以来，中心始终立足于“服务政府、服务经济、服务规划、服务管理”，先后完成或参与了规划设计和科研任务200余项以及省、部、市级课题23项，其中包括《南京市城市总体规划修编》、《历史文化名城保护规划修编》、“南京市‘数字规划’第三代信息平台研发”、“‘NJCORS’运维系统建设”等重大项目；“南京市政务版电子地图集成与共享”、“基于3S技术的历史南京城市空间格局数字复原研究”等住房和城乡建设部课题；还包括“南京市区规划用地管理情况报告”、“南京市城市规划年度报告”等常态性任务。可见，中心的工作为南京的经济建设和城市发展、为南京的规划实施和规划编制等都提供了有力的支持。

作为国内城市规划领域的新型研究机构和一支充满活力的新兴力量，中心在七年时间里先后荣获17项省部级奖、15项省系统奖、24项市级奖。今后，中心将以“办好青奥会，建设新南京”为主旨，努力引领南京城市的科学发展，并为南京的城市规划作出应有的贡献。

安阳市规划设计院

安阳市规划设计院是一个拥有城乡规划编制甲级，工程勘察、工程测量、建筑工程设计、土地规划、风景园林工程设计和工程咨询乙级，市政设计丙级资质的多专业、多资质的综合性设计单位。现有职工160余人，各类专业技术人员132人，其中高级专业技术人才22人，中级专业技术人才56人，各类国家注册执业人员52人。

多年来，安阳市规划设计院始终坚持以科学发展观统领全局，秉行“创新、负责、团结、奉献”的企业理念，以质量求发展，向管理要效益，一切与市场接轨，全心全意地为客户服务。加快转变经济发展方式，在观念创新、技术创新、制度创新上谋发展。建立和完善ISO9000质量保证体系。努力打造观念现代化、管理正规化、技术信息化、队伍专业化的人才队伍。以2008年晋升为全国甲级院，进入全省四强院，2009年成功申报土地规划、风景园林工程设计等乙级，2010年建筑工程设计晋升乙级资质，2012年取得市政设计丙级资质为标志，实现了规划、建筑、市政、测绘、园林、咨询等多专业各具特色、多业并举、各领风骚的良好局面，为进一步实现“全国先进、省内一流”的奋斗目标迈出了坚实的步伐。

作为安阳市唯一的具有生产规模和技术实力的甲级城乡规划编制单位，直接为城市的规划决策和各项重点工程提供技术支撑和服务。先后完成了《安阳市城市总体规划》、《安阳市水系景观规划》、《安阳市园林绿地规划》、《安阳市中心城市组团式发展规划》、《安汤新城总体规划（2012−2030年）》、《安阳中轴线城市设计》、《安阳市古城保护整治复兴规划》、《安阳市洹河滨水地区开发利用规划》、

《羑河生态景观廊道规划》和《内黄县总体规划》等各类规划 65 项，保证了城市建设规划先行，发挥了规划的基础性和前瞻性作用。

在确保完成各种指令性任务外，积极开辟市域以外的市场，增强在市场经济竞争中的适应能力，不断培育新的经济增长点，走出了跨越式发展的新路子。为树立安阳市规划设计院品牌，走向全国市场打下了良好的基础。

近年来，经济效益逐年递增，人均产值位居全省勘察设计行业（建筑、规划）第 5 名，全省地市级单位第 6 名，综合实力进入全省勘察设计行业前列。共有 45 项成果获省（部）级、市（厅）级优秀规划设计奖。同时，先后被评为"河南省精神文明先进单位"、"河南省卫生先进单位"、"河南省住房和城乡建设厅援建四川灾区板房建设先进企业单位"、"河南省勘察设计行业抗震救灾援建先进单位"、"安林公路环境整治先进集体"、"殷墟申报世界文化遗产集体三等功"、"省勘察设计行业思想政治工作先进工作者"、"安阳市文明单位"、" 安阳市创省级园林城市先进单位"、" 安阳市社会治安综合治理先进单位"。2002–2011 年连续九年被评为"河南省优秀勘察设计企业"。

温州市城市规划设计研究院

浙江省温州市城市规划设计研究院成立于 1984 年，隶属温州市规划局。

该院经过 20 多年的发展，从建院初始的零资产，发展到现在拥有固定资产 1600 多万元、办公场所 3500 余 m^2、职工人数 100 多人，现具有城市规划编制甲级资质、建筑工程设计甲级资质、市政工程设计丙级资质、文物保护工程勘察设计乙级资质的综合性设计院，是浙中南地区唯一具有规划和建筑工程双甲级设计资质的设计院。

全院现有专业技术人员 95 人，其中教授级高级职称 1 人、副教授级高级职称 25 人、中级职称 33 人；注册城市规划师 14 人、一级注册建筑师 5 人、一级注册结构工程师 5 人；有博士学位 1 人、硕士学位 17 人。设计业务范围覆盖区域规划、城市总体规划、分区规划、详细规划、城市设计、园林景观规划设计、村镇规划、文物保护、建筑工程设计、市政给水排水工程设计、道路桥梁工程设计、城市道路交通规划设计和交通影响评估以及相关工程的可行性研究。

2004 年初，该院通过 ISO9001 质量标准认证。

创优秀设计品牌是该院的质量目标。历年来，该院不断提高完善设计理念，不仅在温州本地完成大量的设计业务，还通过实力和优质服务积极拓展省内外业务，已成功进入福建、江西、河北、新疆及浙北等地设计市场。

建院以来，共获部、省、市级优秀设计100多项，其中全国优秀设计9项，出版专著5部，在国家级刊物和学术研讨会上共发表学术论文130多篇；与美国、德国、澳大利亚等国的设计机构以及浙江大学、同济大学、南京大学、哈尔滨工业大学、中规院等单位进行过合作和交流，特别是与哈尔滨工业大学联合开发和研究的“平台式木框架房屋抗风性能”课题，将填补国内在这方面的空白。

北京市城市规划设计研究院

北京市城市规划设计研究院（简称北京市规划院）是北京市规划委员会所属负责编制城乡各项规划的事业单位，是住房和城乡建设部批准的甲级资质规划设计单位，其主要职能是为市政府对城市建设宏观决策及各项建设提供规划服务。主要工作任务是：负责组织编制全市城市总体规划、分区规划、控制性详细规划以及城市交通、市政基础设施等系统规划，承担地下管网规划综合工作；参与全市社会经济发展战略和城市建设重大政策的研究，为政府有关部门和各区县政府等提供规划研究、规划编制、规划咨询等技术服务；承担规划方案技术论证和综合，参与规划方案技术审查，为规划管理提供技术服务与保障；组织编制北京市城市规划技术规程及相关规划定额指标。

北京市规划院自1986年成立以来，围绕市政府城市建设的中心任务和建设重点，开展和完成了多层次、多专业的规划编制和规划设计工作。主要规划成果包括：《北京城市总体规划》、《中心城控制性详细规划》、《近期建设规划》、《北京历史文化名城保护规划》、《北京皇城保护规划》、《北京2008奥运规划》、《商务中心区规划》、《中关村科技园区规划》、《顺义和亦庄等新城规划》、《北京中轴线城市设计》、《地下空间规划》、《限建区规划》等。同时，北京市规划院还主持或参与完成了一批重大项目的规划研究工作，如北京航空遥感综合调查应用、北京市城市交通综合体系规划研究、北京城市空间发展战略研究、北京市能源发展战略研究、北京市综合生态规划研究等。全院有近百项规划设计和研究成果获得国家、住房和城乡建设部、北京市科技进步奖和优秀规划设计奖。

北京市规划院建院以来，广泛开展了对外学术交流与技术合作，与韩国首尔市政开发研究院等机构建立了长期交流关系，与美国、加拿大、澳大利亚、新加坡等国规划设计事务所合作完成了多项规划设计项目。

北京市规划院现有工作人员270多人，专业技术人员占到80%以上，其中有高级技术人员80余人，中级技术人员80余人，有政府突出贡献专家4人，18人享受国家津贴，形成了专业齐全、结构合理、综合素质较高的规划队伍。

北京市房山区城乡规划设计所

北京市房山区城乡规划设计所，前身是房山规划局规划设计科。1993 年 10 月成立北京市房山区城乡规划设计所，性质为全民所有制自收自支事业单位，于 2008 年 11 月取得城乡规划乙级资质。

北京市房山区城乡规划设计所，自成立以来，经过 20 年的不懈努力，不断地开拓创新、励精图治，在房山区规划领域取得了一定的成绩。为房山区的城乡规划发展作出了贡献。

在多年的工作过程中，房山区城乡规划设计所逐步形成了一个优秀的设计团队，集中了一些优秀的规划师和各个专业的工程师。截至 2011 年 12 月，规划所拥有职工 25 人，工程技术人员达 22 人。包括高级规划师 5 人，建筑师和工程师 17 人，拥有注册规划师 4 人，注册建筑师 1 人。

江阴市规划局

江阴市规划局是市政府负责对全市城乡规划工作实施统一管理的职能部门，主要职能是认真贯彻《中华人民共和国城市规划法》，加强全市城乡规划的统一管理，实施规划建设项目全过程的规划监督，统筹安排城市各类用地、地下管网和空间资源，提高城乡规划设计和规划管理水平，加大规划执法力度，保证城乡规划的实施。

哈尔滨工业大学城市设计研究所

1. 研究所概况

哈尔滨工业大学城市设计研究所成立于 1989 年，是国内高校中成立较早的城市设计研究的科研机构之一。城市设计研究所承担城市设计项目，开展城市设计教育，培养建筑学、城市规划专业领域从事城市设计科学研究的博士研究生和硕士研究生。

2. 建设目标

研究所建设的目标是：城市设计研究所创造良好的研究条件和学术环境，吸引、聚集优秀人才在城市设计的各个研究方向展开多学科交叉的、高水平的学术研究。努力建设成为全国高校较有影响力的城市设计人才培养和学术研究机构。

3. 学术研究

城市设计研究所与国内外许多科研院所和高等学校建立了长期稳定的学术联系，承担完成了多项国家、省部和市级的科研项目。城市设计研究所的主要研究方向有城市设计理论与实践、寒地城市人居环境、城市公共空间设计、城市美学、城市景观设计、城市旅游休闲规划设计和高校校园规划设计等。城市设计研究所多年来已发表了近百篇论文，完成了百余项科研课题，及大量的城市规划设计和建筑设计任务。

4. 人才培养

随着城市设计研究所不断发展壮大，近些年来，城市设计研究所取得了丰硕的研究成果。研究所成员发扬不断进取的精神，大胆探索，锐意创新，求真务实，学习国内外先进的理论领域；在研究工作中，努力培养自己的研究方向、研究特色和研究风格，从而逐步建立起自身富有特色的学术理论和方法。